高等职业教育“十三五”规划教材（自动化专业课程群）

FESTO过程控制

主　编　刘彦超　宋飞燕

副主编　廖志娟　郭　锐

主　审　王瑞清

中国水利水电出版社
www.waterpub.com.cn
·北京·

内容提要

本书以德国FESTO公司生产的PCS过程控制实训装置为主线，简明扼要地阐述了仪表知识和过程控制知识。

全书共5个学习情境：学习情境1介绍了过程控制及检测技术的基础知识；学习情境2介绍了物位仪表、实训装置中的液位控制系统、Fluid Lab软件以及双位控制方法等；学习情境3介绍了压力仪表、实训装置中的压力控制系统以及比例控制方法等；学习情境4介绍了流量仪表、实训装置中的流量控制系统以及比例积分控制方法等；学习情境5介绍了温度仪表、实训装置中的温度控制系统以及PID控制方法等。本书在内容上注重知识的连贯性，力求做到循序渐进、由浅入深。

本书可作为电气类及自动化类专业高职高专学生的学习用书，也可作为相关专业技术人员的参考书。

图书在版编目（ＣＩＰ）数据

FESTO过程控制 / 刘彦超，宋飞燕主编. -- 北京 : 中国水利水电出版社，2018.9
高等职业教育“十三五”规划教材. 自动化专业课程群
ISBN 978-7-5170-6818-1

Ⅰ. ①F… Ⅱ. ①刘… ②宋… Ⅲ. ①过程控制－高等职业教育－教材 Ⅳ. ①TP273

中国版本图书馆CIP数据核字(2018)第206152号

策划编辑：陈红华/赵佳琦　责任编辑：高　辉　加工编辑：王玉梅　封面设计：李　佳

书　名	高等职业教育“十三五”规划教材（自动化专业课程群） FESTO过程控制 FESTO GUOCHENG KONGZHI
作　者	主　编　刘彦超　宋飞燕 副主编　廖志娟　郭　锐 主　审　王瑞清
出版发行	中国水利水电出版社 （北京市海淀区玉渊潭南路1号D座　100038） 网址：www.waterpub.com.cn E-mail：mchannel@263.net（万水） sales@waterpub.com.cn 电话：（010）68367658（营销中心）、82562819（万水）
经　售	全国各地新华书店和相关出版物销售网点
排　版	北京万水电子信息有限公司
印　刷	三河市铭浩彩色印装有限公司
规　格	210mm×285mm　16开本　12.25印张　421千字
版　次	2018年9月第1版　2018年9月第1次印刷
印　数	0001—3000册
定　价	32.00元

凡购买我社图书，如有缺页、倒页、脱页的，本社营销中心负责调换

前　　言

近些年，很多高职高专院校都引进了德国 FESTO 公司教学培训设备，其中 PCS 过程控制实训装置的 PCS-Compact 实训单元，可以完成液位、流量、温度、压力等常用生产过程变量的自动控制。由于其参考资料均为英文，考虑到高职高专学生学情，加上围绕 FESTO PCS-Compact 实训单元出版的教材较少，故我们编制了这本教材。

本书在编写时力求由浅入深、通俗易懂、淡化理论、注重应用。本书围绕 FESTO PCS-Compact 实训单元，介绍其软硬件组成、Fluid Lab 软件，在此基础上通过液位控制实验介绍两点控制理论，通过流量控制系统实验介绍比例、积分控制规律，通过压力控制系统实验系统介绍比例控制规律，通过温度控制系统实验，介绍微分控制规律、温度比例积分控制规律。其中学习情境 2 至学习情境 5 在介绍各控制系统之前，着力阐述了各个检测仪表的概念、原理、类型和使用方法。

本书由刘彦超、宋飞燕任主编，廖志娟、郭锐任副主编，王瑞清负责全书统稿以及主审工作。由于编者水平有限，书中难免有不足和错漏之处，恳请读者批评指正。

编　者

2018 年 7 月

目　录

学习情境 1　过程控制理论探索

学习目标

知识目标：了解过程控制的概念及其发展，认知过程控制系统中的各典型环节，了解过程控制行业的职业规范。

能力目标：培养学生利用网络资源进行资料收集的能力；培养学生获取、筛选信息和制定工作计划、方案及实施、检查和评价的能力；培养学生独立分析、解决问题的能力；培养学生的团队合作、交流、组织协调的能力和责任心。

素质目标：养成严谨细致、一丝不苟的工作作风，养成严格按照仪表工职业操守进行工作的习惯；培养学生的自信心、竞争意识和效率意识；培养学生的爱岗敬业、诚实守信、服务群众、奉献社会等职业道德。

子学习情境 1.1　走进过程控制世界

情境导入

工作任务单

<table>
<tr><td>情　　境</td><td colspan="6">学习情境 1　过程控制理论探索</td></tr>
<tr><td rowspan="3">任务概况</td><td rowspan="2">任务名称</td><td rowspan="2">子学习情境 1.1　走进过程控制世界</td><td>日期</td><td>班级</td><td>学习小组</td><td>负责人</td></tr>
<tr><td></td><td></td><td></td><td></td></tr>
<tr><td>组员</td><td colspan="5"></td></tr>
<tr><td rowspan="2">任务载体和资讯</td><td colspan="2" rowspan="2"></td><td colspan="4">载体：多媒体设备（制作 PPT 汇报小组学习情况）。</td></tr>
<tr><td colspan="4">资讯：
1. 过程控制概念及应用领域（重点）。
2. 过程控制的发展及前沿。
3. 过程控制系统的分类（重点）。
4. 过程控制的组成（重点）：①控制仪表种类（重点）；②控制器种类（重点）；③执行机构种类（重点）。
5. 控制系统方框图（重点）。
6. 控制系统运行过程描述（重点、难点）。
7. 过程控制常用术语（重点）。
8. 化工生产安全知识。
9. 过程控制的学习方法。</td></tr>
<tr><td>任务目标</td><td colspan="6">1. 掌握过程控制概念、应用及发展。
2. 掌握制作 PPT 的方法，熟悉汇报的一些语言技巧。
3. 培养学生的组织协调能力、语言表达能力；达成职业素质目标。</td></tr>
<tr><td>任务要求</td><td colspan="6">前期准备：小组分工合作，通过网络收集资料。
汇报文稿要求：①主题要突出；②内容不要偏离主题；③叙述要有条理；④不要空话连篇；⑤提纲挈领，忌大段文字。</td></tr>
</table>

	汇报技巧：①不要自说自话，要与听众有眼神交流；②语速要张弛有度；③衣着得体；④体态自然。

1 什么是过程控制

1.1 什么是自动控制?

<table>
<tr><th colspan="2">什么是自动控制</th></tr>
<tr><td colspan="2">自动控制是指在没有人直接参与的情况下，利用外加的智能设备或装置，使被控对象的工作状态或参数（压力、物位、流量、温度、pH 值等）自动地按照预定的规律运行。</td></tr>
<tr><th colspan="2">锅炉汽包水位控制实例</th></tr>
<tr><td colspan="2">在锅炉正常运行中，汽包水位是一个重要的参数。它的高低直接影响着蒸汽的品质好坏及锅炉的安全与否。水位过低，当负荷很大时，汽化速度很快，汽包内的液体将全部汽化，导致锅炉烧干甚至会引起爆炸；水位过高会影响汽包的汽水分离，产生蒸汽带液现象，降低了蒸汽的质量和产量，严重时会损坏后续设备。</td></tr>
<tr><th>手动控制</th><th>自动控制</th></tr>
<tr><td>图 1-1-1 锅炉汽包水位的手动控制</td><td>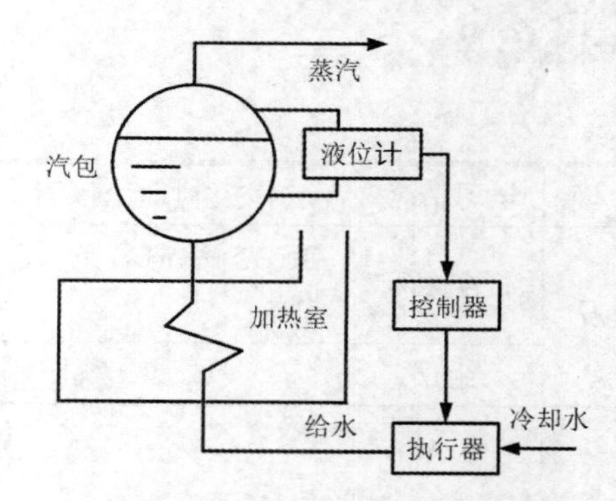

图 1-1-2 锅炉汽包水位的自动控制</td></tr>
<tr><th colspan="2">控制过程</th></tr>
<tr><td>如图 1-1-1 所示，锅炉汽包水位的手动控制过程如下：液位计→眼睛读数→大脑思考→手动调节改变流量→保持汽包液位不变。</td><td>如图 1-1-2 所示，锅炉汽包水位的自动控制过程如下：液位计→控制器将液位反馈值与给定值相比较→控制执行器改变流量→保持汽包液位不变。</td></tr>
<tr><th colspan="2">发酵罐温度控制实例</th></tr>
<tr><td colspan="2">发酵罐是间歇发酵过程中的重要设备，广泛应用于微生物制药、食品等行业。发酵罐的温度是影响发酵过程的一个重要参数。因为微生物菌体本身对温度非常敏感，只有在适宜的温度下才能正常生长代谢，而且涉及菌体生长和产物合成的酶也必须在一定的温度下才能具有高的活性，温度还会影响发酵产物的组成，所以按一定的规律控制发酵罐的温度就显得非常重要。</td></tr>
<tr><th>工艺要求</th><th>控制方法</th></tr>
<tr><td>影响发酵过程温度的主要因素有微生物发酵热、电机搅拌热、冷却水的流量及本身的温度变化以及周围环境温度的改变等。一般采用通冷却水带走反应热的方式使罐内温度保持工艺要求的数值。对于小型发酵罐，通常采用夹套式冷却形式。</td><td>实现对发酵罐温度的控制，可以使用温度检测仪表（如热电偶、热电阻等）测量罐中的实际温度，将测得的数值送入控制器，然后与工艺要求保持的温度数值进行比较。如果两个信号不相等，则由控制器的输出控制冷却水阀门的开度，改变冷却水的流量，从而达到控制发酵罐温度的目的。</td></tr>
</table>

<table>
<tr><th colspan="2">手动控制</th><th colspan="2">自动控制</th></tr>
<tr><td colspan="2">冷却水
图 1-1-3 发酵罐温度的手动控制</td><td colspan="2">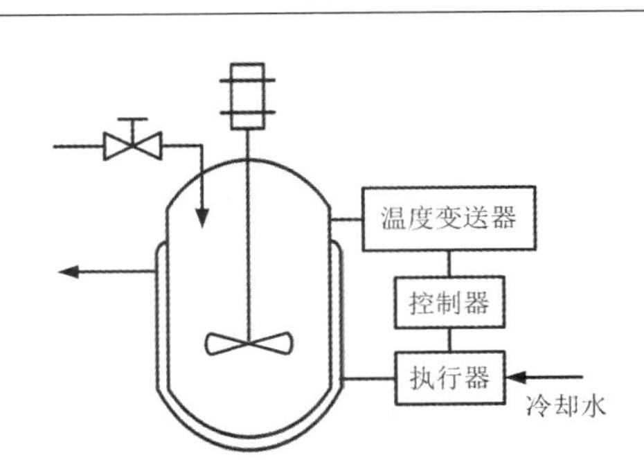

图 1-1-4 发酵罐温度的自动控制</td></tr>
<tr><th colspan="4">控制过程</th></tr>
<tr><td colspan="2">如图1-1-3所示，发酵罐温度的手动控制过程如下：温度计→眼睛读数→大脑思考→手动调节改变冷却水流量→保持发酵罐温度不变。</td><td colspan="2">如图 1-1-4 所示，发酵罐温度的自动控制过程如下：温度变送器→控制器将反馈值与给定值相比较→控制执行器改变冷却水流量→保持发酵罐温度不变。</td></tr>
<tr><th colspan="4">比较</th></tr>
<tr><td colspan="2">1．劳动强度大、人力成本高；2．调节速度缓慢；3．操作人员暴露在有毒、有害的环境当中。</td><td colspan="2">1．设备成本高，但人力成本低；2．调节效果好；3．操作人员远离现场，工作环境好。</td></tr>
<tr><th colspan="4">自动控制学科分支</th></tr>
<tr><th colspan="2">运动控制</th><th colspan="2">过程控制</th></tr>
<tr><th>特点</th><th>应用领域及学科专业</th><th>特点</th><th>应用领域及学科专业</th></tr>
<tr><td>是对变化较快的信号（物理量）的控制，如转速等。</td><td>广泛应用于包装、印刷、纺织和装配工业中。
学科专业有机电一体化技术、工业机器人应用技术等。</td><td>是对变化缓慢信号（物理量）的控制，如温度、压力、流量、液位等。</td><td>在石油、化工、电力、冶金等流程工业中有广泛的应用。
学科专业有工业过程控制技术、自动检测技术等。</td></tr>
</table>

1.2 什么是过程控制

<table>
<tr><th colspan="5">什么是过程</th></tr>
<tr><td colspan="5">过程是指在生产装置或设备中进行的物质和能量的相互作用和转换过程，如化学反应过程、热交换过程、物料传送过程等。</td></tr>
<tr><th colspan="5">什么是过程控制</th></tr>
<tr><td colspan="5">过程控制是基于自动控制理论，运用自动化仪表及执行装置对流体和粉体物料进行的连续生产控制。</td></tr>
<tr><th colspan="5">什么是过程控制系统</th></tr>
<tr><td colspan="5">过程控制系统是将生产中的过程参量保持在给定范围内或令其近似等于给定值的自动控制系统。生产过程的参量包括温度、压力、流量、液位、成分、黏度和 pH 值等。</td></tr>
<tr><th colspan="5">过程控制的应用行业领域</th></tr>
<tr><td colspan="5">过程控制主要服务的行业有化工、石油、冶金、电力、轻工等流程工业。</td></tr>
<tr><th>化工领域应用</th><th>石油领域应用</th><th>冶金领域应用</th><th>电力领域应用</th><th>轻工领域应用</th></tr>
<tr><td>流体输送设备的控制、传热设备的控制、精馏过程的控制、化学反应过程的控制、间歇生产过程的控制。</td><td>常减压蒸馏过程的控制、催化裂化生产过程控制、催化重整生产过程控制、延迟焦化生产过程控制、油品调和控制。</td><td>烧结自动控制、高炉炼铁生产自动控制、连铸生产自动控制。</td><td>锅炉设备控制、汽轮机控制、机炉协调控制。</td><td>造纸制浆生产自动控制、碱回收生产自动控制、造纸过程自动控制。</td></tr>
</table>

过程控制具有以下特点

1. 被控过程复杂多样

工业生产是多种多样的，规模有大有小，产品更是千差万别，因此被控过程也是多种多样的。生产过程中充斥着物理变化、化学反应、生化反应以及物质和能量的转换和传递，所以生产过程的控制复杂、难度大。不同生产过程要求控制的参数不同，或虽然参数相同，但要求控制的品质完全不一样。不同过程参数的变化规律各异，参数之间相互影响，对过程的影响作用也极不一致，要正确描述这样复杂多样的对象特性还不完全可能，至今仍只能用适当简化的方法来近似处理。虽然理论上有适应不同对象的控制方法和系统，但是对象特性辨识困难，要设计出能适应各种过程的控制系统至今仍不容易。被控过程的多样性使过程控制系统明显地区别于运动控制系统。

2. 对象动态特性存在滞后和非线性

生产过程大多是在庞大的生产设备内进行的。例如，热工过程中的锅炉、换热器、动力核反应堆等。对象的储存能力大，惯性也较大，设备内介质的流动或热量的传递都存在一定的阻力，并且往往具有自动转向平衡的趋势。因此，当流入（或流出）对象的质量或能量发生变化时，由于存在容量、惯性和阻力，被控参数不可能立即产生响应，这种现象称为滞后。滞后的大小取决于生产设备的结构和规模，并同它的流入量与流出量的特性有关。生产设备的规模越大，物质传输的距离越长，热量传递的阻力越大，造成的滞后就越大。一般来说，热工过程大多具有较大的滞后，它对任何信号的响应都会延迟一些时间，使输出/输入之间产生相移，容易引起反馈回路产生振荡，对自动控制会产生十分不利的影响。

对象动态特性大多是随负荷变化而变化的，即当负荷改变时，其动态特性有明显的不同。如果只以较理想的线性对象的动态特性作为控制系统的设计依据，就难以得到满意的控制结果。大多数生产过程都具有非线性特性，弄清非线性产生的原因及非线性的实质是极为重要的。对于一个不熟悉的生产过程，应先拟定合理的试验方案，并认真地进行反复的试验和估算，才能达到分析和了解非线性的目的。但决不能盲目地进行试验，以免得出含混不清的错误结果，把非线性对象错当成线性对象来处理。

3. 过程控制方案丰富多样

工业过程的复杂性和多样性决定了过程控制系统的控制方案的多样性。为了满足生产过程中越来越高的要求，过程控制方案也越来越丰富。通常有单变量控制系统，也有多变量控制系统；有常规仪表过程控制，也有计算机集散控制系统；有提高控制品质的控制系统，也有实现特殊工艺要求的控制系统；有传统的 PID 控制系统，也有先进的控制系统，例如自适应控制系统、预测控制系统、解耦控制系统、推断控制系统和模糊控制系统等。

4. 控制多为定值控制

定值控制是过程控制的一种主要控制形式，在多数过程控制系统中，设定值是保持恒定的或在很小的范围内变化，它们都采用一些过程变量，例如将温度、压力、流量、成分等作为被控变量。过程控制的主要目的在于减小或消除外界干扰对被控变量的影响，使被控变量能够稳定在设定值或其附近，进而使工业生产达到优质、高产、低消耗与持续稳定的目标。

5. 过程控制系统由规范化的过程检测控制仪表组成

过程控制系统由过程检测、变送和控制仪表以及执行装置组成，通过各种类型的仪表完成对过程变量的检测、变送和控制，并经执行装置作用于生产过程。传统的简单过程控制系统是由过程检测控制仪表（包括测量元件、变送器、调节器和执行器）和被控过程连接部分组成。从过程控制的基本组成来看，过程控制系统总是包括对过程变量的检测变送、对信号的控制运算和输出到执行装置，以完成所需操纵变量的改变，从而达到所需的控制指标。

过程控制系统的分类

1. 自动检测系统：利用各种检测仪表对工艺参数进行测量、指示或记录，例如加热炉温度、压力的检测。

2. 自动信号系统：当工艺参数超出要求范围，自动发出声光信号。

3. 联锁保护系统：当达到危险状态时，打开安全阀或切断某些通路，必要时紧急停车，例如反应器温度、压力进入危险限时，加大冷却剂量或关闭进料阀自动操纵及自动开停车系统。

4. 自动操纵系统：根据预先规定的步骤自动地对生产设备进行某种周期性操作。例如合成氨造气车间煤气发生炉按吹风、上吹、下吹、吹净等步骤周期性地接通空气和水蒸气。

5. 自动开停车系统：按预先规定好的步骤将生产过程自动地投入运行或自动停车。

6. 自动控制系统（本书介绍的重点内容，以后称“过程控制系统”）：利用自动控制装置对生产中某些关键性参数进行自动控制，使它们在受到外界扰动的影响而偏离正常状态时，能自动地回到规定范围。

2 过程控制的眼、脑和手

2.1 控制系统方框图

定义：方框图是控制系统或系统中每个环节的功能和信号流向的图解表示，是控制系统进行理论分析、设计常用到的一种形式。控制系统方框图如图 1-1-5 所示。

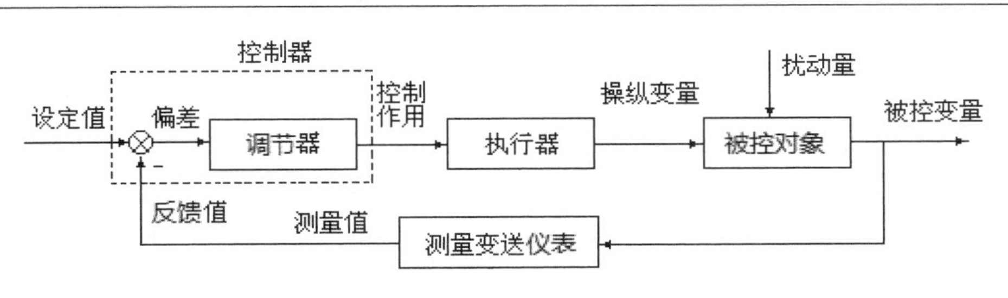

图 1-1-5　发酵罐温度的自动控制

方框图说明

方框	信号线	比较点	分支点
方框：每一个方框表示系统中的一个组成部分（也称为环节）。方框内添入表示其自身特性的数学表达式或文字说明。 注意：方框图中每一个方框表示一个具体的实物。	信号线：信号线是带有箭头的直线段，用来表示环节间的相互关系和信号的流向；作用于方框上的信号为该环节的输入信号，由方框送出的信号称为该环节的输出信号。 注意：信号线仅表示信号的流向，与具体物料的流向或电流的流向无关。	比较点：比较点表示对两个或两个以上信号进行加减运算，“+”号或无符号表示相加，“-”号表示相减。 注意：比较点不是一个独立的元件，而是控制器的一部分。为了清楚地表示控制器比较机构的作用，故将比较点单独画出。	分支点：从同一位置引出的信号在数值和性质方面完全相同。
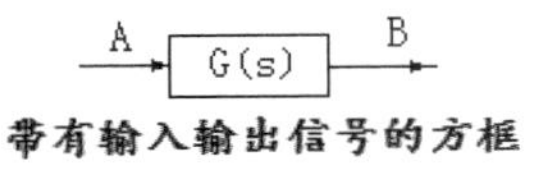 带有输入输出信号的方框		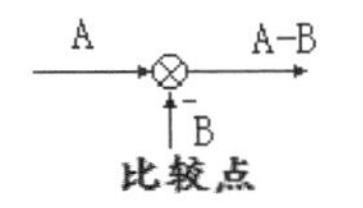 比较点	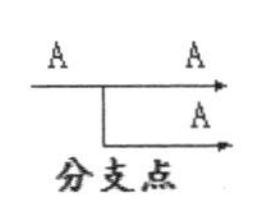 分支点

例题：如图 1-1-6 所示，分析水箱的液位控制系统。试画出其方框图，指出系统中的被控对象、被控变量、操纵变量各是什么？简要叙述其工作过程，说明带有浮球及塞子的杠杆装置在系统中的功能。

解：方框图如图 1-1-7 所示。系统中水箱里水的液位为被控变量；进水流量为操纵变量；水箱为被控对象。带有浮球及塞子的杠杆装置在系统中起着测量与调节的功能。其工作过程如下：当水箱中的液位受到扰动变化后，使浮球上下移动，通过杠杆装置带动塞子移动，使进水量发生变化，从而克服扰动对液位的影响。例如由于扰动使液位上升时，浮球上升，带动塞子上移，减少了进水量，从而使液位下降。

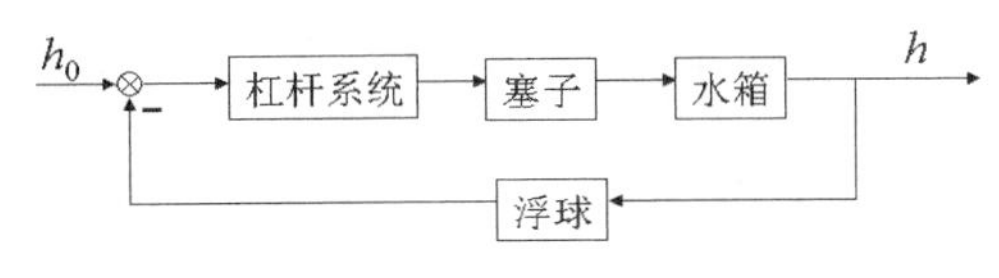

图 1-1-7　水箱液位控制系统方框图

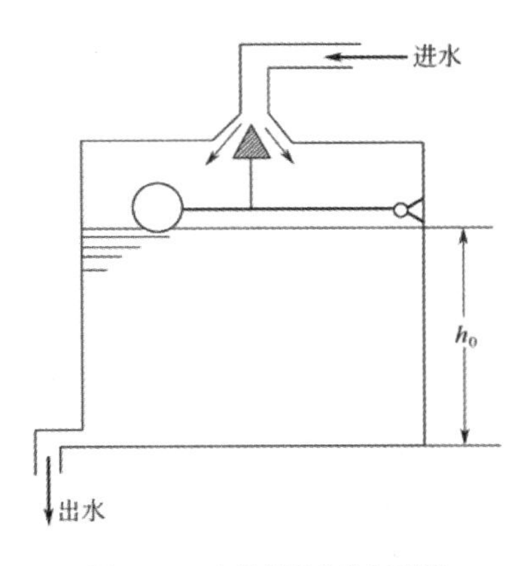

图 1-1-6　水箱的液位控制系统

2.2 过程控制系统组成

过程控制之躯——被控对象
被控对象指的是需要实现控制的设备、机械或生产过程，如前面讲的锅炉汽包、发酵罐等。

过程控制之脑——控制仪表

一般控制仪表	可编程控制器	DCS 控制器

不具有编程功能，适用于小型控制系统。	具有编程功能，适用于中型控制系统。	DCS 系统具有冗余配置和诊断功能，可靠性更高，适用于大型控制系统。

过程控制之眼——检测仪表

检测仪表指的是用于检查、测量被测对象的物理量、化学量、生物量、电参数、几何量及其运动状况的器具或装置。

温度检测仪表	压力检测仪表	流量检测仪表	物位检测仪表	在线分析仪表
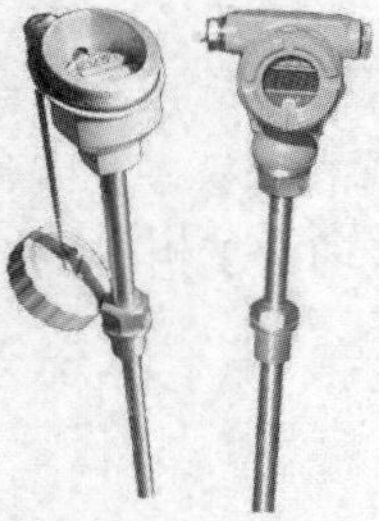			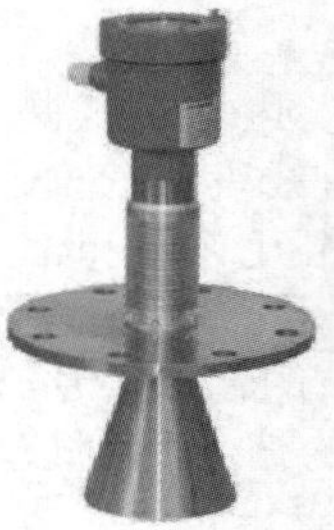	 红外线气体分析仪
包括双金属温度计、压力式温度计、玻璃管液体温度计、热电阻温度计、热电偶温度计、光学高温计、辐射高温计。	包括弹簧管压力表、电接点信号压力表、扩散硅压力变送器、压阻式压力变送器、电容式压力传感器。	包括差压式流量计、转子流量计、漩涡流量计、质量流量计、靶式流量计、椭圆齿轮流量计、涡轮流量计、电磁流量计。	包括直读式物位仪表、差压式物位仪表、浮力式物位仪表、电磁式物位仪表、核辐射式物位仪表、声波式物位仪表、光学式物位仪表。	包括红外线气体分析仪、热导式气体分析仪、顺磁式氧分析仪、氧化锆分析仪、微量氧分析仪、微量水分析仪、总碳氢分析仪、在线色谱分析仪、硫分析仪、工业 pH 计、工业电导率测量仪、溶解氧分析仪、在线余氯分析仪、浊度计、氧化还原电位计、硅酸根分析仪、工业钠度计、污染指数测量仪。

过程控制之手——执行机构

泵	执行器（调解阀门）

作用：输送物料。	作用：调节物料流量。
通过变频器调节电机及泵的转速，使物料输送速度达到预定值。	以电能或气能控制物料的输送速度。

2.3　过程控制常用术语

<table>
<tr><th colspan="2">常用术语</th></tr>
<tr><td colspan="2">被控变量：被控对象中要求保持设定值的工艺参数，如汽包水位、发酵温度。
操纵变量：受控制器操纵，用以克服扰动的影响使被控变量保持设定值的物料量或能量，如锅炉给水量和发酵罐冷却水量。
扰动量：除操纵变量外，作用于被控对象并引起被控变量变化的因素，如蒸汽负荷的变化、冷却水温度的变化等。
测量值：被控变量经检测变送后即是测量值。
设定值：被控变量的预定值（也称给定值）。
偏差值（e）：被控变量的设定值与实际值之差。在实际控制系统中，能够直接获取的信息是被控变量的测量值而不是实际值，因此，通常把设定值与测量值之差作为偏差。
调节器输出：根据偏差值，经一定算法得到的输出值。调节器输出亦称控制作用。
反馈：通过测量变送装置将被控变量的测量值送回到系统的输入端，这种把系统的输出信号直接或经过一些环节引回到输入端的做法叫作反馈。反馈分为负反馈和正反馈，控制系统中通常都使用负反馈（即引回到输入端的反馈信号对输入端信号有削弱作用，负反馈信号旁常标有“-”号）。</td></tr>
<tr><th colspan="2">开环与闭环</th></tr>
<tr><th>闭环控制系统</th><th>开环控制系统</th></tr>
<tr><td>定义：指控制器与被控对象之间既有顺向控制又有反向联系的控制系统。</td><td>定义：指控制器与被控对象之间只有顺向控制而没有反向联系的控制系统。</td></tr>
<tr><td>特点：闭环系统对扰动有抑制作用，不管任何扰动引起被控变量偏离设定值，都会产生控制作用去克服被控变量与设定值的偏差。但当系统的惯性滞后和纯滞后较大且控制作用对扰动的克服不及时时，会使其控制质量大大降低。</td><td>特点：操纵变量可以通过控制对象去影响被控变量，但被控变量不会通过控制装置去影响操纵变量。从信号传递关系上看，未构成闭合回路。</td></tr>
</table>

3　过程控制的发展

<table>
<tr><th>第一代过程控制体系——基地式仪表系统</th></tr>
<tr><td>基地式仪表控制系统始于20世纪40年代，是最初的工业自动化控制系统。当时由于石油、化工、电力等工业对自动化的需求，出现了将检测、记录、调节仪装在一个表壳内的“基地式”自动化仪表。其结构特点是：以指示仪表和记录仪表为中心，附加一些线路来完成调节任务。这种指示和记录仪表是电子电位差计、电子平衡电桥及动圈仪表等。通过它们可完成简单的就地操作模式，实现现场的单回路控制，适用于单机自动控制。典型的基地式仪表是04型调节器。当时的火电厂采用基地式仪表来实现机、炉、电各自独立的分散的局部自动控制，其过程控制的目的主要是实现几种热工参数（如温度、压力、流量及液位）的定值控制，它进行分析、综合的理论基础是以频率法和根轨迹法为主体的古典控制论。这时控制理论初步形成，但还没有控制室的概念。</td></tr>
<tr><th>第二代过程控制体系——电动单元组合式模拟控制仪表系统</th></tr>
<tr><td>20世纪50年代末，随着电子技术的发展，出现了电动单元组合式模拟控制仪表。电动单元组合式模拟控制仪表的结构特点是：根据自动检测及调节系统中各组成环节的不同功能和实用要求，将整套仪表划分为能独立实现一定功能的若干单元，各单元之间采用统一的标准信号，由这些不多的单元经过不同的组合，就能构成多种多样、复杂程度不同的自动控制系统。
我国的电动单元组合式仪表分为DDZ I、DDZ II和DDZ III型仪表。DDZ I型仪表主要采用电子管，DDZ II型仪表采用晶体管分离元件，二者的信号均为0～10mA（DC）；DDZ III型仪表采用集成运算放大器，用国际统一的信号[4～20mA（DC）]，其性能高于DDZ II型仪表。西安仪表厂引进的1151电容式压力变送器、I系列仪表与我国的DDZ III仪表系列相当。电动单元组合式模拟控制仪表系统是基于0～10mA、4～20mA的模拟控制信号以及内部传输的控制信号幅值随着时间的变化而连续变化的闭环控制系统。
电动单元组合式仪表采样模拟技术和经典控制理论实现了对生产过程的“集中式”管理。这是一个十分</td></tr>
</table>

重要的阶段，它的出现表征了电气自动控制时代的到来。电动单元组合式模拟控制仪表系统牢牢地统治了整个自动控制领域达 25 年之久。此时的控制理论有了重大的发展，三大控制论的确立奠定了现代控制的基础，设立控制室、控制功能分离的模式也一直沿用至今。

随着仪表工业的迅速发展和机组容量的增大，火电厂进一步发展为机、炉、电集中控制，DDZ 型电动单元组合仪表在火电厂中广泛应用，实现了把机、炉作为一个单元整体来进行集中控制的目的。组装式仪表中，我国的 TF-900 型、FOXBORO 的 SPEC-200、美国贝利公司的 820 和 890 型等仪表在电厂得到了较多的应用。但电动单元组合式模拟控制仪表系统在控制性能上一般只能实现简单参数的 PID 调节和简单的串级、前馈控制，无法实现如自适应控制、最优化控制等复杂的控制形式，难以实现全厂各级之间的通信联系和全厂的综合管理，而且随着生产规模的扩大，中央控制室仪表盘越来越长，难以实现高度集中管理和操作。

第三代过程控制体系——计算机集中式数字控制系统

随着生产过程的强化，参数间关联性增加，要求控制系统具有多种多样的控制功能，并能灵活、集中地进行操作以及提高控制精度。1962 年，美国首先在火电厂将计算机直接控制系统应用于单元机组的自动启停和自动调节，成功地实现生产过程的计算机闭环控制；同年英国帝国公司（ICI）安装了 Ferranti Argus 计算机控制系统，替代全部模拟控制仪表，即模拟技术由数字技术来替代，而系统功能不变。这是一种崭新的控制技术，是人们将数字技术引入工业自动化过程控制的初步尝试。它经历了计算机直接控制系统（Direct Digital Control，DDC）、计算机集中监督控制系统（Supervisory Computer Control，SCC）等阶段。

“数字直接控制”这个名字是为了强调计算机直接控制生产的这一特征。DDC 系统是用一台计算机配以模数、数模转换器等输入输出设备，从生产中获得信息，按照预先规定的控制算法算出控制量，并通过输出通道直接作用在执行机构上，实现对生产过程的闭环控制。现场传输信号大部分沿用 4～20mA 电流模拟信号，但内部信号的传输采用二进制。就系统结构基本原理而言，DDC 与常规模拟控制有很大的相似性。但是这种控制系统充分发挥了计算机的特长，是一种多目的、多任务的控制系统，一台计算机可替代多台模拟控制器。它不但能实现简单的 PID 控制，而且能实现如多变量解耦控制、最优控制、自适应控制等复杂的运算，控制规律中的参数变化范围宽，容易实现无扰切换。其特点是结构紧凑、轻便灵活、操作方便，但其抗干扰能力差、可靠性差。

SCC 是将操作指导和 DDC 综合起来的一种较高形式的控制系统。它实现了分级控制：生产过程的闭环自动调节是依靠 DDC 计算机完成，SCC 计算机对生产过程的工艺参数进行巡检以获取信息，按照由实现生产过程的最优指标或平稳操作所建立的控制模型，计算出相应的工艺操作参数，作为 DDC 计算机的设定值，以实现生产过程的最优化或平稳工况。SCC 系统改进了 DDC 系统在实时控制时采用周期不能太长的缺点，能完成较为复杂的计算，可实现实时优化控制。

由于火电厂锅炉燃烧产生蒸汽是个复杂的控制过程，是一个多输入、多输出、多回路、非线性、相互关联与耦合的对象，理想的控制系统应该协调各个参数的变化。单元组装式仪表控制系统难以适应复杂对象的控制要求，而计算机控制系统较之电动单元组合式仪表有较大的优势，故应用计算机控制系统在火电厂较为流行。但 DDC 和 SCC 系统都属于集中控制系统，这种集中型计算机控制系统在将控制集中的同时，也将危险集中，因此可靠性不高。计算机一旦发生故障，将使整个系统瘫痪。在具体实施时，往往对计算机控制系统不太放心，故在使用这种集中式计算机控制系统时，又在很多场合下仍保留了模拟调节仪表，使系统繁冗。况且随着生产的发展，生产规模越来越大，信息源越来越多，仅靠一台大型计算机来完成过程控制和生产管理的全部任务是不恰当也是不可能的。生产实际在呼唤新的计算机控制系统。

第四代过程控制体系——集散式控制系统

20 世纪 70 年代中期开始，随着 IPC 的大量采用以及控制理论与技术、数字通信技术的发展，在多年计算机控制研究的基础上，产生了一种新的设计思想，即通过功能分散，达到分散危险、提高可靠性的目的。这就是新型的集散式控制系统（Distributed Control System，DCS），如图 1-1-8 所示。

“分散”是对控制功能来说，“集中”是就对信息管理而言。以 CENTUM 为例，其系统结构一般由承担分散控制任务的“现场控制站”，具备操作、监视、记录功能的“操作监视站”二级组成。集散控制系统采用分级递阶结构。它的主导思想是将复杂的对象划分为几个子对象，然后用局部控制器（现场控制站）作为第一级，直接作用于被控对象，即所谓水平分散；第二级是操纵各现场控制站的协调控制器（操作监视站），使各子系统协调配合，共同完成系统的总任务。

DCS 既有计算机控制系统控制算式先进、精度高、响应速度快的优点，又有仪表控制系统安全可靠、维护方便的特点。它采用数字/模拟混合技术，现场传输信号大部分沿用 4～20mA 电流模拟信号，但逐渐用数字信号来取代模拟信号。由于这种“集散”型系统既具有控制可靠，又具有监视、操作、管理方便的特点，一经出现，立即受到广泛的欢迎。DCS 实际上是一种分布式控制系统，是随着现代大型工业生产自动化的不断兴起和过程控制要求日益复杂应运而生的综合自动控制系统。它紧密依赖着计算机技术、网络通信技术和控制技术的发展。在系统软件配置方面，集散系统可采用组态方式，大大提高了通用性。

集散系统的数据通信网络是连接分级递阶结构的纽带，是典型的局域网，它传递的信息以引起物质、能量的运动为最终目的，因而它强调的是可靠性、安全性、实时性和广泛的实用性。DCS 被称为自动控制领域的又一次革命，成为当时解决过程控制自动化最成功的系统。直到今天，DCS 仍有其一席之地。

由于集散系统大多采用封闭式的网络通信体系结构和本公司专用的标准和协议，加之受到现场仪表在数字化、智能化方面的限制，它没能将控制功能“彻底地”分散到现场。

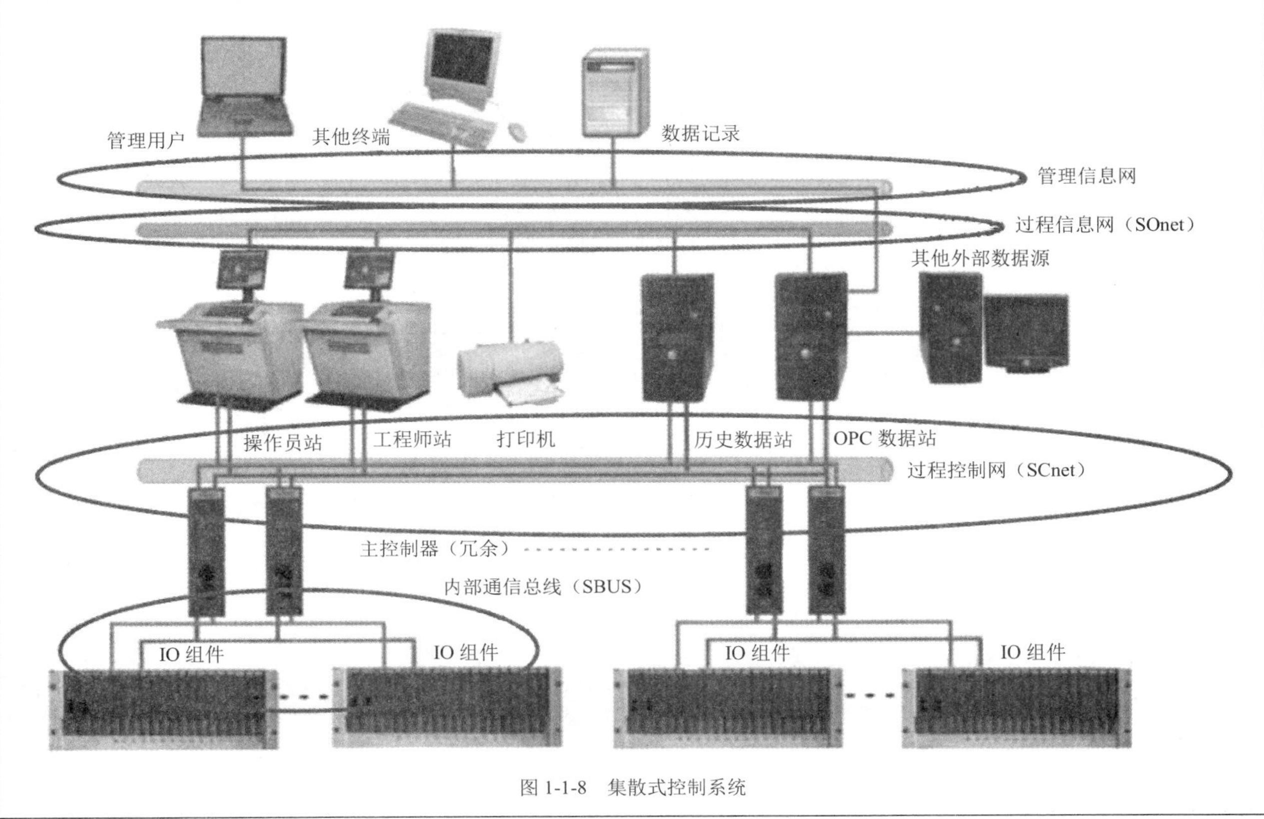

图 1-1-8　集散式控制系统

第五代过程控制体系——现场总线控制系统

计算机与电子技术的发展及当今对自动化控制系统数字化、智能化、网络化（或分散化）的要求，产生了以现场总线技术为核心的现场总线控制系统（Fieldbus Control System，FCS），通过现场总线，将工业现场具有通信特点的智能化仪器仪表、控制器、执行机构等现场设备和通信设备连接成网络系统，连接在总线上的设备之间可直接进行数控传输和信息交换，同时，现场设备和远程监控计算机也可实现信息传输。此系统具有设备间数据通信能力和设备自控制、自调整、自诊断、自标定等功能。由于它位于网络结构的底层，即成为 Infranet，也叫作现场总线控制网络。实际上现场总线控制系统（图 1-1-9）就是以现场总线技术为核心，以基于现场总线的智能 I/O 或智能传感器、智能仪表为控制主体，以计算机为监控中心的集系统编程、组态、维护、监控等功能为一体的工作平台。

FCS 是继 DCS 之后又一种全新的控制体系，FCS 废除了 DCS 结构中的现场控制站、输入输出单元（I/O）和信号转换器，将现场控制站中的控制功能下移到网络的现场智能设备中，从而构成虚拟控制站。通过现场仪表就可构成控制回路，故实现了彻底的分散控制。它不仅仅是从“分散控制”发展到“现场控制”并实现了智能下移、数据传输从“点到点”发展到采用“总线”方式，而且是用大系统的概念来看待整个过程控制系统，即整个控制系统可看作是一台巨大的、按总线方式运行的“计算机”，故资源共享是 FCS 的主要发展空间。

FCS 从以下几个方面发展了 DCS：互操作性、网络化、体系结构趋于扁平化，提高了系统的可靠性、自律性和灵活性。FCS 较好地解决了过程控制的两大基本问题，即现场设备的实时控制和现场信号的网络通信。

另一方面，现场总线的出现导致了目前生产的自动化仪表、集散式控制系统（DCS）、可编程控制器（PLC）在产品体系结构、功能结构方面的较大变革，使相关的制造厂家面临产品更新换代的又一次挑战，它标志着工业控制技术领域又一个时代的开始。

过程控制技术在发展之初采用基地式仪表控制系统来实现现场的单回路控制，如今的现场总线控制系统实现了将控制功能彻底分散到现场的目标。从当初的“基地式”控制到现在的“现场式”控制，我们发现了这样一个有趣的“回归”，一种过程自动控制理论与技术向更高层次演化的“回归”。

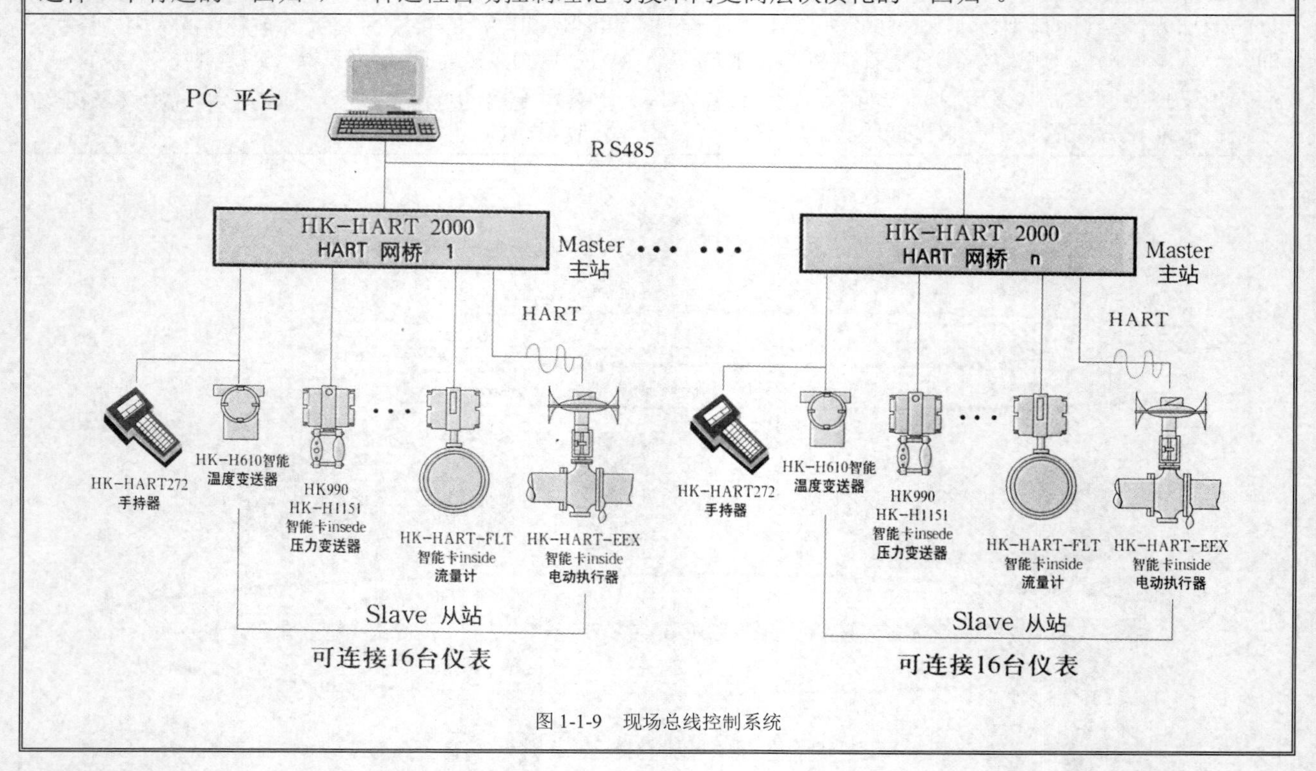

图 1-1-9 现场总线控制系统

4 合格的仪表工应该怎样做

4.1 安全生产，警钟长鸣

化工生产安全知识

1. 化工生产厂区十四个不准

①加强明火管理，厂区内不准吸烟；②生产区内不准未成年人进入；③上班期间不准睡觉、干私活、离岗和干与生产无关的事；④在班前、班上不准喝酒；⑤不准使用汽油等易燃液体擦洗设备、工具和衣物；⑥不按规定佩戴劳动保护用品，不准进入生产岗位；⑦装置不齐全的设备不准使用；⑧不是自己分管的设备工具不准使用；⑨检修设备时安全措施不落实，不准检修；⑩停机检修后的设备，未经彻底检查，不准启用；⑪未办高处作业证，不戴安全带，脚手架、跳板不牢，不准登高作业；⑫不得违规使用压力容器等特种设备；⑬未安装触电保安器的移动式电动工具，不准使用；⑭未取得安全作业证的职工，不准独立作业，特殊工种职工未经取证不准作业。

2. 进入容器设备的八个必须

①必须申请办证，并得到批准；②必须进行安全隔绝；③必须进行置换通风；④必须切断动力电，并使用安全灯具；⑤必须按时间要求进行安全分析；⑥必须佩戴规定的防护用具；⑦必须有人在器外监护，并坚守岗位；⑧必须有抢救的后备措施。

3. 防止违章动火的六大禁令

①动火证未经批准，禁止动火；②不与生产系统可靠隔离，禁止动火；③不清洗，置换不合格，禁止动火；④不消除周围易燃物，禁止动火；⑤不按时作动火分析，禁止动火；⑥没有消防措施，禁止动火。

4. 操作工的六严格

①严格执行交接班制度；②严格执行巡回检查；③严格控制工艺指标；④严格执行操作法；⑤严格遵守劳动纪律；⑥严格执行有关安全规定。

5. 机动车辆七大禁令

①严禁无证无领开车；②严禁酒后开车；③严禁超高速行车和空挡溜车；④严禁带病行车；⑤严禁人货混载行车；⑥严禁超标、超高、超长、超重装载行车；⑦严禁无阻火器车辆进入生产现场。

6. 特殊劳动防护用品目录

头部护具类：安全帽；呼吸护具类：防尘口罩、过滤式防毒面具、空气呼吸器、长管式防毒面具；眼面护具类：焊接面罩、防护眼镜、防喷溅面罩；防护服类：防酸碱服、防静电服；防护鞋类：绝缘鞋、防酸碱鞋；防坠落护具类：安全带、安全网。

7. 五交五不交

五交：①交本班生产、工艺指标，产品质量和任务完成情况；②交各种设备、仪表运行及设备、管道的跑、冒、滴、漏情况；③交不安全因素及已采取的预防措施和事故处理情况；④交原始记录是否正确完整和岗位区域的清洁卫生情况；⑤交上级指令、要求和注意事项。

五不交：①生产情况、设备情况不明，特别是事故隐患不明不交；②原始记录不清不交；③工具不齐不交；④岗位卫生不好不交；⑤接班者马虎不严格不交。

8. 高处作业

高处作业指的是凡距坠落高度基准面2m及以上，有可能从高处坠落的作业。

高处作业包括一级高处作业（$2m \leqslant h < 5m$）、二级高处作业（$5m \leqslant h < 15m$）、三级级高处作业 $15m \leqslant h < 30m$）、特级高处作业（$h \geqslant 30m$）。

对患有疾病（高血压、心脏病、贫血病、癫痫病、精神疾病等）、年老体弱、疲劳过度、视力不佳的人员及其他不适宜高处作业的人员不得安排其进行登高作业。

9. 工作人员的工作服

不准有可能被转动的机器绞住的部分；工作时应穿着工作服，衣服和袖口应扣好；禁止戴围巾和穿长衣服。禁止工作服使用尼龙、化纤或者棉、化纤混纺的衣料制作，以防工作服遇火加重烧伤程度。工作人员进入生产现场禁止穿拖鞋、凉鞋、高跟鞋，禁止女工作人员穿裙子，辫子长发应盘在工作帽内。做接触高温物体的工作时，应戴手套和穿专用的防护工作服。

10. 进入现场

任何人进入生产现场（办公室、控制室、值班室、检修班组除外）都应佩戴安全帽。

4.2　合格的仪表工应该这样做

仪表工职业操守
1. 每天检查现场仪表的外观是否完整、卫生是否干净、表体是否有水及潮气，并做好仪表防水、防碰、防砸等防护工作。
2. 每天检查现场测量仪表的管线是否有漏气、漏水现象，若有则及时处理，检查仪表信号线、电源线（配电箱）是否美观，检查管线的防腐情况。
3. 与仪表有关的所有大小阀门（包括排污阀）要经常加油（机械油、黄油、铅粉），确保仪表阀门开关灵活好用。
4. 现场一次差变、压变要定期排污，以防测量管线、阀门堵死（正确使用平衡阀、两台锅炉液位差变指示正确时轻易不要排污）。排污需要进行记录，做到心中有数（频繁排污或开关阀门也不利于仪表正常运行）。
5. 锅炉汽包压力、主蒸汽压力、省煤器出口压力、高过蒸汽出口压力4台压力表需要每半年到质检局校验一次（注意要作好鉴定记录），其他模拟仪表也要根据情况定期自行校验。
6. 每天结合工艺检查确认二次显示仪表是否准确可靠，若不准确可靠则及时进行校验处理。DCS主机单元、操作站微机、仪表柜等要等机会及时吹除灰尘。
7. 检查仪表控制回路或动仪表接线时要先绘制实际接线图，再动手拆线检查（这一点一定要注意），程序操作变动前要先备份。仪表检修、现场维护或处理故障时要通知主控人员并做好应急措施，特别是处理有停车的联锁回路时，一定要采取措施在确保正常生产的情况下，切掉停车联锁后再处理仪表故障。
8. 分析表要天天维护（具体见维护操作规程）。

9．更换压力表时要注意“工艺实际的压力不能超过压力表量程的2/3”，以此规定来确定所安装压力表的量程。

10．更换热电偶时要注意热电偶输出信号的正负端（有时热电偶上标的是错误的，需要用万用表确认，热电偶输出毫伏的正端要接到补偿导线的红线上）。

11．剪断两芯以上的导线时要注意，应一根一根逐一剪断，以防触电或损坏设备。

12．仪表维护或微机维护时要注意，严禁带电操作或插拔接插件。

13．处理现场测量仪表故障时（特别是蒸汽等高温高压设备），要注意关严一次阀门或在工艺卸压后具备检修条件时再检修。

14．对仪表的备品、备件要做出提前购买计划，以免影响仪表检修。

15．现场测量点、测量仪表要注明测量点和仪表的位号名称、线号，盘后接线的线号要正确、清晰、明了。

16．冬天要做好仪表的防冻、保温工作。

17．现场压变、差变原则上每半年校验一次。仪表工每天巡检时要根据工艺情况并结合现场压力表，对流量、液位、温度、压力测量系统作出判断，有显示不准或不符合工艺逻辑的仪表要及时进行检查校验。

5 怎样学好过程控制

从初中到高职（五年制）、从高中到高职（三年制），其中的“教”与“学”两方面都发生了变化。学生在学习过程当中要注意以下几点：掌握要求、明确目标、加强联系、学会理解、注重实验、巩固理论、学会操作、培养综合创新能力。这样才可以提高专业课的学习效果，使学生的主体意识凸现出来。

明确目标：要了解教师的教学意图

有不少学生在学习一门专业课时，往往对该课程的基本教学要求、重点和难点不是很了解，对学完后应掌握哪些知识点和具有哪种能力结构很难做到心中有数。有的学生甚至错误地认为这是老师的事，与自己无关，自己只要被动地去接受就行了。而部分老师也认为这是自己编写教学计划时的依据，学生只要按照我的想法去学习就会达到预定目标。其实不然，因为教师的教学主体和服务对象是学生，如果学生的主体意识和主观能动性没有有效地凸现出来，那么学生所获得的知识必然也是枯燥的、僵化的，学习效果自然是不言而喻的。

所以在开始学习之前，学生要分组讨论任务书，去了解该部分内容的主要特点和基本要求，按照自己的特殊情况来制定学习计划，变被动接受为主动求索。

加强联系：要建立课程之间的横向联系

专业课的学习是建立在文化基础课、专业基础课之上的，各课程之间存在着密切的联系。因此，把握好课与课间的多向联系就显得十分重要了。

所以在学习本课程前，大家要把前续课程简要复习一下，如《传感器技术》《可编程控制技术》《现场总线技术》以及《数学》中的微积分部分，温故知新，加强课程的横向和纵向联系。

注重实践：要实现理论与实践的互动

知识的学习不能仅仅局限于“书本→理论→书本”的简单循环，更要将知识恰当用于解决实际问题，以实现学习的基本目标。同时，实践环节有助于学生理解抽象概念，培养学生综合设计与创新、动手、分析和解决问题的能力，对培养学生的科学态度、严谨作风也有着重要的意义。

所以学生要通过控制系统的搭建，认知其各个组成部分的功能及性能，通过对控制系统的软件调试，真正掌握各种控制方法，同时学生也可以创新自己的控制策略及方法，达到最优控制，从而培养和提高自己的实践动手能力和综合创新设计能力。

关注竞技：要积极参与技能竞赛

引导学生关注各种兴趣小组（如家用电器维修小组、电脑硬件拆装小组），激起学生对专业课的学习兴趣，培养创新能力。同时，通过组织操作竞赛等形式，激发学生的学习热情，形成良好的技能比赛氛围。如西门子过程控制大赛、仪表工技能大赛、PLC应用技术大赛、电子产品组装技能大赛，参加这些大赛会提升学生自身的知名度，将来他们在就业时就会有意想不到的收获。

子学习情境 1.2　过程控制系统的流程图

工作任务单

<table>
<tr><td>情　境</td><td colspan="6">学习情境 1　过程控制理论探索</td></tr>
<tr><td rowspan="3">任务概况</td><td rowspan="2">任务名称</td><td rowspan="2">子学习情境 1.2　过程控制系统的流程图</td><td>日期</td><td>班级</td><td>学习小组</td><td>负责人</td></tr>
<tr><td></td><td></td><td></td><td></td></tr>
<tr><td>组员</td><td colspan="5"></td></tr>
<tr><td rowspan="2">任务载体和资讯</td><td colspan="2" rowspan="2"></td><td colspan="4">载体：精馏塔的管道及工艺流程图。</td></tr>
<tr><td colspan="4">资讯：
1．流程图的基本图形符号（重点）：①测量点；②连接线；③一般仪表的图形符号。
2．仪表功能标志（重点）：①功能字母代号含义；②仪表位号的表示方法。
3．专用仪表的图形符号（重点）：①控制仪表的图形符号；②流量仪表的图形符号；③控制阀体和风门的图形符号；④执行机构的图形符号；⑤常用设备的图形符号。</td></tr>
<tr><td>任务目标</td><td colspan="6">1．掌握过程流程图的基本图形符号构成及画法。
2．掌握仪表功能字母代号含义及仪表位号的表示方法。
3．记住主要仪表的图形符号。
4．培养学生的组织协调能力、语言表达能力，达成职业素质目标。</td></tr>
<tr><td>任务说明</td><td colspan="6">精馏是石油化工、炼油生产过程中的一个十分重要的环节，其目的是将混合物中各组分分离出来，以达到规定的纯度。精馏过程的实质就是迫使混合物的气、液两相在塔体中做逆向流动，利用混合液中各组分具有不同的挥发度，在互相接触的过程中，液相中的轻组分逐渐转入气相，而气相中的重组分则逐渐进入液相，从而实现液体混合物的分离。一般精馏装置由精馏塔、再沸器、冷凝器、回流罐等设备组成。
工艺流程图的识读步骤：①先看标题栏，了解图名、图号、设计项目、设计阶段、设计时间及会签栏。②对照设计施工图的有关说明和图内文字要求，按照物料介质的作用，先识读主流程线，后识读副流程线；识读时先从物料介质来源的起始处，按物料介质的流向，依次详细了解到终了部位。③在识读流程图的基础上，具体掌握仪表设备的种类、数量、分布情况，以及在各个环节中的作用。</td></tr>
<tr><td>任务要求</td><td colspan="6">前期准备：复习前导课程《化工设备》的相关知识。
指出：①各环节仪表符号的含义；②各控制环节的工作过程。</td></tr>
</table>

1　基本图形符号

控制系统原理图中的图形符号是一种设计语言。了解这些图形符号，就可以看出整个控制方案与仪器设备的布置情况。根据国家行业标准《过程检测和控制系统用文字代号和图形符号》（HG20505-92），并参照国家标准《过程检测和控制流程图用图形符号和文字代号》（GB2625-81），自动控制中的图例及符号已有统一规定，并经国家批准予以执行。

1.1 测量点

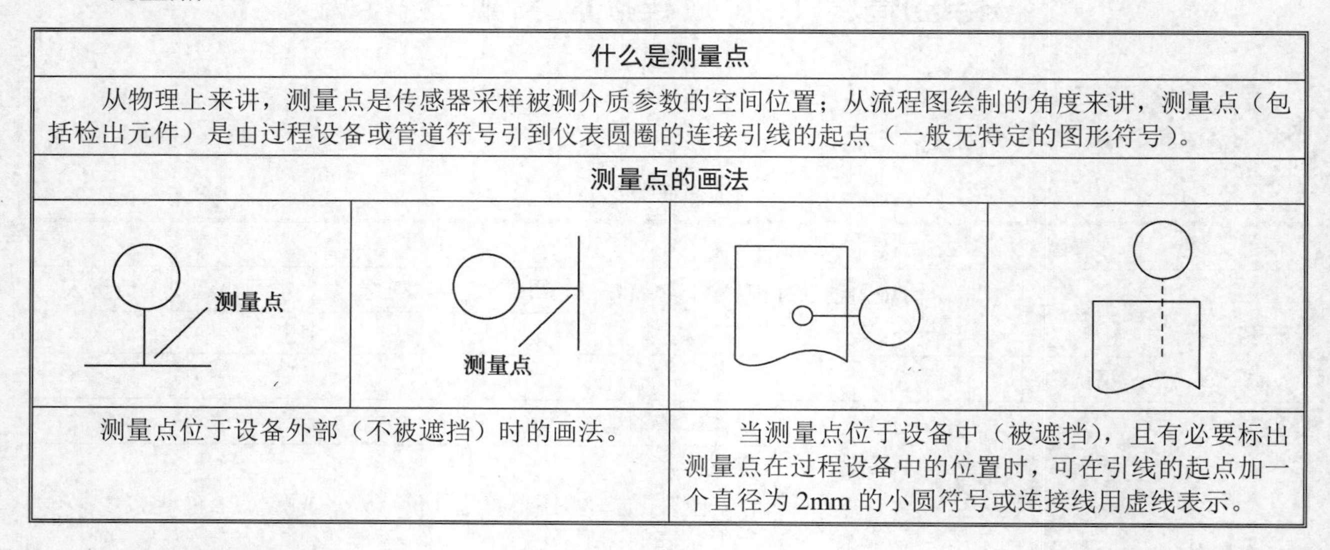

什么是测量点	
从物理上来讲，测量点是传感器采样被测介质参数的空间位置；从流程图绘制的角度来讲，测量点（包括检出元件）是由过程设备或管道符号引到仪表圆圈的连接引线的起点（一般无特定的图形符号）。	
测量点的画法	
测量点 / 测量点	
测量点位于设备外部（不被遮挡）时的画法。	当测量点位于设备中（被遮挡），且有必要标出测量点在过程设备中的位置时，可在引线的起点加一个直径为 2mm 的小圆符号或连接线用虚线表示。

1.2 连接线图形符号

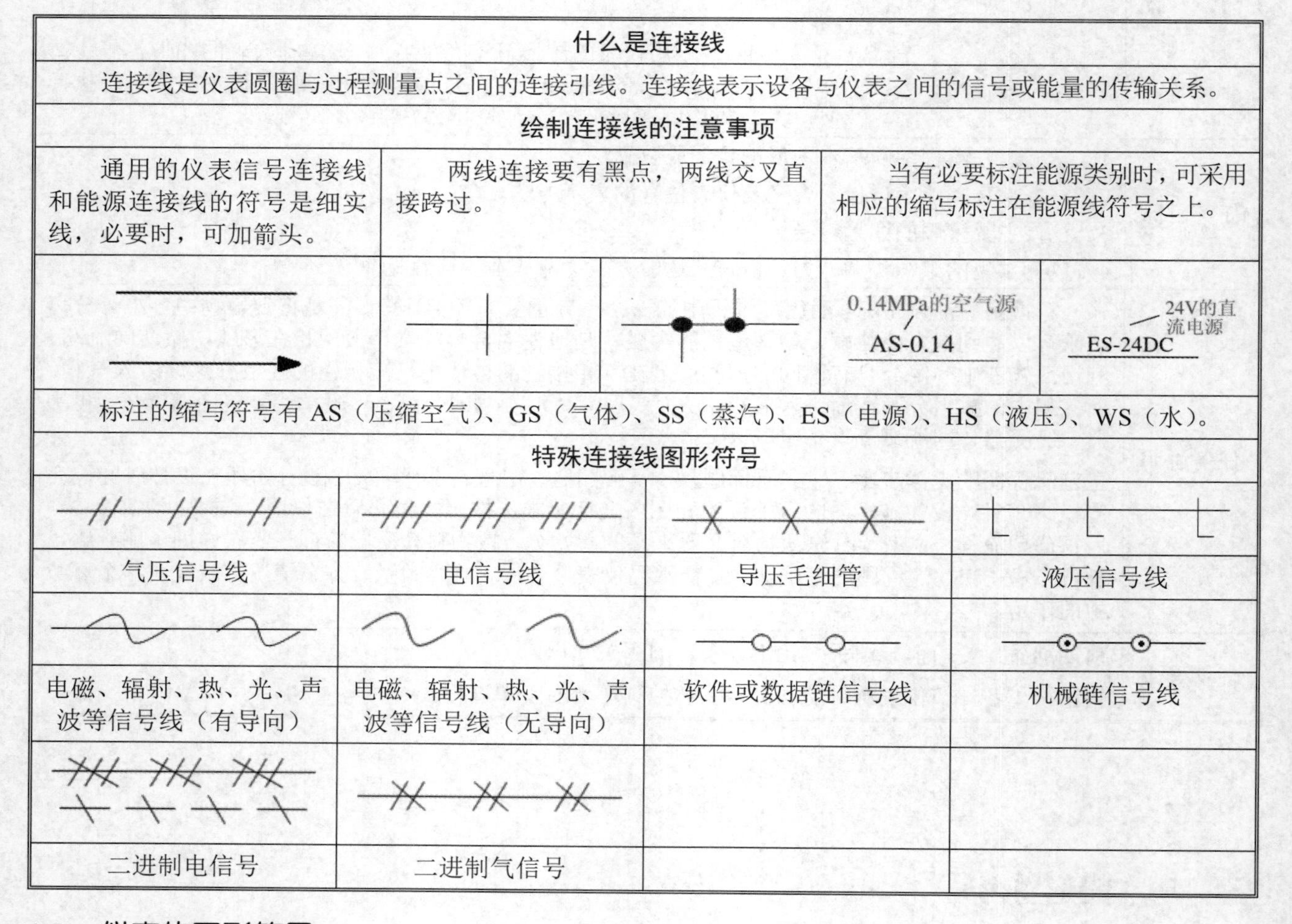

什么是连接线			
连接线是仪表圆圈与过程测量点之间的连接引线。连接线表示设备与仪表之间的信号或能量的传输关系。			
绘制连接线的注意事项			
通用的仪表信号连接线和能源连接线的符号是细实线，必要时，可加箭头。	两线连接要有黑点，两线交叉直接跨过。	当有必要标注能源类别时，可采用相应的缩写标注在能源线符号之上。	
		0.14MPa的空气源 AS-0.14	24V的直流电源 ES-24DC
标注的缩写符号有 AS（压缩空气）、GS（气体）、SS（蒸汽）、ES（电源）、HS（液压）、WS（水）。			
特殊连接线图形符号			
气压信号线	电信号线	导压毛细管	液压信号线
电磁、辐射、热、光、声波等信号线（有导向）	电磁、辐射、热、光、声波等信号线（无导向）	软件或数据链信号线	机械链信号线
二进制电信号	二进制气信号		

1.3 仪表的图形符号

什么是仪表的图形符号
仪表图形符号是直径为 12mm（或 10mm）的细实线圆圈。

仪表图形符号绘制时的注意事项		
		测量点 A 测量点 B
圆圈内的字母或数字较多不能容纳时，可断开。	处理两个或多个变量，或处理一个变量但有多个功能的复式仪表，可用相切的仪表圆圈表示。	当两个测量点引到一台复式仪表上，而两个测量点在图纸上距离较远或不在同一张图纸上，则分别用两个相切的实线圆圈和虚线圆圈表示。

仪表安装位置图形符号			
表示仪表安装于现场。	表示仪表安装于控制室。	表示仪表安装于现场的仪表盘或配电柜的面板上。	安装于盘后，操作员不监视。

2 仪表功能标志

2.1 功能字母代号

功能字母代号	首位字母[1]		后继字母[2]		
	被测变量或引发变量	修饰词	读出功能	输出功能	修饰词
A	分析		报警		
B	烧嘴、火焰		供选用[3]	供选用[3]	供选用[3]
C	电导率			控制	
D	密度	差（即差值）			
E	电压（电动势）		检测元件		
F	流量	比率（分数）			
G	毒性气体或可燃气体		视镜、观察[4]		
H	手动				高[5]
I	电流		指示		
J	功率	扫描			
K	时间、时间程序	变化速率[6]		操作器[7]	
L	物位		灯[8]		低[5]
M	水分或湿度	瞬动			中[5]、中间
N	供选用[3]		供选用[3]	供选用[3]	供选用[3]
O	供选用[3]		节流孔		
P	压力、真空		连接点、测试点		
Q	数量	积算、累计			
R	核辐射		记录、DCS 趋势记录		
S	速度、频率	安全[9]		开关、联锁	

T	温度			传送（变送）	
U	多变量[10]		多功能[11]	多功能[11]	多功能[11]
V	振动、机械监视			阀、风门、百叶窗	
W	重量、力		套管		
X	未分类[12]	X 轴	未分类[12]	未分类[12]	未分类[12]
Y	事件、状态[13]	Y 轴		继电器、计算器、转换器[14]	
Z	位置	Z 轴		驱动器、执行元件	

上标说明	
[1]	“首位字母”在一般情况下表示被测变量或引发变量，在首位字母后可附加修饰字母。
[2]	“后继字母”可根据需要为一个字母（读出功能）或两个字母（读出功能+输出功能）或三个字母（读出功能+输出功能+修饰词）。
[3]	“供选用（B）”指的是在个别设计中多次使用，而表中没有规定其含义。
[4]	“视镜、观察（G）”表示用于对工艺过程进行观察的现场仪表和视镜，如玻璃管液位计、窥视镜等。
[5]	后续字母修饰词 H（高）、M（中）、L（低）与被测量的值相对应，也可用来表示阀或其他开关装置的位置；该字母可写在仪表圆圈外的右上、中、下方。
[6]	“变化速率（K）”在与首字母 L、T 或 W 组合时，表示被测变量或引发变量的变化速率。
[7]	“操作器（K）”表示设置在控制回路内的自动/手动操作器，如流量控制回路中的自动/手动操作器为 FK，它区别于 HC 手动操作器。
[8]	“灯（L）”表示单独设置的指示灯，用于显示正常的工作状态，它不同于正常状态的“A”报警灯。如果“L”指示灯是回路的一部分，则应与首位字母组合使用，例如表示一个时间周期（时间累计）终了的指示灯应标注为 KQL。如果不是回路的一部分，可单独用一个字母“L”表示，例如电动机的指示灯，若电压是被测变量，则可表示为 EL；若用来监视运行状态则表示为 YL。不要用 XL 表示电动机的指示灯，因为未分类变量“X”仅在有限场合使用，可用供选用字母“N”或“O”表示电动机的指示灯，如 NL 或 OL。
[9]	“安全（S）”仅用于紧急保护的检测仪表或检测元件及最终控制元件。例如 PSV 表示正常状态下起保护作用的压力泄放阀或切断阀。可用于事故压力条件下进行安全保护的阀门或设施（如爆破膜或爆破板）用 PSE 表示。
[10]	首位字母“多变量（U）”用来代替多个变量的字母组合。
[11]	后继字母“多功能（U）”用来代替多种功能的字母组合。
[12]	“未分类（X）”表示作为首位字母或后继字母均未规定其含义，它在不同地点作为首位字母或后继字母均可有任何含义，适用于一个设计中仅一次或有限的几次使用。例如 XR -1 可以是应力记录，XX -2 则可以是应力示波器。在应用 X 时，要求在仪表图形符号（圆圈或正方形）外注明未分类字母“X”的含义。
[13]	“事件、状态（Y）”表示由事件驱动的控制或监视响应（不同于时间或时间程序驱动），亦可表示存在或状态。
[14]	“继动器（继电器）、计算器、转换器（Y）”说明如下：“继动器（继电器）”表示是自动的，但在回路中不是检测装置，其动作由开关或位式控制器带动的设备或器件。表示继动、计算、转换功能时，应在仪表图形符号（圆圈或正方形）外（一般在右上方）标注其具体功能。但功能明显时也可不标注，例如执行机构信号线上的电磁阀就无需标注。

2.2 首位字母与后继字母的组合示例

首位字母 \ 后继字母		控制器				读出仪表		开关报警装置			变送器			电磁阀继电器计算器	检测原件	试点	管或探头	镜观察	全装置	终执行元件
		记录	指示	无指示	自力式控制阀	记录	指示	高	低	高低组合	记录	指示	无指示							
A	分析	ARC	AIC	AC		AR	AI	ASH	ASL	ASHL	ART	AIT	AT	AY	AE	AP	AW			AV
B	烧嘴	BRC	BIC	BC		BR	BI	BSH	BSL	BSHL	BRT	BIT	BT	BY	BE		BW	BG		BZ
C	电导率	CRC	CIC			CR	CI	CSH	CSL	CSHL	CRT	CIT	CT	CY	CE					CV

首位字母		控制器 记录	控制器 指示	控制器 无指示	控制器 自力式控制阀	读出仪表 记录	读出仪表 指示	开关报警装置 高	开关报警装置 低	开关报警装置 高低组合	变送器 记录	变送器 指示	变送器 无指示	电磁阀继电器计算器	检测原件	试点	管或探头	镜观察	全装置	终执行元件
D	密度	DRC	DIC	DC		DR	DI	DSH	DSL	DSHL	DRT	DIT	DT	DY	DE					DV
E	电压	ERC	EIC	EC		ER	EI	ESH	ESL	ESHL	ERT	EIT	ET	EY	EE					EZ
F	流量	FRC	FIC	FC	FCV FICV	FR	FI	FSH	FSL	FSHL	FRT	FIT	FT	FY	FE	FP		FG		FV
Q	流量累计	FQRC	FQIC			FQR	FQI	FQSH	FQSL			FQIT	FQT	FQY	FQE					FQV
FF	流量比	FFRC	FFIC	FFC		FFR	FFI	FFSH	FFSL						FE					FFV
G	供选用																			
H	手动		HIC	HC						HS										HV
I	电流	IRC	IIC			IR	II	ISH	ISL	ISHL	IRT	IIT	IT	IY	IE					IZ
J	功率	JRC	JIC			JR	JI	JSH	JSL	JSHL	JRT	JIT	JT	JY	JE					JV
K	时间	KRC	KIC	KC	KCV	KR	KI	KSH	KSL	KSHL	KRT	KIT	KT	KY	KE					KV
L	物性	LRC	LIC	LC	LCV	LR	LI	LSH	LSL	LSHL	LRT	LIT	LT	LY	LE		LW	LG		LV
M	水分或湿度	MRC	MIC			MR	MI	MSH	MSL	MSHL		MIT	MT		ME		MW			MV
N	供选用																			
O	供选用																			
P	压力	PRC	PIC	PC	PCV	PR	PI	PSH	PSL	PSHL	PRT	PIT	PT	PY	PE	PP			PSV PSE	PV
PD	压力差	PDRC	PDIC	PDC	PDCV	PDR	PDI	PDSH	PDSL		PDRT	PDIT	PDT	PDY	PDE	PP				PDV
Q	流量	QRC	QIC			QR	QI	QSH	QSL	QSHL	QRT	QIT	QT	QY	QE					QZ
R	核辐射	RRC	RIC	RC		RR	RI	RSH	RSL	RSHL	RRT	RIT	RT	RY	RE		RW			RZ
S	速度频率	SRC	SIC	SC	SCV	SR	SI	SSH	SSL	SSHL	SRT	SIT	ST	SY	SE					SV
T	温度	TRC	TIC	TC	TCV	TR	TI	TSH	TSL	TSHL	TRT	TIT	TT	TY	TE	TP	TW		TSE	TV
TD	温度差	TDRC	TDIC	TDC	TDCV	TDR	TDI	TDSH	TDSL		TDRT	TDIT	TDT	TDY	TE	TP	TW			TDV
U	多变量					UR	UI							UY						UV
V	振动极限监视					VR	VI	VSH	VSL	VSHL	VRT	VIT	VT	VY	VE					VZ
W	重量、力	WRC	WIC	WC	WCV	WR	WI	WSH	WSL	WSHL	WRT	WIT	WT	WY	WE					WZ
WD	重量差、力差	WDRC	WDIC	WDC	WDCV	WDR	WDI	WDSH	WDSL		WDRT	WDIT	WDT	WDY	WDE					WDV
X	未分类																			
Y	事件、状态		YIC	YC		YR	YI	YSH	YSL				YT	YY	YE					YV
Z	位置尺寸	ZRC	ZIC	ZC	ZCV	ZR	ZI	ZSH	ZSL	ZSHL	ZRT	ZIT	ZT	ZY	ZE					ZV
ZD	检尺、位置差	ZDRC	ZDIC	ZDC	ZDCV	ZDR	ZDI	ZDSH	ZDSL		ZDRT	ZDIT	ZDT	ZDY	ZDE					ZDV

其他					
FIK	带流量指示自动-手动操作	PFI	压缩比指示	QQI	数量积算指示
FO	限流孔板	TJI	扫描指示	WKIC	失重率指示、控制
HMS	手动瞬动开关	TJIA	扫描指示、报警		
KQI	时间或时间程序指示	TJR	扫描记录		
LCT	液位控制、变送	TJRI	扫描记录、报警		
LLH	液位指示灯				

2.3　仪表位号的表示方法

什么是仪表的位号

仪表位号是仪表在检测或控制系统中唯一的编号，通常由字母代号和回路编号两部分组成。

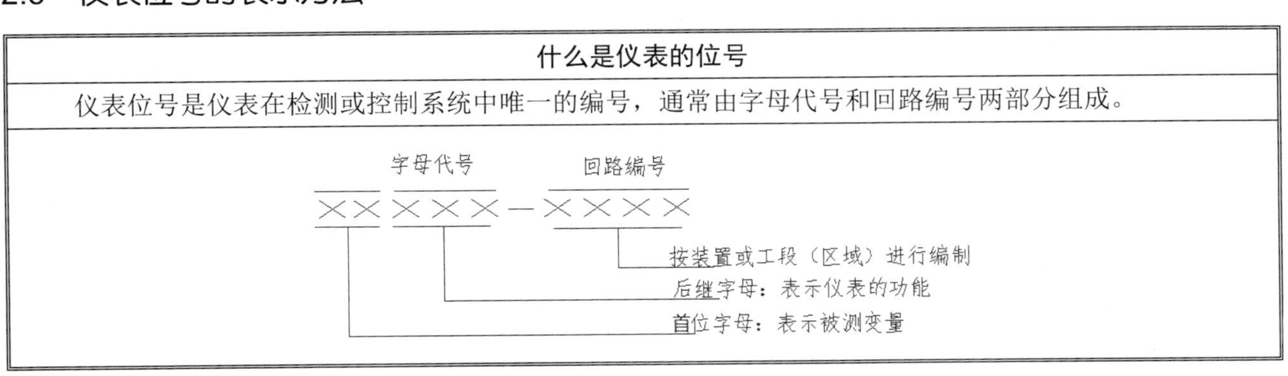

仪表位号示例			
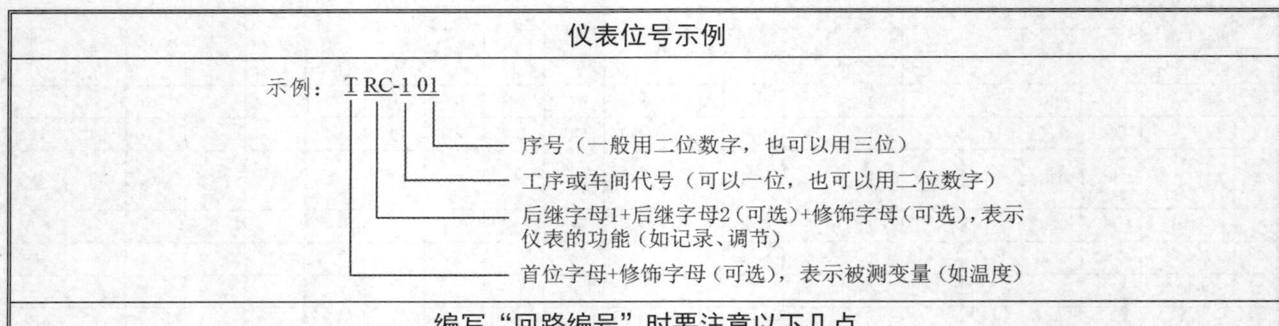			
编写“回路编号”时要注意以下几点			
同一个装置（或工段）中，测量同一被测变量的仪表位号中数字编号是连续的，但允许中间有空格（测量不同被测变量的仪表位号不能连续编号）。	如果同一个仪表回路中有两个以上具有相同功能的仪表，可在仪表位号后附加尾缀（大写英文字母）加以区别，例如PT-202A、PT-202B表示同一回路内的两台压力变送器。	当属于不同工段的多个检出元件共用一台显示仪表时，仪表位号只标顺序号，不标工段号，例如多点温度指示仪的仪表位号为TI-1，相应的检出元件仪表位号为TE-l-1、TE-l-2……	当一台仪表由两个或多个回路共用时，应标注各回路的仪表位号，例如一台双笔记录仪记录流量和压力时，仪表位号为FR-121/PR-131。
仪表位号在仪表图形符号（通常为一个圆）中的表示方法			
字母代号填写在圆圈上半圈中，回路编号填写在圆圈下半圈中，室内安装仪表，圆圈中有一横；现场盘装仪表中间有两横；现场安装仪表，圆圈中间没有横；盘后安装仪表，圆圈中有一条虚线。			
	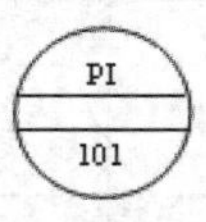	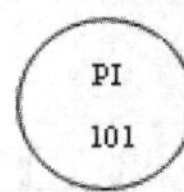	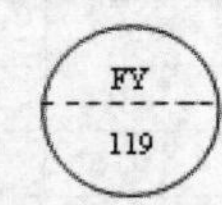

3 其他设备的图形符号

3.1 管件的图形符号

管件图形符号		
主要管道为粗实线，线宽为3b，b=0.35～2mm	次要管道为细实线，线宽为1b	管内介质流向，可用箭头表示

3.2 控制仪表的图形符号

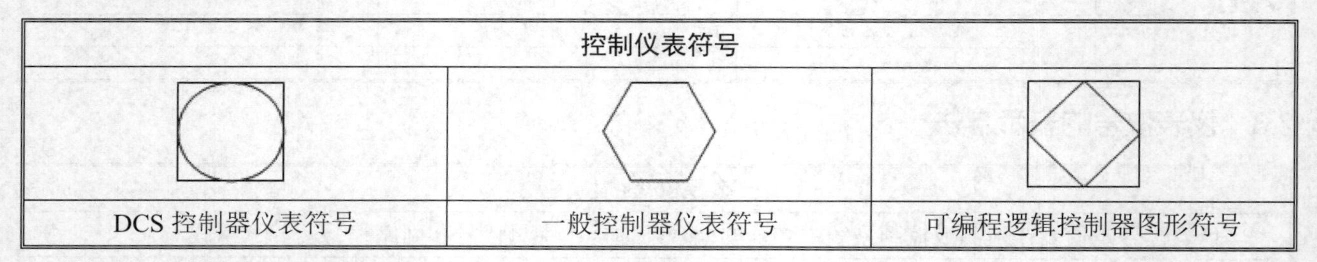

3.3 流量仪表的图形符号

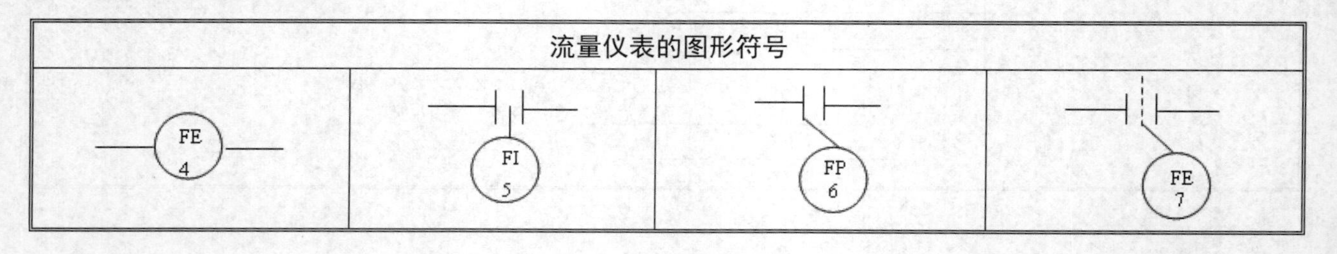

流量检测元件的通用符号	差压式指示流量计法兰或角接取压孔板	法兰或角接取压测试接头，不带孔板	理论取压孔板
FT 8	FP 9A　FP 9B　RAD	FE 10	FE 11
理论取压、径距取压或管道取压孔板，差压式流量变送器	径距取压测量接头，不带孔板	快速更换装置中的孔板	皮托管或文丘里皮托管
FE 12	FE 13	FE 14	FE 15
文丘里管	均速管	峡槽	堰
FE 16	FE 17	FE 18	FE　FC 19
涡轮或旋翼式流量计	转子流量计	位移式、流量积算指示器	流量控制器
FE 20	FE 21	FE 22	FE 23
超声流量计	旋涡传感器	靶式传感器	流量喷嘴
FE 24　M	FT 25　MF—质量流量　EMF—电磁流量计　IFO—内藏孔板　VOT—旋涡传感器		
电磁流量计	流量元件和变送器为一体		

3.4　其他仪表的图形符号

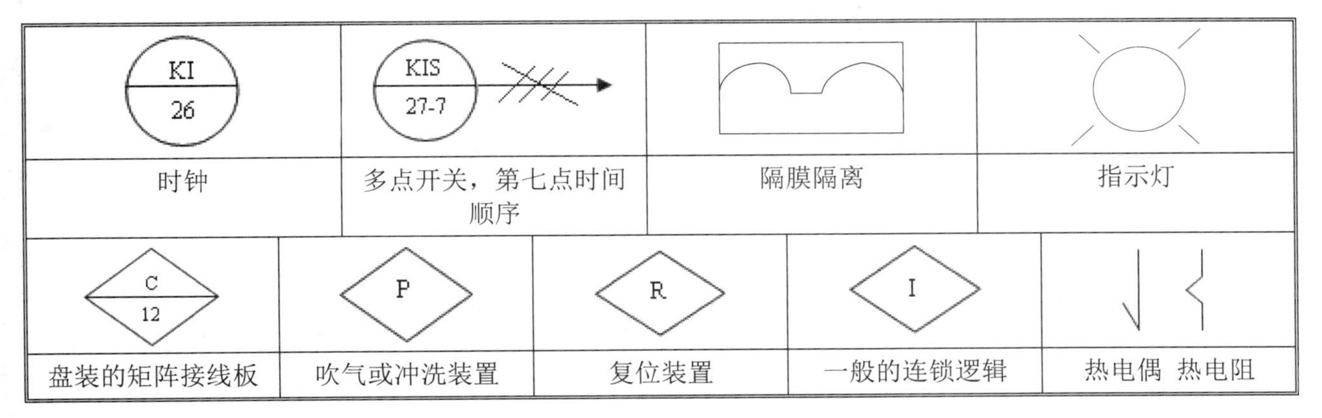

KI 26	KIS 27-7		
时钟	多点开关，第七点时间顺序	隔膜隔离	指示灯

C 12	P	R	I	
盘装的矩阵接线板	吹气或冲洗装置	复位装置	一般的连锁逻辑	热电偶　热电阻

3.5 控制阀体和风门的图形符号

控制阀体和风门的图形符号				
截止阀	角阀	三通阀	四通阀	球阀
蝶阀	旋塞阀	其他形式的阀（注明×代表什么型的阀）	隔膜阀	闸阀
百叶窗或风门				

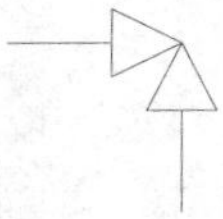

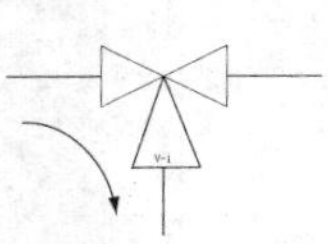

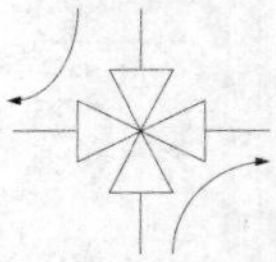

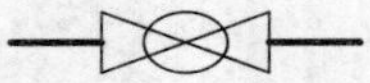

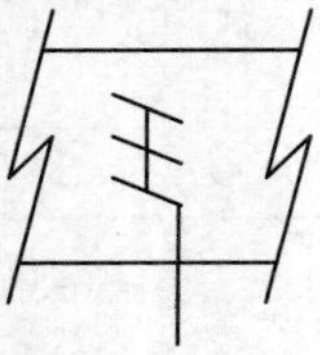

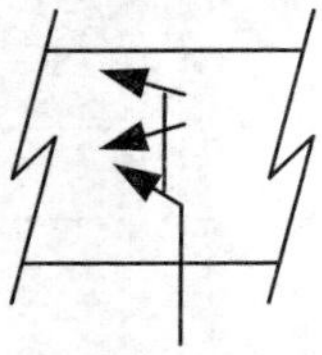

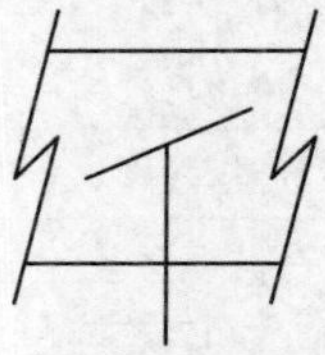

3.6 执行机构的图形符号

执行机构的图形符号				
 带弹簧的薄膜执行机构	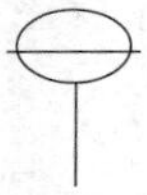 不带弹簧的薄膜执行机构	 M 电动执行机构	 D 数字执行机构	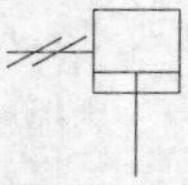 单作用活塞执行机构
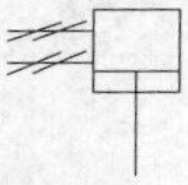 双作用活塞执行机构	 S 电磁执行机构	 带手轮的电动薄膜执行机构	 带电动阀门定位器的电动薄膜执行机构	 带电动阀门定位器的气动薄膜执行机构
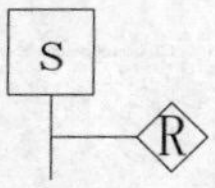 S R 带人工复位装置的执行机构	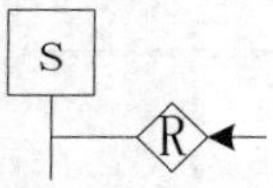 S R 带远程复位装置的执行机构（以电磁执行机构为例）			

执行机构能源中断时控制阀位置的图形符号		
能源中断时，直通阀开启	能源中断时，直通阀关闭	A B C 能源中断时，三通阀流体通向A——C

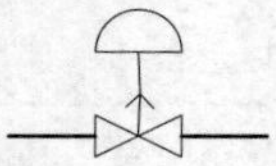

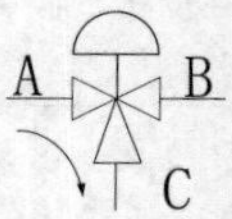

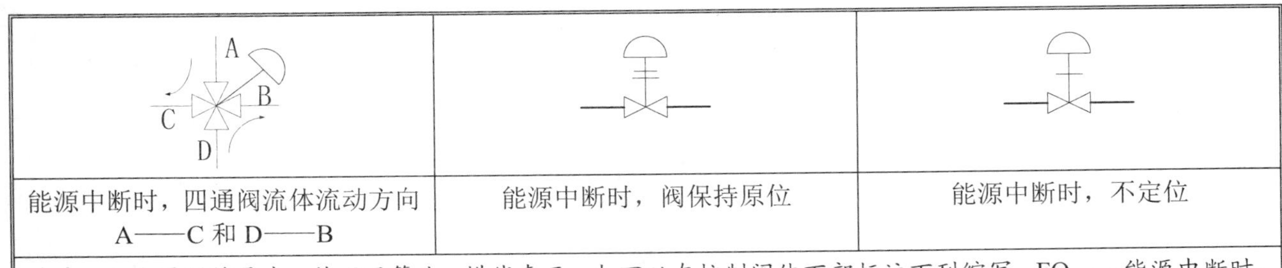

能源中断时，四通阀流体流动方向 A——C 和 D——B	能源中断时，阀保持原位	能源中断时，不定位
注意：上述图形符号中，若不用箭头、横线表示，也可以在控制阀体下部标注下列缩写：FO——能源中断时，开启；FC——能源中断时，关闭；FL——能源中断时，保持原位；FI——能源中断时，任意位置。		

3.7　常用设备的图形符号

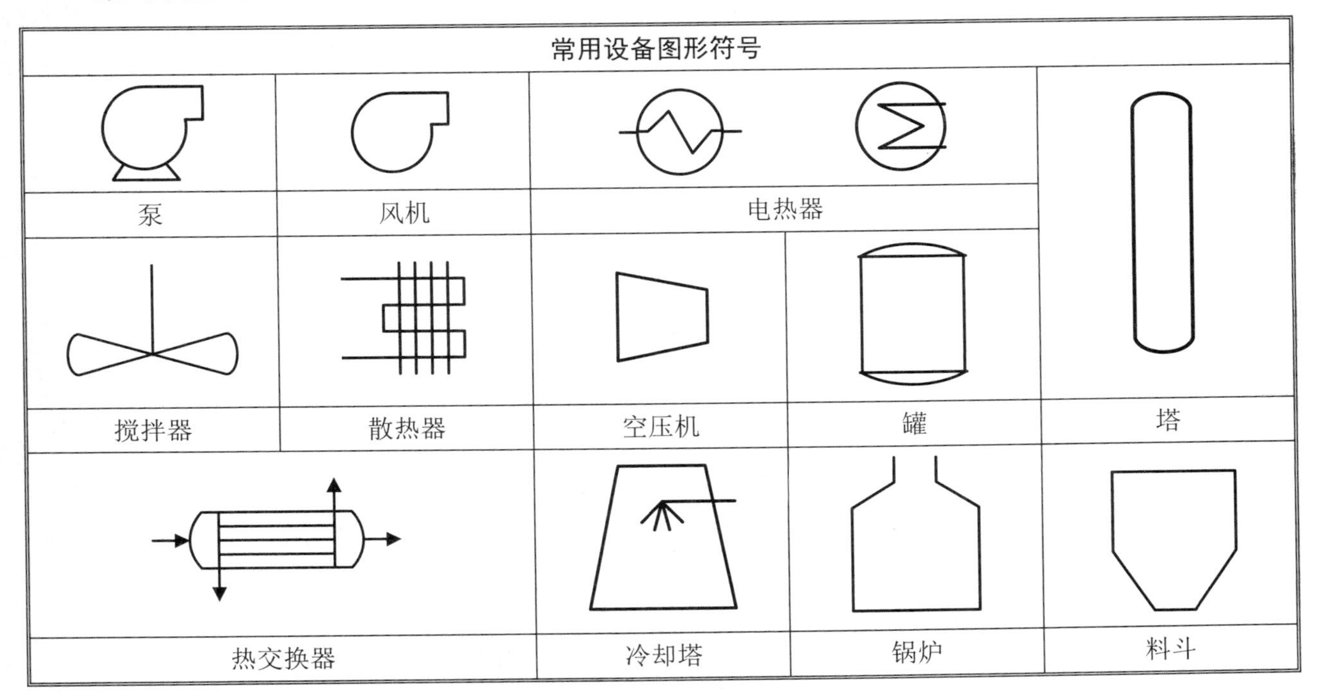

子学习情境 1.3　仪表测量的基础知识

工作任务单

情　　境	学习情境 1　过程控制理论探索					
任务概况	任务名称	子学习情境 1.3　仪表测量的基础知识	日期	班级	学习小组	负责人
	组员					
任务载体和资讯		**载体：**多媒体设备（制作 PPT 汇报小组学习情况）。				
		资讯： 1．检测系统：①检测的概念；②检测方法的分类；③检测仪表的组成（重点）；④检测仪表的分类。 2．测量误差及处理方法：①绝对误差、相对误差和引用误差的概念（重点）；②系统误差、随机误差和粗大误差的概念、特点和消除方法（重点）。				

		3．仪表的主要性能指标（重点）：①量程（重点）；②精度（重点）；③变差（难点）；④线性度（难点）；⑤分辨力和分辨率（重点）；⑥响应时间。
任务目标	1．掌握仪表测量的基础知识。 2．掌握制作 PPT 的方法，熟悉汇报的一些语言技巧。 3．培养学生的组织协调能力、语言表达能力，达成职业素质目标。	
任务要求	**前期准备**：小组分工合作，通过网络收集资料。 **汇报文稿要求**：①主题要突出；②内容不要偏离主题；③叙述要有条理；④不要空话连篇；⑤提纲挈领，忌大段文字。 **汇报技巧**：①不要自说自话，要与听众有眼神交流；②语速要张弛有度；③衣着得体；④体态自然。	

1 检测系统

什么是检测？

检测即测量，是为准确获取表征被测对象特征的某些参数的定量信息，利用专门的技术工具，运用适当的实验方法，将被测量与同种性质的标准量（即单位量）进行比较，确定被测量对标准量的倍数，从而找到被测量数值大小的过程。

检测方法的分类

分为接触式与非接触式测量。	分为直接、间接与组合测量。	分为偏差式、零位式与微差式测量。	根据物理原理划分的测量方法。
例如：超声波传感器测距为非接触式测量，而热电阻测温为接触式测量。	直接测量：它是指直接从测量仪表的读数获取被测量量值的方法。 间接测量：利用直接测量的量与被测量之间的函数关系，间接得到被测量量值的测量方法。 组合测量：当某项测量结果需用多个参数表达时，可通过改变测试条件进行多次测量，根据测量的量与参数间的函数关系列出方程组并求解，进而得到未知量，这种测量方法称为组合测量。	偏差式测量：是指在测量过程中，用仪器表指针的位移（即偏差）来表示被测量的测量方法。 零位式测量：是指测量时用被测量与标准量相比较，然后调节标准量的数量使得指零仪表归零（平衡），以获得被测量的值。 微差式测量：它是偏差式测量法和零位式测量法的结合，它通过测量待测量与标准量之差（通常该差值很小）来得到待测量量值。	例如热电阻和热电偶采用不同的物理原理测温。

什么是检测仪表？

检测仪表是实现检测过程的物质手段，是测量方法的具体化，它将被测量经过一次或多次的信号或能量形式的转换，再由仪表指针、数字或图像等显示出量值，从而实现被测量的检测。

检测仪表的组成

传感器	变送器	显示（记录）部分
传感器也称敏感元件，是一次元件，其作用是感受被测量的变化并产生一个与被测量呈某种函数关系的输出信号。	变送器的作用是将敏感元件输出信号变换成既包含原始信号全部信息又更易于处理、传输及测量的变量。	它可将测量信息转变成人感官所能接受的信号形式。有些简单检测仪表不包含该部分。

检测仪表的分类				
按被测参数性质分类。	按使用性质分类。	按仪表系统组成方式的不同分类。	按动力源分类。	按输出信号分类。
有温度、压力、流量、物位、分析仪表。	有实用型、范型和标准型仪表。	有基地式仪表和单元组合式仪表。	有电动仪表（电子仪表）、气动仪表、液动仪表等。	有模拟式仪表、数字式仪表、检测开关（输出开关信号）等。

2　测量误差及处理方法

按误差性质分类		
绝对误差	相对误差	引用误差
绝对误差Δ是被测量的测量值 x 与真值 x_0 之差，由于真值无法得到，所以常用标准表的测量值代替。	相对误差是指被测量的绝对误差与约定值（即真实值）的百分比，用来说明测量精度的高低。	引用误差又称相对百分误差，是绝对误差与测量范围（量程）的百分比。
$\Delta = x - x_0$	$\delta = \dfrac{\Delta}{x_0} = \dfrac{x - x_0}{x_0} \times 100\%$	$\delta = \dfrac{\Delta}{x_{max} - x_{min}} \times 100\%$
按误差产生原因分类		
系统误差	随机误差	粗大误差
定义：在多次等精度测量同一量时，若误差基本固定不变或按照一定规律变化，或当条件改变时按某种规律变化，则称该误差为系统误差，简称系差。	定义：对同一被测量进行多次重复测量时，如果误差大小不可预知地随机变化且变化规律满足正态分布，则该误差称为随机误差。	定义：又称为疏忽误差，测量结果明显地偏离其实际值所对应的误差。
特点：有规律、可再现、可以预测。	特点：有界性（误差的绝对值不会超过一定界限）、对称性（误差的正负号出现的概率几乎相同、相消性（误差有相互抵消的特性）、单峰性（小的误差出现的机会多）。	特点：偶然出现、误差很大、数据异常。
原因：测量仪器设计原理及制作上的缺陷；测量环境条件与仪器使用要求不一致等；测量人员读数习惯等造成的误差，计算方法错误引发误差。	原因：噪声、零部件配合的不稳定、摩擦、接触不良，温度及电源电压的无规则波动，电磁干扰、地基振动等，测量人员感官性能的无规则变化。	原因：疏忽大意、测量条件的突然变化（如打雷）。
处理：理论分析+实验验证→修正。	处理：多次测量，取平均值。	处理：判断→剔除。

3　仪表的主要性能指标

什么是测量范围或量程？
指在正常工作条件下，检测系统或仪表能够测量的被测量值的总范围，测量范围用测量下限值和测量上限值之差来表示。
什么是准确度或精度？
准确度也称精度，用于表示测量结果与实际值相一致的程度，一般用去掉百分号的引用误差表示。

$$精度=\frac{|\Delta_{max}|}{x_{max}-x_{min}}\times100$$

其中 Δ_{max} 为仪表的允许误差，是仪表所允许的绝对误差界限，也可理解为仪表可能出现的最大绝对误差，x_{min} 是量程下限，x_{max} 是量程上限。

精度等级规格

我国《工业过程测量和控制用检测仪表和显示仪表精确度等级》（GB/T13283－2008）仪表精度等级有0.005、0.02、0.05、0.1、0.2、0.4、0.5、1.0、1.5、2.5、4.0 等。精度等级数值越小，就表明该仪表的精确度越高。

精度等级的符号

仪表的精度等级一般可用不同的符号形式标志在仪表面板上，如图 1-3-1 所示。

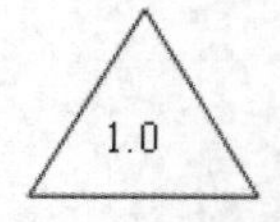

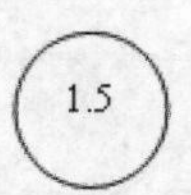

图 1-3-1 仪表精度符号

仪表精度等级的确定

例：某台测温仪表的测温范围为 200℃～700℃，校验该表时得到的最大绝对误差为+4℃，试确定该仪表的精度等级。

解 该仪表的相对百分误差为

$$\delta=\frac{+4}{700-200}\times100\%=+0.8\%$$

如果将该仪表的 δ 去掉“+”号与“%”号，其数值为 0.8。由于国家规定的精度等级中没有 0.8 级仪表，同时，该仪表的误差超过了 0.5 级仪表所允许的最大误差，所以，这台测温仪表的精度等级为 1.0 级。

仪表精度的选择

例：某台测温仪表的测温范围为 0℃～1000℃。根据工艺要求，温度指示值的误差不允许超过±7℃，试问应如何选择仪表的精度等级才能满足以上要求？

解 根据工艺上的要求，仪表的允许误差为

$$\delta_{允}=\frac{\pm7}{1000-0}\times100\%=\pm0.7\%$$

如果将仪表的允许误差去掉“±”号与“%”号，其数值介于 0.5～1.0 之间，如果选择精度等级为 1.0 级的仪表，其允许的误差为±1.0%，超过了工艺上允许的数值，故应选择 0.5 级仪表才能满足工艺要求。

什么是变差？

变差是指在外界条件不变的情况下，用同一仪表对被测量在仪表全部测量范围内进行正反行程（即被测参数逐渐由小到大和逐渐由大到小）测量时，被测量正行程特性曲线与和反行特性曲线之间的最大偏差占量程的百分比。

$$变差=\frac{最大绝对差值}{测量范围上限值-测量范围下限值}\times100\%$$

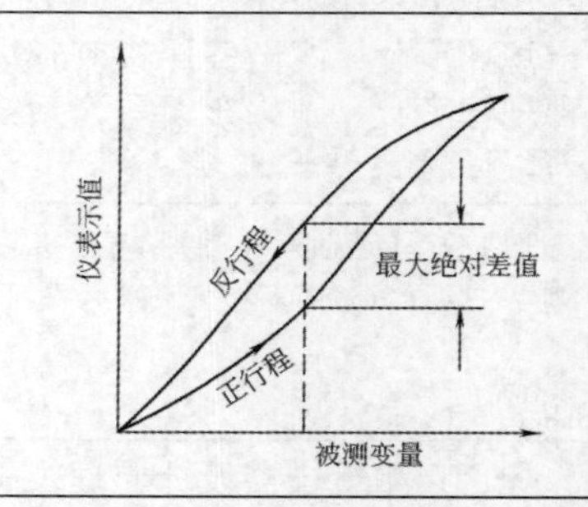

什么是线性度？

线性度是表示仪表的输出量与输入量的实际校准曲线与理论直线的吻合程度。通常总是希望测量仪表的输出与输入之间呈线性关系。

$$\delta_f=\frac{\Delta f_{max}}{仪表量程}\times100\%$$

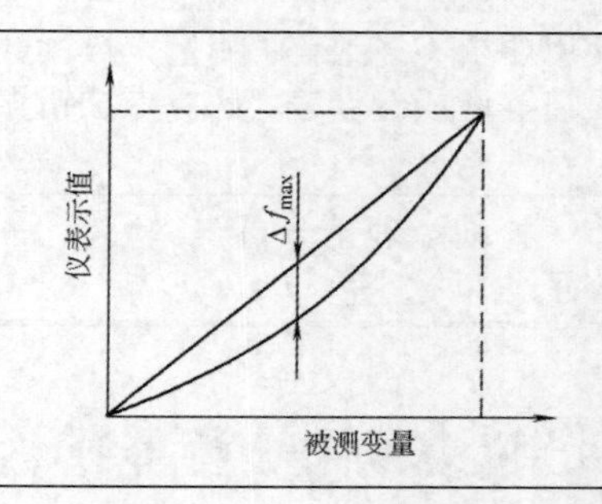

什么是分辨力和分辨率？

分辨力是指仪器能检出的被测信号最小变化值，是有量纲的数。分辨率是指仪器分辨力除以仪表的量程。

对数字仪表而言，如果没有其他附加说明，一般认为该表的最小数位值即为它的分辨力。显然，分辨力的数值小于仪表的最大绝对误差，而最大示值（即量程）的倒数为数字仪表的分辨率。

什么是反应时间？

反应时间用来衡量仪表能不能尽快反映出参数变化的品质指标。仪表反应时间的长短实际上反映了仪表动态特性的好坏。

子学习情境 1.4　初识过程控制系统

情境导入

工作任务单

<table>
<tr><td>情　　境</td><td colspan="6">学习情境 1　过程控制理论探索</td></tr>
<tr><td rowspan="3">任务概况</td><td rowspan="2">任务名称</td><td rowspan="2">子学习情境 1.4　初识过程控制系统</td><td>日期</td><td>班级</td><td>学习小组</td><td>负责人</td></tr>
<tr><td></td><td></td><td></td><td></td></tr>
<tr><td>组员</td><td colspan="5"></td></tr>
<tr><td rowspan="2">任务载体和资讯</td><td colspan="2" rowspan="2"></td><td colspan="4">载体：理论知识 PK 大赛。</td></tr>
<tr><td colspan="4">资讯：
1．过渡过程：①控制系统的静态和动态（重点）；②过渡过程概念（重点）；③阶跃信号概念（重点）；④过渡过程的类型及各类型的特点；⑤衰减振荡过渡过程的物理描述。
2．过程控制系统的性能指标：①超调量 σ（重点）；②余差 C（重点）；③衰减比 n（重点）；④调节时间 T_S（重点）；⑤振荡周期 T 和振荡频率 ω（重点）；⑥峰值时间 T_P。
3．环节对象的特性对控制品质的影响：①系统中环节对象的特性是什么？各自有什么特点（重点）？②环节对象的各个特性对过渡过程的影响是什么（难点）？
4．过程控制中的特殊被控对象的特点。</td></tr>
<tr><td>任务目标</td><td colspan="6">1．掌握过程控制的基础知识。
2．掌握对抗赛的组织方法，熟悉应变语言技巧。
3．培养学生的组织协调能力、语言表达能力，达成职业素质目标。</td></tr>
<tr><td>任务要求</td><td colspan="6">前期准备：小组分工合作，通过网络收集资料。
PK 要求：①每次抽取两个小组进行 PK 对决，其他同学观战；②开始前，由各自组长介绍该阶段所学内容；③先由 A 组提出问题，B 组回答，之后再由 B 组提出问题，A 组回答，以此类推往复进行；④提问时不准拖沓，提问小组若在规定时间内没有提出问题，则视为放弃；⑤被提问小组若在规定时间内没有回答出问题，也将视为放弃；⑥PK 持续时间由教师根据实际情况而定；⑦每个同学的基础分值为 60 分，在 PK 过程中按规则增减分值。
得分规则：①正常提问时，提问同学得 1 分，若对方回答错误或放弃回答，提问同学加 3 分，其他组员每人加 1 分；②小组所提问题的重复次数超过两次，提问同学扣 3 分，其他组员每人扣 1 分；③回答完全正确时，回答的同学加 5 分，其他组员每人加 1 分，回答错误时，回答的同学减 3 分，其他组员每人减 1 分；④若小组放弃回答，每个组员扣 2 分；⑤小组中第一个同学回答得不够全面，可由小组其他成员补充，这时由所有回答的同学来分割这 5 分（每题 5 分），其他组员不得分；⑥若小组所有成员都不能将一个问题补充全面，回答及补充回答的同学不得分，小组其他成员各扣一分；⑦被提问小组不能解答问题时，可由观战同学解答，解答正确该同学可获得 2 分。</td></tr>
</table>

1 控制系统的过渡过程

1.1 什么是过渡过程?

<table>
<tr><th>什么是控制系统的静态?</th><th>什么是控制系统的动态?</th></tr>
<tr><td>静态是指过程控制系统中的被控变量不随时间变化的平衡状态。</td><td>动态是指过程控制系统中的被控变量随时间变化而变化的不平衡状态。</td></tr>
<tr><td>说明:①设定值保持不变且无任何外来扰动作用时，整个系统将处于平衡状态（即静态）；②这里所说的静态，并非指系统内没有物料与能量的流动，而是指各个参数的变化率为零，即参数保持不变。</td><td>说明:当系统设定值发生变化或系统受到扰动作用时，其原有平衡状态就会遭受破坏，被控变量将偏离设定值，此时控制器会自发改变原来的状态，产生相应的控制作用，通过改变操纵变量去克服输入信号（设定值或扰动）变化的影响，力图恢复平衡状态。</td></tr>
<tr><th colspan="2">什么是过渡过程?</th></tr>
<tr><td colspan="2">在设定值发生变化或系统受到扰动作用后，系统从原来的平衡状态进入新平衡状态时所经历的动态过程称为过渡过程。</td></tr>
<tr><td colspan="2">例如，一个不倒翁，没有人推它时，它静止不动（处于静态），当有人推它时，它会来回摆动（处于动态并进入过渡过程），摆动若干次后，它又会在新的位置静止不动（进入新的平衡状态或新的静态）。</td></tr>
<tr><th colspan="2">研究过渡过程的意义是什么?</th></tr>
<tr><td colspan="2">一个控制系统的好坏在静态时是难以判别的，只有在动态过程中才能充分反映出来，因此，我们对控制系统研究的重点将放在其动态过渡过程。
一般来说，一个好的控制系统要求其过渡过程历时短、参数变化幅度小。</td></tr>
</table>

1.2 阶跃信号

<table>
<tr><th colspan="2">什么是控制系统的输入/输出信号?</th></tr>
<tr><td colspan="2">如果把控制系统看作一个整体，我们称其设定值和外来干扰为输入信号，称其被控变量为输出信号。</td></tr>
<tr><th colspan="2">过渡过程的研究方法</th></tr>
<tr><td colspan="2">给控制系统输入标准信号，观察其输出信号的变化是否符合要求。
控制系统的标准输入信号有阶跃信号、脉冲信号和正弦信号，我们这里主要研究阶跃信号。</td></tr>
<tr><th colspan="2">什么是阶跃信号?</th></tr>
<tr><td colspan="2">阶跃信号在 $t \leqslant 0$ 时恒为 0，在 $t=0$ 时突变为某值 A，在 $t>0$ 时将保持不变且恒为 A。
它是一种理想化的模型，因为在实际中，信号总是连续的，不可能在 0 点出现这样的“突变”。但是，建立这样一种模型，可以使我们分析的问题大为简化，因为其抓住了主要因素，忽略了次要因素。</td></tr>
<tr><th>数学表达式</th><th>图像</th></tr>
<tr><td>$r(t)=\begin{cases}A & t \geqslant 0\\ 0 & t<0\end{cases}$ 当 $A=1$ 时，称为单位阶跃信号。</td><td>r
r(t)
A
t</td></tr>
<tr><td colspan="2"></td></tr>
</table>

1.3　过渡过程的几种形式

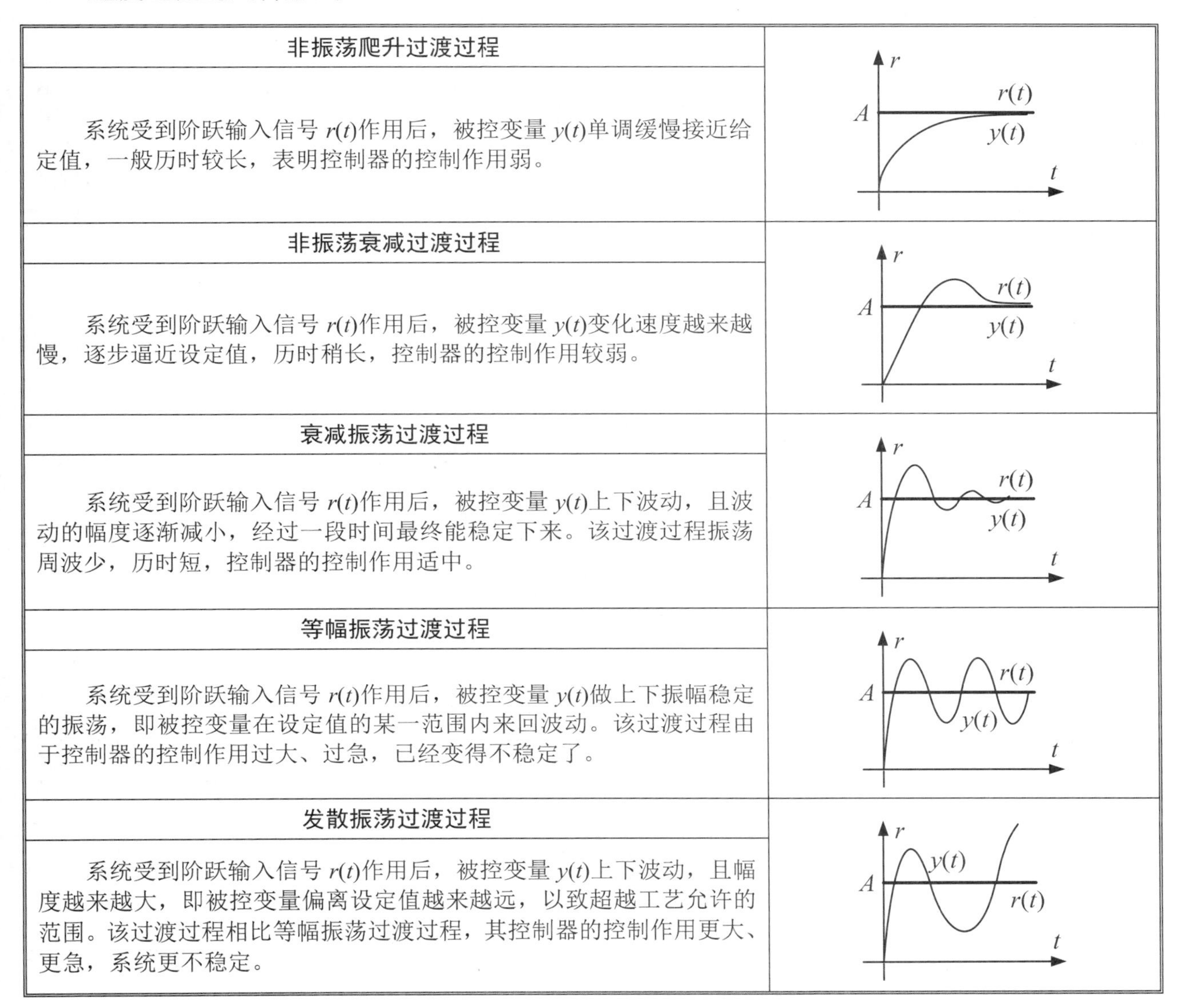

过渡过程	说明
非振荡爬升过渡过程	系统受到阶跃输入信号 $r(t)$作用后，被控变量 $y(t)$单调缓慢接近给定值，一般历时较长，表明控制器的控制作用弱。
非振荡衰减过渡过程	系统受到阶跃输入信号 $r(t)$作用后，被控变量 $y(t)$变化速度越来越慢，逐步逼近设定值，历时稍长，控制器的控制作用较弱。
衰减振荡过渡过程	系统受到阶跃输入信号 $r(t)$作用后，被控变量 $y(t)$上下波动，且波动的幅度逐渐减小，经过一段时间最终能稳定下来。该过渡过程振荡周波少，历时短，控制器的控制作用适中。
等幅振荡过渡过程	系统受到阶跃输入信号 $r(t)$作用后，被控变量 $y(t)$做上下振幅稳定的振荡，即被控变量在设定值的某一范围内来回波动。该过渡过程由于控制器的控制作用过大、过急，已经变得不稳定了。
发散振荡过渡过程	系统受到阶跃输入信号 $r(t)$作用后，被控变量 $y(t)$上下波动，且幅度越来越大，即被控变量偏离设定值越来越远，以致超越工艺允许的范围。该过渡过程相比等幅振荡过渡过程，其控制器的控制作用更大、更急，系统更不稳定。

1.4　衰减振荡过渡过程的物理描述

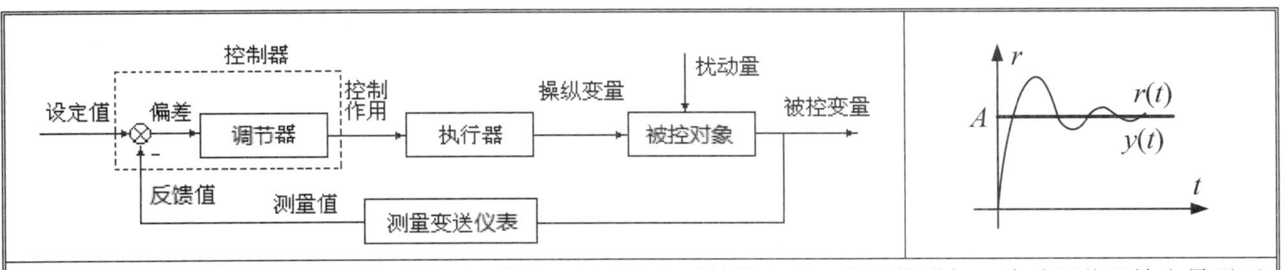

阶跃输入（设定值）作用于系统后，偏差（设定值与反馈值之差）将猛然增加。此时调节器输出最强正向控制作用，执行器以最大操纵变量作用于被控对象，使得被控变量和反馈值迅速增加，直到被控变量和反馈值首次等于设定值时（即曲线 $y(t)$与 $r(t)$首次相交时），偏差趋于 0，调节器和执行器不再有输出。但是由于被控对象的惯性，被控变量和反馈值还将继续增加，以至于被控变量及反馈值大于设定值，偏差小于 0，这时调节器输出反向控制作用，执行器减小操纵变量输出（甚至输出负操纵变量），使得被控变量及反馈值冲顶后开始下降。同样由于惯性作用，在曲线 $y(t)$的第一个波头结束后，被控变量及反馈值将持续下降到小于设定值，调节器再一次输出正向控制作用，使得被控变量及反馈值负向冲顶后开始回升。依此类推经过几个波头的振荡，被控变量将逐渐逼近给定值。

2 过程控制系统的性能指标

一个自动控制系统在受到外界扰动作用或设定值变化的影响时，要求被控变量在控制器的作用下能够迅速、平稳、准确地趋近或恢复到设定值，使控制系统达到稳定状态。因此，克服扰动造成的偏差而回到设定值的准确性、平稳性和快速性就成为了衡量系统优劣的性能指标。

当然控制系统最理想的过渡过程应具有什么形状并没有绝对的标准，还要依据工艺要求而定，除少数情况不希望过渡过程有振荡外，大多数情况仍希望过渡过程是略带振荡的衰减过程，如图 1-4-1 所示，在阶跃信号作用下常以下面几个特征参数作为性能指标。

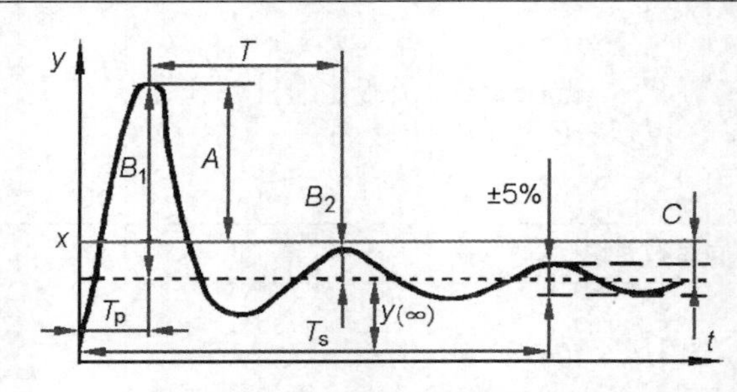

图 1-4-1 过程控制系统的性能指标

超调量 σ（或最大偏差 A）

超调量的定义	超调量的公式	
第一波峰值与最终稳态值之差和最终稳态值的百分比。	$\sigma=\dfrac{B_1}{y(\infty)}\times 100\%$	式中，B_1 为第一波峰值与最终稳态值之差；$y(\infty)$ 为最终稳态值。

说明：超调量是描述被控变量偏离设定值最大程度的物理量，是衡量过渡过程稳定性的一个动态指标。最大偏差或超调量越大，表明系统稳定性越不利，特别是对一些有危险限制的情况，如化学反应器的化合物爆炸极限等，应特别慎重，以确保生产安全进行。

最大偏差：对于一个稳定的定值控制系统来说，最大偏差是指被控变量第一个波峰值与设定值的差。

余差 C

余差的定义	余差的公式	
设定值与被控变量最终稳态值之差。	$C=x-y(\infty)$	式中，x 为设定值；$y(\infty)$ 为最终稳态值。

余差是反映控制准确性的一个重要稳态指标，一般希望其为零，或不超过预定的范围。在有些情况下，余差并不是越小越好，例如储槽液位，余差可大一些，而化学反应器的温度控制要求高，余差就要小一些。

衰减比 n

衰减比的定义	衰减比的公式	
第一个波的振幅与同方向第二个波的振幅之比。	$n=\dfrac{B_1}{B_2}$	式中，B_1 为第一个波的振幅；B_2 为第二个波的振幅。

说明 1：衰减比是衡量过渡过程稳定性的动态指标：①当 $n>1$ 时，系统衰减振荡且 n 越大，系统越稳定，当 n 趋于无穷大时，过渡过程接近于非振荡爬升过渡过程；②当 $n=1$ 时，系统等幅振荡；③当 $n<1$ 时，系统发散振荡且 n 越小，系统振荡越剧烈，稳定度也越低。

说明 2：根据实际操作经验，为保持足够的稳定裕度，一般希望过渡过程有两个左右的振荡波，与此对应的衰减比在 4∶1 到 10∶1 的范围内。

回复时间（调节时间）T_S

定义：控制系统在受到阶跃信号作用后，被控变量从原有稳态值达到新的稳态值所需要的时间。该值用于表示控制系统过渡过程的长短。

说明：理论上讲，控制系统要完全达到新的平衡状态需要无限长的时间。实际上，被控变量接近于新稳态值的 ±5% 或 ±2% 范围内且不再越出时，可认为过渡过程结束。

振荡周期 T 和振荡频率 ω

定义：过渡过程同向两波峰之间的时间间隔称为振荡周期或工作周期。其倒数乘以 π 称为振荡频率。

说明：在同样的振荡频率下衰减比越大，调节时间越短。而在同样的衰减比下，振荡频率越高，则调节时间越短。因此，振荡频率在一定程度上也可作为衡量控制系统快速性的指标。

峰值时间 T_P

定义：峰值时间是指过渡过程曲线达到第一个峰值所需要的时间。

说明：T_P 越小表明控制系统反应越灵敏。T_P 是反映系统快速性的一个动态指标。

结论

衡量控制系统调节品质的优劣的指标可以归纳为三个方面即稳定性（根据最大偏差、衰减比来衡量）、准确性（根据余差大小来衡量）、快速性（根据调节时间来衡量），即控制手段的“稳、准、狠”。

例题

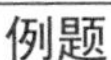

某换热器的温度控制系统在单位阶跃干扰作用下的过渡过程曲线如图 1-4-2 所示。试分别求出最大偏差、余差、衰减比、振荡周期和过渡时间（给定值为 200℃）。

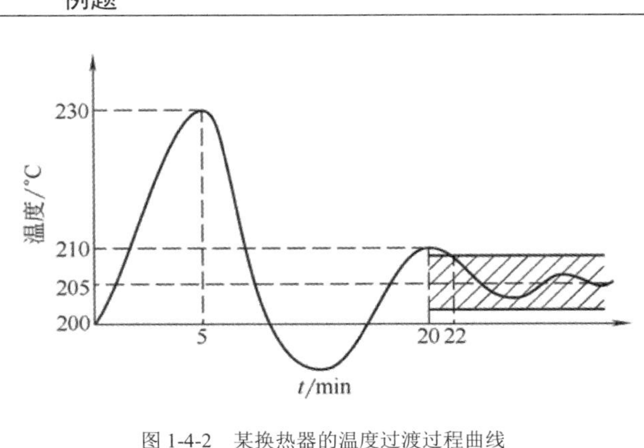

图 1-4-2　某换热器的温度过渡过程曲线

3　系统中环节对象的特性对控制品质的影响

系统中环节对象的特性

过程控制系统中的任一环节对象都具有信号放大特性、惯性特性和时间滞后特性，当然这三种特性的强弱组合将因对象的不同而不同。

信号放大特性是指控制系统中环节对象对输入信号具有的增益（放大）或衰减（缩小）作用。	惯性特性是指控制系统中环节对象力图保持现状不变的性质，即输入信号要持续较长时间后，环节对象的原有状态性质才会逐渐消退。	时间滞后特性是指控制系统中环节对象从信号输入到响应输出的时间延迟性质。

系统中环节对象的传递函数

$$G(S)=\frac{Ke^{-\tau S}}{TS+1}$$

式中，S 为复频域算子；K 为环节对象的信号放大倍数；T 为环节对象的惯性时间常数（是指在阶跃输入作用下，环节对象的输出值达到新稳态值的 63.2%所需的时间，T 越大表明环节对象的惯性特性越强）；τ 为环节对象的纯滞后时间常数（输入信号作用时刻与输出信号响应时刻之间的时间差，τ 越大表明环节对象的时间滞后越长）。

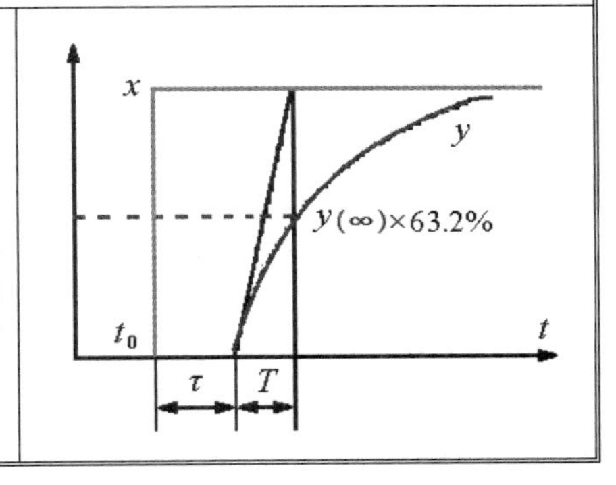

<table>
<tr><th>检测环节对象</th><th>执行环节对象</th><th>控制环节对象</th><th>被控环节对象</th></tr>
<tr><td>有信号缩放作用，惯性和时间滞后一般很小。</td><td>有信号缩放作用，惯性和时间滞后一般较小。</td><td>具有信号缩放作用，无惯性，有时间滞后但可忽略不计。</td><td>有信号缩放作用，惯性较大或很大，有时间滞后或较长时间滞后。</td></tr>
<tr><td colspan="4">过程控制系统数学模型</td></tr>
<tr><td colspan="3">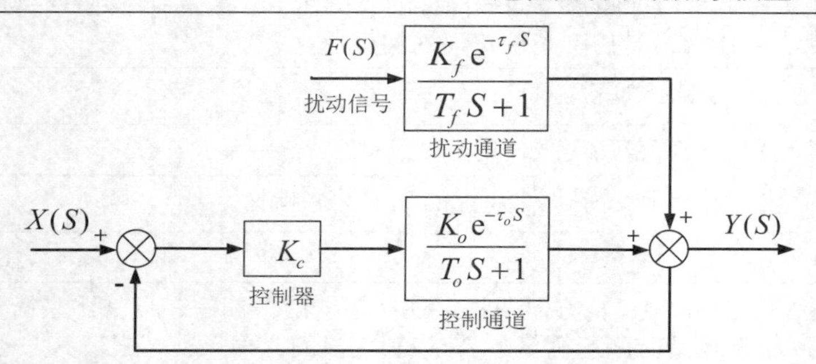
</td><td>其中，K_o、T_o 和 τ_o 为控制通道（包含执行器和被控对象）的增益、惯性时间常数和延迟时间，K_f、T_f 和 τ_f 为干扰通道的增益、惯性时间常数和延迟时间，反馈通道增益为一般 1，其惯性时间常数和延迟时间可忽略。这里的比例控制器增益为 K_c。</td></tr>
<tr><td colspan="4">增益（放大系数）K 对过渡过程的影响</td></tr>
<tr><td colspan="4">控制通道的增益 K_o 越大，则控制作用 $x(t)$的效应越强；反之，越小，则 $x(t)$的影响越弱。要达到同样的控制效果，控制作用 $x(t)$须按 K_o 值作相应的调整。在 K_o 大的时候，K_c 应该取小一些，否则难以保证闭环系统有足够的稳定裕度；在 K_o 小的时候，K_c 必须取大一些，否则克服偏差的能力太弱，消除偏差的进程太慢。
扰动通道增益 K_f 越小，扰动作用下的系统动态偏差和静态余差越小，所以扰动通道的增益越小越好。若扰动作用较大，可加前馈控制环节以消除这种扰动。</td></tr>
<tr><td colspan="4">时间常数 T 的影响</td></tr>
<tr><td colspan="4">T_o 的变动主要影响控制过程的快慢，T_o 越大，则过渡过程越慢。而在 K_o 和 $f(t)$保持不变的条件下，T_o 的变动将同时影响系统的稳定性。T_o 越大，系统越不稳定，过渡过程起伏越大。
T_f 参数并不影响闭环系统的稳定性。但从动态上分析，T_f 越大对干扰 $f(t)$的滤波作用越强，系统输出波形越平坦，过度过程的品质越好。</td></tr>
<tr><td colspan="4">时滞 τ 的影响</td></tr>
<tr><td colspan="4">产生时滞的原因可能是由于信号传输需要消耗时间，如采样温度或化学成分时要消耗较长时间。τ_o 的存在不利于控制。若测量方面有了时滞，会使控制器无法及时发现被控变量的变化情况；若控制对象有了时滞，将使控制作用不能及时产生效应。
τ_o/T_o 是同一个量纲的值，它反映了时滞的相对影响。这就是说，在 T_o 大的时候，τ_o 的值稍大一些也不要紧，过渡过程尽管慢一些，但很易稳定；反之，在 T_o 小的时候，即使 τ_o 的绝对数值不大，影响却可能很大，系统容易振荡。一般认为 $\tau_o/T_o \leqslant 0.3$ 的对象较易控制，而 $\tau_o/T_o >$（0.5～0.6）的对象较难处理，往往需用特殊控制规律。
扰动通道的时滞 τ_f 并不起同样的作用。τ_f 大些或小些仅使过渡过程迟一些或早一些开始，也可以说是把过渡过程在时间轴上平移一段距离。从物理概念上看，τ_f 的存在等于使扰动隔了 τ_f 的时间再进入系统，而扰动在什么时间出现，本来是无法预知的，因此 τ_f 并不影响控制系统的品质。</td></tr>
</table>

4 被控对象的特性

<table>
<tr><th colspan="2">自衡的非振荡过程</th></tr>
<tr><td>如图 1-4-3 所示的液体储罐，当进水量超过出水量时，系统原来的平衡状态将被打破，液位上升；但随着液位上升，出水阀前的静压增加，出水量也将增加；这样，液位的上升速度将逐步变慢，最终将建立新的平衡，液位达到新的稳态值。像这样无需外加任何控制作用，过程能够自发地趋于新的平衡状态的性质称为自衡性。
在过程控制中，这类过程是最常遇到的。在阶跃作用下，被控变量 $y(t)$不振荡，逐步地向新的稳态值 $y(\infty)$靠近。</td><td>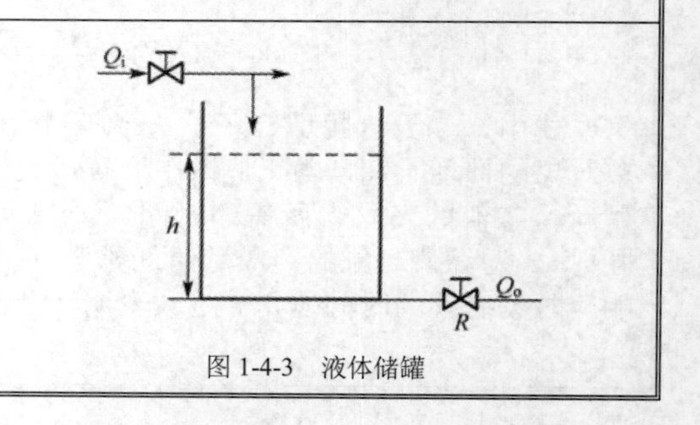

图 1-4-3 液体储罐</td></tr>
</table>

无自衡的非振荡过程

如图 1-4-4 所示的液体储罐，出水用泵排送。水的静压变化相对于泵的压头可以近似忽略，因此泵转速不变时，出水量恒定。当进水量稍有变化，如果不依靠外加的控制作用，则储罐内的液体或者溢满或者抽干，不能重新达到新的平衡状态，这种特性称为无自衡性。

这类过程在阶跃信号作用下，输出 $y(t)$会一直上升或下降。

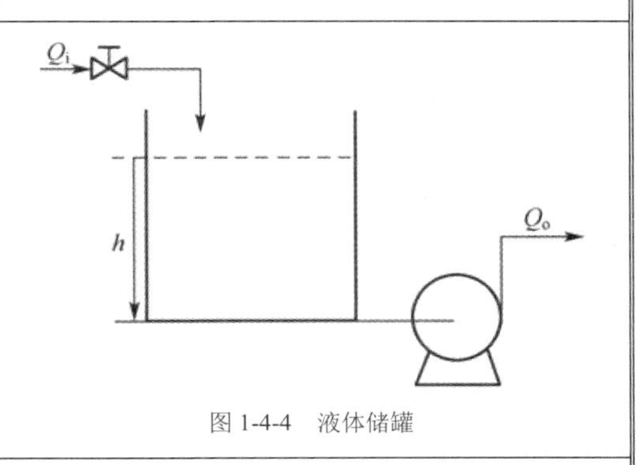

图 1-4-4　液体储罐

有自衡的振荡过程

在阶跃作用下，环节对象的输出变量 $y(t)$会自行上下振荡（多数是衰减振荡）最后趋于新的稳态值，称为有自衡的振荡过程。其响应曲线如图 1-4-5 所示。

在过程控制中，这类对象很少见，它们的控制比第一类过程困难一些。

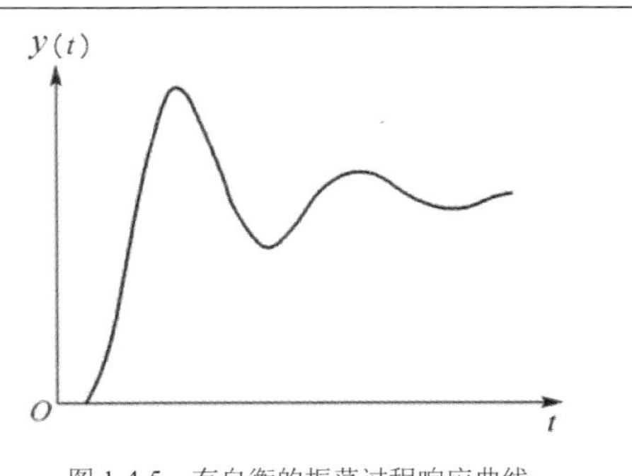

图 1-4-5　有自衡的振荡过程响应曲线

具有反向特性的过程

在阶跃作用下，环节对象的输出变量 $y(t)$先降后升，或先升后降，过程响应曲线在开始的一段时间内变化方向与以后的变化方向相反。

例如锅炉汽包的液位，若输入的冷水成阶跃增加，汽包内沸腾水的液位会呈如图 1-4-6 所示的变化。一方面冷水的增加引起汽包内水的沸腾突然减弱，水中气泡迅速减少，导致水位下降，如曲线 $y_1(t)$；另一方面进水量的增加导致汽包液位持续增加，如曲线 $y_2(t)$。这两方面效果的叠加就是曲线 $y(t)$。

在过程控制领域里，反向响应又称非最小相位的响应，较难控制，需特殊处理。

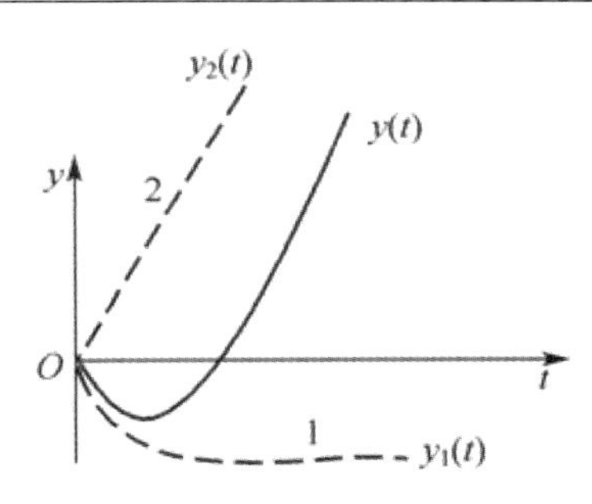

图 1-4-6　具有反向特性的过程响应曲线

学习情境 2　物位控制

学习目标

知识目标：掌握物位检测仪表原理、安装及接线方法，掌握 FESTO 液位控制系统硬件及 FESTO 仿真盒的使用，掌握 EasyPort 接口及 FESTO Fluid Lab 软件的使用，掌握液位双位控制的方法。

能力目标：培养学生利用网络资源进行资料收集的能力；培养学生获取、筛选信息和制定工作计划、方案及实施、检查和评价的能力；培养学生独立分析、解决问题的能力；培养学生的团队合作、交流、组织协调的能力和责任心。

素质目标：养成严谨细致、一丝不苟的工作作风，养成严格按照仪表工职业操守进行工作的习惯；培养学生的自信心、竞争意识和效率意识；培养学生的爱岗敬业、诚实守信、服务群众、奉献社会等职业道德。

子学习情境 2.1　物位检测仪表

情境导入

工作任务单

<table>
<tr><td>情　　境</td><td colspan="6">学习情境 2　物位控制</td></tr>
<tr><td rowspan="3">任务概况</td><td rowspan="2">任务名称</td><td rowspan="2">子学习情境 2.1　物位检测仪表</td><td>日期</td><td>班级</td><td>学习小组</td><td>负责人</td></tr>
<tr><td></td><td></td><td></td><td></td></tr>
<tr><td>组员</td><td colspan="5"></td></tr>
<tr><td>任务载体
和资讯</td><td colspan="2"></td><td colspan="4">载体：物位检测仪表说明书。
资讯：
1．超声波物位计的工作原理及分类（重点）。
2．差压式液位计（重点）：①差压式液位计的原理；②零点迁移；③零点迁移的矫正方法。
3．其他物位仪表：①玻璃管式或玻璃板式液位计；②磁翻转浮标液位计；③小型浮球液位计（液位开关）；④浮球液位计；⑤钢带液位计；⑥雷达物位计；⑦电容式物位计；⑧射频导纳物位计；⑨音叉物位计；⑩磁致伸缩物位计。</td></tr>
<tr><td>任务目标</td><td colspan="6">1．掌握阅读产品说明书的方法。
2．掌握一般物位检测仪表的安装及接线方法。
3．培养学生的组织协调能力、语言表达能力，达成职业素质目标。</td></tr>
<tr><td>任务要求</td><td colspan="6">前期准备：小组分工合作，通过网络收集某物位检测仪表说明书资料。
识读内容要求：①仪表原理；②仪表量程和精度；③仪表的电气连接方法及主要电气参数；④仪表的参数设置方法；⑤仪表的尺寸及安装方法。
任务成果：一份完整的报告。</td></tr>
</table>

物位检测目的	
物位是化工生产中经常碰到的被测工艺参数。在化工生产中，经常要对一些设备和容器的液位进行测量和控制。液位测量的主要目的有两个：一个是通过液位测量来确定容器里的原料、半成品和成品的数量，以保征能连续供应生产中各环节所需的物料或进行经济核算；另一个是通过液位测量来了解液位是否在规定的范围内，以便使生产正常进行，以保证产品的质量、产量和安全生产，如混合罐、冷凝器、蒸发器、塔器等液位测量，通常属于这一种。	
物位检测仪表分类	
按被测介质分	按测量原理分
1．测量块状、颗粒状和粉料等固体物料的堆积高度或表面位置的仪表称为料位计。 2．测量罐、塔和槽等容器内液体高度或液面位置的仪表称为液位计，又称液面计。 3．测量容器中两种互不溶解液体或固体与液体相界面位置的仪表称为相界面计。	直读式物位仪表（玻璃管液位计、磁翻板液位计）、差压式物位仪表、浮力式物位仪表（浮子式液位计、浮筒液位计）、电磁式物位仪表、核辐射式物位仪表、声波式物位仪表、光学式物位仪表。

1　超声波物位计

超声波物位计工作原理
声波的传播存在一定的声阻，金属的声阻比水大十多倍或几十倍，液体的声阻比气体大两千多倍。声阻的大小与传播介质的密度和弹性有关。声波在传递过程中，如果遇到声阻相差很大的介质界面，就会从该界面反射回来，只有一小部分能透过分界面继续传播。 超声波液位计的工作原理是：由超声波换能器发出高频声波脉冲，当声波脉冲遇到介质分界面时，绝大部分声波能量被反射，超声波换能器（它既可以把电能转换为声能，也可以把声能转换为电能）接收反射回波并将之转换成电信号。设超声波换能器与介质分界面的距离为 S、声速为 C、声波从发射到反射接收的传输时间为 T，显然有关系式：$S=C\times T/2$。由于声速在介质中的传播速度是固定的，所以可通过测量回波时间 T 间接将物位 S 测出来。

液介式	气介式	固介式

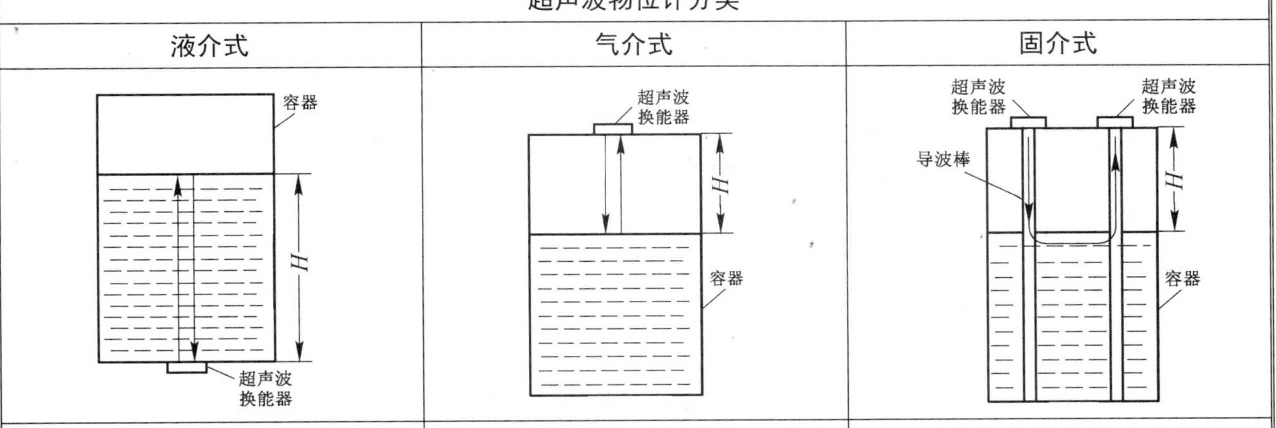

液介式	气介式	固介式
液介式超声波换能器装在容器的底部外侧，交替用作发射器和接收器。换能器所发射的超声波在液体介质中传播，传播到液—气界面上时便反射回来被换能器接收。	气介质式超声波换能器装在容器的顶部，超声波在气体介质中传播，传播到气—液界面上时便反射回来。	两个换能器安装在容器的顶部，一个用于发射，另一个用于接收。换能器的下面是两根插在液体中的金属导波棒。假设左侧的换能器发射超声波，经导波棒传播至液面，折射后通过液体介质传给另一导波棒，再传播给右侧换能器并被接收。由于两根导波棒之间的距离是固定的，因此

<table>
<tr><td></td><td></td><td>可根据超声波从发射到接收所需时间 t 求得液位高度 H。</td></tr>
<tr><td colspan="3">西门子 Probe 一体化超声波液位计（气介质式）</td></tr>
<tr><td>Probe 超声波液位计将传感元件与电子元件一体化，用于测量敞口或封闭容器液位。Probe 在工业上应用范围很广，尤其在食品及化工行业。传感元件包含超声波传感器和温度检测元件。超声波传感器发出一系列超声波脉冲，每一个脉冲经介质反射回一个回波，Probe 对回波进行处理，经过滤区分真实回波与其他虚假回波，脉冲到达介质表面并返回的时间经过温度补偿后转化成电流信号输出，远传显示。</td><td>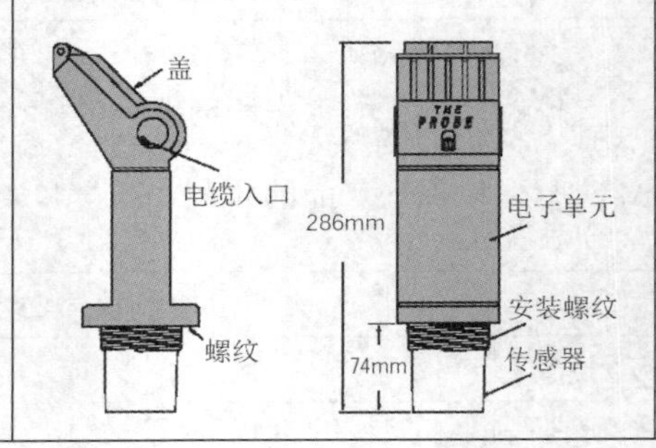
</td><td>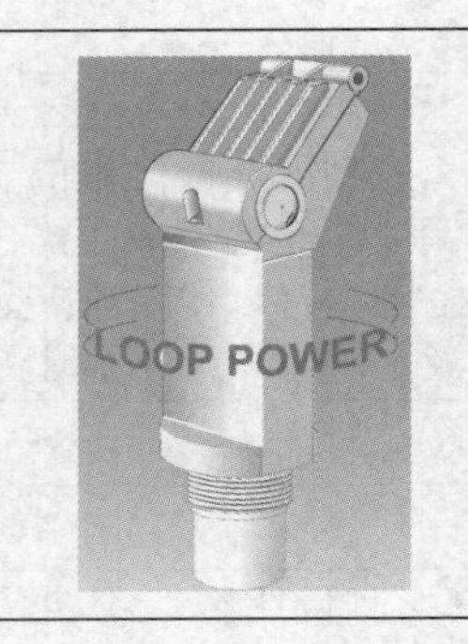
</td></tr>
<tr><td colspan="3">安装</td></tr>
<tr><td>采用 2 " NPT、2 " BSP 或 PF2 螺纹连接安装，配有 75mm（3 " ）法兰适配器（可选）。
液位计的安装要保证其声波通道畅通且与液面垂直。液位计的声波通道不能与进料物流、粗糙的内壁、接缝、横档等交叉。
仪表的安装环境温度应在规定范围内，且该位置应能满足仪表对安装等级及建筑材料的要求。前盖应很容易打开以便编程、接线及观察显示。建议使仪表远离强电压、电流、开关及 SCR 控制激励器。</td><td colspan="2">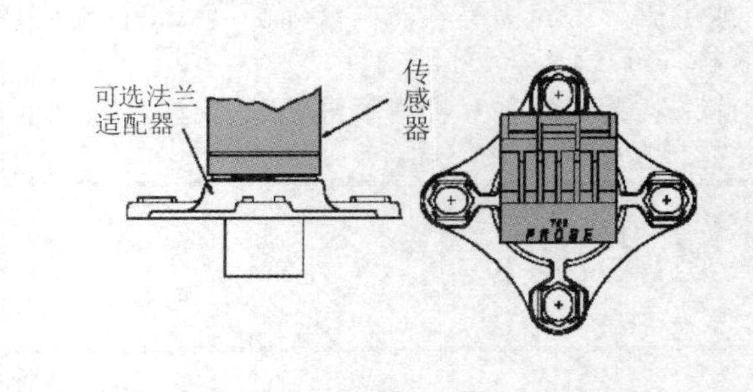
</td></tr>
<tr><td colspan="3">接线</td></tr>
<tr><td>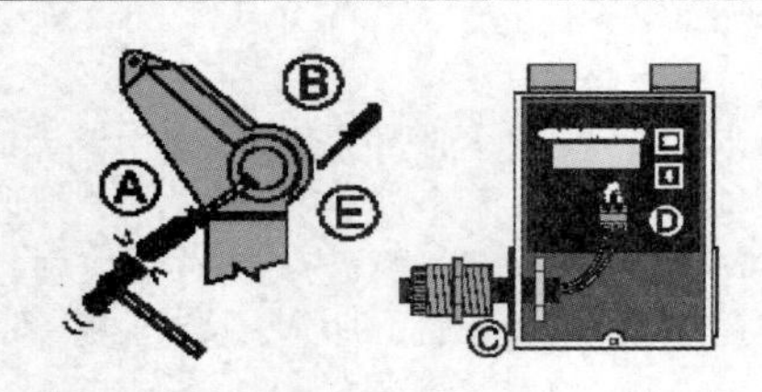
</td><td colspan="2">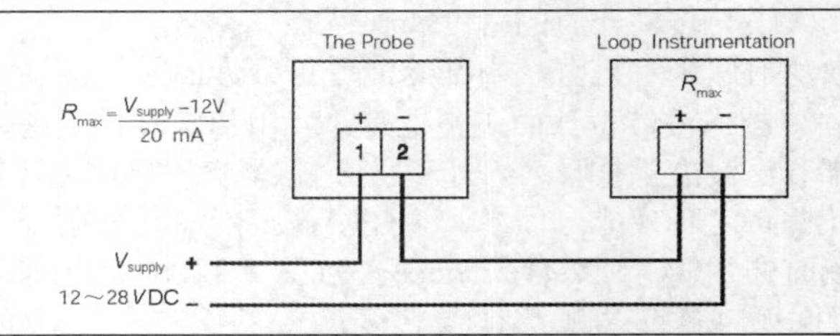
</td></tr>
<tr><td>A：盖子未打开前，根据接线需要起开启 YNK 某一侧的“KNOCK OUT”塞子；B：松开螺丝，打开翻盖；C：把电缆引入液位计；D：接好电缆，只有两根线，输出 4～20mA；E：合上盖子，拧紧螺丝，使扭矩达到 1.1～1.7N·m(10～15in·lb)。</td><td colspan="2">The Probe 指的是超声波传感器，Loop Instrumention 指的是同一回路中的其他仪表（如显示仪表或控制仪表），整个回路的供电电压为直流 12V～28V。</td></tr>
<tr><td colspan="3">上电启动</td></tr>
<tr><td colspan="3">1．将液位计正确安装（或对准墙面，距墙面 0.25～5m），接通电源。
2．液位计启动，显示如图 2-1-1 所示（液位计顶部有一个翻盖，打开后你会看到一个小液晶触摸屏），此时，液位计工作方式缺省为 RUN 方式，显示的读数为传感器表面距界面的距离。
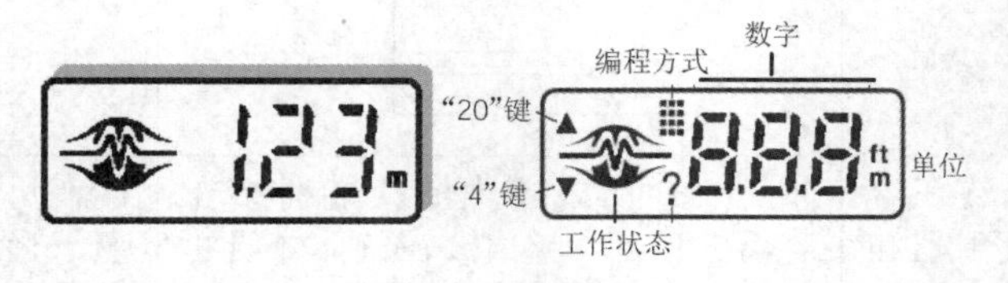

图 2-1-1　发酵罐温度的自动控制
3．如果显示与实际不同，查看液位计工作状态。</td></tr>
<tr><td colspan="3">量程标定</td></tr>
<tr><td colspan="3">①将介面与传感器表面距离调整至期望值；②按“4”键或“20”键，查看对应该 mA 值的原距离值；③液位计 mA 输出可与液位成正比（最高液位为 20Ma，最低液位为 4mA），也可标定为反比关系（最高液位为</td></tr>
</table>

4mA 最低液位为 20mA）；④再次按下该键，设定新的参考距离值；⑤查看或标定后，液位计会自动转为 RUN 方式（6 秒），标定值以传感器表面为参照物。

按“4”键	4.50		按“20”键	0.50	
再按“4”键	C 4	4mA 标定值	再按“20”键	C20	20mA 标定值
	3.21	新的 4mA 标定值		1.00	新的 20mA 标定值

2 差压式液位计

差压式液位计的原理

差压式液位计是利用容器内液位变化时，由液柱高度产生的静压也相应变化的原理工作的，用差压计测得的差压与液位高度成正比，常用来测量敞口容器和密封容器的液位。

如图 2-1-2 所示，差压变送器的高压室与容器的下部取压点相连，低压室与液位上部的空间相连（敞口时与大气压相连）。设储罐顶部的压力为 p_A，则储罐底部的压力为 $p_B = p_A + H\rho g$，其中 ρ 为被测介质密度，H 为被测介质液位高度，g 为重力加速度，显然差压式液位计测量值为 $\Delta p = p_B - p_A = H\rho g$，$\Delta p$ 与液位高度 H 成正比。

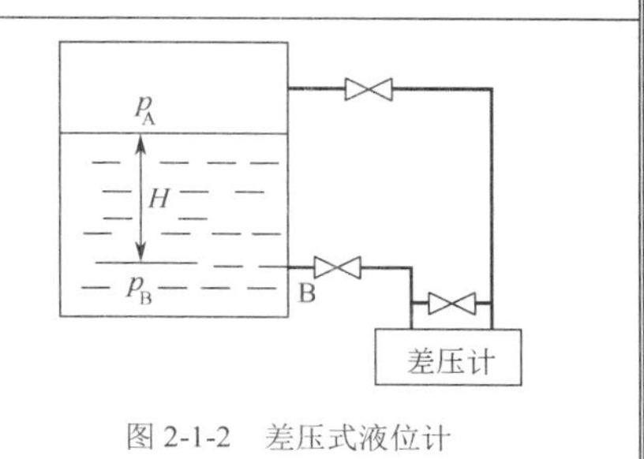

图 2-1-2　差压式液位计

什么是零点迁移

理想测量条件下，液位 H=0 时，变送器的输入压差信号 ΔP=0，差压变送器的输出为零点信号 4mA。零点是对齐的：H=0 时，$\Delta p = H\rho g = 0$，I_0=4mA。应用时，由于受差压变送器安装的实际情况限制，测量零点很难对齐，需要对差压变送器的零点进行迁移。

零点负迁移

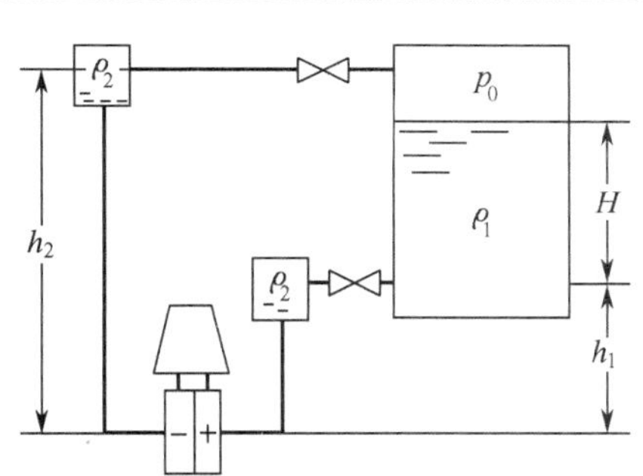

高压室压力：$p_1 = h_1\rho_2 g + H\rho_1 g + p_0$

低压室压力：$p_2 = h_2\rho_2 g + p_0$

测量值：$\Delta p = p_1 - p_2 = H\rho_1 g + (h_1 - h_2)\rho_2 g$

显然液位高度 H 为 0 时，测量值 $\Delta p < 0$，零点发生了负迁移。

零点正迁移

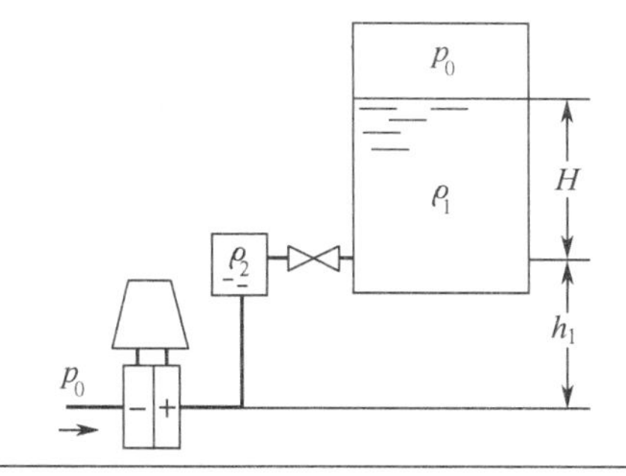

高压室压力：$p_1 = h_1\rho_2 g + H\rho_1 g + p_0$

低压室压力：$p_2 = p_0$

测量值：$\Delta p = p_1 - p_2 = H\rho_1 g + h_1\rho_2 g$

显然液位高度 H 为 0 时，测量值 $\Delta p > 0$，零点发生了正迁移。

说明：实际应用中，一方面为了防止由于容器内外温差引起气相凝结，另一方面为了防止被测介质污染仪表，所以要加隔离液。这里隔离液的密度为 ρ_2，被测液体介质密度为 ρ_1，气相介质（或空气）压力为 p_0。

零点迁移的矫正方法

对于机械式差压变送器，可通过调节调零弹簧实现，使得 H 为 0 时，测量值 Δp 也等于 0；而对于智能型差压变送器，可通过外部手持终端直接输入数字即可实现，即设定输出上限+迁移值对应 20mA，输出下限+迁移值对应 4mA。

法兰式差压变送器

当测量具有腐蚀性或含有结晶颗粒，以及黏度大、易凝固等介质的液位时，为解决引压管线腐蚀或堵塞的问题，可以采用法兰式差压变送器。法兰式差压变送器有单法兰、双法兰、插入式或平法兰等结构形式，可根据被测介质的不同情况进行选用。

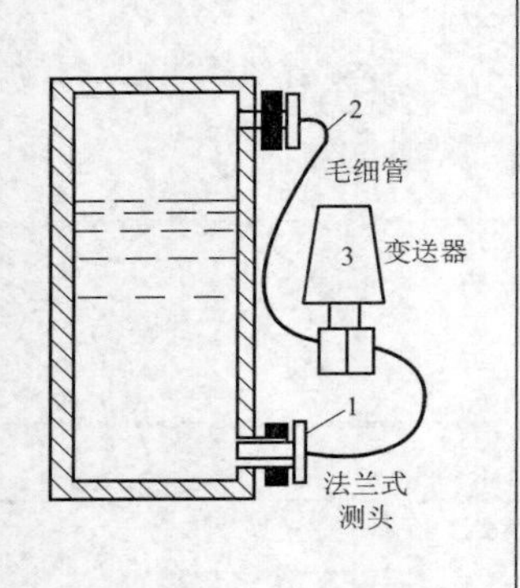

变送器的法兰直接与容器上的法兰连接，作为敏感元件的测头（金属膜盒）经毛细管与变送器的测量室相连通，在膜盒、毛细管和测量室所组成的封闭系统内充有硅油，作为传压介质，起到变送器与被测介质隔离的作用。变送器本身的工作原理与一般差压变送器完全相同。毛细管的直径较小（一般内径在 0.7～1.8mm），外面套以金属蛇皮管进行保护，具有可挠性，单根毛细管长度一般在 5～11m 之间，可以选择，安装比较方便。

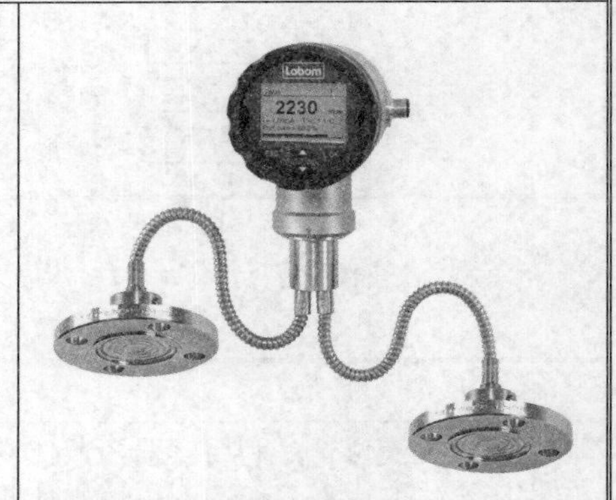

德国 Labom 法兰式智能差压变送器

德国 Labom 智能差压变送器是一种智能的、带有微处理器的两线制压力变送器，可通过图形显示界面及变送器上的三个按键进行简单快速地参数设定。可以在不移动设备的情况下，选择量程范围并进行校准。可以选择压力图形或百分比值显示方式。既可以显示测量值，也可以显示输出电流。

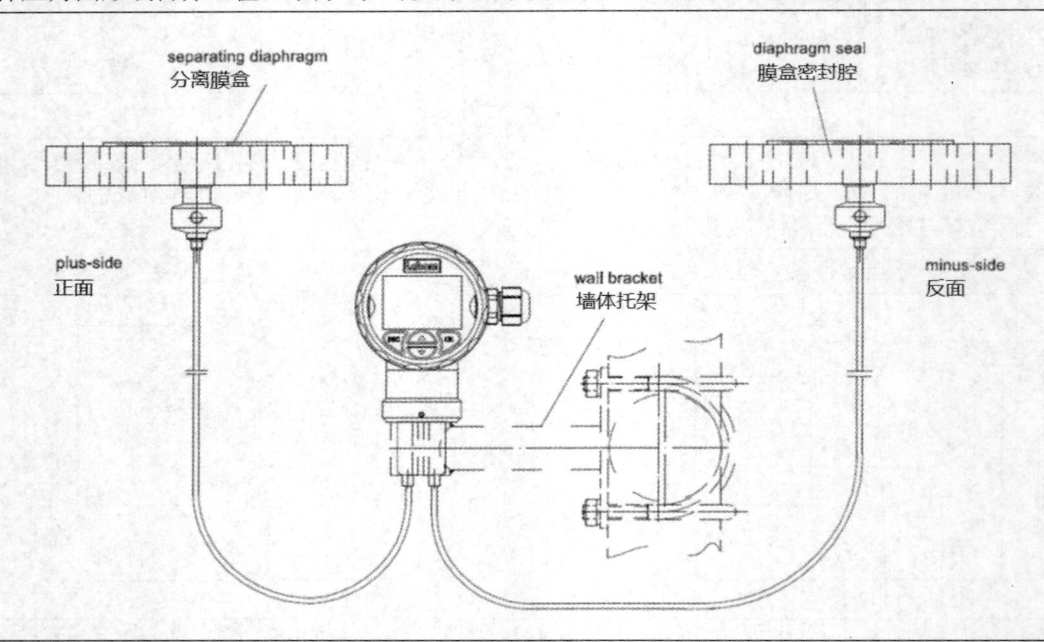

电气连接

电缆接线端子	圆形电缆连接器
+ Test - Test + Loop - Loop 12V～30 V 0 V	(⏚) 4 3 (-) 1 2 (+) n.c.

注意：Loop 是测量回路（串接 12V～30V 电源、250Ω 电阻和控制仪表），Test 是测试端（可拿万用表测量该端钮输出电流，该电流等于 Loop 回路中的实际输出电流）。

参数		
传感器使用压敏电阻； 重量大约 1.4kg，垂直安装； 量程 16 bar，精度 0.1； 环境温度-20℃～80℃； 高分辨率图形背光显示，“4”键操作。	电源电压范围：U_V =12～30V DC； 负载电阻：$R_B \leqslant (U_V-12V)/22mA$； 2 线制技术：4～20 mA； 最低电流范围：3.8～4 mA； 最高电流范围：20～21 mA； 低电流限值：< 3.6mA； 高电流限值：> 21mA； 报警电流：22mA。	数字通信：HART 协议； 可线性输出、反比输出、平方根输出； 采样频率为 100Hz。

3　其他物位仪表

玻璃管式或玻璃板式液位计	
本液位计是基于连通器原理设计的，由液位计主体构成的液体通路是经管接法兰或锥管螺纹与被测容器连接构成连通器，透过玻璃管或玻璃板观察到的液面与容器内的液面相同，即液位高度。 液位计两端的针型阀不仅起截止阀的作用，其内部的钢球还具有逆止阀的功能，当液位计发生意外破损并泄漏时，钢球可在介质压力作用下自动关闭液体通道，防止液体大量外流，起到安全保护作用。液位计改变零件的材料或增加一些附属部件即可具有防腐、保温、防霜、照明等功能。	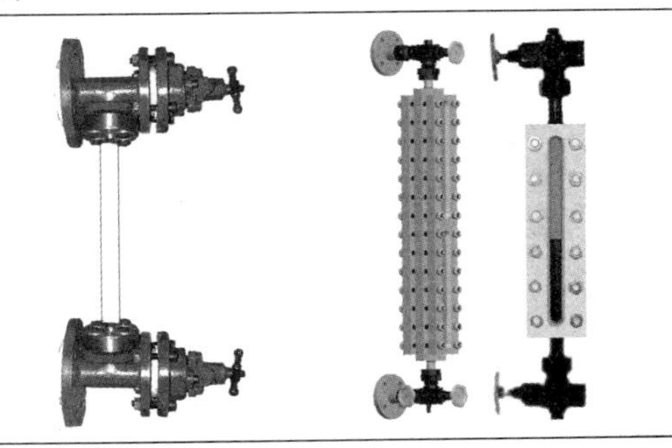
磁翻转浮标液位计	
磁翻转浮标液位计也称为磁翻板液位计。它的结构主要是基于浮力和磁力原理而设计生产的。带有磁体的浮子（简称“磁性浮子”）在被测介质中的位置受浮力作用影响。液位的变化导致磁性浮子位置的变化，磁性浮子和磁翻柱（也成为磁翻板）的静磁力耦合作用导致磁翻柱翻转一定角度（磁翻柱表面涂敷不同的颜色），进而反映容器内液位的情况。	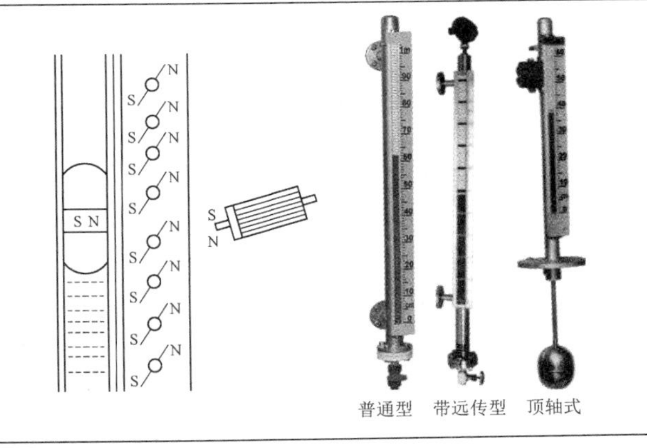
小型浮球液位计（液位开关）	
小型浮球液位计（液位开关）是根据市场需求、为客户量身定做的一种液位开关。它同样使用了磁场与传感器元件（磁簧开关）作用，产生反映液位情况的开关信号，能准确输出常开、常闭开关信号。 小型浮球液位计（液位开关）具有体积小、安装方便、反应灵敏、性价比高等特点。	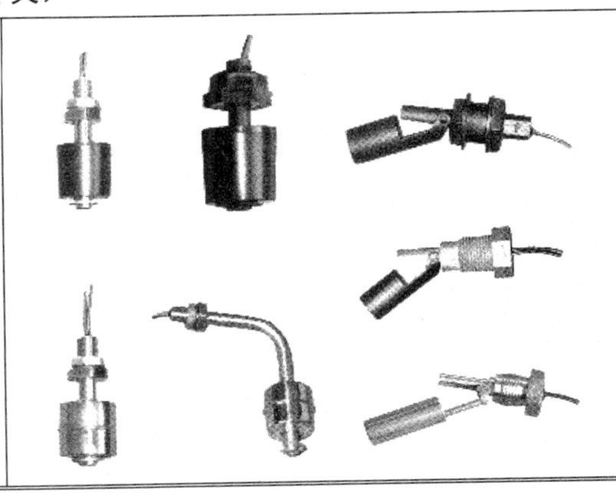

磁浮球液位计

磁浮球液位计（液位开关）的结构主要是基于浮力和静磁场原理而设计生产的。带有磁体的浮球（简称“浮球”）在被测介质中的位置受浮力作用影响：液位的变化导致磁性浮子位置的变化。浮球中的磁体和传感器（磁簧开关）作用使串联入电路的元件（如定值电阻）的数量发生变化，进而使仪表电路系统的电学量发生改变。也就是使磁性浮子位置的变化引起电学量的变化，通过检测电学量的变化来反映容器内液位的情况。

该液位计可以直接输出电阻值信号，也可以配合使用变送模块，输出电流值（4～20mA）信号；同时配合其他转换器，输出电压信号或者开关信号（也可以按照客户需求的转换器由公司配送），从而实现电学信号的远程传输、分析与控制。

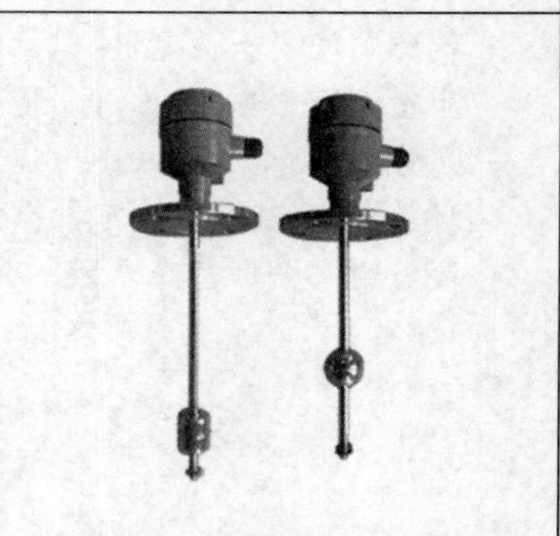

钢带液位计

钢带液位计是一种传统的液位计。它是由液位检测装置、高精度位移传动系统、恒力装置、显示装置、变送器装置以及其他外设构成。

浸在被测液体中的浮子受到重力 W、浮力 F 和由恒力装置产生的恒定拉力 T 的作用，当三个力的矢量和等于零时，浮子处于准平衡静止状态。力学平衡时的浮力是准恒定的（浮子浸入液体的体积 V 为恒定值）。当液位改变时，原有的力学平衡在浮子受浮力的扰动下，将通过钢带的移动达到新的平衡。液位检测装置（浮子）根据液位的情况带动钢带移动，位移传动系统通过钢带的移动带动传动销转动，进而作用于计数器来显示液位的情况。

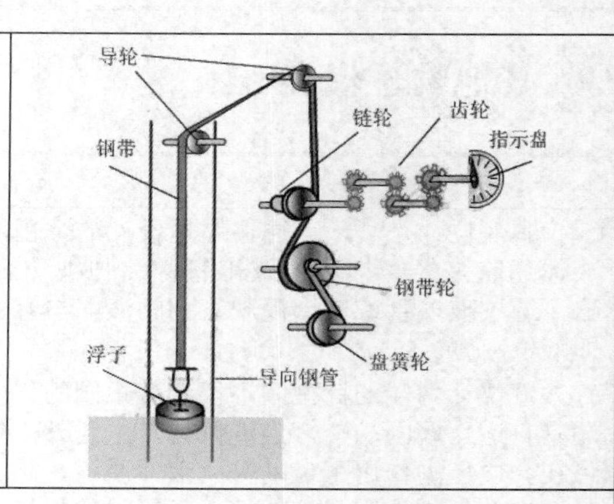

雷达物位计

智能雷达物位计是一种微波物位计。它向液体表面发射约 8GHz 的微波，且该微波信号的频率随时间连续变化。当雷达信号被液面反射后，由接收天线接收回波。因为信号频率随时间不断变化，所以此时接收到的信号频率与发射信号频率略有不同。显然接收与发射时的信号频率差异与信号传输时间成正比，据此可算出信号传输时间，进而求出雷达距液面距离（光速为定值），最后用罐体高度减去该值即得液位高度。

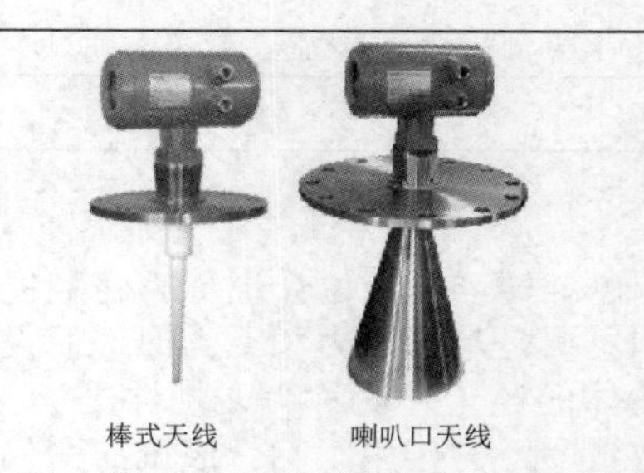

棒式天线　　喇叭口天线

电容式物位计

电容式物位计的测量原理是：振荡电路的振荡频率和电容值有关，物位的改变引起系统电容的变化，进而改变振荡电路的振荡频率。传感器中的振荡电路可以把物位变化引起的电容量改变转换为频率的变化，并送给电子模块，通过计算、分析、处理后转换为工程量显示出来，从而实现了物位的连续测量。

该仪表由传感器、二次仪表以及其他附件构成。传感器放在料仓顶，探极垂直伸进料仓内，二次仪表放在其他合适的地方。传感器把物位的变化转变成与之对应的电脉冲信号，远传给二次仪表处理显示物位高度，并有高/低限报警和 4～20mA 变送输出，适用于液体/固体物料作物位高度显示、报警、控制和远传显示或组成系统。

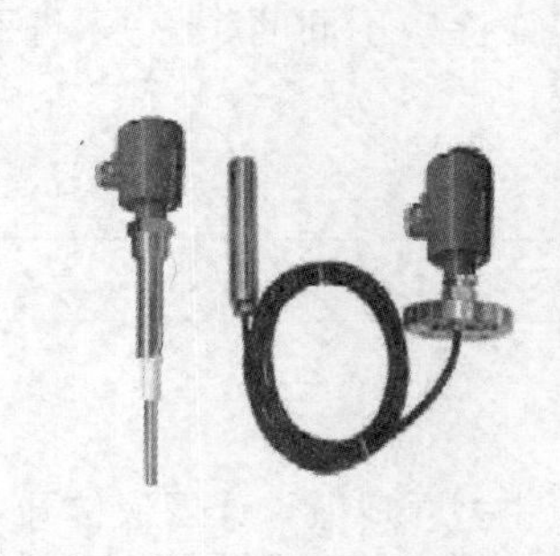

射频导纳物位计

射频导纳物位计是使用射频导纳物位控制技术设计制作的一种新型物位测量仪表。射频导纳测量技术简单地说就是使用高频电流测量系统导纳的方法。点位射频导纳技术与电容技术不同，它采用了三端技术，使得测量参量多样化。射频导纳技术由于引入了除电容以外的测量参量，尤其是电阻参量，使得仪表测量信号信噪比提高，从而大幅度提高了仪表的分

辨力、准确性和可靠性；测量参量的多样性也有力地拓展了仪表的可靠应用领域。这使其产品防挂料（传感器粘附之物料称为挂料）性能更好、工作更可靠、测量更准确、适用性更广。 该产品主要由传感器模块、电子模块和其他一些连接器件构成。传感器单元主要包括三部分：测量探极、屏蔽极及接地端。被测物料的高度反映为测量探极与容器壁间导纳的变化情况，当物料到达开关工作点时，电子单元做出反应，驱动继电器动作，输出开关信号。屏蔽极可防止由于电极上有挂料而产生误动作信号，仅当物料真正达到设置点时，才输出开关控制信号。	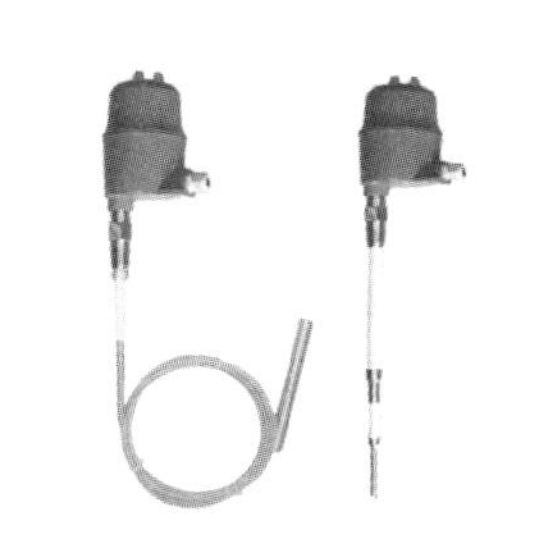
音叉物位计	
音叉式物位计是一种新型的物位开关。它是利用音叉振动的原理设计制作的。它是在音叉物位开关的感应棒底座，透过压电晶片驱动音叉棒，并且由另外一压电晶片接受振动信号，使振动信号得以循环，并且使感应棒产生共振。当物料与感应棒接触时，振动信号逐渐变小，直到停止共振时，控制电路会输出电气接点信号。由于感应棒感度由前端向后座依次减弱，所以当桶槽内物料与桶周围向上堆积，触及感应棒底座（后部）或排料时，均不会产生错误信号。 简单地说，音叉在压电晶片激励下产生机械振动，这种振动具有一定的频率和振幅。当音叉被液体或固体浸没时，音叉的振动频率和振幅将发生变化。这个频率变化由电子线路检测出来并输出一个开关量。	
磁致伸缩物位计	
磁致伸缩物位计的工作原理：由电子仓内电子电路产生一起始脉冲，此起始脉冲在波导丝中传输时，同时产生了一沿波导丝方向前进的旋转磁场。当这个磁场与磁环或浮球中的永久磁场相遇时，产生磁致伸缩效应，使波导丝发生扭动。这一扭动被安装在电子仓内的拾能机构所感知并转换成相应的电流脉冲，通过电子电路计算出两个脉冲之间的时间差，即可精确测出被测的位移和物位。	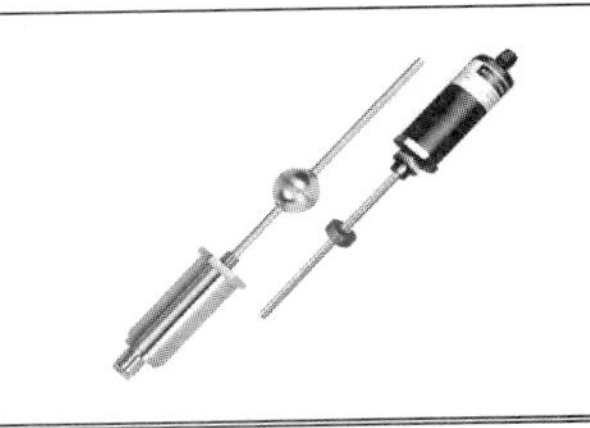

子学习情境 2.2　FESTO 液位控制系统硬件

工作任务单

<table>
<tr><td>情　　境</td><td colspan="6">学习情境 2　物位控制</td></tr>
<tr><td rowspan="3">任务概况</td><td rowspan="2">任务名称</td><td rowspan="2">子学习情境 2.2　FESTO 液位控制系统硬件</td><td>日期</td><td>班级</td><td>学习小组</td><td>负责人</td></tr>
<tr><td></td><td></td><td></td><td></td></tr>
<tr><td>组员</td><td colspan="5"></td></tr>
<tr><td rowspan="2">任务载体和资讯</td><td rowspan="2" colspan="2"></td><td colspan="4">载体：FESTO 过程控制系统及说明书。</td></tr>
<tr><td colspan="4">资讯：
1．液位控制系统硬件（重点）：①信号转换及马达控制的 I/O 板；②I/O 控制面板；③电容式接近开关 B113 和 B114；④浮子限位开关传感器 S111 和 S112；⑤超声波传感器 B101；⑥泵 B101；⑦球阀 V102；⑧S7-300。
2．液位控制系统管路连接（重点）：①管件的插拔方法；②液位控制系统的工艺流程图；③设备符号及仪表位号的含义。</td></tr>
</table>

		3. 仿真盒（Simulation Box）：①仿真盒上旋钮、开关和指示灯的作用；②仿真盒和过程控制系统的连接方法；③用仿真盒控制液位的操作方法。 4. 液位控制系统电路图（重点）。
任务目标	1．掌握阅读产品说明书的方法。 2．掌握掌握液位控制的管路连接关系。 3．掌握液位控制系统各硬件的性能。 4．掌握液位控制系统各组件的电气连接关系。 5．掌握仿真盒的操作方法，会使用仿真盒对系统液位进行操控。 6．培养学生的组织协调能力、语言表达能力，达成职业素质目标。	
任务要求	1．要认真识读 FESTO 过程控制系统的操作安全章程和事故处理方法。 2．认真观察 FESTO 过程控制系统的各组件。 3．认真阅读 FESTO 过程控制系统的说明书。 4．设计液位控制的管路连接方式。 5．通过万用表测量和分析电路图，明确液位系统各组件的电气连接关系。 6．利用仿真盒对系统的液位参数实施控制，并分析数据。	

1 液位控制系统硬件分析

1.1 PCS 教学系统介绍

紧凑型 PCS 教学系统

所谓的 PCS 也就是过程控制系统，是 Process Control System 三个英文单词的缩写。该设备是德国 FESTO 公司生产的，于 2008 年推向我国各大院校的一款过程控制教学系统。它可用于过程控制领域职业化的训练和学习，不仅可以提供控制硬件及各种检测仪表的学习，还提供了组态软件及 PLC 编程的学习。

该学习系统可对液位、压力、流量及温度四大工业过程参量进行定值控制，包含多种控制手段，例如仿真盒手动控制、基于 EasyPort 的计算机自动控制以及基于西门子 S7-300 的自动控制等。

元器件概览

超声波传感器
水箱
二位球阀
比例阀
流量传感器
泵
控制器
I/O板
压力传感器
加热装置
温度传感器
底车
底座型材

1.2　信号转换及马达控制的 I/O 板

信号转换及马达控制的 I/O 板

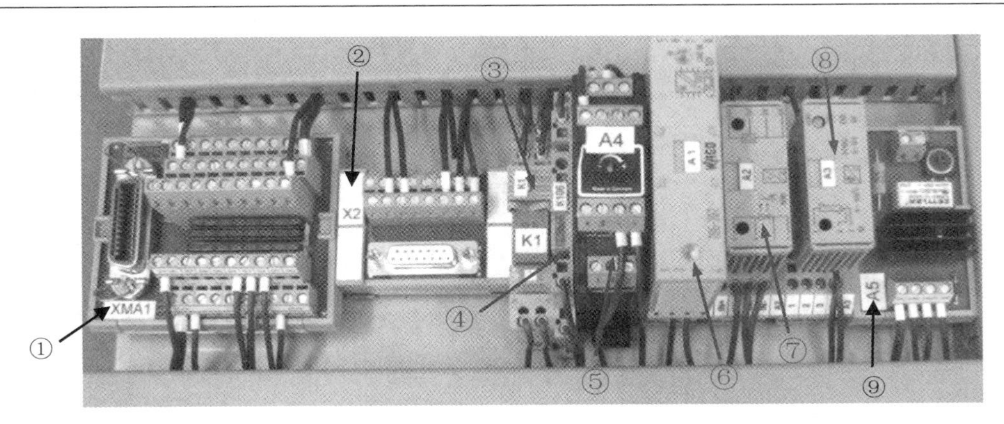

图 2-2-1　信号转换的 I/O 板

（1）XMA1 是数字量 I/O 端子板（系统中所有传感器、变送器及执行器的输入/输出数字量信号端子板），该 I/O 端子板上还提供了一个 20 针的接口，可通过 SysLink 开关量电缆连接 EasyPort、仿真盒以及 S7-300。

数字量输入/输出信号（PCS/CWS）

输入位	注释
0	流量传感器脉冲
1	低水箱上水位溢出安全限位开关
2	高水箱内起始水位限制开关
3	低水箱最低水位限制
4	低水箱最高水位限制
5	过程驱动：球阀关闭
6	过程驱动：球阀开启
7	未启用

输出位	注释
0	过程驱动开启/关闭（球阀）
1	加热器开启/关闭
2	选择水泵的操控数字量（0）/模拟量（1）
3	水泵开启/关闭数字量
4	激活比例阀
5	未启用
6	未启用
7	未启用

（2）X2 是模拟量 I/O 端子板（系统中所有传感器、变送器及执行器的输入/输出模拟量信号端子板），该 I/O 端子板上还提供了一个 15 针的接口，可通过 SysLink 模拟量电缆连接 EasyPort、仿真盒以及 S7-300。

模拟量输入/输出信号

输入通道	注释	模拟端子
0	超声波传感器	UE1
1	流量传感器	UE2
2	压力传感器	UE3
3	温度传感器	UE4

输出通道	注释	模拟端子
0	比例阀的开度调节	UA1
1	水泵的转速调节	UA2

（3）K1 是电机的控制继电器。

（4）K106 是比例阀的控制继电器。

（5）A4 是电机电源的调压模块，可通过调节 A5 上的电位器，来调节电机的电源电压。

（6）A1 是超声波传感器的变送器，可将超声波传感器传来的 4～20mA 电流信号转换为 0～10V 的电压信号。

（7）A2 是液位计的变送器，可将液位计传来的频率信号转换为 0～10V 的电压信号。

（8）A3 是热电阻 Pt100 的变送器，可将液位计传来的阻值变化信号转换为 0～10V 的电压信号。

（9）A5 是电机启动电流限流器（电机的启动电流限制在 2A），可将电机的 0～10V 控制信号等比例地转换为 0～24V 的电机驱动电压值。

1.3 I/O 控制面板

I/O 控制面板
S1 是启动按钮，H1 是启动指示灯，它们俩装在一起构成绿色的带灯按钮。
S2 是停止按钮，H2 是停止指示灯，它们俩装在一起构成红色的带灯按钮。
S3 是复位按钮，S4 是钥匙钮（用于手动及自动转换），它们俩不带指示灯按钮。
H3 和 H4 是两个指示灯，用法由 PLC 软件定义。

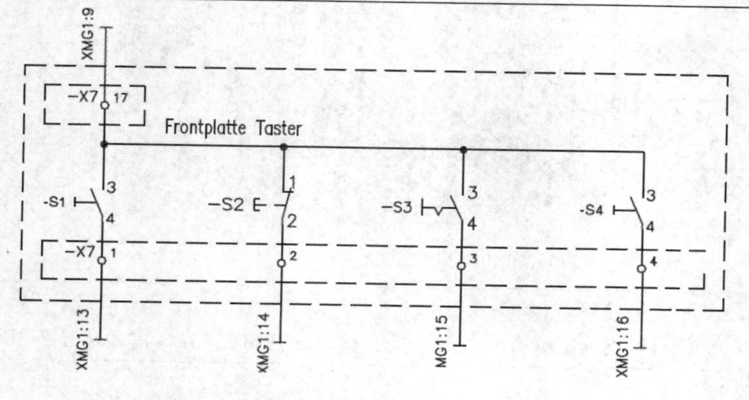

图 2-2-2　I/O 控制面板上所有开关的电路图

Vorderseite
Start -S1 -H1
Stop -S2 -H2
Reset -S4
Auto/Man -S3
Q1 -H3
Q2 -H4

图 2-2-3　I/O 控制面板的布置图

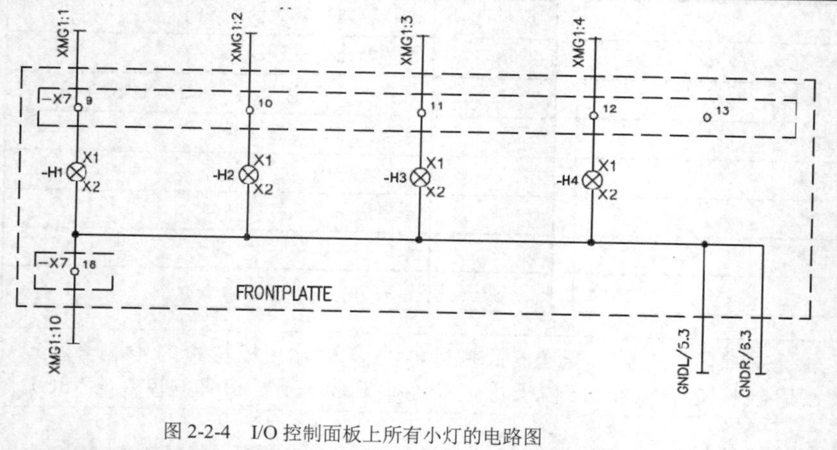

图 2-2-4　I/O 控制面板上所有小灯的电路图

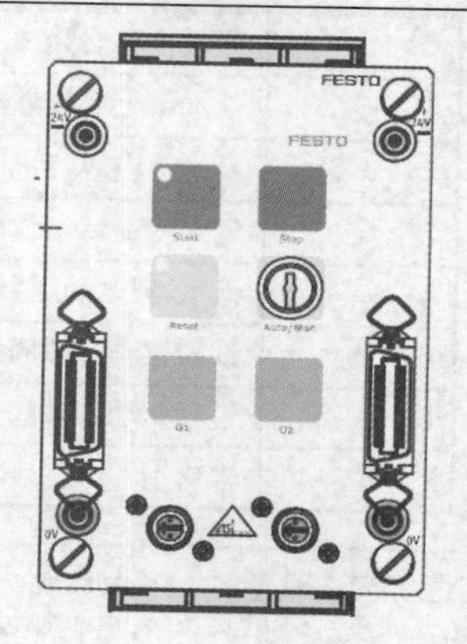

图 2-2-5　I/O 控制面板的实物图

1.4 S7-300

S7-300	
1 是 PLC 的 MCC 存储卡。	
2 指 PLC 型号是 314C-2DP。	
3 是 PLC 的输入/输出端子接口。	
4 是 PLC 的 24V 电源端子。	
5 是急停桥接线。	
6 是数字量 I/O 端子板 XMA1 接口。	
7 是模拟量 I/O 端子板 X2 接口。	
8 是 AS 接口连接器。	
9 是 PLC 的 0V 电源端子。	

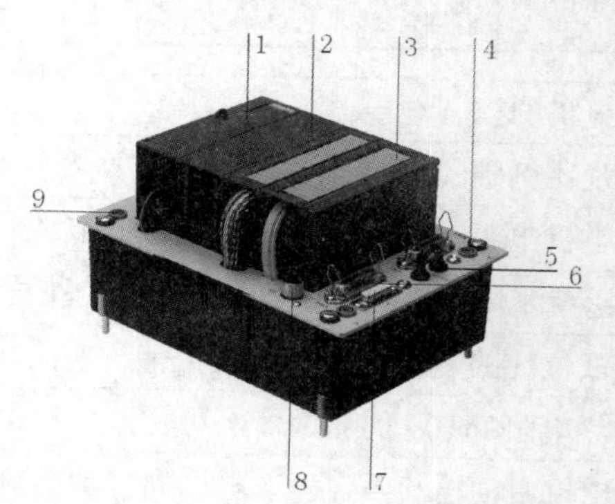

图 2-2-6　西门子 S7-300PLC 的实物图

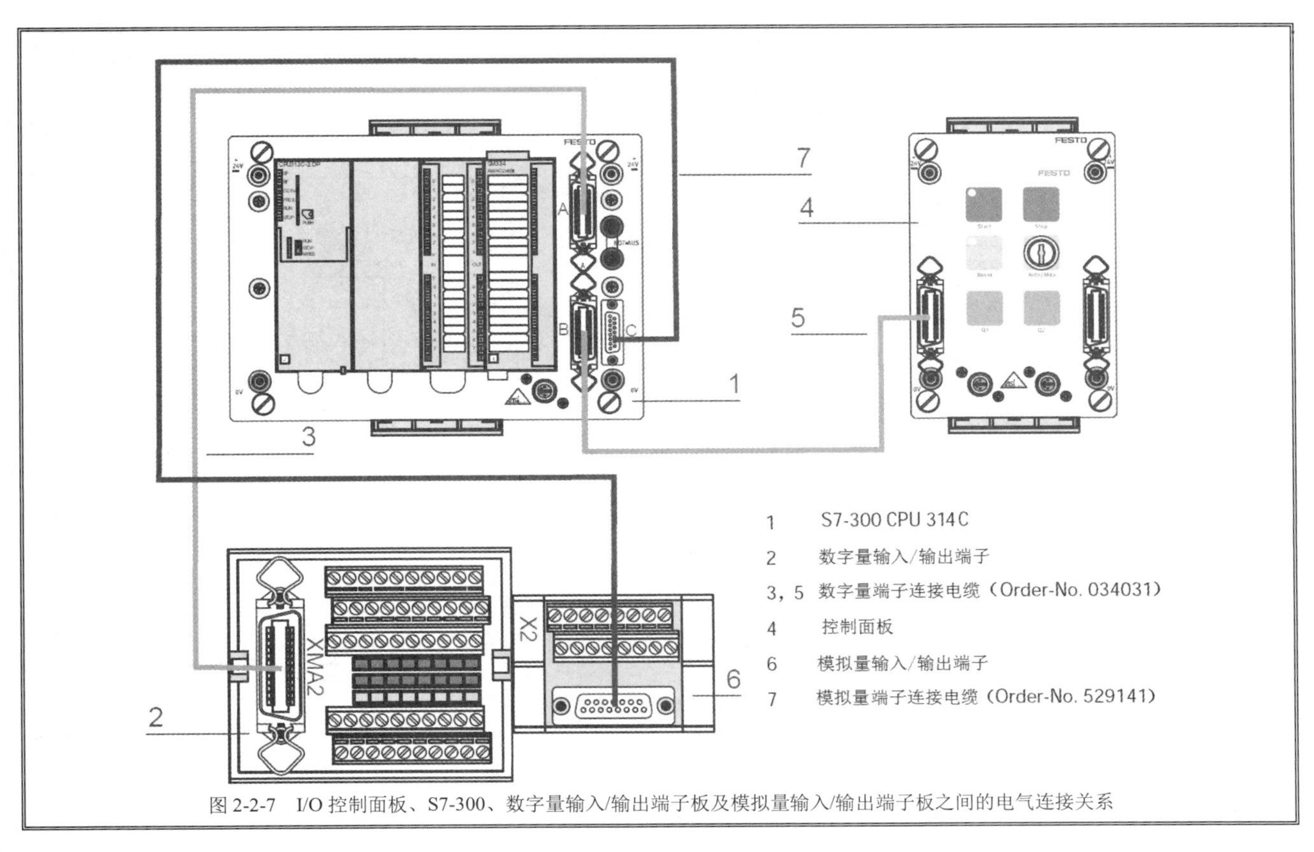

图 2-2-7　I/O 控制面板、S7-300、数字量输入/输出端子板及模拟量输入/输出端子板之间的电气连接关系

1.5　球阀

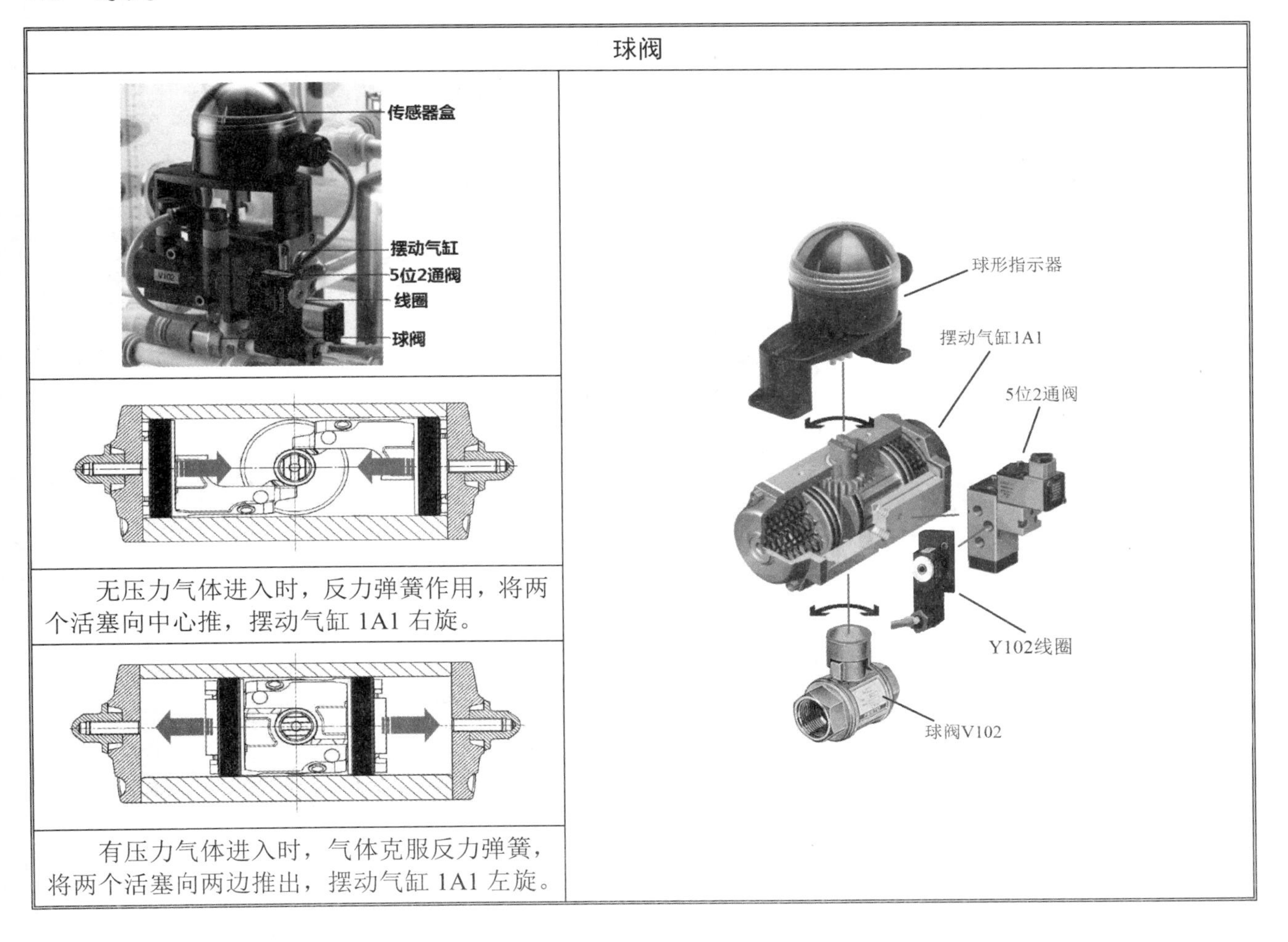

无压力气体进入时，反力弹簧作用，将两个活塞向中心推，摆动气缸 1A1 右旋。

有压力气体进入时，气体克服反力弹簧，将两个活塞向两边推出，摆动气缸 1A1 左旋。

球阀的气路及电路如图 2-2-8 所示，气源经气动三联件接入工作站，压下工作站上的气源开关 OZ，压力气体进入气动球阀系统，当 Y102 线圈不通电时，5 位 2 通阀的阀芯位于右测，摆动气缸 1A1 右旋，球阀 V102 关闭，传感器盒为红色，触点 S115 接通；当 Y102 线圈通电时，5 位 2 通阀的阀芯位于左测，摆动气缸 1A1 左旋，球阀 V102 打开，传感器盒为黄色，触点 S116 接通。

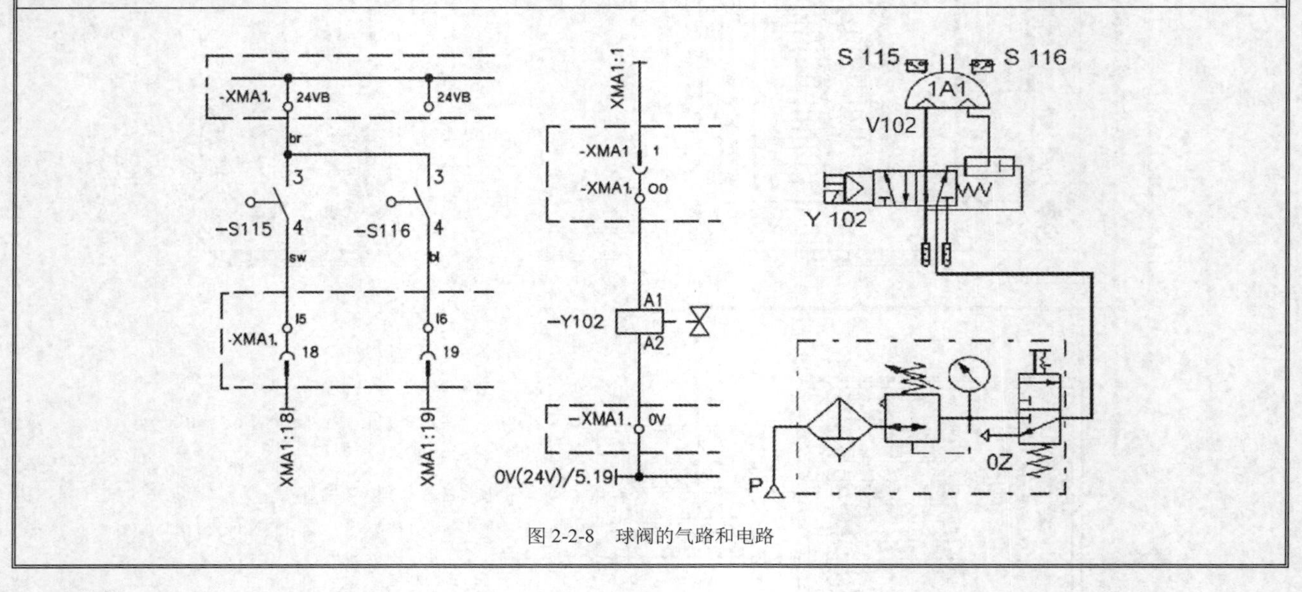

图 2-2-8 球阀的气路和电路

1.6 泵

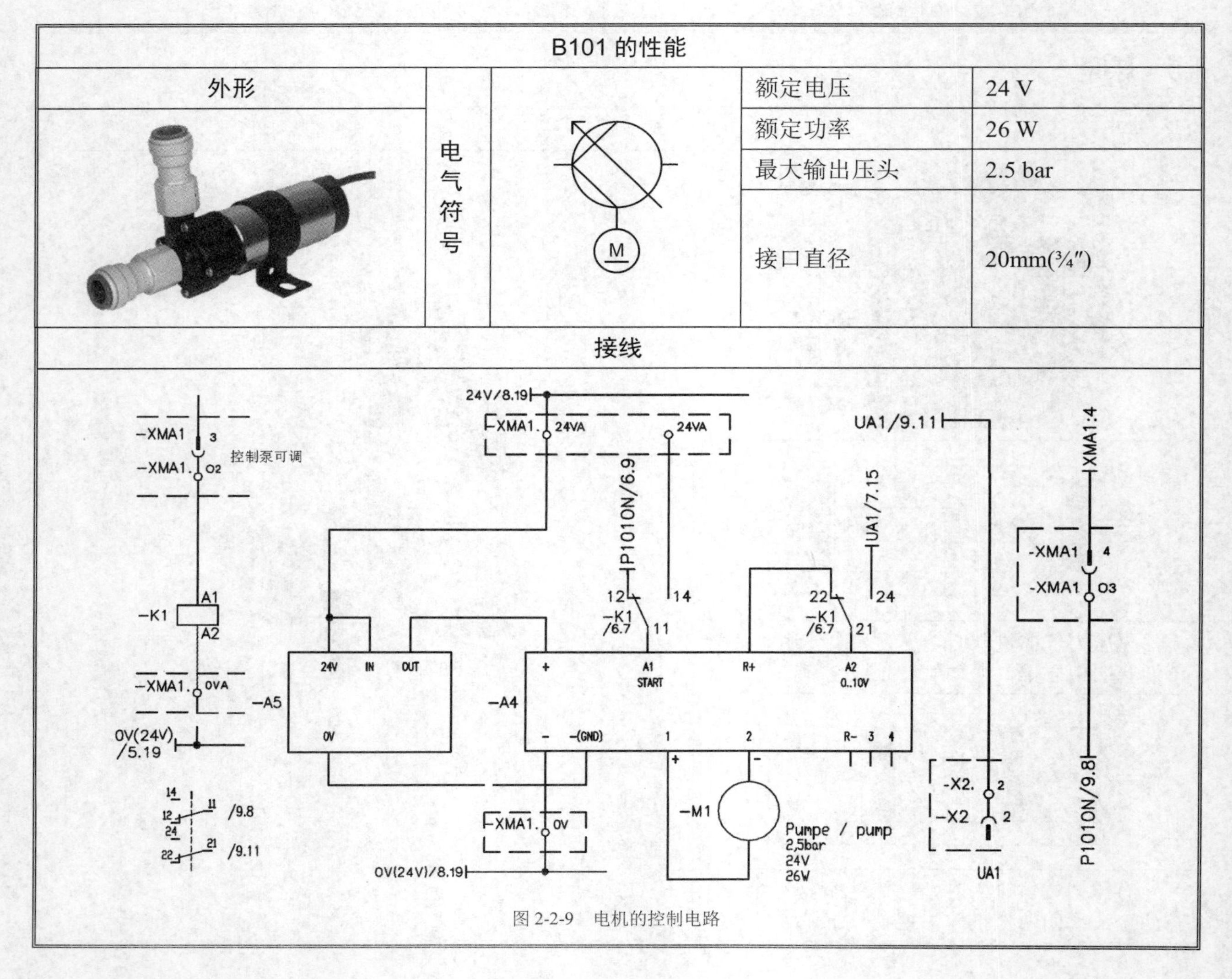

B101 的性能				
外形	电气符号		额定电压	24 V
			额定功率	26 W
			最大输出压头	2.5 bar
			接口直径	20mm(¾″)
接线				

图 2-2-9 电机的控制电路

离心水泵的红色线接正极，黑色线接负极。控制电机的继电器 K1 的线圈没有通电时，触点 12-11 和 22-21 是接通的，泵全电压运行；K1 的线圈通电时，触点 14-11 和 24-21 接通，泵的开度受 UA1/7.15 控制。通过调节调压模块 A5 上的电位器，可调节其输出电压。电机启动电流限流器 A5 可将 0～10V 电压放大为 0～24V 电压作用于直流电机。继电器 K1、调节调压模块 A5 以及电机启动电流限流器 A5 可参看图 2-2-1。

1.7　液位检测元件

电容式接近开关 B113 和 B114

外形 / 电气符号

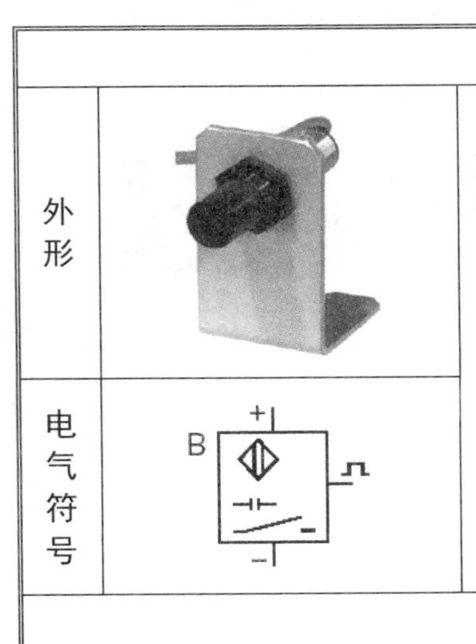

B113 和 B114 位于低水箱 B101 后面并且安装在设置的钢板上。这两个接近开关能进行机械调整。传感器和水箱壁之间的距离可以通过螺丝进行调整。

B101 水箱的最低水位线由低传感器 B113 指示，最高水位线由高传感器 B114 指示。它可向 I/O 终端 XMA1 输出 24V 开关信号。

安装位置

B113 和 B114 的结构

图 2-2-10 中 7 是一个内部稳压电路，它为振荡器 1、检波电路 2 以及触发电路 3 供电；4 是一个小灯，5 是开关信号输出电路（它由外部电源直接供电）。

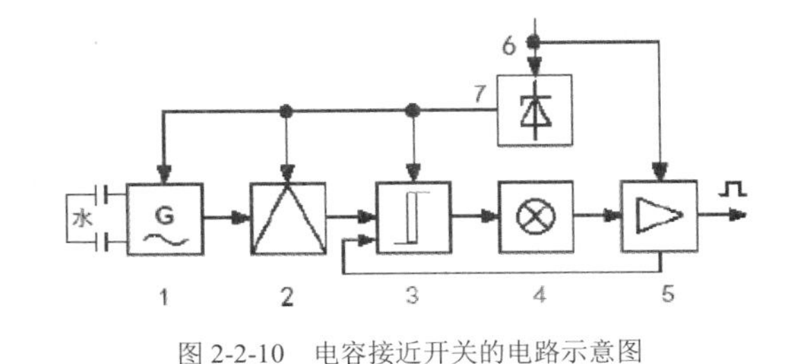

图 2-2-10　电容接近开关的电路示意图

B113 和 B114 的原理

当水位接近电容式接近开关时，水面与电容式接近开关上的两个金属片构成两个串联的电容器，振荡器 1 起震，输出高频交流信号，该高频交流信号经检波器 2 变为直流信号作用于触发电路 3，使触发电路 3 输出高电平，点亮小灯 4，并由开关信号输出电路 5 放大输出。

B113 和 B114 的接线

棕色线接正极，蓝色线接负极，黑色线为信号输出线。虚线框表示数字输入/输出信号接线端子 XMA1，I4、I5、I6、I7 分别表示 XMA1 与外接插头的连接插针，如图 2-2-11 所示。

浮子限位开关 S111

外形 / 电气符号

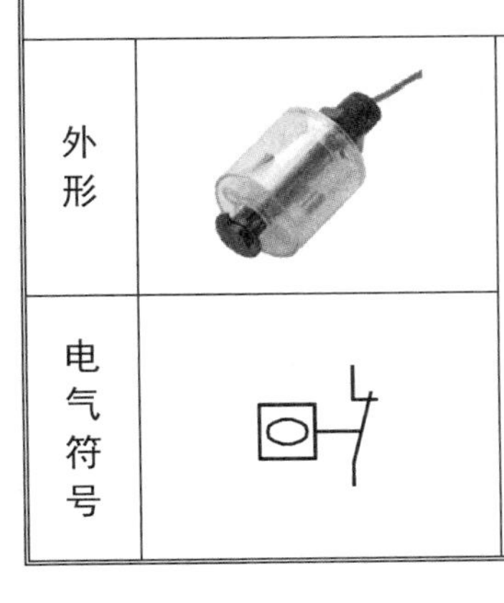

浮动开关 S111 位于 B101 水箱的顶部，用于监测水箱最大水位，防止水溢出。如果水箱中水位超过最高水位，这个透明的浮动圆柱将被向上推，浮动圆柱里的磁体启动弹簧触点，输出 24V 开关信号到 I/O 终端 XMA1。

S111 只有两根接线，红色线接正极，黑色线接负极。

安装位置

浮子限位开关 S112

外形

电气符号

浮动开关 S112 位于 B102 水箱的低部，用于监测 B102 水箱的水位下限。如果水箱水位超过下限，水会将浮筒托起并向上摆动，浮筒内磁铁将触动簧片碰合，输出开关量信号到 I/O 终端 XMA1。

S112 只有两根接线，红色线接正极，黑色线接负极。

安装位置

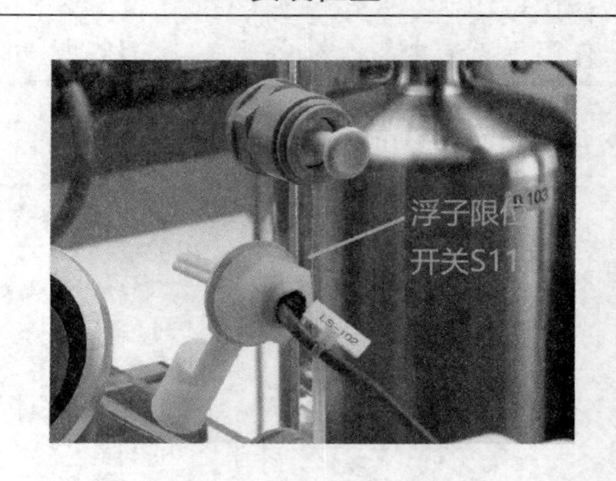

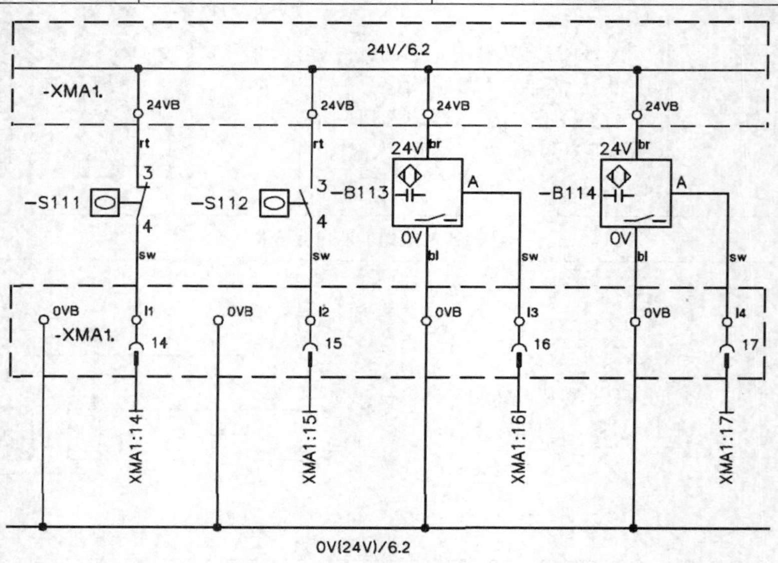

图 2-2-11 S111、S112、B113 和 B114 的电路图

超声波液位计 B101

外形

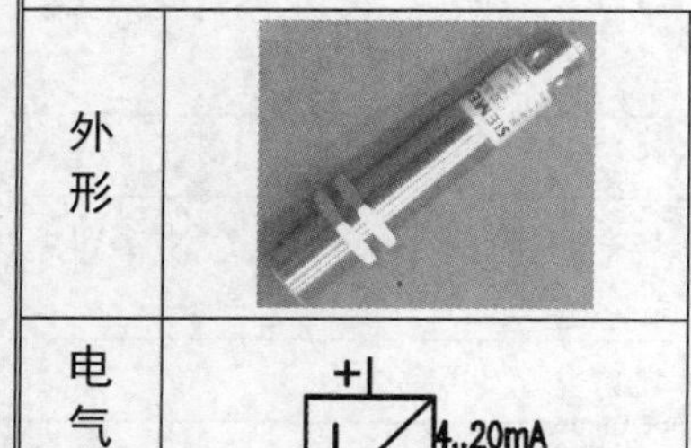

电气符号

超声波液位计 B101 位于 102 水箱的顶部。超声波液位计是根据声波从发射到回波接收的传输时间，来测量物位的。

超声波液位计 B101 的电源线来自 I/O 终端 XMA1，信号输出引线连接 X2 端子板。

安装位置

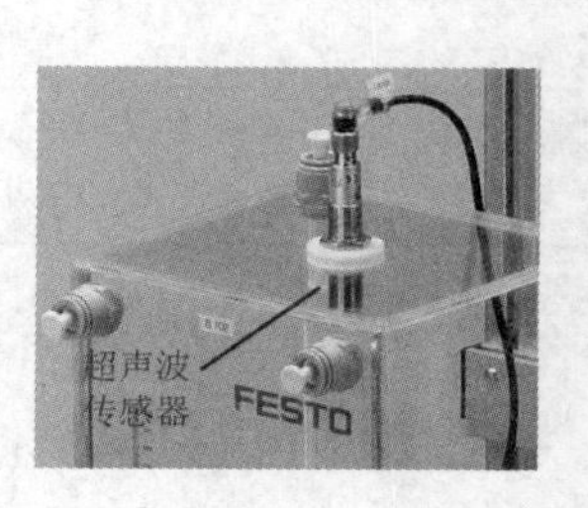

B101 的结构

图 2-2-12 中 6 是一个内部稳压电路，振荡电路 1 和超声波换能器 8 用于发送和接收超声波信号，放大器 2 将回波电信号放大，判断电路 3 计算脉冲发送与返回的时间，电路 4 生成 4～20mA 的电流并输出。

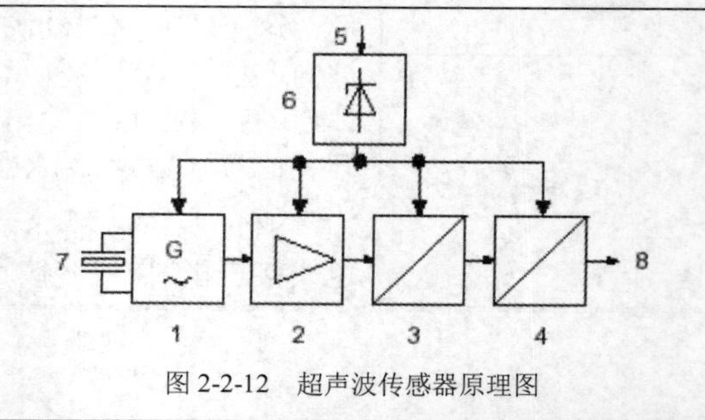

图 2-2-12 超声波传感器原理图

B101 的性能

B101 的测量范围为 46～346mm，这里的 B101 被设置为反比输出，即测量距离为 S_{min}=50mm 时对应输出电流为 20mA，测量距离为 S_{max}=300mm 时对应输出电流为 4mA。因此，水箱满时传感器输出 20mA，水箱空时传感器输出 4mA。测量时要求声束与水平面垂直。

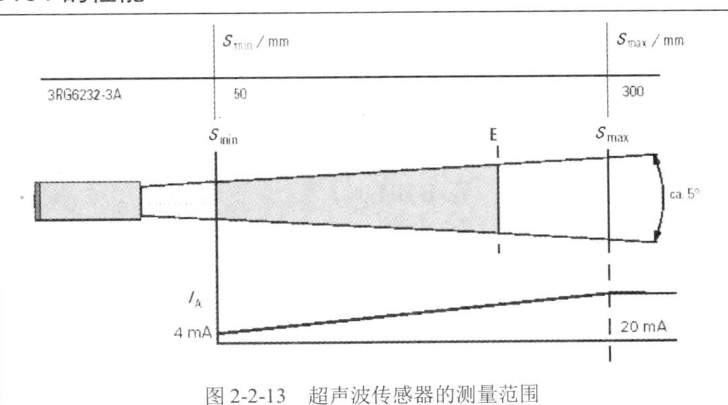

图 2-2-13 超声波传感器的测量范围

电压/电流变送器

电压/电流变送器可对超声波探测器的测量值进行变换，其电源电压为 24V DC，输入信号为 4～20mA 电流信号，输出信号为 0～10V 的电压信号。它是可插拔的终端块，可以很容易地从终端座上拔出。

超声波液位计 B101 与电压/电流变送器 A1 的接线

超声波液位计 B101 有三根连接线，白色线接正极，棕色线接负极，绿色线输出电流信号。

图 2-2-14 下方的设备就是电流/电压变送器 A1，它将超声波液位计 B101 送来的 4～20mA 信号转化为 0～10V DC 信号；变送器 A1 的“0V”端和“24V”端分别为电源引入端，OUT 为信号输出端。

超声波液位计 B101 的白色正极线和变送器 A1 的“24V”端接在一起，并输出到 I/O 终端 XMA1；超声波液位计 B101 的棕色负极线和变送器 A1 的“-”端以及“0V”端连在一起，并输出到 I/O 终端 XMA1；超声波液位计 B101 的信号输出端和变送器 A1 的“+”端连在一起；变送器 A1 的 OUT 输出端连接到模拟信号端子板 X2 上。

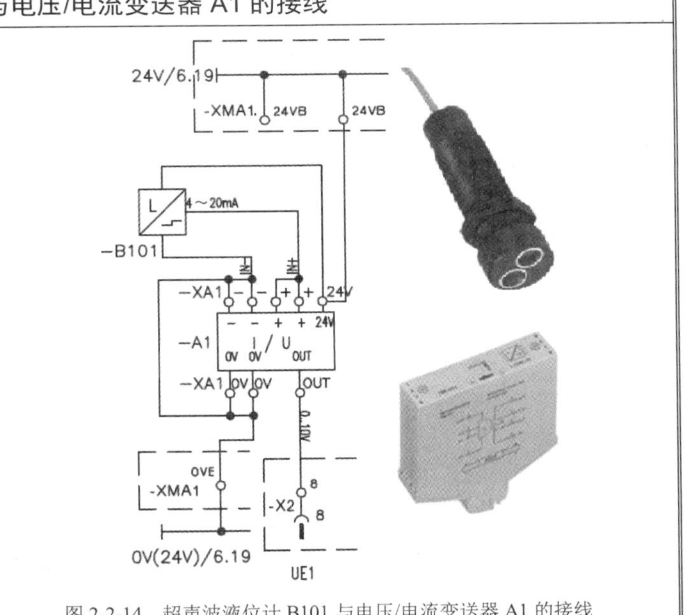

图 2-2-14 超声波液位计 B101 与电压/电流变送器 A1 的接线

1.8 液位控制系统管路连接

管件

FESTO 过程控制教学系统的管线由塑料直连管、压入式活接头以及塑料截止阀组成。

管件的插拔

连接管件时，只要把白色塑料直管压入活接头即可无漏连接。

拔出管件时，请先按下手指指向的（在活接头端部安装的）密封环，然后再用力拔出直管。

液位控制系统的管路连接

图 2-2-15 中水箱 B101 的水由泵 P101 经截止阀 V101 打入水箱 B102，之后水箱 B102 中的水又经过截止阀 V112 和气动球阀 V102 流入水箱 B101，如此不断循环；其中 LS+和 LS–分别表示高限报警和低限报警，泵 P101 和超声波液位计 B101 构成水箱 B102 的液位控制系统。

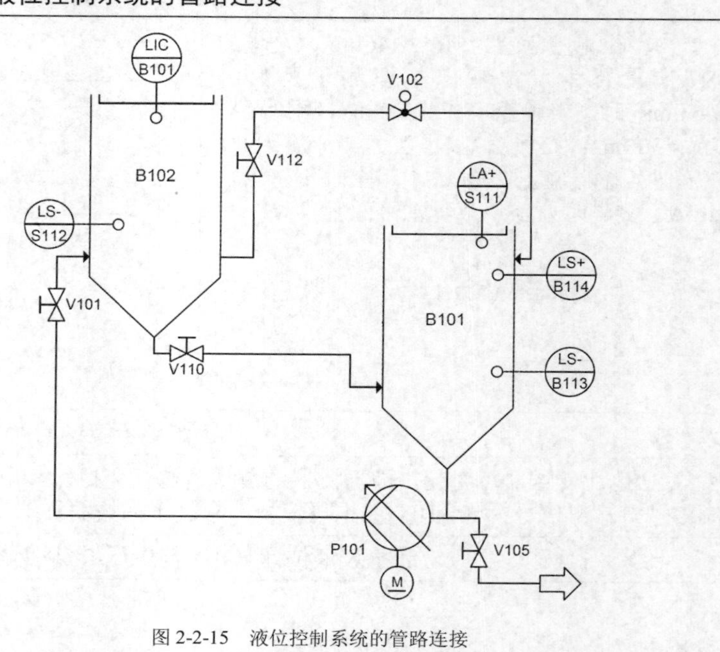

图 2-2-15 液位控制系统的管路连接

2 认识 FESTO 仿真盒

仿真盒的接线

如何安装、连接仿真盒

电源

两根交叉 SysLink 电缆（模拟量、开关量），
一根电源电缆

仿真盒

1. 输出使能选通开关（Strobe Switch Output Enable）

选通开关是开关 0～7 的使能开关。拨动选通开关于左操作位，才能使开关 0～7 作用于传感器。

2. 开关 0 ~ 7（Bit0 to Bit7 Switch）

开关 0～7 可向各个执行器发送数字信号。Bit0 为球阀开关，Bit1 为电热棒开关，Bit2 为泵工作方式选择开关，Bit3 为泵启动开关，Bit4 为比例阀启动开关（Bit5、Bit6 和 Bit7 没有定义）。

3. 指示灯 0 ~ 7（LEDs Bit0 to Bit7）

LED 指示灯可显示各个传感器传来的数字信号。Bit0 为液位传感器的输出频率信号指示灯，Bit1 为电源指示灯，Bit2 为高位水箱低液位浮标 S112 的输出信号指示灯，Bit3 为低液位电容传感器 S113 的输出信号指示灯，Bit4 为高液位电容传感器 S114 的输出信号指示灯，Bit5 为球阀状态反馈触点 S115 的信号指示灯，Bit6 为球阀状态反馈触点 S116 的信号指示灯，Bit7 为低位水箱溢出浮标 S111 的输出信号指示灯。

4. 电位器 1 ~ 4（Potentiometer 1 to 4）

电位器可向各个执行器发送 0～10V 的模拟信号。其中，电位器 1 可输出泵的调节电压，电位器 2 可输出比例阀的调节电压，电位器 3 和电位器 4 没有定义。

5. 电压显示选择旋钮（Selector Switch）

选择开关用于选择要显示的电压，如 U_{In1}（超声波传感器的反馈电压）、U_{In2}（液位传感器的反馈电压）、U_{In3}（压力传感器的反馈电压）、U_{In4}（热电阻的反馈电压）、U_{a1}（泵的输出电压）、U_{a2}（比例阀的输出电压）。

6. 显示屏（Display）

显示屏用于显示所选择的电压（4 位有效数字）。

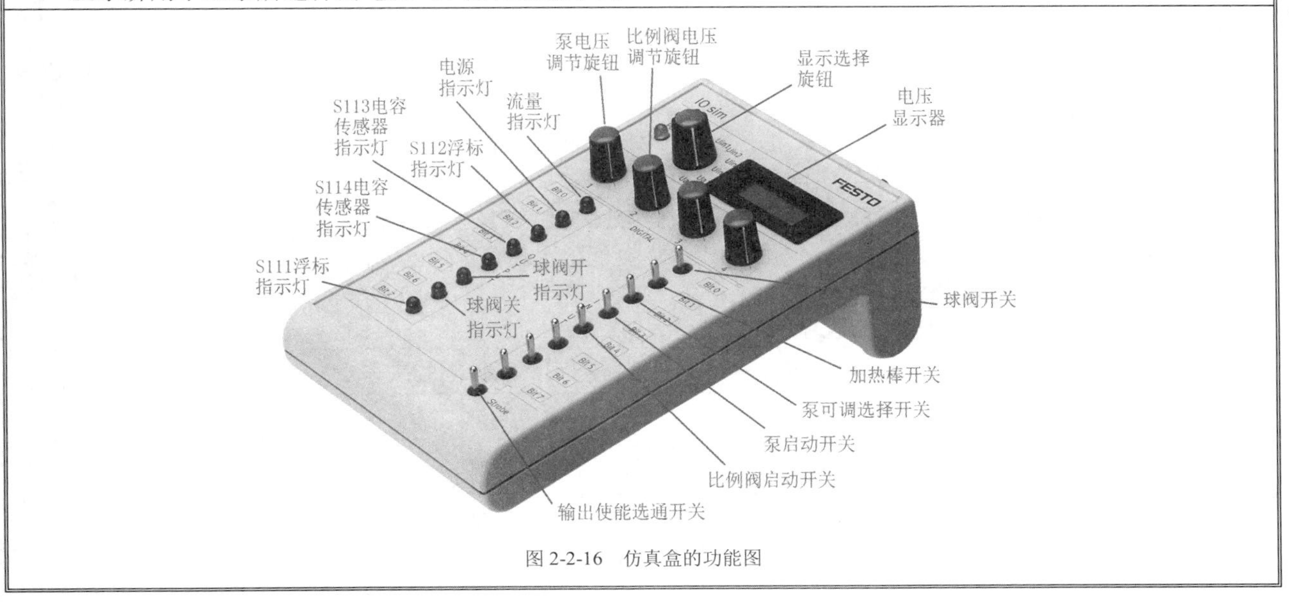

图 2-2-16　仿真盒的功能图

3　基于仿真盒的液位控制调试

一、实验目的

1. 了解液位控制系统电路的连接关系。
2. 熟悉仿真盒的操作。
3. 验证超声波液位计反馈电压与实际液位间的关系。
4. 了解闭环液位控制系统的原理。
5. 认识手动控制的局限性。

二、仿真盒设备的连接

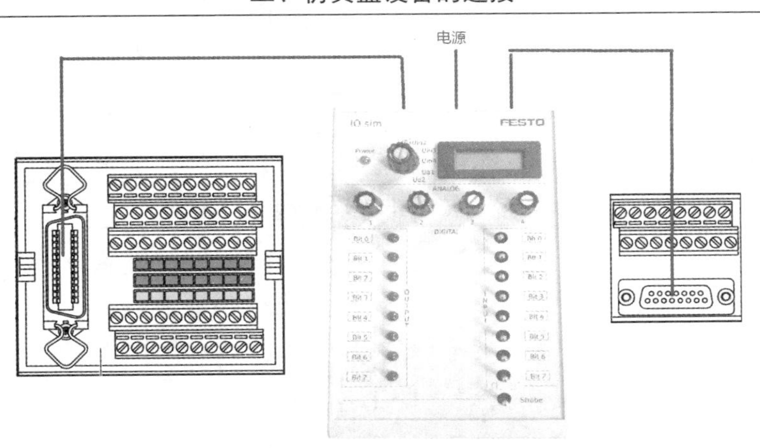

三、分析液位控制系统电路的连接关系

1. 用万用表测量端子板 XMA1 及 X2 上端子电位，分析各设备和这两个端子板的连接关系。

2．画出端子板 XMA1、端子板 X2、超声波液位计、电流/电压变送器、两个电容液位计、两个浮标液位计、泵及球阀的电路连接图。

四、仿真盒的操作

1．将仿真盒与端子板 XMA1、端子板 X2 及电源连接在一起。

2．按照图 2-2-15 液位控制系统的管路连接图连接管路，将阀 V101 和 V112 完全打开，以便低位水箱的水能够被打入高位水箱，高位水箱的水能够排放到低位水箱，其他阀门全部关闭。

3．将电压显示选择旋钮的挡位拧到 U_{In1} 挡，以显示液位传感器的反馈电压，这里的 0～10V DC 对应液位 0～300mm。

4．合上泵启动开关 Bit3，全压启动泵运行，以便将低位水箱中的水打到高位水箱，直到电容传感器 B113 指示灯熄灭，泵停止运行。

5．观察液晶显示器中超声波液位计反馈电压及高位水箱的实际液位。

6．观测小灯 Bit0 的闪动速度与液体流量之间的关系。

7．观测小灯 Bit0～Bit7 与液位浮标 S112、电容传感器 S113 和 S114 以及球阀的关系。

8．合上开关 Bit0，启动球阀，将高位水箱中的水排入到低位水箱，直到电容传感器 B114 指示灯亮起，球阀关闭。

9．重复上述过程若干次，观察实验现象。

五、超声波传感器反馈电压与实际液位间的关系

1．实验设备框图

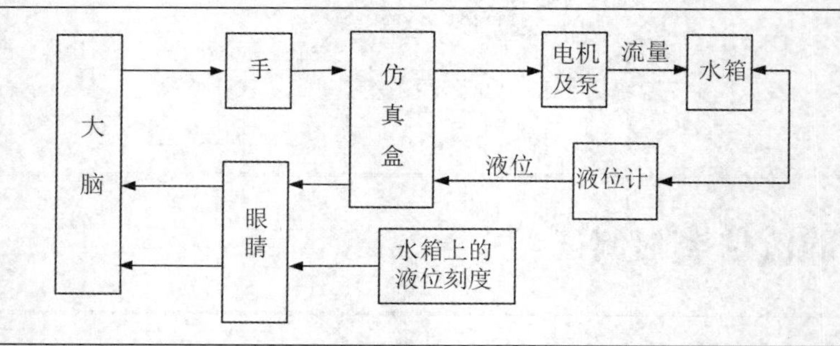

2．实验步骤

（1）将仿真盒与端子板 XMA1、端子板 X2 及电源连接在一起。

（2）按照图 2-2-15 液位控制系统的管路连接图连接管路，将阀 V101 和 V112 完全打开，以便低位水箱的水能够被打入高位水箱，高位水箱的水能够排放到低位水箱，其他阀门全部关闭。

（3）将电压显示选择旋钮的挡位拧到 U_{In1} 挡，以显示液位传感器的反馈电压，这里的 0～10V DC 对应液位 0～300mm。

（4）合上泵启动开关 Bit3，全压启动泵运行，以便将低位水箱中的水打到高位水箱。

（5）从 0 开始，液位每升高 2cm（高位水箱的液位刻度），停止运行泵一次（为防止水通过泵倒流回低位水箱，请同时将 V101 关闭），并读取超声波液位计的反馈电压，以此类推操作 15 次。

（6）将超声波传感器的反馈电压值及对应的高位水箱液位刻度值填入实验报告的表格中。

（7）说明超声波传感器的反馈电压值与高位水箱实际液位间的关系。

六、手动液位控制系统

1．实验设备框图

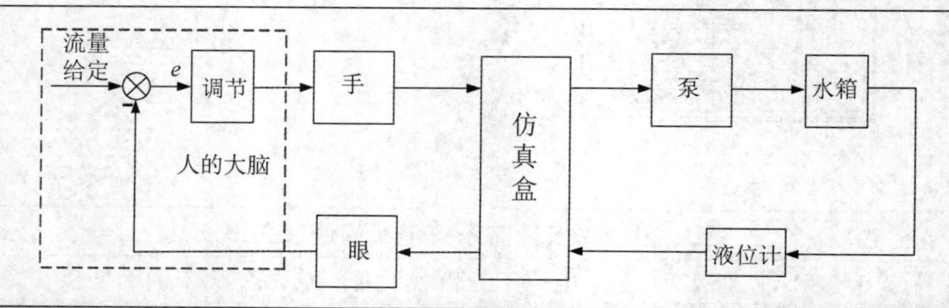

2．实验步骤
（1）将仿真盒与端子板 XMA1、端子板 X2 及电源连接在一起。
（2）按照图 2-2-15 液位控制系统的管路连接图连接管路，将阀 V101 完全打开，将阀 V112 打开一半，以便低位水箱的水能够被打入高位水箱，高位水箱的水能够排放到低位水箱，其他阀门全部关闭。
（3）将电压显示选择旋钮的挡位拧到 U_{In1} 挡，以显示超声波液位计的反馈电压，这里的 0～10V DC 对应液位 0～300mm。
（4）合上泵的工作方式选择开关 Bit2，将泵设置为调压运行方式，以便将低位水箱的水打入到高位水箱。
（5）合上开关 Bit0，启动球阀，以便在泵向高位水箱打水的同时排出少量的水到低位水箱。
（6）通过眼睛观察 U_{In1} 的数值，用手调节“电位器 1”旋钮，通过改变电机转速使得超声波液位计的反馈电压值 U_{In1} 保持在 5V（也就是将高位水箱的水位保持在 150mm）。
（7）用手机拍摄 U_{In1} 数值的变化过程。
（8）播放手机视频，将实时液位值（由 U_{In1} 换算得之）及对应时间填入到实验报告的表格中，并画出液位随时间变化的关系曲线。
（9）计算超调量 σ、实际平均液位、余差 C。
（10）评价控制效果。
七、实验报告内容要求
1．用万用表测量端子板 XMA1 及 X2 上端子电位，对比仿真盒上的各开关机、小灯状态及 U_{In1} 数值，标出端子板 XMA1 及 X2 上各端子与液位控制系统中各设备之间的对应关系。
2．画出端子板 XMA1、端子板 X2、超声波液位计、电流/电压变送器、两个电容液位计、两个浮标液位计、泵及球阀的电路连接图。
3．将超声波液位计的反馈电压值及与之对应的高位水箱液位刻度值填入实验报告的表格中，并分析二者的关系。
4．画出闭环液位定值控制实验的结构框图。
5．填写实时液位数据表，画出液位随时间变化的关系曲线。
6．计算超调量 σ、实际平均液位、余差 C。
7．评价液位的手动控制效果。
八、思考题
1．超声波液位计反馈电压与水箱液位刻度值的关系是什么？
2．怎样做才能提高液位控制的效率和精度？

子学习情境 2.3　液位双位控制

工作任务单

<table>
<tr><td>情　　境</td><td colspan="6">学习情境 2　物位控制</td></tr>
<tr><td rowspan="3">任务概况</td><td rowspan="2">任务名称</td><td rowspan="2">子学习情境 2. 3　液位双位控制</td><td>日期</td><td>班级</td><td>学习小组</td><td>负责人</td></tr>
<tr><td></td><td></td><td></td><td></td></tr>
<tr><td>组员</td><td colspan="5"></td></tr>
</table>

<table>
<tr><td rowspan="2">任务载体和资讯</td><td rowspan="2">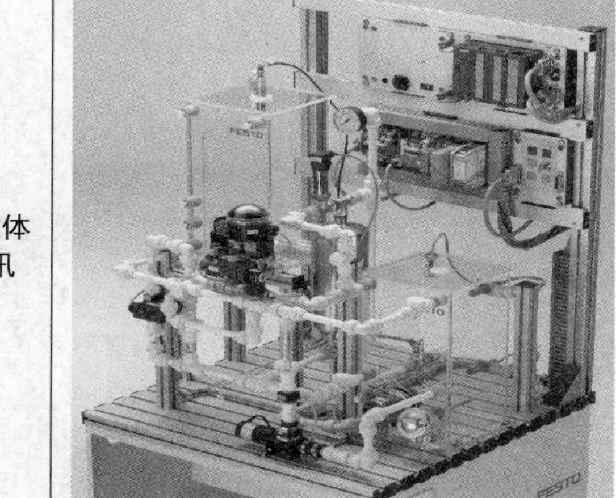</td><td>载体：FESTO 过程控制系统及说明书。</td></tr>
<tr><td>资讯：
1．双位控制（重点）：①双位控制规律；②双位控制的设定值与偏差；③双位控制的缺陷。
2．具有中间区的双位控制：①具有中间区的双位控制规律；②有中间区的双位控制系统的控制参数；③具有中间区的双位控制系统的品质指标；④双位控制的应用场合及特点。
3．EasyPort 接口：①EasyPort 接口；②EasyPort 接口的接线；③EasyPort 接口的设置。
4．FESTO Fluid Lab 软件：①Fluid Lab-PA 主窗口；②Fluid Lab 设置窗口；③“测量与控制”窗口；④“2 点闭环控制”窗口；⑤“连续量闭环控制”窗口。
5．基于 Fluid Lab 软件的液位双位控制：①手动液位双位控制；②自动液位双位控制；③有扰动输入的液位双位控制。</td></tr>
<tr><td>任务目标</td><td colspan="2">1．掌握阅读产品说明书的方法。
2．掌握液位控制的管路连接关系。
3．掌握液位控制系统各组件及 EasyPort 的电气连接关系。
4．掌握 Fluid Lab 软件的操作方法，会使用 Fluid Lab 软件对系统液位进行操控。
5．掌握双位闭环控制规律。
6．培养学生的组织协调能力、语言表达能力；达成职业素质目标</td></tr>
<tr><td>任务要求</td><td colspan="2">1．要认真识读 FESTO 过程控制系统的操作安全章程和事故处理方法。
2．认真观察 FESTO 过程控制系统的各组件。
3．认真阅读 FESTO 过程控制系统的说明书。
4．设计液位控制的管路连接方式。
5．要明确 EasyPort 接口以及 FESTO Fluid Lab 软件的使用方法。
6．利用 EasyPort 接口以及 FESTO Fluid Lab 软件对系统的液位参数实施控制，并分析数据。</td></tr>
</table>

1 认识双位控制

1.1 双位控制

控制器的控制规律
控制器的控制规律是指控制器的输出信号与输入信号的关系。在过程控制系统中，控制器将系统被控变量的测量值 $y(t)$与设定值 $r(t)$相比较，如果存在偏差 $e(t)$，即 $e(t)=y(t)-r(t)$，就按预先设置的不同控制规律，发出控制信号 $p(t)$去控制生产过程，使被控变量的测量值与设定值相等。
常用基本控制规律
控制器的控制规律来源于人工操作规律，是在模仿、总结人工操作经验的基础上发展起来的。控制器的基本控制规律有双位控制、比例控制、积分控制和微分控制等几种。工业上所用的控制规律是这些基本规律之间的不同组合，如比例积分（PI）控制、比例微分（PD）控制和比例积分微分（PID）控制。

双位控制

双位控制古老而简单，其控制器的输出只有两个值：最大值或最小值。当测量值大于（或小于）设定值，即偏差信号 e 大于零（或小于零）时，控制器的输出信号 p 为最大值；反之，则控制器的输出信号 p 为最小值。

双位控制规律的数学表达式

$$p=\begin{cases}p_{max}, e>0 & （或e<0）\\ p_{min}, e<0 & （或e>0）\end{cases}$$

式中，e 为被控量实际值与给定值之差，p_{max} 是控制器输出的最大控制作用，p_{min} 是控制器输出的最小控制作用。

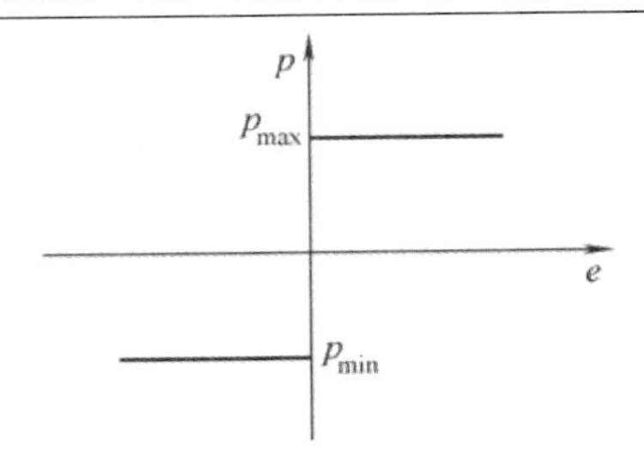

图 2-3-1　双位控制规律的图像

温度双位控制系统示例

如图 2-3-2 所示，被控对象是一个电加热器，工艺要求热流体的出口温度要保持在某值附近，该控制系统使用热电偶测量温度，并把温度信号送到双位温度控制器，由控制器根据温度的变化情况来接通或切断电源。

当热流体的出口温度 T 低于设定值 T_0，即偏差 $e<0$ 时，控制器的输出控制信号使电源接通，进行加热（控制器输出最大控制作用），流体的温度 T 上升；当热流体的出口温度 T 高于设定值 T_0，即偏差 $e>0$ 时，控制器的输出控制信号使电源断开（控制器输出最小控制作用），流体的温度 T 又会逐渐下降，以此类推不断反复，使得热流体的出口温度保持在某值附近。

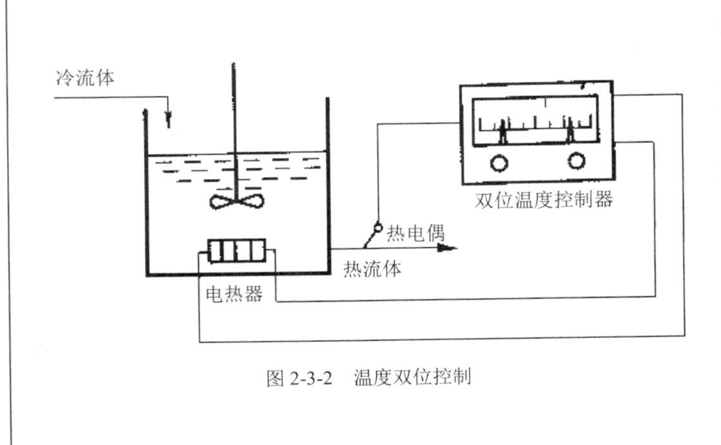

图 2-3-2　温度双位控制

温度双位控制的缺陷

显然这种控制方式会引起执行器的振荡。当温度 T 稍低于设定值 T_0 时，继电器马上通电，电热器以最大功率加热，很短时间 T 就会超过 T_0，这样又会使继电器马上断电，之后温度 T 迅速下降低于 T_0，……如此反复，使得继电器的动作过于频繁，容易使继电器损坏，难以保证双位控制系统安全可靠运行。

1.2　具有中间区的双位控制

具有中间区的双位控制

具有中间区的双位控制数学表达式

$$p=\begin{cases}p_{max}, e>e_{max}\\ p_{max} \text{ 或 } p_{min}, e_{min}\leqslant e\leqslant e_{max}\\ p_{min}, e<e_{min}\end{cases}$$

式中，e 为被控量实际值与给定值间的偏差，e_{max} 为偏差上限，e_{min} 为偏差下限，p_{max} 是控制器输出的最大控制作用，p_{min} 是控制器输出的最小控制作用。

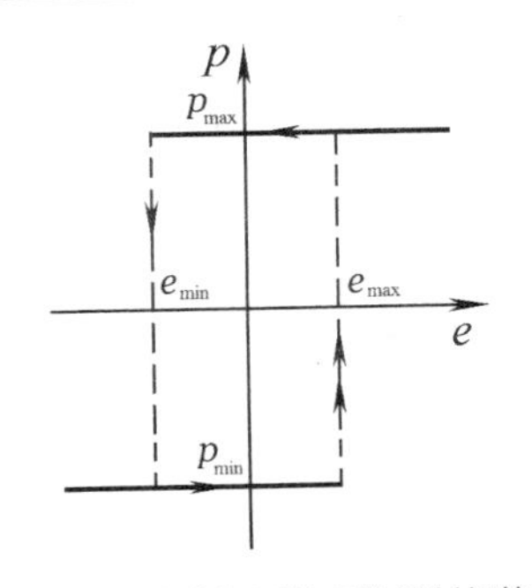

图 2-2-3　具有中间区的双位控制规律图像

说明：当 e 增加时，即使超过了 e_{min}，控制器输出也不动作；只有大于 e_{max} 后，控制器才动作并输出最大控制作用 p_{max}。反过来，当 e 减小时，即使小于 e_{min}，控制器输出也不动作；只有超过了 e_{max} 后，控制器才动作并输出最小控制作用 p_{min}。

具有中间区的双位控制的优点

由于设置了中间区，当偏差在中间区内变化时，控制机构不会动作，因此可以使控制机构开关的频繁程度大为降低，延长了控制器中运动部件的使用寿命。

具有中间区的温度双位控制系统示例分析

如图 2-3-4 所示，当热流体的出口温度 θ 。高于下限设定值 θ_{min} 时，控制器的输出并不立即发生变化。此时加热器继续通电，流体温度继续上升，直至偏差达到中间区的上限 θ_{max} 时，控制器的输出才发生变化，这时控制器切断电源，使流体的温度逐渐下降。同理，当流体的温度低于上限设定值 θ_{max} 时，控制器的输出也不立即发生变化，一直要到热流体的出口温度 θ 。低于下限 θ_{min} 时，才接通加热器的电源，使流体的温度再次上升。以此类推，控制工程不断反复，使得热流体的出口温度保持在某一范围内。

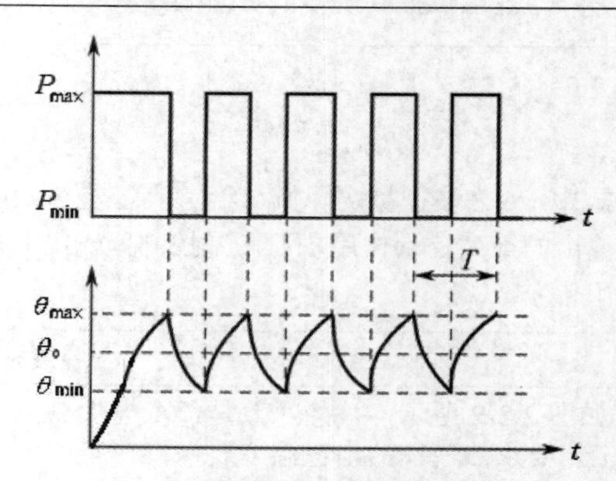

图 2-3-4 具有中间区的温度双位控制过渡过程

具有中间区的双位控制系统的控制参数

包括给定值（如 θ_0 ）、上偏差（如 $e_{max}=\theta_{max}-\theta_0$ ）和下偏差（如 $e_{min}=\theta_0-\theta_{min}$ ）。一般情况下上偏差等于下偏差（如 $e_{max}=e_{min}$ ）。

具有中间区的双位控制系统的品质指标

双位控制过程中一般采用振幅与周期作为品质指标。如图 2-3-4 中，振幅为 $\theta_{max}-\theta_{min}$ ，周期为 T。理想的情况是希望振幅小，周期长，但对于同一个双位控制系统来说，过渡过程的振幅和周期是有矛盾的。若要求振幅小，则周期必然短，就会使执行机构的动作次数增加，导致可动部件容易损坏；若要求周期长，则振幅必然大，就会使被控变量的波动超出允许范围。一般的设计原则是，满足振幅在允许范围内的要求后，尽可能地使周期最长。

双位控制的应用场合及特点

双位控制器结构简单，容易实现控制，且价格便宜，适用于单容量对象且对象时间常数较大、负荷变化较小、过程时滞小、工艺允许被控变量在一定范围内波动的场合，如压缩空气的压力控制，恒温箱、管式炉的温度控制以及贮槽的液位控制等。在实施时只要选用带上、下限触点的检测仪表、双位控制器，再配上继电器、电磁阀、执行器、磁力启动器等即可构成双位控制系统。

2 认识 EasyPort 接口及 FESTO Fluid Lab 软件

2.1 认识 EasyPort 接口

EasyPort 接口

EasyPort 是 FESTO 公司为 FESTO 过程控制系统设计的专用通信接口。它用于 FESTO 过程控制系统与计算机之间的信号传输。它与计算机中安装的 FESTO Fluid Lab 软件相互配合可实现液位、压力−液位及温度的定值控制，其中 FESTO Fluid Lab 软件用于参数设置和控制算法输出，EasyPort 用于被控变量采样及控制信号输出。

EasyPort 接口的使用环境：①具有 Windows 95 操作系统或更高版本的 PC 机；②具有 24 V 直流电源。

EasyPort 的特性：①接口可实现 FESTO 过程控制系统与 PC 机之间的过程信号的双向传输；②为了消除过程信号对 PC 机的干扰，采用了光耦接口以实现 FESTO 过程控制系统与 PC 机之间的电气隔离；③EasyPort 接

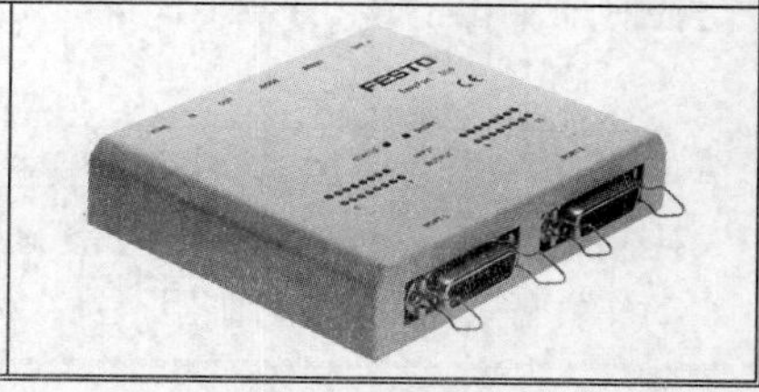

口使用 USB 集线器与 PC 机相连；④PC 机最多可支持 4 个 EasyPort 接口模块，EasyPort 接口模块的地址可通过按上、下箭头按钮进行设置。

EasyPort 接口的接线

1：EasyPort 接口模块。
2：数字量输入/输出信号端子 XMA1。
3：数字量信号 SysLink 通信电缆。
4：模拟量输入/输出信号端子 X2。
5：模拟量信号 SysLink 通信电缆。
6：24V 电源。
7：电源电缆。
8：USB 通信线。

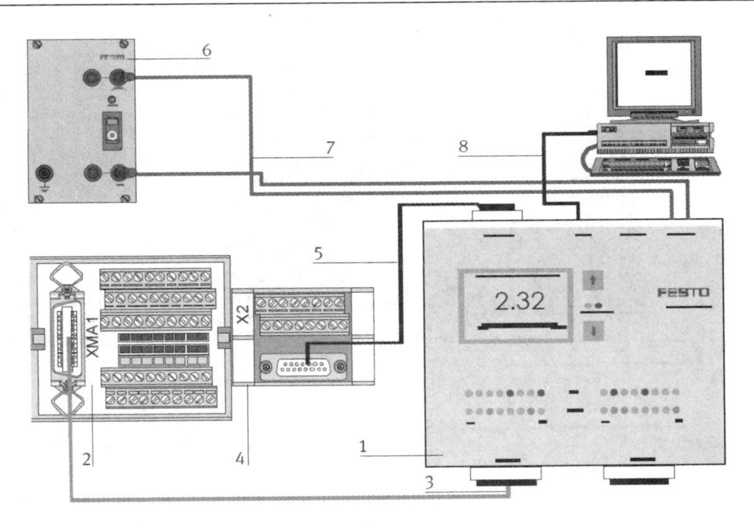

图 2-3-5　EasyPort 接口的接线图

EasyPort 接口的设置

1．按图 2-3-6 中的上、下箭头按钮可设置 EasyPort 接口模块的通信地址，地址范围为 1～4。
2．当通信电缆中的某两根线发生短路时，图 2-3-6 中 Error 指示灯（红色）会亮起。在 EasyPort 接口模块通电测试的瞬间，Error 指示灯也会闪亮，但模块通电激活后，Error 指示灯就熄灭了。
3．状态指示灯是绿色的 LED 灯状态，在 EasyPort 接口模块通电后，但没有建立通信前，该指示灯将以 1Hz 频率闪烁；建立连接后，该灯的闪烁次数（间隔两秒）代表了该 EasyPort 接口模块的地址。
4．EasyPort 的输入端子分为两组，每组包含八个输入端子，其中第一组分配给端口 1（PORT1），第二组分配给端口 2（PORT2），端口 1 的输入标识为 0～7，端口 2 的输入标识为 8～15。输入端子的状态用绿色的 LED 灯指示。
5．16 路数字输出端子的状态由黄色 LED 灯指示。如上所述，输出的分组和编号类似于输入的分组和编号。

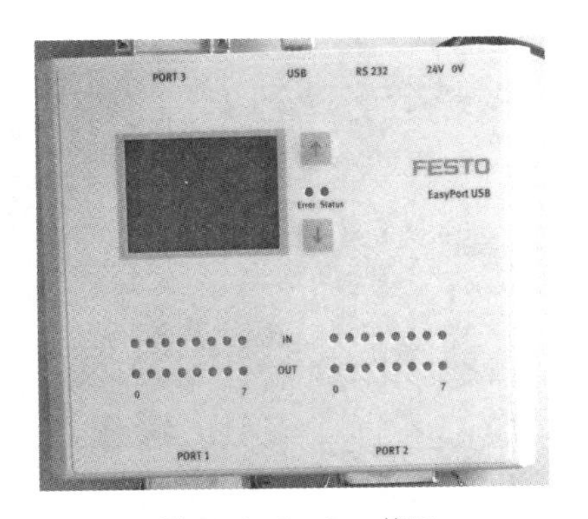

图 2-3-6　EasyPort 接口

2.2　FESTO Fluid Lab 软件

FESTO Fluid Lab 软件中的术语

1．“开关量”：数字量，英文为 Digital，取值“0”或“1”。
2．“连续量”：模拟量，英文为 Analog，取值“0V～10V”。
3．“输入量”：符号为“E”或“I”，表示传感器到控制端（Fluid Lab 软件）的信号。
4．“输出量”：符号为“A”或“O”，表示控制端（Fluid Lab 软件）传递到执行器的信号。
5．“DOUT”：英文全称为 Digital Output，表示数字（开关）量输出通道。
6．“Prop.V.”：英文全称为 Proportional Valve，表示比例阀。
7．“Pump”：表示泵。
8．“SP”＝“W”：英文全称为 SetPoint，表示“设定值”。
9．“PV”＝“X”：英文全称为 Process Value，它和 X 等价，表示过程控制中的实际值。
10．“CO”＝“Y”：英文全称为 Control Output，它和 Y 等价，表示执行器的控制量输出。

Fluid Lab-PA 主界面

单击桌面上或开始菜单中的 Fluid Lab 软件图标，将弹出下面的“FESTO-软件”界面。

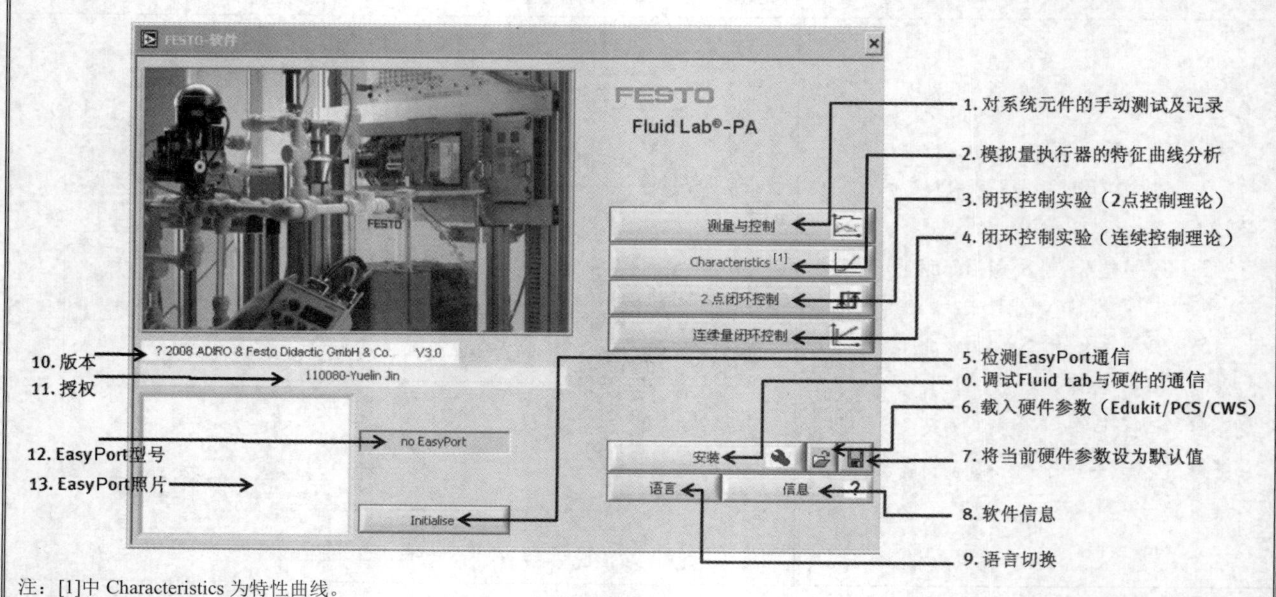

注：[1]中 Characteristics 为特性曲线。

Fluid Lab“设置”界面

单击 Fluid Lab-PA 主窗口中的“安装”按钮，将弹出下面的 Fluid Lab“设置”界面。

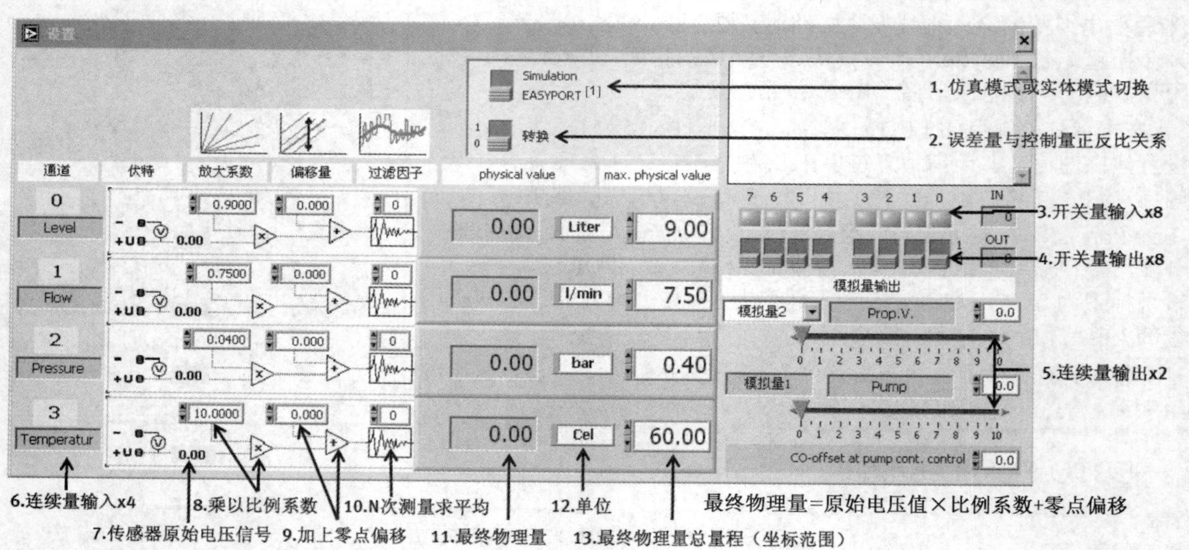

注：[1]中 Simulation 为仿真盒；EASYPORT 为计算机和 EasyPort 接口被接入过程控制系统后的实际调节模式。

Popup 提示

Fluid Lab-PA 软件具有自动弹出注释信息的功能，将鼠标指针停放在某个按钮上，则将自动显示“Popup”界面。如果该按钮存在注释信息，那么将如下图般自动弹出。

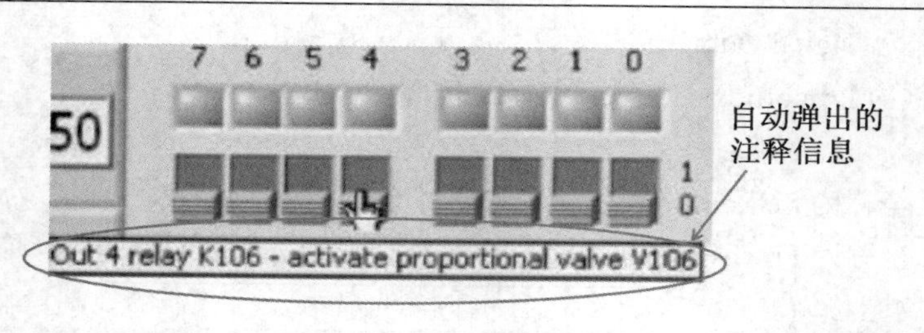

“测量系统”界面

单击 Fluid Lab-PA 主窗口中的“测量与控制”按钮，将弹出下面的“测量系统”界面。

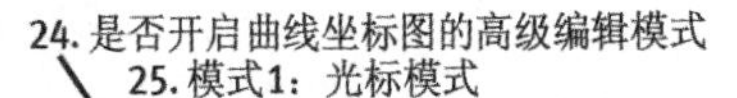

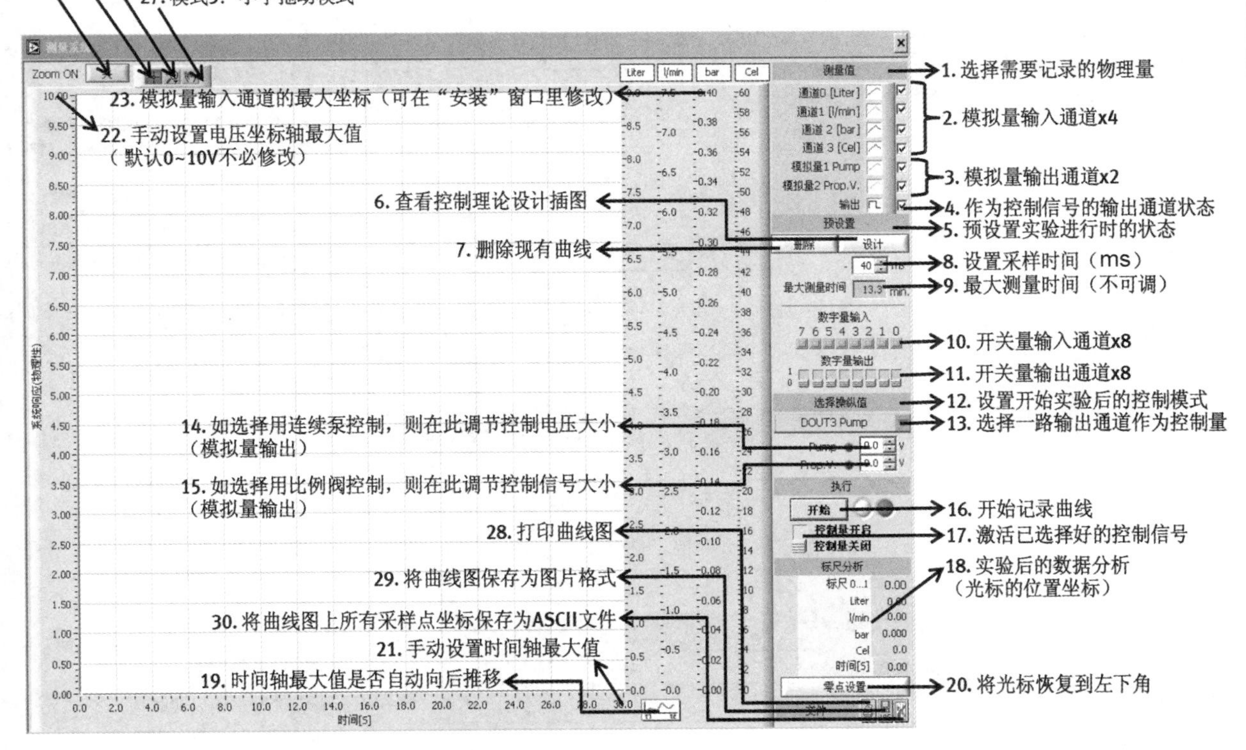

“测量系统”界面的应用实例（开/关泵时，观察液位的变化曲线）

1. 设计管路图，根据设计调整各手动阀的状态（需要先熟悉硬件）。
2. 打开 Fluid Lab-PA 软件，进入“测量系统”界面，开始设置界面右边的实验选项。
3. 选择模拟量输入通道（此时选液位——通道 0[Liter]）（2）。
4. 勾选控制“输出”通道（4）。
5. 清除上次实验的曲线（7）。
6. 设置数字量输出状态（此时需确保“输出 2”为 0）（11）。
7. 选择“DOUT3 Pump”作为控制量（此时，开始实验后，只有泵可以被开关控制）（13）。
8. 单击“开始”按钮，开始记录实验数据曲线（16）。
9. 单击“控制量开启”按钮，激活选定的执行器操纵值（此处为 OUT3 Pump）（17）。
10. 单击“控制量关闭”按钮，关闭选定的执行器（17）。
11. 单击“停止”按钮，停止记录实验数据曲线（16）。
12. 开启“曲线坐标图的高级编辑模式”（24），并选择“光标模式”（25）。
13. 先从左下角找到光标（20），再利用“标尺分析”（18）里读出的数据，分析实验结果。
14. 将实验数据保存成“ASCII”文件，并用 Excel 做进一步的精确分析（30）。

“Characteristics”界面

单击 FluidLab-PA 主窗口中的“Characteristics”按钮，将弹出下面的模拟量特征曲线界面。

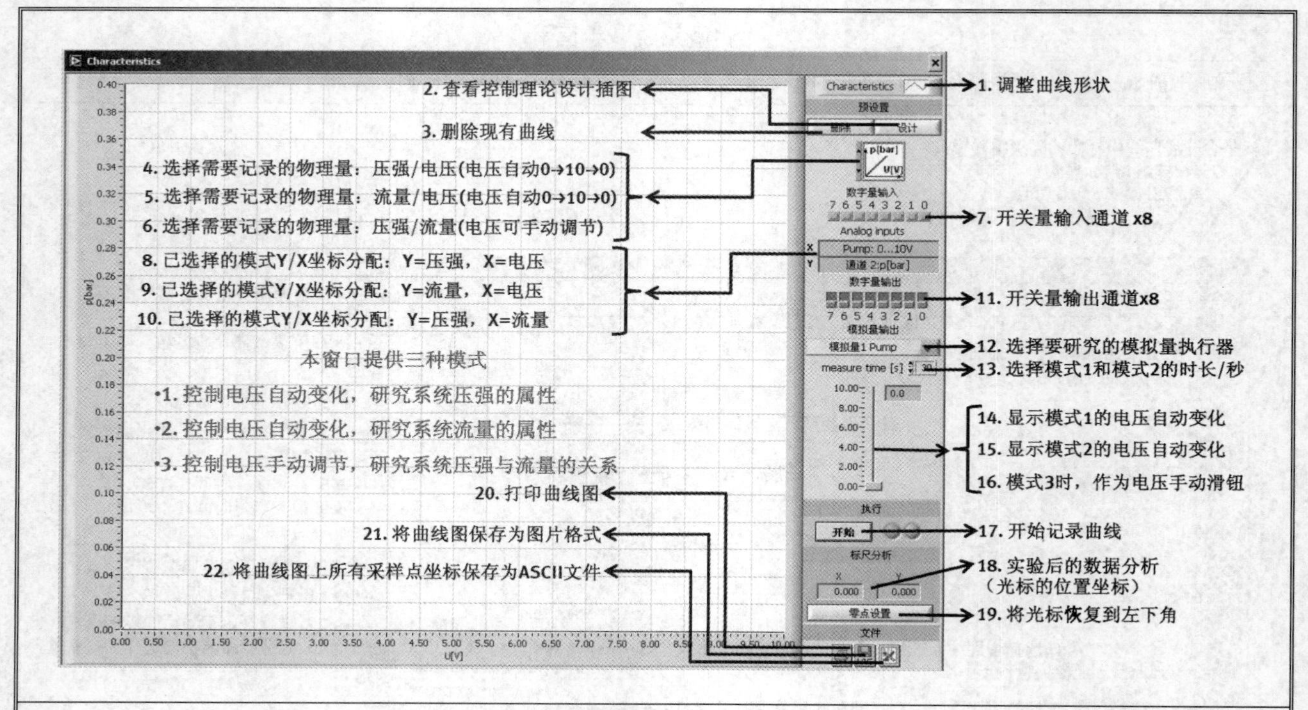

“2点闭环控制-Simulation”界面

单击 Fluid Lab-PA 主窗口中的“2 点闭环控制”按钮，将弹出下面的“2 点闭环控制-Simulation”界面。

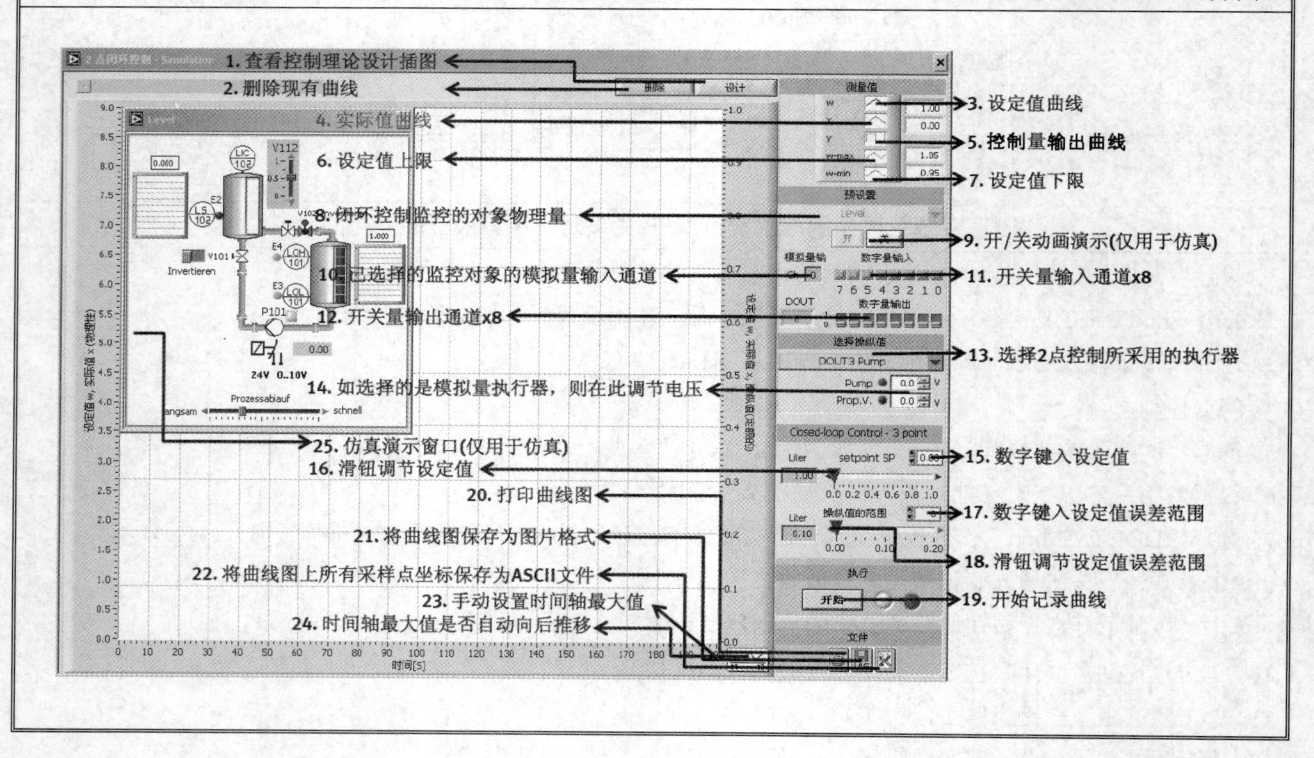

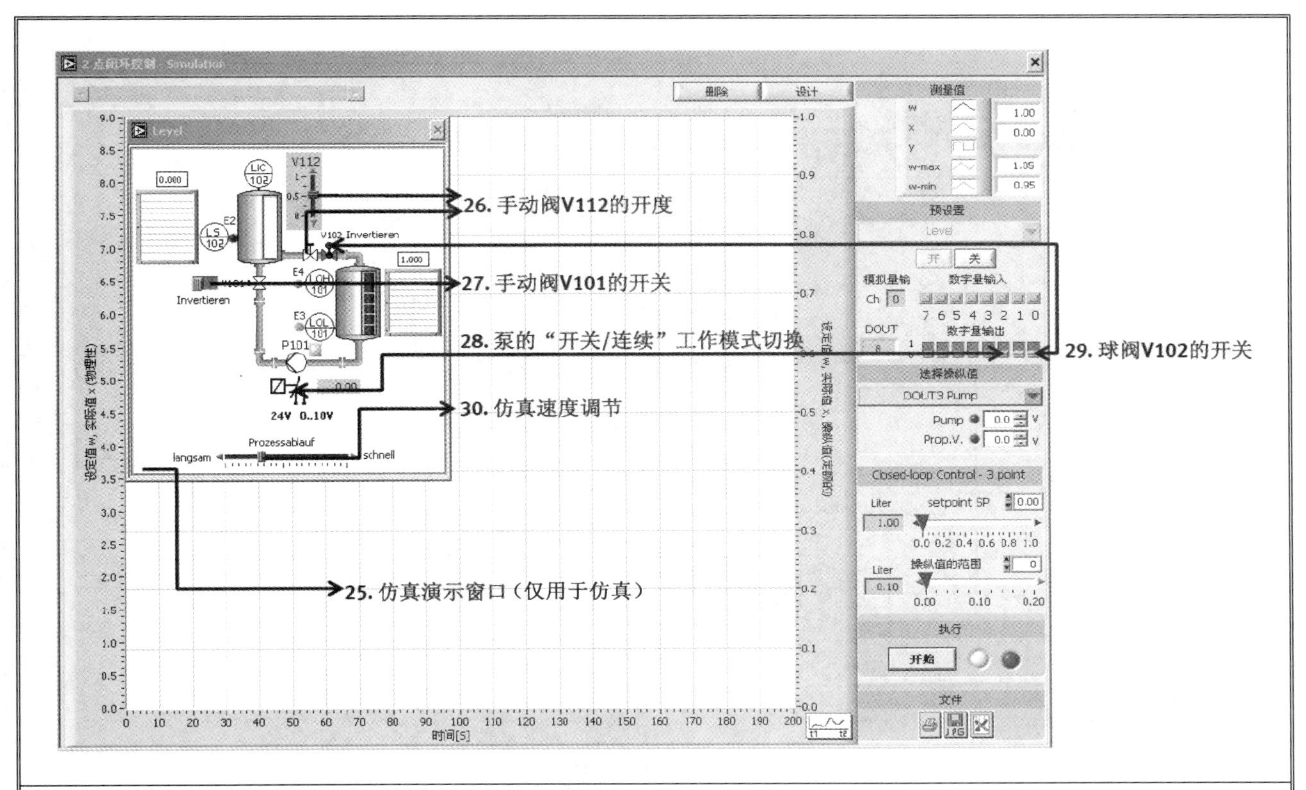

“连续量闭环控制-Simulation”界面

单击 Fluid Lab-PA 主窗口中的“连续量闭环控制”按钮，将弹出下面的“连续量闭环控制-Simulation”界面。

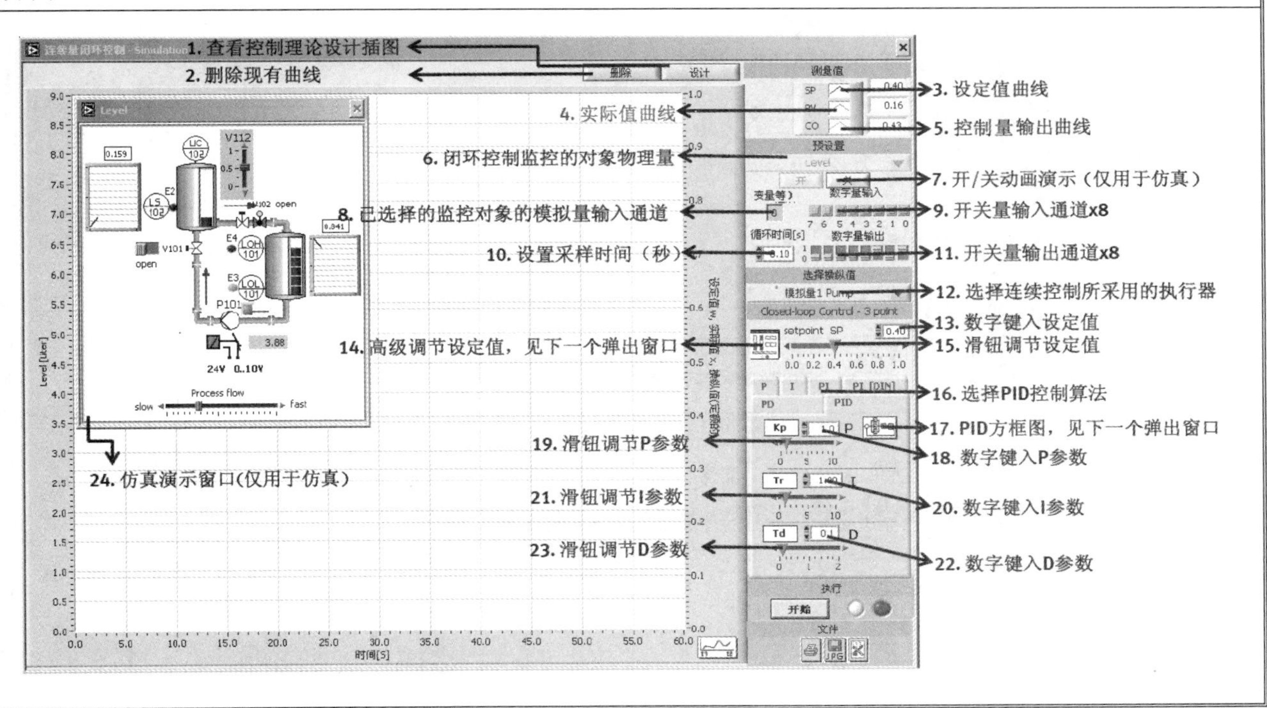

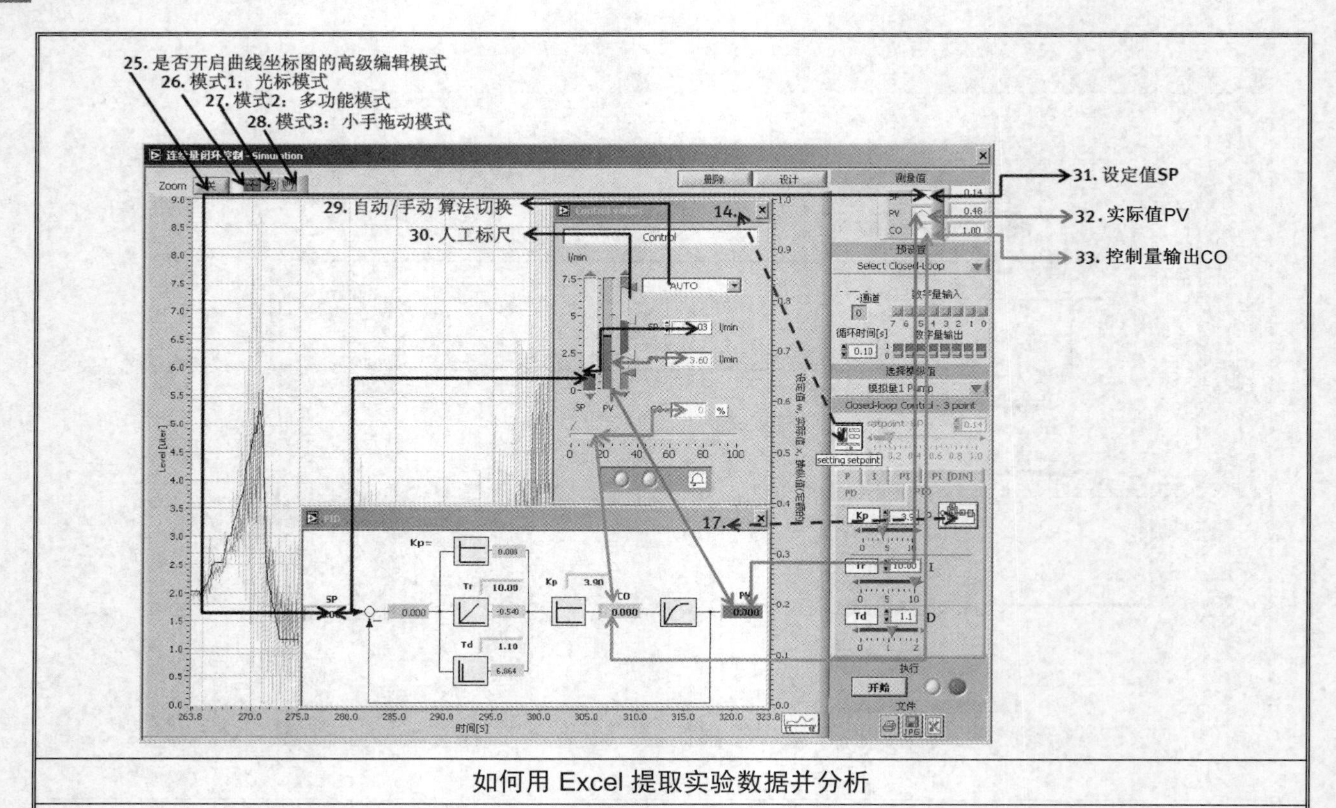

如何用 Excel 提取实验数据并分析

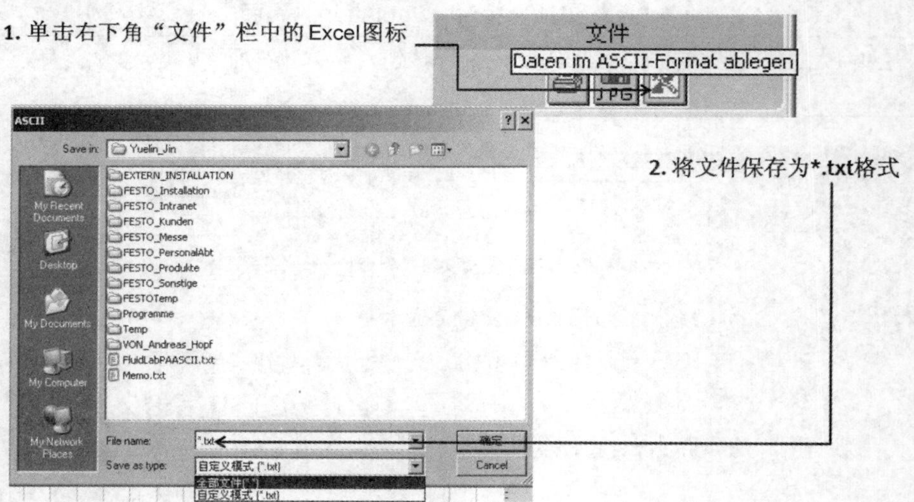

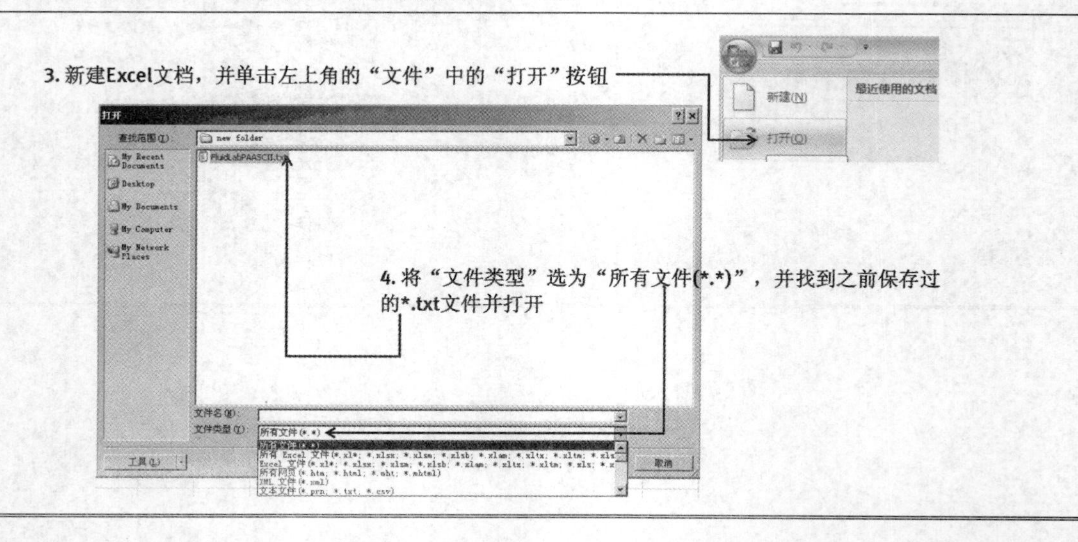

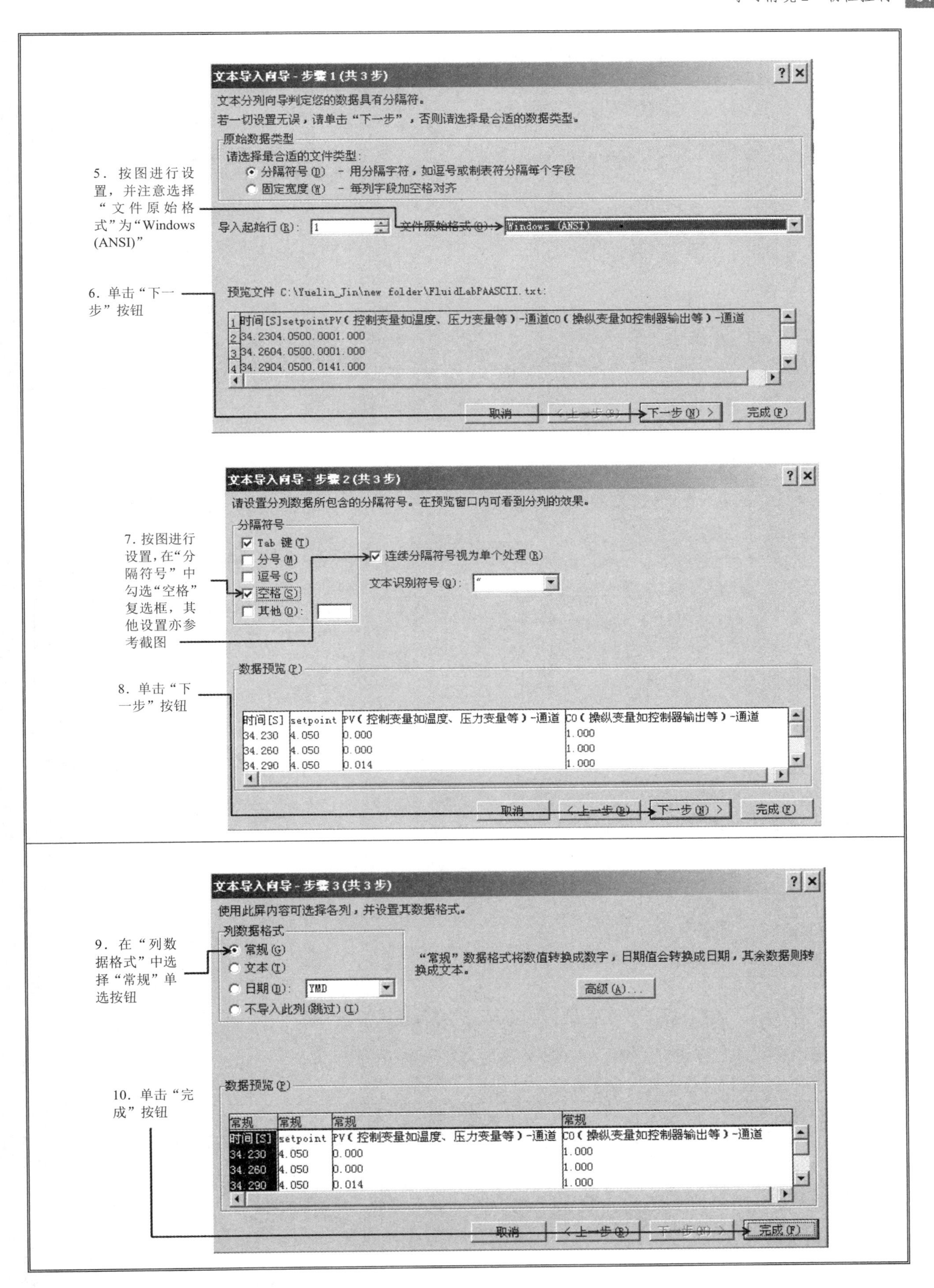
文本导入向导 - 步骤 1 (共 3 步)
文本分列向导判定您的数据具有分隔符。
若一切设置无误，请单击"下一步"，否则请选择最合适的数据类型。
原始数据类型
请选择最合适的文件类型:
分隔符号(D) - 用分隔字符，如逗号或制表符分隔每个字段
固定宽度(W) - 每列字段加空格对齐
导入起始行(R): 1
文件原始格式(O): Windows (ANSI)
预览文件 C:\Yuelin_Jin\new folder\FluidLabPAASCII.txt:
时间[S]setpointPV(控制变量如温度、压力变量等)-通道CO(操纵变量如控制器输出等)-通道
34.2304.0500.0001.000
34.2604.0500.0001.000
34.2904.0500.0141.000
取消
< 上一步(B)
下一步(N) >
完成(F)
5. 按图进行设置，并注意选择"文件原始格式"为"Windows (ANSI)"
6. 单击"下一步"按钮
文本导入向导 - 步骤 2 (共 3 步)
请设置分列数据所包含的分隔符号。在预览窗口内可看到分列的效果。
分隔符号
Tab 键(T)
分号(M)
逗号(C)
空格(S)
其他(O):
连续分隔符号视为单个处理(R)
文本识别符号(Q): "
数据预览(P)
时间[S] setpoint PV(控制变量如温度、压力变量等)-通道 CO(操纵变量如控制器输出等)-通道
34.230 4.050 0.000 1.000
34.260 4.050 0.000 1.000
34.290 4.050 0.014 1.000
取消
< 上一步(B)
下一步(N) >
完成(F)
7. 按图进行设置，在"分隔符号"中勾选"空格"复选框，其他设置亦参考截图
8. 单击"下一步"按钮
文本导入向导 - 步骤 3 (共 3 步)
使用此屏内容可选择各列，并设置其数据格式。
列数据格式
常规(G)
文本(T)
日期(D): YMD
不导入此列(跳过)(I)
"常规"数据格式将数值转换成数字，日期值会转换成日期，其余数据则转换成文本。
高级(A)...
数据预览(P)
常规 常规 常规 常规
时间[S] setpoint PV(控制变量如温度、压力变量等)-通道 CO(操纵变量如控制器输出等)-通道
34.230 4.050 0.000 1.000
34.260 4.050 0.000 1.000
34.290 4.050 0.014 1.000
取消
< 上一步(B)
下一步(N) >
完成(F)
9. 在"列数据格式"中选择"常规"单选按钮
10. 单击"完成"按钮

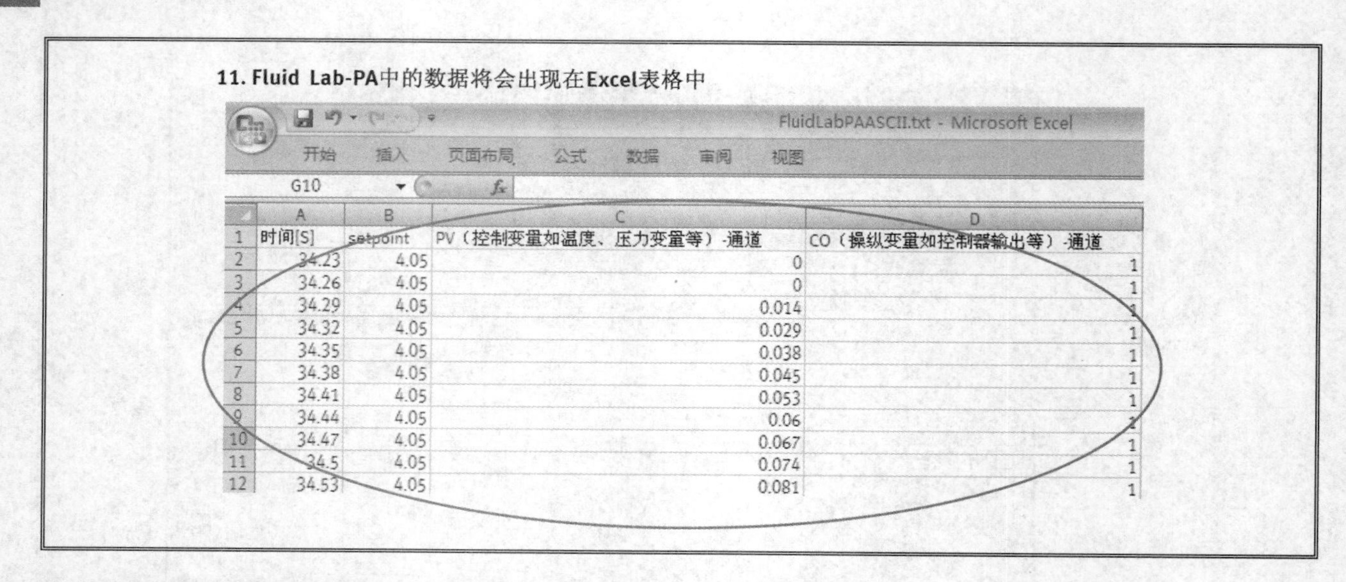

11. Fluid Lab-PA中的数据将会出现在Excel表格中

FluidLabPAASCII.txt - Microsoft Excel

开始 插入 页面布局 公式 数据 审阅 视图

G10

	A	B	C	D
1	时间[S]	setpoint	PV（控制变量如温度、压力变量等）-通道	CO（操纵变量如控制器输出等）-通道
2	34.23	4.05	0	1
3	34.26	4.05	0	1
4	34.29	4.05	0.014	1
5	34.32	4.05	0.029	1
6	34.35	4.05	0.038	1
7	34.38	4.05	0.045	1
8	34.41	4.05	0.053	1
9	34.44	4.05	0.06	1
10	34.47	4.05	0.067	1
11	34.5	4.05	0.074	1
12	34.53	4.05	0.081	1

3 基于 Fluid Lab 软件的液位双位控制

3.1 液位双位自动控制系统方框图

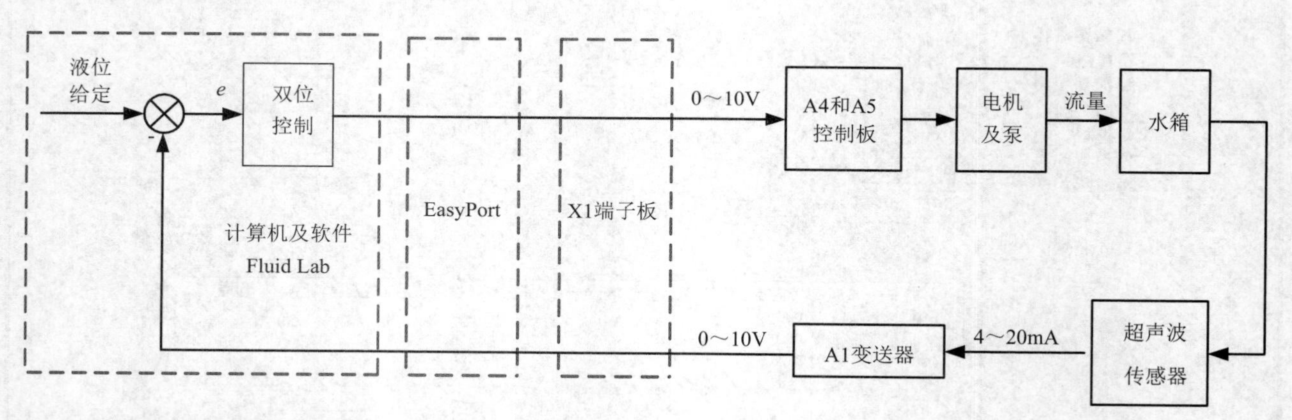

3.2 自动液位双位控制

实验目的

1．掌握液位的两点控制的管路设计。

2．掌握 Fluid Lab 软件的使用技巧。

3．掌握液位的两点控制规律。

实验前准备

1．在下部的容器中填补约 10L 水（注意整个系统的水不能超过 10L）。

2．按照图 2-3-5，将过程控制试验台、EasyPort 及计算机连接在一起。

3．接通过程控制试验台和计算机的电源。

实验步骤

1. 按照图 2-2-15 液位控制系统的管路连接图连接管路，将阀 V112 打开一半、阀 V101 完全打开、其他手动阀全关。

2. 打开 Fluid Lab-PA 软件，进入“2 点闭环控制-Simulation”界面，开始设置界面右边的实验选项。

3. 清除上次实验的曲线。

4. 单击“预设置”下面的红色下三角按钮，在下拉列表中选择被控变量“Level”。

5. 此时，模拟量输入通道会自动显示 Channel 0。

6. 在“数字量输出”下面一排小开关中找到开关 0 和开关 2，并将之闭合，以打开球阀和泵。

7. 单击“选择操纵值”下面的红色下三角按钮，在弹出下拉列表中选择“DOUT3 Pump”作为执行器（此后，泵的开关会被软件自动控制）。

8. 在“Pump”右侧输入泵的电压为 9.9V。

9. 在“setpoint SP”右侧的文本框中填入给定液位（液位值为 0.0～1.0 之间的数，它是给定液位与最高液位的百分比），在“操纵值的范围”右侧的文本框中填入 0.2（即最大液位偏差与最高液位之比为 20%）。

10. 单击“开始”按钮，开始记录实验数据曲线。

11. 单击“停止”按钮，停止记录实验数据曲线。

12. 保存实验数据，并用 Excel 导出数据。

13. 将偏差值增加，重新做一遍实验，观察调节周期是否有变化。

实验实例

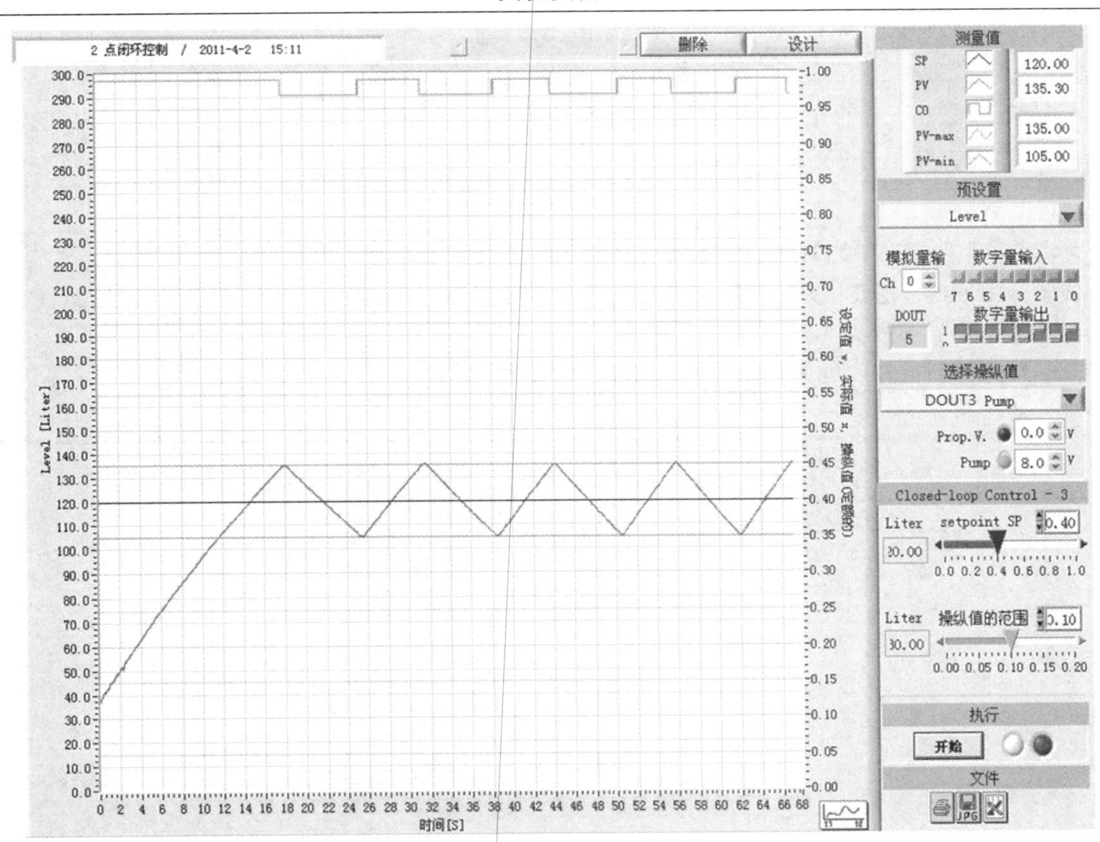

实验分析

1. 将 Excel 表格中的数据填写到《FESTO 过程控制实践手册》的任务实施表中。

2. 打印实验数据曲线，将其粘贴到《FESTO 过程控制实践手册》的任务实施表中，或者根据 Excel 表格中的数据重新绘制实验数据曲线。

3. 测出两次实验的振幅和调节周期，并说明振幅和调节周期之间的关系。

4. 对控制性能作出评价。

3.3　有扰动输入的液位双位控制

实验目的和实验前准备
同 3.2。

实验步骤
1. 按照图 2-2-15 液位控制系统的管路连接图连接管路，将阀 V112 打开一半、阀 V101 完全打开、其他手动阀全关。
2. 打开 Fluid Lab-PA 软件，进入“2 点闭环控制-Simulation”界面，开始设置界面右边的实验选项。
3. 清除上次实验的曲线。
4. 单击“预设置”下面的红色下三角按钮，在下拉列表中选择被控变量“Level”。
5. 此时，模拟量输入通道会自动显示 Channel 0。
6. 在“数字量输出”下面一排小开关中找到开关 0 和开关 2，并将之闭合，以打开球阀和泵。
7. 单击“选择操纵值”下面的红色下三角按钮，在弹出下拉列表中选择“DOUT3 Pump”作为执行器（此后，泵的开关会被软件自动控制）。
8. 在“Pump”右侧输入泵的电压为 9.9V。
9. 在“setpoint SP”右侧的文本框中填入给定液位，在“操纵值的范围”右侧的文本框中填入液位偏差值。
10. 单击“开始”按钮，开始记录实验数据曲线。
11. 当系统进入稳定调控状态后，突然加大或减小阀 V112 的开度以输入扰动，观察控制系统的反应。
12. 单击“停止”按钮，停止记录实验数据曲线。
13. 保存实验数据，并用 Excel 导出数据。
实验分析
1. 将 Excel 表格中的数据填写到《FESTO 过程控制实践手册》的任务实施表中。
2. 打印实验数据曲线，将其粘贴到《FESTO 过程控制实践手册》的任务实施表中，或者根据 Excel 表格中的数据重新绘制实验数据曲线。
3. 计算扰动回调时间，并分析扰动量大小与扰动回调时间的关系。
4. 对控制性能作出评价。

学习情境 3　压力控制

学习目标

知识目标：使学生熟悉积分控制知识，掌握 PCS 工作站上有关压力控制系统的各器件连接关系，掌握试验台压力控制系统的调试。

能力目标：培养学生利用网络资源进行资料收集的能力；培养学生获取、筛选信息和制订工作计划、方案及实施、检查和评价的能力；培养学生独立分析、解决问题的能力；培养学生的团队合作、交流、组织协调的能力和责任心。

素质目标：养成严谨细致、一丝不苟的工作作风，养成严格按照仪表工职业操守进行工作的习惯；培养学生的自信心、竞争意识和效率意识；培养学生的爱岗敬业、诚实守信、服务群众、奉献社会等职业道德。

子学习情境 3.1　压力检测仪表

工作任务单

<table>
<tr><td>情　　境</td><td colspan="6">学习情境 3　压力控制</td></tr>
<tr><td rowspan="3">任务概况</td><td rowspan="2">任务名称</td><td rowspan="2">子学习情境 3.1　压力检测仪表</td><td>日期</td><td>班级</td><td>学习小组</td><td>负责人</td></tr>
<tr><td></td><td></td><td></td><td></td></tr>
<tr><td>组员</td><td colspan="5"></td></tr>
<tr><td rowspan="2">任务载体和资讯</td><td colspan="2" rowspan="2"></td><td colspan="4">载体：压力传感器</td></tr>
<tr><td colspan="4">资讯：
1．关于压力的预备知识：①压力的概念；②压力的单位。
2．弹性式压力计：①弹簧管压力计（重点）；②波纹管差压计；③膜盒压力表。
3．电气式压力计：①霍尔式压力传感器；②电容式压力传感器；③压电式压力传感器；④应变式压力传感器（重点）；⑤压阻式压力传感器（重点）。
4．压力变送器（重点）：①电位器式压力变送器；②电感式压力变送器；③电容式压力变送器（重点）。
5．压力仪表的安装和校验（重点）：①差压变送器的选择和安装（重点）；②压力仪表校验（重点）；③HK-HART375 手操器（重点）。</td></tr>
<tr><td>任务目标</td><td colspan="6">1．掌握压力、压强的概念和单位。
2．掌握常见压力检测仪表的分类、功能和原理。
3．掌握制作 PPT 的方法，熟悉汇报的一些语言技巧。
4．培养学生的组织协调能力、语言表达能力，达成职业素质目标。</td></tr>
</table>

任务要求	**前期准备：**小组分工合作，通过网络收集资料。 **汇报文稿要求：**①主题要突出；②内容不要偏离主题；③叙述要有条理；④不要空话连篇；⑤提纲挈领，忌大段文字。 **汇报技巧：**①不要自说自话，要与听众有眼神交流；②语速要张弛有度；③衣着得体；④体态自然。

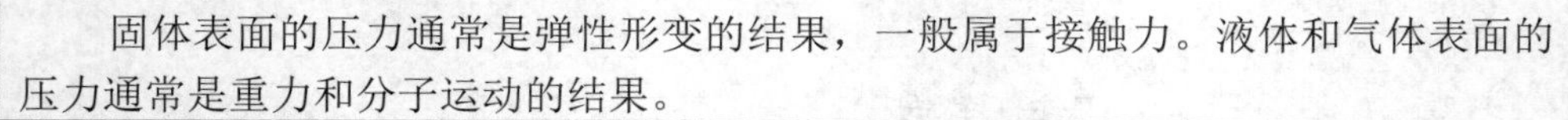

1 关于压力的预备知识

什么是压力？

压力是一个多义词，可以是物理术语、工程术语，也可以是心理学名词、医学名词。我们这里当然探讨其物理或者工程含义。在工程上，压力是指垂直作用于流体或固体界面单位面积上的力（即物理学中的压强，如图 3-1-1 所示）。

压力是工业生产过程中的重要工艺参数之一。许多工艺过程只有在一定的压力条件下进行，才能取得预期的效果；压力的监控也是安全生产的保证。压力测量仪表还广泛地应用于流量和液位的间接测量。

在工程上压力和压强的叫法有时不严格区分（实际上工程师内部也会争执，因为这两个明显是不同的概念，在工程上各有不同的用途。很多工件和产品的标牌上也不区分，常常将压强标作压力，这实际上是由部分工程人员长期的习惯导致的），但是在具体计算时绝对不是一个物理量，这种叫法是错误的或至少是不规范的，它们一个是标量一个是矢量，绝不等同。

固体表面的压力通常是弹性形变的结果，一般属于接触力。液体和气体表面的压力通常是重力和分子运动的结果。

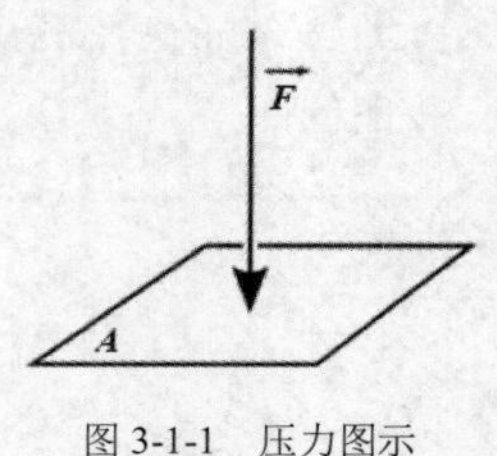

图 3-1-1 压力图示

你听过这些名词吗？

1．大气压。地球表面上的空气柱因重力而产生的压力。它和所处的海拔高度、纬度及气象状况有关。

2．差压（压差）。两个压力之间的相对差值。生产过程中有时直接以差压作为工艺参数，差压测量还可作为流量和物位测量的间接手段。在差压检测中，其值是由管道或容器中直接取出的两个绝对压力值的差值。在差压计中，把压力高的一侧叫正压，压力低的一侧叫负压。负压不一定低于当地大气压。

3．绝对压力。介质（液体、气体或蒸汽）所处空间的所有压力。绝对压力是相对零压力而言的压力。

4．表压力（相对压力）。如果绝对压力和大气压的差值是一个正值，那么这个正值就是表压力，即表压力=绝对压力–大气压>0。一般地说，常用的压力测量仪表测得的压力值均是表压力。

5．真空度。当绝对压力小于大气压力时，表压力为负值（负压力），其绝对值称为真空度，用来测量真空度的仪表称为真空表。

6．静态压力。一般理解为不随时间变化的压力，或者是随时间变化较缓慢的压力，即在流体中不受流速影响而测得的表压力值。

7．动态压力。和“静态压力”相对应，随时间快速变化的压力，即动压是指单位体积的流体所具有的动能大小。

8．气体压力。通常提到的气体压力或者大气压力，实际上是取其每单位面积上的压力的数值，关于这个概念在物理学和热力学上的应用，参看压强。

如何来衡量压力大小？

压力国际单位：“牛顿”，简称“牛”，符号为“N”。

压强国际单位：“帕斯卡”，简称“帕”，符号为“Pa”。

换算关系：

1 帕（Pa）=1N/m^2；1 毫米汞柱（mmHg）=133.33 帕（Pa）；1 兆帕（MPa）=145 磅/平方英寸（psi）=10.2 千克力/平方厘米（kgf/cm^2）=10 巴（bar）=9.8 大气压（atm）。

在工程中几种常见压力单位换算关系如下：

1MPa=106Pa≈145psi≈10.2kgf/cm²

1kgf/cm²（工程大气压）=98.067kPa≈98kPa

1psi（1bf/in²，磅/平方英寸）=6.8948kPa≈6.9kPa

1mmH$_2$O（毫米水柱）=9.8067Pa≈9.8Pa

压力检测有哪些方法？
1．重力平衡方法。例如，液柱式压力计基于液体静力学原理。被测压力与一定高度的工作液体产生的重力相平衡，将被测压力转换为液柱高度来测量，其典型仪表是U型管压力计。这类压力计的特点是结构简单、读数直观、价格低廉，但一般为就地测量，信号不能远传；可以测量压力、负压和压差；适合于低压测量，测量上限不超过0.1～0.2 MPa；精确度通常为0.02%～0.15%。高精度的液柱式压力计可用作基准器。再如，负荷式压力计也是基于重力平衡原理。其主要类型为活塞式压力计。被测压力与活塞以及加于活塞上的砝码的重量相平衡，将被测压力转换为平衡重物的重量来测量。这类压力计测量范围宽、精确度高（可达±0.01%）、性能稳定可靠，可以测正压、负压和绝对压力，多用作压力校验仪表。单活塞压力计测量范围达0.04～2500MPa，此外还有测量低压和微压的其他类型的负荷式压力计。 2．机械力平衡方法。这种方法是将被测压力经变换元件转换成一个集中力，用外力与之平衡，通过测量平衡时的外力可以测知被测压力。力平衡式仪表可以达到较高精度，但是结构复杂。这种类型的压力、差压变送器在电动组合仪表和气动组合仪表系列中有较多应用。 3．弹性力平衡方法。此种方法利用弹性元件的弹性变形特性进行测量。被测压力使测压弹性元件产生变形，因弹性变形而产生的弹性力与被测压力相平衡，测量弹性元件的变形大小便可知被测压力。此类压力计有多种类型，可以测量压力、负压、绝对压力和压差，其应用最为广泛。 4．物性测量方法。基于在压力的作用下，测压元件的某些物理特性发生变化的原理。例如，电测式压力计利用测压元件的压阻、压电等特性或其他物理特性，将被测压力直接转换为各种电量来测量。各种电测式类型的压力传感器可以适用于不同的测量场合。其他新型压力计有集成式压力计、光纤压力计等。

2 弹性式压力计

一、弹性式压力计	
说明	弹性压力计（或叫弹性压力表）是基于弹性元件（弹性传感器）受力变形的性质来实现压力测量的。根据弹性元件形式的不同，弹性式压力计相应地可分为弹簧管压力计、波纹管差压计、膜盒压力表等。 弹性元件是压力计的核心器件。弹性元件受压后产生的形变输出（力或位移）可以通过传动机构直接带动指针指示压力（或压差），也可以通过某种电气元件组成变送器，实现压力（或压差）信号的远传。 弹性压力计是生产过程中使用最为广泛的一类压力计。其结构简单、性能可靠、价格便宜、操作方便，可以直接测量气体、油、水、蒸汽等介质的压力。其测量范围较宽，可以从几十帕到数十兆帕，可以测量正压、负压和差压。
测量原理	当弹性元件在轴向受到外力作用时，就会产生拉伸或压缩位移x，即 $x=\dfrac{pA}{C}$ 式中 p——压力，Pa； A——承受压力的有效面积，m^2； C——弹性元件的刚度系数。 当弹性元件材料、尺寸等确定后，则弹性元件产生的拉伸或压缩位移x与被测压力p成正比，这就是弹性式压力计的测量原理。

弹性元件

弹性元件是一种简单可靠的测压敏感元件。随测压的范围不同，所用弹性元件形式也不一样。常用的几种弹性元件结构与特点见表 3-1-1。

表 3-1-1 常见弹性元件结构和特点

类别	名称	示意图	测量范围/Pa		输出特性
			最小	最大	
薄膜式	平薄膜	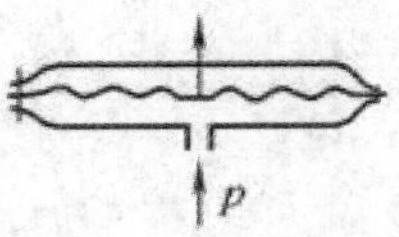	$0\sim9.806\times10^3$	$0\sim9.806\times10^7$	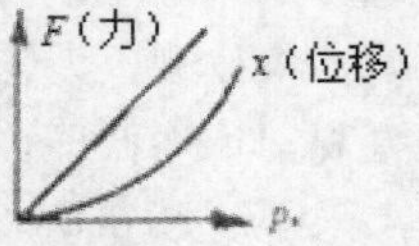
波纹管式	波纹管	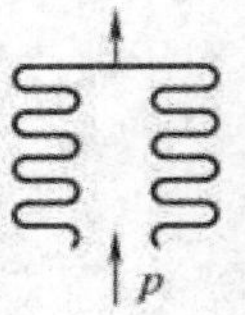	$0\sim0.981$	$0\sim9.806\times10^5$	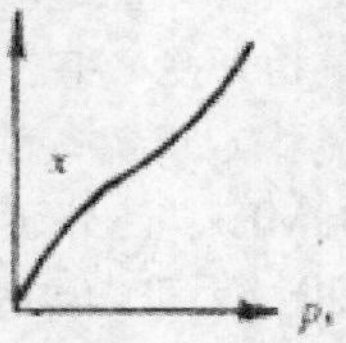
弹簧管式	单圈	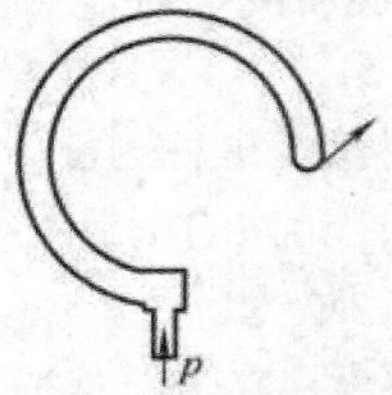	$0\sim98.1$	$0\sim9.806\times10^8$	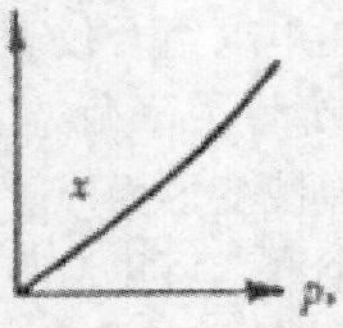
	多圈		$0\sim9.806$	$0\sim9.806\times10^7$	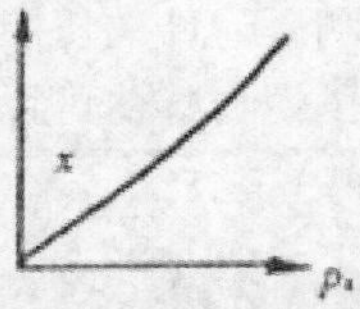

平薄膜、波纹管多用于微压、低压或负压的测量；单圈弹簧管和多圈弹簧管可以作高、中、低压及负压的测量。

弹性元件的特性

1. 不完全弹性特性。
2. 弹性滞后和弹性后效。
3. 弹性模量受温度的影响。
4. 刚度与灵敏度（略）。

二、弹性式压力计的分类

1 弹簧管压力计

原理说明

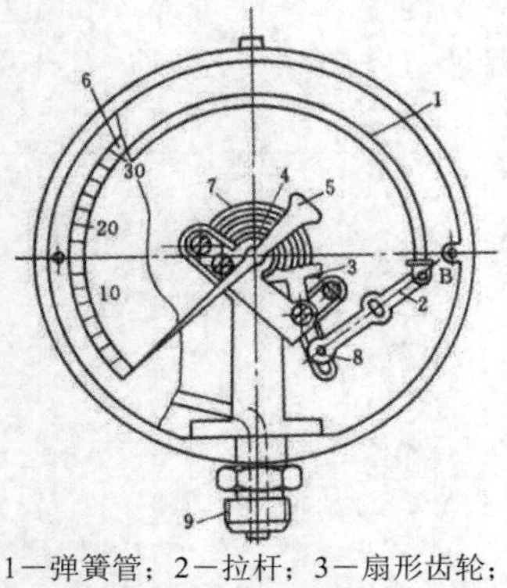

1—弹簧管；2—拉杆；3—扇形齿轮；4—中心齿轮；5—指针；6—面板；7—游丝；8—调整螺钉；9—接头

图 3-1-2 弹簧管压力计

弹簧管压力计在弹性式压力计中历史悠久、应用广泛。弹簧管压力计中压力敏感元件是弹簧管。弹簧管的横截面呈非圆形（椭圆形或扁形），弯成圆弧形的空心管子，管子的一端为封闭，另一端为开口。封闭端为自由端，开口端为固定端，如图 3-1-2 所示。

被测压力由固定端接头 9 引入，使弹簧管自由端 B 产生位移，拉杆 2 带动扇形齿轮 3 逆时针偏转，使与中心齿轮同轴的指针顺时针偏转，并在刻度标尺上指示出被测压力值。通过调整螺钉可以改变拉杆与扇形齿轮的接合点位置，从而改变放大比，调整仪表的量程。直接改变指针套在转动轴上的角度，就可以调整仪表的机械零点。

弹簧管常用材料有磷青铜、锡青铜、合金钢和不锈钢等，适合于不同的压力范围和被测介质。一般 $P<19.62\text{MPa}$ 时，采用磷青铜或锡青铜；$P>19.62\text{MPa}$ 时，则采用合金钢或不锈钢。在选用压力表时，还

		必须考虑被测介质的化学性质。例如，测量氨气压力必须采用不锈钢弹簧管，而不能采用铜质材料；测量氧气压力时，则严禁沾有油脂，以确保安全生产。
特殊用法	 图 3-1-3　单圈弹簧管压力计外观	单圈弹簧管压力计（外观如图 3-1-3 所示）可附加电接点装置，即可做成电接点压力表。电接点压力表能在被测压力偏离给定范围时，及时发出灯光或声响报警信号，提醒操作人员注意或通过中间继电器实现自动控制。也可以用适当的转换元件把弹簧管自由端的位移变换成电信号，组合成远传式压力仪表。
2	波纹管差压计	
特点说明	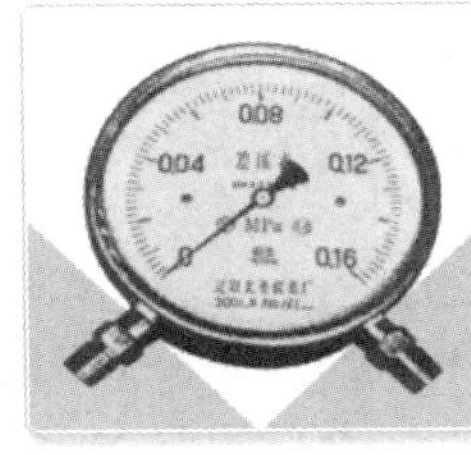 图 3-1-4　波纹管及双波纹管差压表	波纹管的特点是灵敏度高（特别是在低压），但是迟滞误差较大，波纹管压力表的测量范围较小，一般为 0～0.4MPa，仪表的准确度等级为 1.5～2.5 级。波纹管及双波纹管差压表如图 3-1-4 所示。
3	膜盒压力表	
特点说明	膜盒压力表主要用于测量较低压力或负压的气体压力，压力测量范围为-20～40kPa，仪表的准确度等级一般为 1.5～2.5 级。金属膜片、膜盒压力表及膜片压力表如图 3-1-5 所示。	   图 3-1-5　金属膜片、膜盒压力表及膜片压力表

3　电气式压力计

一、电气式压力计	
概述	弹性式压力计仪表结构简单、价格便宜、维修方便，在工业生产中应用广泛。然而在测量压力变化快和高真空、超高压时，其动态和静态性能就不能适应，而电气式压力计则较为适合。 电气式压力检测方法一般是用压力敏感元件直接将压力转换成电阻、电荷量等电量的变化。能实现这种压力－电量转换的压敏元件有压电材料、应变片和压阻元件。 压力传感器结构类型多种多样，常见的类型有压电式、压阻式、应变式、电感式、电容式、霍尔式及振弦式等。
二、电气式压力计的分类	
1	霍尔压力传感器
定义	霍尔压力传感器属于位移式压力（差压）传感器。它是利用霍尔效应，把压力作用所产生的弹性元件的位移转变成电势信号，实现压力信号远传的一种检测装置。

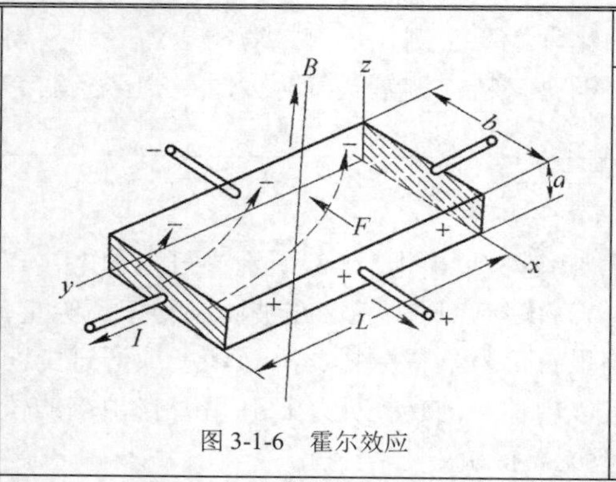

图 3-1-6 霍尔效应

什么是霍尔效应？

如图 3-1-6 所示，把半导体单晶薄片（霍尔片）置于磁场 B 中，当在晶片的 y 轴方向上通以一定大小的电流 I 时，在晶片的 x 轴方向的两个端面上将出现电势，这种现象称为霍尔效应，所产生的电势称为霍尔电势 U_H。

霍尔电势 U_H 与电流 I 以及磁场强度 B 的关系如下：

$$U_H=R_H IB$$

式中，R_H 为霍尔系数，与霍尔片材料、结构、尺寸有关。改变磁场强度 B 或电流 I 都可使 U_H 发生变化。

霍尔压力传感器怎么利用霍尔效应工作？它的结构是什么样子的？

原理

霍尔式压力传感器的结构如图 3-1-7 所示。它由压力−位移转换部分、位移−电势转换部分和稳压电源三部分组成。

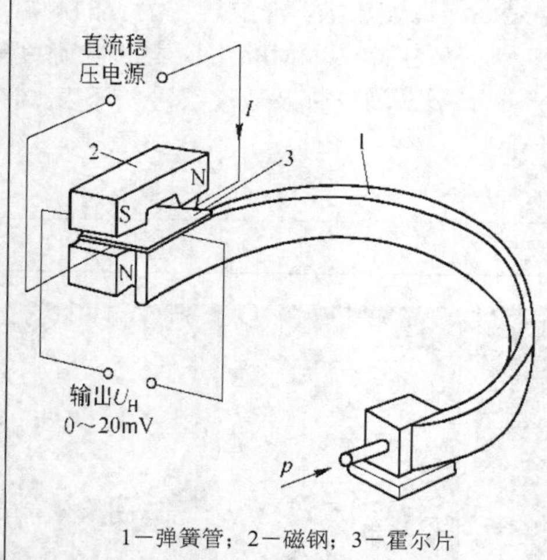

1−弹簧管；2−磁钢；3−霍尔片

图 3-1-7 霍尔压力传感器

压力−位移转换部分由霍尔片和弹簧管（或膜盒）等组成。霍尔片被置于弹簧管的自由端，被测压力 P 由弹簧管固定端引入，这样弹簧管感测到压力的变化，引起弹簧管自由端的变化，带动霍尔片位移，将压力值转换成霍尔片的位移，及 $P\rightarrow\Delta x$。位移−电势转换部分由霍尔片、磁钢及引线等组成。在霍尔片的上下方，垂直安装着磁钢的两对磁极，构成一个差动磁场。处于线性不均匀磁场之中霍尔片将弹性元件 Δx 转换为线性变化的 ΔB。霍尔片的四个端面引出四根导线，其中与磁钢相平行的两根接直流稳压电源，提高恒定的工作电流；另两根导线用来输出霍尔电势 U_H。

霍尔片居于极靴的中央平衡位置时，穿过霍尔片两侧的磁通大小相等方向相反，而且是对称的，使单侧的正负电荷数达到平衡，引出的霍尔电势为零。当引入被测压力后，弹簧管自由端的位移带动霍尔片偏离平衡位置，单侧霍尔片上产生的正、负电荷数不再相等，这两个极性相反的电势的代数和不再为零，从而引出与位移相关的电势信号 $\Delta B\rightarrow U_H$。

用法

霍尔压力传感器实质就是一个位移−电势的变换元件，其输出信号为 0～20mV DC，且输出电势与被测压力呈线性关系。若增加毫伏变送装置即可把输出信号转换成 4～20mA DC 标准统一信号。由于半导体的霍尔系数对温度比较敏感，所以在实际使用时需采取温度补偿措施。

2 电容式压力传感器

定义

电容式压力传感器是一种利用电容敏感元件将被测压力转换成与之成一定关系的电量输出的压力传感器。

电容变换器有变间隙式、变面积式和变介电常数式三种。电容式压力（差压）传感器器常采用变间隙（距离）式。

【预备知识——电容】

平行极板电容器的电容量 C 与极板间介质的介电常数 ε、极板面积 S 以及极板间距 d 的关系为

$C=\varepsilon S/d$

由上式可以看出，只要保持上式中任何两个参数为常数，电容就是另一个参数的函数。

<table>
<tr><td rowspan="3">原理及用法</td><td colspan="3">电容式压力传感器一般采用圆形金属薄膜或镀金属薄膜作为电容器的一个电极，当薄膜感受到压力而变形时，薄膜与固定电极之间的距离发生变化，从而使电容量发生变化，通过测量电路即可输出与电压成一定关系的电信号。电容式压力传感器属于极距变化型电容式传感器，可分为单电容式压力传感器和差动电容式压力传感器。</td></tr>
<tr><td>单电容式压力传感器</td><td>单电容式压力传感器由圆形薄膜与固定电极构成。薄膜在压力的作用下变形，从而改变电容器容量。
或者单电容式压力传感器的固定电极取凹形球面状，膜片为周边固定的张紧平面，膜片可用塑料镀金属层的方法制成（图 3-1-8）。这种类型适用于测量低压，并有较高过载能力。
单电容式压力传感器还可以采用带活塞动极膜片制成测量高压的单电容式压力传感器。这种类型可减小膜片的直接受压面积，采用较薄的膜片提高灵敏度。再与各种补偿和保护部分以及放大电路整体封装在一起，提高抗干扰能力。这种传感器适用于测量动态高压和对飞行器进行遥测。</td><td>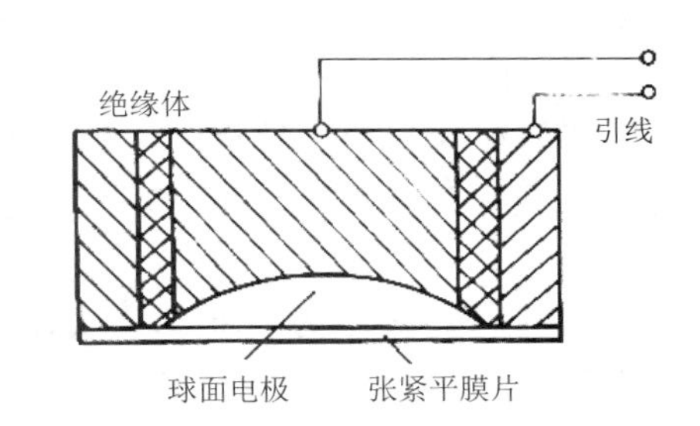

图 3-1-8　单电容式压力传感器结构</td></tr>
<tr><td>差动电容式压力传感器</td><td>差动电容式压力传感器（图 3-1-9）的受压膜片电极位于两个固定电极之间，构成两个电容器。在压力的作用下一个电容器的容量增大而另一个则相应减小，测量结果由差动式电路输出。它的固定电极是在凹曲的玻璃表面上镀金属层而制成的。过载时膜片受到凹面的保护而不致破裂。
差动电容式压力传感器比单电容式的灵敏度高、线性度好，但加工较困难（特别是难以保证对称性），而且不能实现对被测气体或液体的隔离，因此不适宜工作在有腐蚀性或杂质的流体中。</td><td>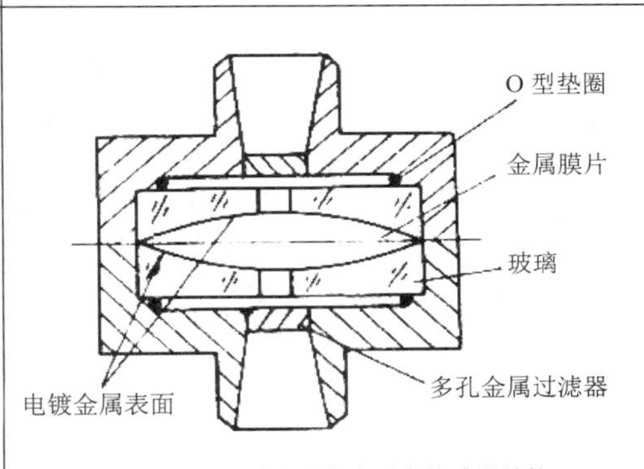

图 3-1-9　差动电容式压力传感器结构</td></tr>
<tr><td>3</td><td colspan="3">压电式压力传感器</td></tr>
<tr><td>定义</td><td colspan="2"></td><td>【预备知识——压电效应】
正压电效应：当晶体受到某固定方向外力的作用时，内部就产生电极化现象，同时在某两个表面上产生符号相反的电荷；当外力撤去后，晶体又恢复到不带电的状态；当外力作用方向改变时，电荷的极性也随之改变；晶体受力所产生的电荷量与外力的大小成正比。
逆压电效应：又称电致伸缩效应，是指对晶体施加交变电场引起晶体机械变形的现象。</td></tr>
<tr><td>原理和分类</td><td colspan="2">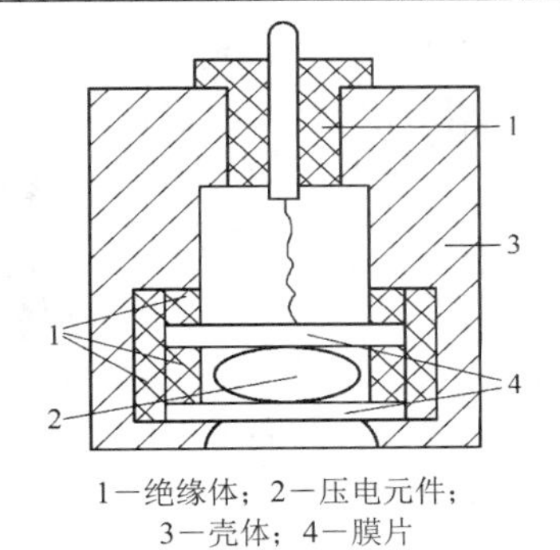

1—绝缘体；2—压电元件；
3—壳体；4—膜片
图 3-1-10　压电式压力传感器结构</td><td>压电式压力传感器的结构如图 3-1-10 所示。压电元件被夹在两个弹性膜片之间，压力作用于膜片，使压电元件受力而产生电荷。压电元件的一个侧面与膜片接触并接地，另一侧面通过金属箔和引线将电量引出。电荷经电荷放大器放大并转换为电压或电流，输出电压或电流的大小与输入压力成正比例关系，按压力指示。
压电式压力传感器可以通过更换压电元件来改变压力的测量范围，还可以使用多个压电元件叠加的方式来提高仪表的灵敏度。</td></tr>
</table>

<table>
<tr><td>用法</td><td colspan="2">压电式压力传感器结构简单紧凑、全密封、工作可靠；动态质量小、固有频率高，不需外加电源；适用于工作频率高的压力测量，测量范围为 0～0.0007MPa 至 0～70MPa；测量精确度为±1%、±0.2%、±0.06%。但是其产生的电荷很小，输出阻抗高，需要加高阻抗的直流放大器；因其输出信号对振动敏感，需要增加振动加速度补偿等功能，以提高其环境适应性。压电传感器还可应用于振动以及频率的测量中，在生物医学测量中也广泛应用，例如心室导管式微音器。
这种传感器可以制作成耐高温用传感器。例如用压力传感器测量绘制内燃机示功图，在测量中不允许用水冷却，并要求传感器耐高温和体积小。比较有效的办法是选择适合高温条件的石英晶体切割方法，例如 XYδ（+20°～+30°）割型的石英晶体可耐 350℃的高温。而 $LiNbO_3$ 单晶的居里点高达 1210℃，是制造高温传感器的理想压电材料。</td></tr>
<tr><td>4</td><td colspan="2">应变式压力传感器</td></tr>
<tr><td>定义</td><td>应变式压力传感器是基于应变效应工作的一种压力敏感元件，通过测量各种弹性元件的应变来间接测量压力。</td><td>【预备知识——应变效应和应变片】
应变效应：金属导体的电阻值随着它受力所产生机械变形（拉伸或压缩）的大小而发生变化的现象称为金属的电阻应变效应。
在称为基底的塑料薄膜（15～16μm）上贴上由薄金属箔材制成的敏感栅（3～6μm），然后再覆盖上一层薄膜做成迭层构造，就构成应变片。使用时将其牢固地粘贴在构件的测点上，构件受力后由于测点发生应变，敏感栅也随之变形而使其电阻发生变化，再由专用仪器测得其电阻变化大小并转换为测点的应变值。</td></tr>
<tr><td rowspan="2">结构和原理</td><td>图 3-1-11 为一种圆筒形应变式压力传感器及应变检测桥路简图。它的弹性敏感元件为一端封闭的薄壁圆筒，其另一端带有法兰与被测系统连接。在筒壁上贴有 2 片或 4 片应变片，其中一半贴在实心部分作为温度补偿片，另一半作为测量应变片。当没有压力时，4 片应变片组成平衡的全桥式电路；当压力作用于内腔时，圆筒变形成“腰鼓形”，使电桥失去平衡，输出与压力成一定关系的电压。
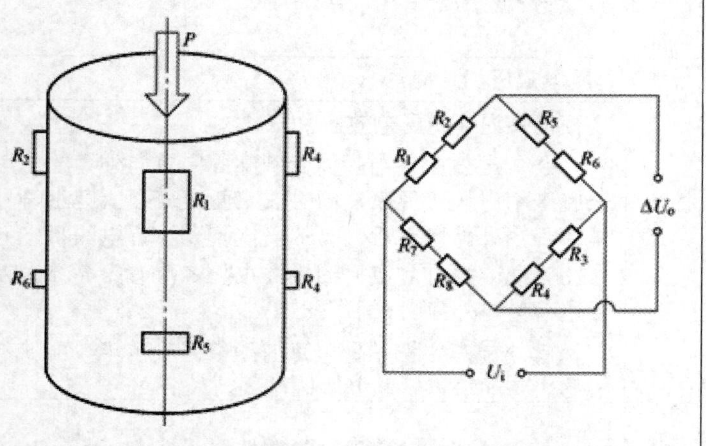

图 3-1-11 圆筒形应变压力传感器及应变检测桥路</td><td>应变式压力传感器就是由弹性元件、应变片以及相应测量电路组成的，应变片粘贴在弹性元件上，弹性元件可以是金属膜片、膜盒、弹簧管及其他弹性体；应变片，亦指敏感元件，主要采用金属或合金丝、箔等，通常组成桥式测量电路，电路输出电压的大小就反映了被测压力的变化。
应变式压力传感器是压力传感器中应用比较多的一种传感器，一般用于测量较大的压力，广泛应用于测量管道内部压力、内燃机燃气的压力、压差和喷射压力、发动机和导弹试验中的脉动压力，以及各种领域中的流体压力等。
应变式压力传感器根据结构不同，可分为应变管式、膜片式、应变梁式和组合式。我们以管式（圆筒式）应变压力传感器来了解这种传感器的结构和用法（图 3-1-11）。
其他几种结构的应变式压力传感器我们简单了解下即可。</td></tr>
<tr><td colspan="2">膜片式的弹性敏感元件为周边固定圆形金属平膜片。膜片受压力变形时，中心处径向应变和切向应变均达到正的最大值，而边缘处径向应变达到负的最大值，切向应变为零。把两个应变片分别贴在正负最大应变处，并接成相邻桥臂的半桥电路，以获得较大灵敏度和温度补偿作用。
测量较小压力时，可采用固定梁或等强度梁的结构，即应变梁式。
组合式应变压力传感器中，弹性敏感元件可分为感受元件和弹性应变元件。感受元件把压力转换为力传递到弹性应变元件应变最敏感的部位，而应变片则贴在弹性应变元件的最大应变处。实际</td></tr>
</table>

<table>
<tr><td></td><td colspan="2">上较复杂的应变管式和应变梁式都属于这种型式。感受元件有膜片、膜盒、波纹管、波登管等，弹性应变元件有悬臂梁、固定梁、Π 形梁、环形梁、薄壁筒等。它们之间可根据不同需要组合成多种结构。</td></tr>
<tr><td>5</td><td colspan="2">压阻式压力传感器</td></tr>
<tr><td>定义</td><td>压阻式压力传感器又称扩散硅压力传感器。
压阻式压力传感器可测量流体压力、差压、液位等。在航天、航空、航海、石油化工、动力机械、生物医学工程、气象、地质、地震测量等各领域应用广泛。例如，最小的传感器可做到 0.8mm，在生物医学上可测量血管内压、颅内压等。</td><td>【预备知识——压阻效应和压阻元件】
压阻效应是指当半导体受到应力作用时，其载流子的迁移率发生变化，而改变其电阻率 ρ，从而引起电阻值的相对变化的现象。
压阻元件是基于压阻效应工作的一种压力敏感元件。它实际上就是在半导体材料的基片上利用集成电路工艺制成的扩散电阻。由于单晶硅平膜片在微小变形时有良好的弹性特性，因此作为弹性元件使用时，其受压后膜片的变形使扩散电阻的阻值发生变化。
扩散电阻的灵敏系数是金属应变片的 50～100 倍。</td></tr>
<tr><td>结构和原理</td><td>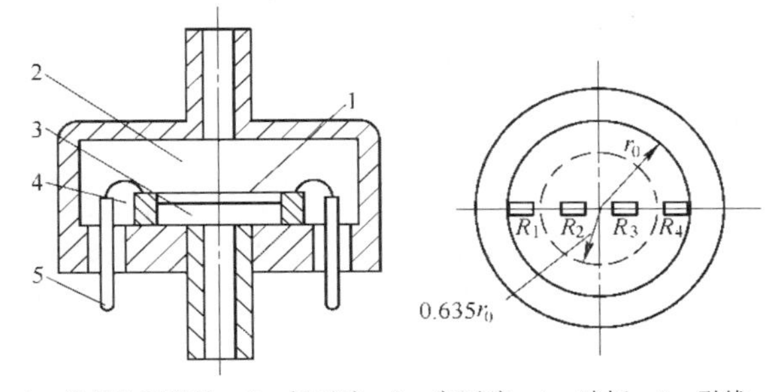

1—单晶硅平膜片；2—低压腔；3—高压腔；4—硅杯；5—引线
图 3-1-12　压阻式压力传感器结构示意图
单晶硅平膜片在圆形硅杯的底部，硅杯的内外两侧输入被测差压，或被测压力及参考压力。压力差使膜片变形，膜片上的两对电阻的阻值发生变化，使电桥输出相应压力变化的信号。</td><td>压阻式传感器是在圆形硅膜片上利用集成电路工艺方法扩散出四个电阻，这四个电阻接成惠斯通平衡电桥，如图 3-1-12 所示。
半导体材料性能对温度极其敏感，温度升高，其本征激发加速，电阻下降。故为了补偿温度效应的影响，一般还可在膜片上沿对压力不敏感的晶向生成一个电阻，这个电阻只感受温度变化，可接入桥路作为温度补偿电阻，以提高测量精度。
这种传感器将温度补偿电路、放大电路和电源变换电路集成在同一块单晶硅平膜上，大大提高了传感器的静态特性和稳定性，故也称为固态压力传感器，有时也叫集成压力传感器。</td></tr>
</table>

4　智能式压力变送器

4.1　智能式压力变送器的结构和原理

<table>
<tr><td colspan="2">智能式压力变送器简介</td></tr>
<tr><td>智能式变送器是由传感器和微处理器（微机）相结合而成的。它充分利用了微处理器的运算和存储能力，可对传感器的数据进行处理，包括对测量信号的调理（如滤波、放大、A/D 转换等）、数据显示、自动校正和自动补偿等，微处理器是智能式变送器的核心。它不但可以对测量数据进行计算、存储和数据处理，还可以通过反馈回路对传感器进行调节，以使采集数据达到最佳。由于微处理器具有各种软件和硬件功能，因而它可以完成传统变送器难以完成的任务。</td><td></td></tr>
</table>

压力变送器结构及原理（以差动电容式变送器 3051 为例）

（一）整体结构

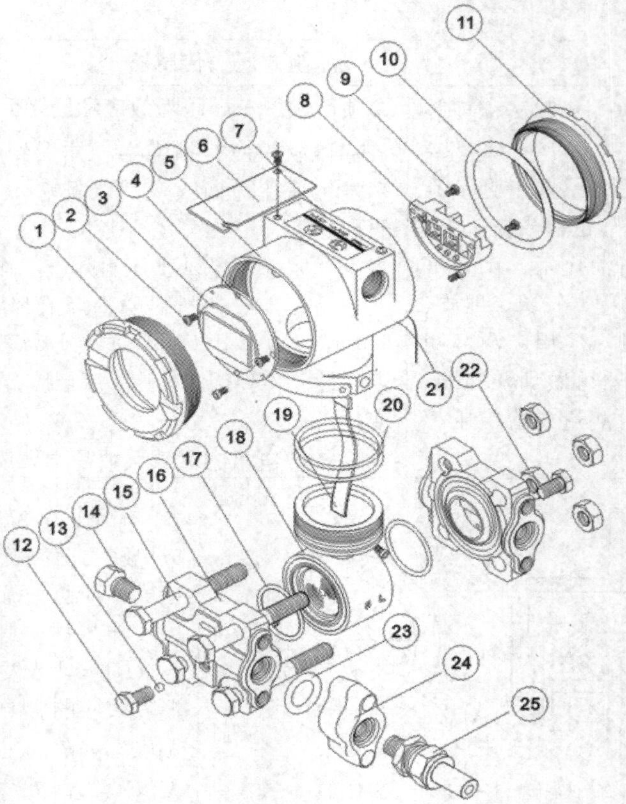

1—表头盖；2—电路板安装螺钉；3—表头；4—大电路板；5—壳体；6—铭牌；7—防水键盘；8—接线端子；9—接线端子螺钉；10—盖子密封圈；11—盖；12—排液阀螺钉；13—密封珠；14—NPT1/4 密封堵头；15—螺栓；16—模板；17—传感器密封圈；18—传感器；19—电路板排线；20—壳体密封圈；21—位号盘；22—螺母；23—腰形法兰密封圈；24—腰型法兰；25—焊管接头组件

图 3-1-13　差动电容式变送器 3051 装配分解图

（二）基本原理

电容式压力变送器由测量部分和转换放大电路组成，如图 3-1-14 所示。其中，我们在上述电气式压力计中学习了差动电容式压力传感器，故差动电容膜盒结构和原理我们已经熟悉。简而言之，就是将被测介质压力或差压，通过测量部分转换成差动电容，再经转换电路转变为 4～20mA 直流输出信号。

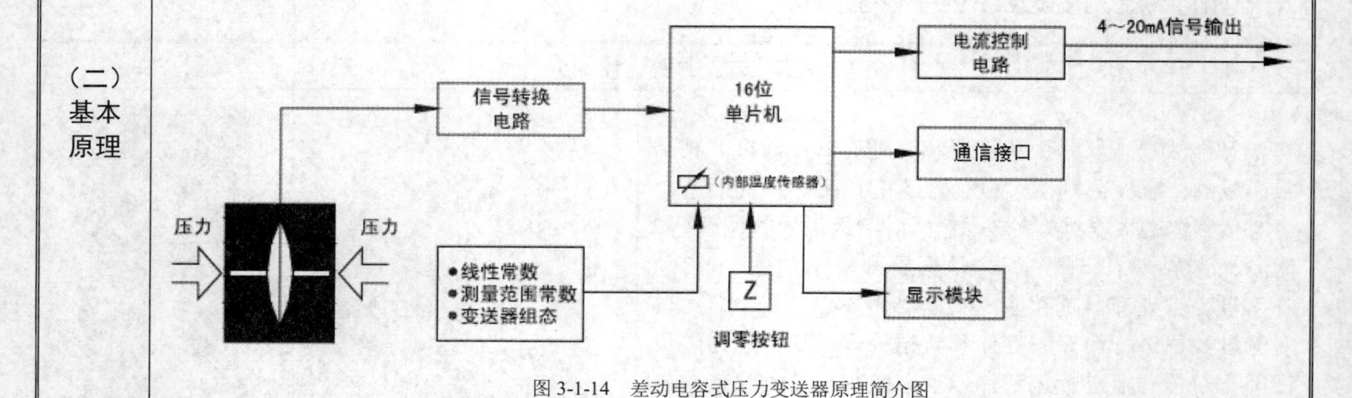

图 3-1-14　差动电容式压力变送器原理简介图

（三） 电气 连接	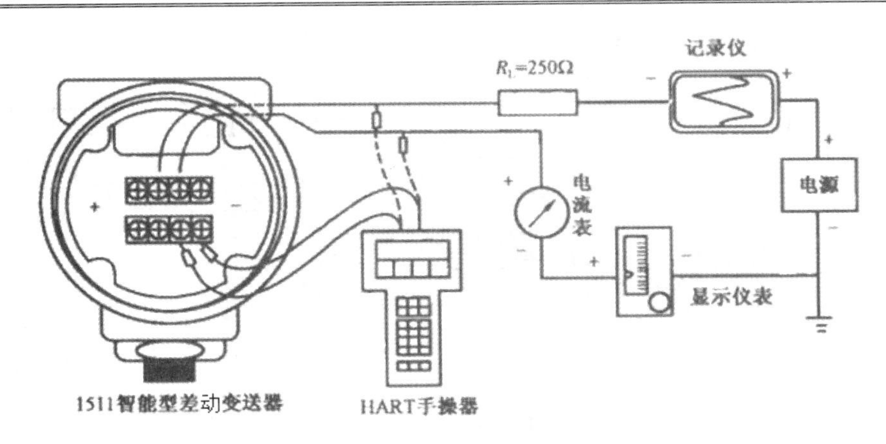 图 3-1-15　差动电容式变送器 3051 的电气连接图 **注意：**为保证手操器通信正常，在回路中必须有最小值为 250Ω 的负载电阻。手操器不直接测量回路电流。
（四） 手操器	**手操器 HK-HART375 简介** 智能差动变送器一般都使用手持通信器对其进行参数设置。手持通信器可以接在现场变送器的信号端子上，就地设定或检测，也可以在远离现场的控制室中，接在某个变送器的信号线上进行远程设定及检测。其外形如图 3-1-16 所示。 手操器可以方便的接入 HART 协议压力变送器 4～20mA 电流回路中，与变送器进行通信，配置变送器的设定参数（如量程上下限等），读取变送器的检测值、设定值，对变送器进行诊断和维护等。该手操器支持 HART 协议的第一主设备（HART 网桥等），也支持 HART 协议的点对点和多点通信方式。  图 3-1-16　HART375 手操器

手操器连接上的功能键

(四) 手操器

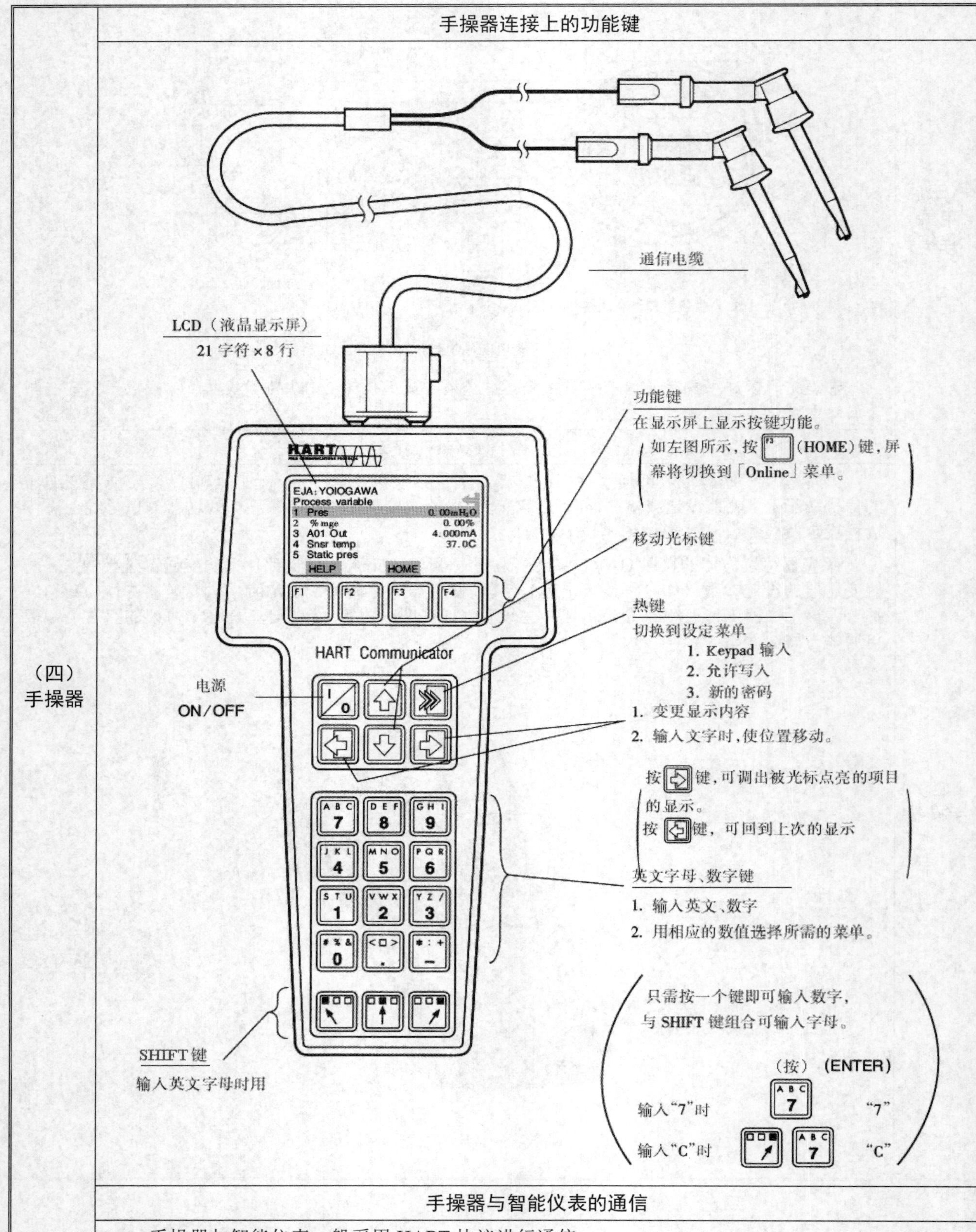

手操器与智能仪表的通信

手操器与智能仪表一般采用 HART 协议进行通信。

HART 通信采用基于 Bell202 标准的 FSK 频移键控信号，它将高频数字信号叠加在 4～20mA 模拟信号上进行双向数字通信。通信时，2200Hz 和 1200Hz 的高频信号分别代表数字 0 和 1。

HART（可寻址远程传感器数据公路）通信协议是为工业过程测量和控制应用而设计的。我们将其称为混合协议是因为它将模拟量和数字量通信相融合。它既支持 4～20mA 模拟信号的单变量

<table>
<tr><td rowspan="3"></td><td colspan="2">通信，也可以将附加信息以数字信号的方式进行通信。由于采用标准的可以从模拟信号中去除的过滤技术，数字信号并不会影响模拟量信号的读数。
因此，控制设备也可利用 HART 通信数据实施控制，如现场总线控制系统。</td></tr>
<tr><td colspan="2">手操器连接</td></tr>
<tr><td>手操器可以在远端控制室或现场就地接入，单独对 HART 协议设备进行通信操作。它可以并联在变送器上，也可以并联在其负载电阻(250Ω)上。其顶端连接口如图 3-1-17 所示，连接回路如图 3-1-15 所示，连接时不必考虑引线的极性。</td><td>
图 3-1-17　后连接面板</td></tr>
</table>

4.2　压力变送器性能指标和应用

<table>
<tr><td colspan="3">变送器技术特性</td></tr>
<tr><td colspan="3">随着科学技术的发展，人们对变送器的要求越来越高，对它的结构性能也规定得越来越详细。现在生产的智能变送器，各种技术指标达数十项之多。但是对用户来说，没有可能，也没有必要在使用现场对变送器的各项技术指标进行验证，而且有些指标是不会变化的。然而理解和掌握这些性能，对于使用和维护好变送器是有好处的。</td></tr>
<tr><td colspan="3">一、测量范围、上下限及量程</td></tr>
<tr><td>含义</td><td colspan="2">每个用于测量的变送器都有测量范围，它是该仪表按规定的精度进行测量的被测变量的范围。测量范围的最小值和最大值分别称为测量下限（LRV）和测量上限（URV），简称“下限”和“上限”。
变送器的量程可以用来表示其测量范围的大小，是其测量上限值与下限值的代数差，即
量程=测量上限值−测量下限值
使用下限与上限可完全表示变送器的测量范围，也可确定其量程。例如一个温度变送器的下限值是−20℃，上限值是 180℃，则其测量范围可表示为−20～180℃，量程为 200℃。由此可见，给出变送器的测量范围便知其上下限及量程，反之只给出变送器的量程，却无法确定其上下限及测量范围。
变送器测量范围的另一种表示方法是给出变送器的零点（即测量下限值）及量程。由前面的分析可知，只要变送器的零点和量程确定了，其测量范围也就确定了。因而这是一种更为常用的变送器测量范围的表示方式。</td></tr>
<tr><td colspan="3">二、零点调整和量程调整</td></tr>
<tr><td>意义</td><td colspan="2">在实际使用中，由于测量要求或测量条件的变化，需要改变变送器的零点或量程，为此可以对变送器进行零点调整和量程调整。</td></tr>
<tr><td>零点调整</td><td colspan="2">零点调整的目的是使变送器输出信号的下限值与测量信号的下限值相对应。</td></tr>
<tr><td>量程调整含义</td><td>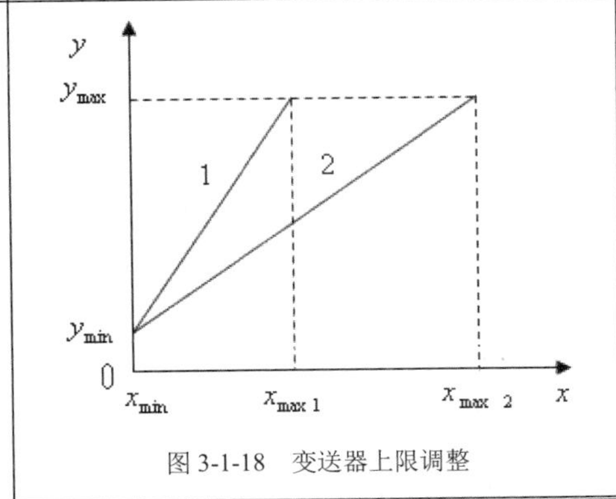

图 3-1-18　变送器上限调整</td><td>量程调整的目的是使变送器的输出信号的上限值 y_{max} 与测量范围的上限值 x_{max} 相对应。
图 3-1-18 为变送器量程调整前后的输入输出特性。
由图可见，量程调整相当于改变变送器输入输出特性的斜率，由特性 1 到特性 2 的调整为量程增大调整。反之，由特性 2 到特性 1 的调整为量程减小调整。</td></tr>
</table>

【易混淆的概念】零点迁移和零点调整的区别

零点正、负迁移是指变送器零点的可调范围，但它和零点调整是不一样的。零点调整是在变送器输入信号为零，而输出不为零（下限）时的调整；而零点正、负迁移，是在变送器的输入不为零时，输出调至零（下限）的调整。如果差压变送器的低压引入口有输入压力，高压引入口没有，则将输出调至零（下限）时的调整称为负迁移；如果差压变送器的高压引入口有输入压力，低压引入口没有，则把输出调至零（下限）的调整称为正迁移。由于迁移是在变送器有输入时的零点调整，所以迁移量是以能迁移多少输入信号来表示，或以测量范围的百分之多少来表示。

由于同一台变送器，其使用范围有大有小，所以迁移量也有大有小。

大多数厂家生产的变送器，迁移量都是以最大量程的百分数来表示的。例如有的变送器零点正负迁移为最大量程的±100%，这就是说，如果变送器的测量范围为0～31.1kPa至0～186.8kPa，则当变送器高或低压引入口通0～186.8kPa范围内的任意压力时，其零点都可以迁到4mA。不过高压引入口通186.8kPa的压力已经是测量范围上限了，再通就是超压，把零点调成4mA DC不是不可能，但是已经没有意义了，所以一般还补充一句，零点迁移量与使用量程之和不能超过测量范围的限值，即

$$\Delta p_z + \Delta p_s \leqslant \Delta p_h$$

式中：Δp_z为迁移量；Δp_s为使用量程；Δp_h为最大量程。这样，如果使用量程为186.8kPa，零点正迁移量便是

$$\Delta p_z = \Delta p_h - \Delta p_s = 186.8 - 186.8 = 0\text{kPa}$$

即不能迁了。

但若使用量程为62.3kPa，则零点正迁移量便是

$$\Delta p_z \leqslant 186.8 - 62.3 = 124.5\text{kPa}$$

对负迁移来说，没有这一限制，因为它是负压引入口压力，所以不管通0～186.8kPa范围内的多大压力，零点迁移量加上使用差压，都不会超过测量范围的限值。

三、量程比

含义和意义

量程比是指变送器的最大测量范围和最小测量范围之比，这也是一个很重要的指标。变送器所使用的测量范围和操作条件是经常变化的，如果变送器的量程比大，则它的调节余地就大。可以根据工艺需要，随时更改使用范围，显然这会给使用者带来很多方便。他们可以不需更换仪表，不需拆卸和重新安装。只要把量程改变一下就可以了。对智能仪表来说，只要在手持终端上再设定一下。这样，库里的备品数量可以大为减少，计划管理等工作也会简单得多。

从最简单的位移式差压计到目前的智能变送器，量程比是在不断地增加之中，这说明技术的进步。但要注意的是，当量程比达到一定数值（例如10）以后，它的其他技术指标如精度、静压、单向性能都会变坏，到了某个值后（例如40），虽然还可使用，但它的性能已经很差了。一般情况下，量程比越大，其测量精度就越低。

四、四线制和二线制

发展

变送器大都安装在现场，其输出信号送至控制室中，而它的供电又来自控制室。变送器的信号传送和供电方式通常有四线制（图3-1-19）和二线制（图3-1-20）两种。注意，我们讨论的两线制、三线制、四线制，是指各种输出为模拟直流电流信号的变送器，其工作原理和结构上的区别并非只指变送器的接线形式。几线制的称谓是在二线制变送器诞生后才有的。这是电子放大器在仪表中广泛应用的结果，放大的本质就是一种能量转换过程，这就离不开供电。因此最先出现的是四线制的变送器，即两根线负责电源的供应，另外两根线负责输出被转换放大的信号（如电压、电流等）。DDZ Ⅱ型电动单元组合仪表的出现，使供电为220V AC，输出信号为0～10mA DC的四线制变送器得到了广泛的应用，目前在有些工厂还可见到它的身影。

20世纪70年代我国开始生产DDZ Ⅲ型电动单元组合仪表，并采用国际电工委员会（IEC）的过程控制系统用模拟信号标准。仪表传输信号采用4～20mA DC，联络信号采用1～5V DC，即采用电流传输、电压接收的信号系统。采用4～20mA DC信号，现场仪表就可实现二线制。但限于条件，当时二线制仅在压力、差压变送器上采用，温度变送器等仍采用四线制。现在国内二线制变送器的产品范围也大大扩展了，应用领域也越来越多。同时从国外进来的变送器也是二线制的居多。

<table>
<tr><td></td><td>四线制</td><td>二线制</td></tr>
<tr><td rowspan="2">用法与接线</td><td>供电电源与输出信号分别用两根导线传输，其接线方式如图 3-1-19 所示。这样的变送器称为四线制变送器。DDZ-Ⅱ系列仪表的变送器采用这种接线形式。由于电源与信号分别传送，因此对电流信号的零点及元件的功耗没有严格的要求。供电电源可以是交流（220V）电源或直流（24V）电源，输出信号可以是死零点（0～10mA）或活零点（4～20mA）。</td><td>对于二线制变送器，同变送器连接的导线只有两根，这两根导线同时传输供电电源和输出信号，如图 3-1-20 所示。可见，电源、变送器和负载电阻是串联的。其供电电压为 24V DC，输出信号为 4～20mA DC，负载电阻为 250Ω，24V 电源的负线电位最低，它就是信号公共线，对于智能变送器还可在 4～20mA DC 信号上加载 HART 协议的 FSK 键控信号。
二线制变送器相当于一个可变电阻，其阻值由被测参数控制。当被测参数改变时，变送器的等效电阻随之变化，因此流过负载的电流也会变化。
二线制变送器的优点很多，可大大减少装置的安装费用、便于使用安全栅、有利于安全防爆等。因此，目前世界各国大都采用二线制变送器。</td></tr>
<tr><td>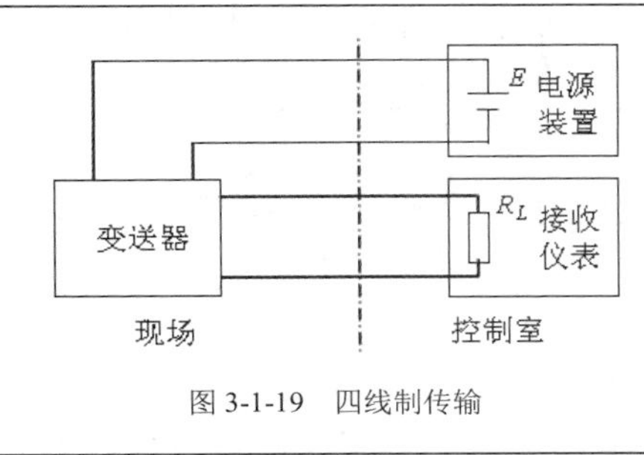
图 3-1-19　四线制传输</td><td>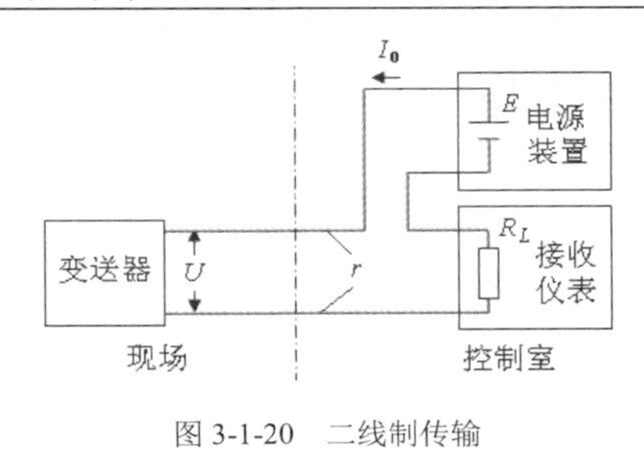
图 3-1-20　二线制传输</td></tr>
<tr><td>二线制变送器的用法</td><td colspan="2">（1）变送器的正常工作电流必须等于或小于信号电流的最小值，即
$$I \leqslant I_{\min}$$
由于电源线和信号线公用，电源供给变送器的功率是通过信号电流提供的。在变送器输出电流为下限值时，应保证它内部的半导体器件仍能正常工作。因此，信号电流的下限值不能过低。因为在变送器输出电流的下限值时，半导体器件必须有正常的静态工作点，需要由电源供给正常工作的功率，因此信号电流必须有活零点。国际统一电流信号采用 4～20mA DC，为制作二线制变送器创造了条件。4mA DC 作为变送器起点电流，其为变送器提供了静态工作电流，仪表电气零点为 4mA DC，不与机械零点重合，这种“活零点”有利于识别断电和断线等故障。
（2）变送器能够正常工作的电压条件是
$$U \leqslant E_{\min} - I_{0\max}(R_{L\max} + r)$$
式中，U 为变送器输出端电压；$E_{\min}$ 为电源电压的最小值；$I_{0\max}$ 为输出电流的上限值，通常为 20mA；$R_{L\max}$ 为变送器的最大负载电阻值；r 为连接导线的电阻值。
二线制变送器必须采用直流单电源供电。所谓单电源是指以零电位为起始点的电源，而不是与零电压对称的正负电源。变送器的输出端电压 U 等于规定的最低电源电压减去电流在负载电阻和传输导线电阻上的压降。为保证变送器正常工作，输出端电压值只能在限定的范围内变化。如果负载电阻增加，电源电压就需增大；反之，电源电压可以减小；如果电源电压减小，负载电阻就需减小；反之，负载电阻可以增加。
（3）变送器能够正常工作的最小有效功率为
$$P < I_{0\min}[E_{\min} - I_{0\min}(R_{L\max} + r)]$$
变送器的最小消耗功率 P 不能超过上式，通常小于 90mW。
式中，$E_{\min}$ 为最低电源电压，对多数仪表而言 $E_{\min}$ 为 24(1–5%)=22.8V，5%为 24V 电源允许的负向变化量；$I_{0\min}$ 为 4mA；$R_{L\max}$ 为 250Ω；r 为传输导线电阻。如果变送器在设计上满足了上述的三个条件，就可实现二线制传输。
由于二线制变送器供电功率很小，同时负载电压随输出电流及负载阻值变化而大幅度变化，</td></tr>
</table>

<table>
<tr><td></td><td colspan="2">导致线路各部分工作电压大幅度变化。因此，制作二线制变送器时，要求采用低功耗集成运算放大器和设置性能良好的稳压、稳流环节。</td></tr>
<tr><td>三线制的衍生</td><td colspan="2">有的仪表厂为了减小变送器的体积和重量并提高抗干扰性能、减化接线，而把变送器的供电由220V AC 改为低压直流供电，如电源从 24V DC 电源箱取用，由于低压供电，就为负线共用创造了条件，这样就有了三线制的变送器产品。
所谓三线制就是电源正端用一根线，信号输出正端用一根线，电源负端和信号负端共用一根线。其供电电压大多为 24V DC，输出信号为 4～20mA DC，负载电阻为 250Ω 或者 0～10mA DC，负载电阻为 0～1.5kΩ；有的还有电流 mA 和电压 mV 信号，但负载电阻或输入电阻，因输出电路形式不同而数值有所不同。
由于各种变送器的工作原理和结构不同，从而出现了不同的产品，也就决定了变送器的二线制、三线制、四线制接线形式。对于用户而言，选型时应根据本单位的实际情况，如信号制的统一、防爆要求、接收设备的要求、投资等问题来综合考虑选择哪一种。
需要指出的是三线制和四线制变送器输出的 4～20mA DC 信号，由于其输出电路原理及结构与二线制的是不一样的，因此在应用中其输出负端能否和 24V 电源的负线相接？能否共地？这是要注意的，必要时可采取隔离措施，如用配电器、安全栅等，以便和其他仪表共电、共地及避免附加干扰的产生。</td></tr>
<tr><td colspan="3">五、负载特性</td></tr>
<tr><td>含义</td><td colspan="2">负载特性是指变送器输出的负载能力，通常只有电动变送器有此技术指标。所有不同类型的二线制变送器的负载特性是差不多的。图 3-1-21 为 3051 变送器的负载特性。</td></tr>
<tr><td>用法</td><td colspan="2">

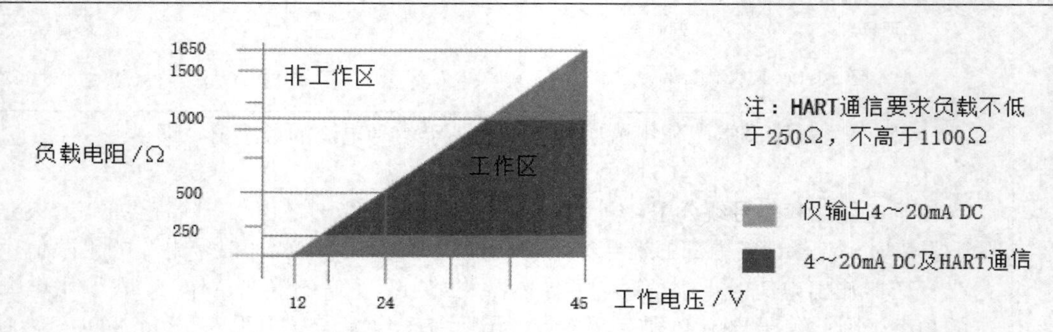

图 3-1-21 3051 负载特性

从图 3-1-21 中可见，因为要保证变送器正常工作（即保证 20mA 电流），所以最低端电压 $V_{\min}$ 为 12V，否则便不能正常工作。变送器在工作区内，负载电阻 R_L（Ω）与电源电压 V_s（V）的关系为 $R_L=(V_s-12)/0.02$，式中 0.02 为最大输出电流，单位为 A。
由于电动变送器有恒流性能，所以输出短路时，仪表也不会损坏。</td></tr>
<tr><td colspan="3">六、供电方式</td></tr>
<tr><td rowspan="2">说明</td><td>交流供电</td><td>直流供电</td></tr>
<tr><td>在各个仪表中分别引入工频 220V 交流电压，再用变压器降压，然后进行整流、滤波及稳压作为各自的电源，在早期的电动仪表系统中多用这种供电方式。缺点是：这种供电方式需要在每块表中附加电源变压器、整流器及稳压器线路，因此增加了仪表的体积和重量；变压器的发热增加了仪表的温升；220V 交流直接引入仪表中，降低了仪表的安全性。</td><td>直流集中供电是各个仪表统一由直流低电压电源箱供电。工频 220V 交流电压在电源箱中进行变压、整流、滤波以及稳压后供给各仪表电源。集中供电的好处很多：每块表省去了电源变压器、整流及稳压部分，从而缩小了仪表的体积，减轻了仪表的重量，并减少了发热元部件，使仪表温升降低；由于采用直流低电压集中供电，可以采取防停电措施，所以当工业用 220V 交流电断电时，能直接投入直流低电压（如 24V）备用电源，从而构成无停电装置；没有工业用 220V 交流电进入仪表，为仪表的防爆提供了有利条件。</td></tr>
</table>

七、阻尼特性	
说明	差压变送器常用来和节流装置配合测量流体流量，也可根据静压原理测量容器内的介质液位，流量、液位这两种物理参数有时很容易波动，致使记录曲线很粗很大，看不清楚，为此变送器内一般都有阻尼（滤波）装置。 阻尼特性以变送器传送时间常数来表示，传送时间常数是指输出由 0 升到最大值的 63.2%时的时间常数。阻尼越大，则时间常数越大。 变送器的传送时间分两部分：一部分是组成仪表的各环节的时间常数，这一部分是不能调的，电动变送器大概为零点几秒；另一部分是阻尼电路的时间常数，这一部分是可以调的，从几秒到十几秒。
八、接液温度和环境温度	
说明	接液温度是指变送器检测部件接触被测介质的温度，环境温度则是指变送器的放大器、电路板能承受的温度，两者是不一样的，前者的范围大，后者的范围小。例如罗斯蒙特 3051 变送器的接液温度为–45℃～+120℃，环境温度为–40℃～+80℃。所以在使用时要注意，不要把变送器所处的环境温度误以为是接液温度。 温度影响是指变送器的输出随环境温度的变化而变化，一般是以温度每变化 10℃、28℃或 55℃的输出变化来表征的。变送器的温度影响和仪表的使用范围有关，仪表的量程越大，则受环境温度变化的影响越小。
九、静压和单向过压特性	
说明	1. 静压特性 静压是指差压变送器的工作压力，通常比差压输入信号大得多。按理说，差压变送器的输出只和输入差压有关，和变送器的工作压力是没有关系的，但由于设计、加工、装配等诸多因素，变送器的零点和量程是随着静压的变化而变化的。变送器的静压指标就是指这种变化的允许范围。这里有以下两点需要说明: （1）不同使用范围的变送器，其输出受静压的影响是不一样的，量程范围大，受静压变化的影响小；反之，则影响大。制造厂为了使自己生产的仪表有较高的技术指标，所以不管用户使用在多大测量范围，静压指标总是以在最大量程下零点和量程的变化多少来决定的。 （2）变送器的静压可以是正压，也可以是负压。正压有个限值，例如 16MPa、40MPa；负压也有个限值，例如–0.1MPa，但不能绝对真空。我们说变送器的静压，通常只说它的上限压力，下限压力似乎认为没有规定，其实这是不对的。变送器在绝对真空下，膜盒内的硅油会汽化，会损坏仪表，所以也有规定。 2. 单向过压特性 单向过压即是单向超载，它是指差压变送器的一侧受压，另一侧不受压。在变送器和节流装置配套使用过程中，由于操作不慎，有时会发生一侧导压管阀门开着，而另一侧是关的情况，因此变送器静压是多少压力，单向过压也是多少压力。 对于一般仪表，信号压力只能比额定压力稍大一点，例如大 30%、大 50%，但对差压变送器来说，单向超载的压力不是比信号压力稍大一点，而是大几倍、几十倍、上百倍。在这种情况下，变送器应不受影响，其零点漂移也必须在允许范围，这就是差压变送器独特的单向特性。 最早的差压计是不耐单向过压的，但是现在的变送器单向过压指标定得很高，单向对仪表的各种性能基本上没有什么影响。例如，日本横河的 EJA 系列差压变送器使用时可以不装平衡阀。单向过压时间也不作规定，但从使用角度来看，不装平衡阀是不方便的。
十、稳定性	
说明	稳定性是变送器的又一项重要技术指标，从某种意义上讲，它比变送器的精度还重要。稳定性误差是指在规定工作条件下，输入保持恒定时，输出在规定时间内保持不变的能力。稳定性±0.1% URV/6 个月表示：在 6 个月内，仪表的零点变化不超过测量范围上限的±0.1%。注意这里说的是测量范围上限，不是使用范围。例如某变送器的测量范围为 0～2kPa 至 0～100kPa，如果使用在 0～

	10kPa，那么它的稳定性就不是±0.1%，而是±1%；所以在看仪表的误差时，一定要看它对哪个范围而言。
其他用法	用差压变送器可以测量容器内介质的密度，做法是在容器下部始终有介质的地方装两根引压管，分别引到密度差压变送器的高、低压侧，从而测出它的密度。 测量容器内介质重量时，要引压力至重量差压变送器，从而由变送器测出重量。

5 压力仪表的安装和校验

5.1 压力计的选择及安装

<table>
<tr><th colspan="3">压力计的选择</th></tr>
<tr><td colspan="3">选择压力仪表应根据被测压力的种类（压力、负压或压差）、被测介质性质、用途（标准、指示、记录和远传等）以及生产过程所提的技术要求，同时应本着既满足测量准确度又经济的原则，合理地选择压力仪表的型号、量程和精度等。</td></tr>
<tr><th>仪表量程的选择</th><th>仪表精度的选择</th><th>仪表类型的选择</th></tr>
<tr><td>为了保证压力仪表在安全范围内可靠地工作，必须考虑可能发生的异常超压情况，仪表的量程由生产过程所需要测量的最大压力来决定。在被测压力较稳定场合下，最大工作压力不应超过仪表满量程的 2/3；在压力波动较大或测脉动压力场合下，最大工作压力不应超过仪表满量程的 1/2；为保证测量准确度，最小工作压力不应低于满量程的 1/3。
例如，某锅炉蒸汽加热的过程中压力不断跳动，它的最大压力一般在 0.4～0.45MPa。选用压力表时，应低于总量程的 1/2，大于总量程的 1/3。所以选用 0～1MPa 压力表，符合要求。
目前我国出厂的压力（差压）仪表的量程系列：（1.0、1.6、2.5、4.0、6.0）×10^nPa。
【复习——仪表的量程】
仪表量程指仪表的测量范围的上限值和下限值的代数差。
想一想，量程和测量范围有什么关系？</td><td>压力检测仪表的精度主要根据生产允许的最大误差来确定，即要求实际被测压力允许的最大绝对误差应小于仪表的基本误差。
【复习——仪表的精度等级】
在正常的使用条件下，仪表测量结果的准确程度叫仪表的准确度。仪表精度等级又称准确度级，是按国家统一规定的允许误差大小划分成的等级。准确度等级就是最大引用误差去掉正、负号及百分号。准确度等级是衡量仪表质量优劣的重要指标之一。
依据我国国家标准《工业过程测量和控制用检测仪表和显示仪表精确度等级》（GBT 13283－2008），工业过程测量和控制用检测仪表和显示仪表精确度等级有0.01，0.02，（0.03），0.05，0.1，0.2，（0.25），（0.3），（0.4），0.5，1.0，1.5，（2.0），2.5，4.0，5.0，其中括号里的 5 个不推荐使用。
想一想，仪表的精度是越高越好吗？</td><td>仪表的选型必须考虑仪表输出信号的要求，如是直接显示或远传、记录、报警等；被测介质的性质（如腐蚀性、温度、黏度、易燃易爆等）是否对仪表提出了专门的要求；仪表使用的环境（如温度、磁场、振动等）对仪表的要求。</td></tr>
<tr><th colspan="3">压力计的安装</th></tr>
<tr><td colspan="3">压力计的安装正确与否直接影响到测量结果的正确性与仪表的寿命，一般要注意以下事项。</td></tr>
</table>

取压点的选择	导压管的铺设	压力计的安装
（1）取压点必须真正反映被测介质的压力，应该取在被测介质流动的直线管道上，而不应取在管路急弯、阀门、死角、分叉及流束形成涡流的区域。 （2）当管路中有突出物体（如测温元件）时，取压口应取在其前面；当必须在控制阀门附近取压时，若取压口在其前，则与阀门距离应不小于 2 倍管径，若取压口在其后，则与阀门距离应不小于 3 倍管径。 （3）测量流动介质压力时，取压管与流动方向应垂直；在测量液体介质的管道上取压时，宜在水平及其以下 45° 间取压，可使导压管内不积存气体；在测量气体介质的管道上取压时，宜在水平及其以上 45° 间取压，可使导压管内不积存液体。	导压管的长度一般为 3～50m，内径为 6～8mm，连接导管的水平段应保持 1:20～1:10 的坡度，以利于排除冷凝液体或气体，测液体介质时下坡，测气体介质时上坡。当被测介质易冷凝或冻结时，应加伴热管再行保温。在取压口与测压仪表之间，应靠近取压口装切断阀。对液体测压管道，应靠近压力表处装排污装置。	（1）仪表应垂直于水平面安装，且仪表应安装在取压口同一水平位置，否则需考虑附加高度误差的修正，如图 3-1-22（a）所示。 （2）仪表安装处与测定点之间的距离应尽量短，以免指示迟缓。 （3）保证密封性，不应有泄漏现象出现，尤其是易燃易爆气体介质和有毒有害介质。 （4）当测量蒸汽压力时，应加装冷凝管，以避高温蒸汽与测温元件接触，如图 3-1-22（b）所示。 （5）对于有腐蚀性或粘度较大、有结晶、沉淀等介质，可安装适当的隔离罐，罐中充以中性的隔离液，以防腐蚀或堵塞导压管和压力表，如图 3-1-22（c）所示。 （6）为了保证仪表不受被测介质的急剧变化或脉动压力的影响，需加装缓冲器、减振装置及固定装置。

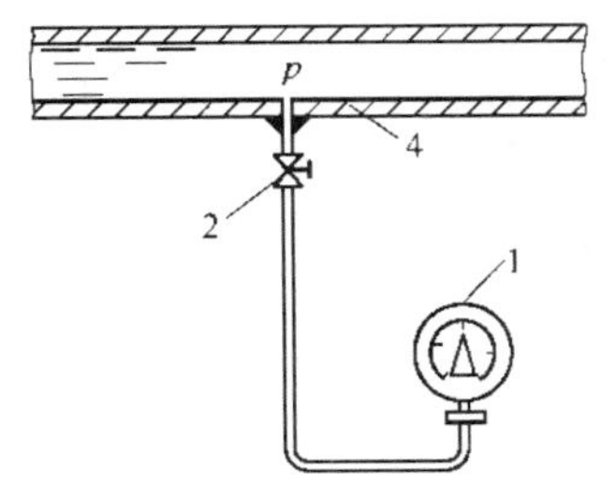

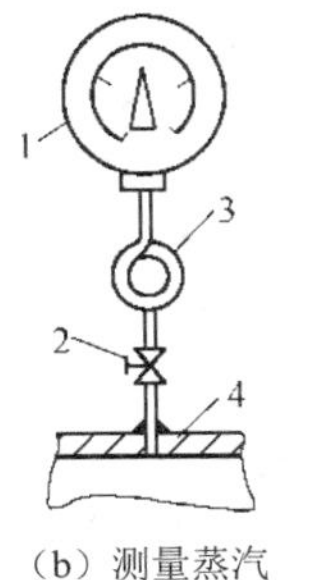

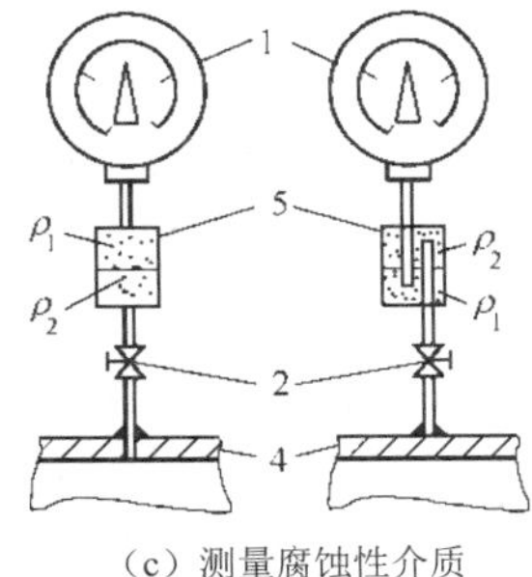

（a）压力表位于生产设备之下　（b）测量蒸汽　（c）测量腐蚀性介质

1—压力表；2—切断阀；3—冷凝管；4—生产设备；5—隔离罐；ρ_2、ρ_1—被测介质和隔离液的密度

图 3-1-22　压力表安装示意图

5.2　压力仪表校验

什么是仪表校验？为什么要进行仪表校验？

仪表校验是考察仪表是否符合规定的技术性能的过程。在仪表的制造过程中或仪表的使用前后，对仪表或其部件进行检查和试验，以考察其是否符合规定的技术性能。通常用被校验的仪表与标准表进行比较，在不同的输入值时，比较被校验仪表与标准表读数的差值，判断仪表是否满足测量的技术要求。

仪表是进行测量、监视的计量设备，在运行过程中，总会因一些外界或内部的因素影响，造成测量误差的增大，给测量或监视带来风险。例如，压力表是测量锅炉压力的仪表，长时间的运行会使得压力表内部元件产生磨损、老化；再如，热电偶在使用过程中会产生磨损和氧化的现象。因此，国家技术监督部门针对这些仪表专门发布一些检定或校验规程，对仪表规定了一定的校验周期，目的是预防仪表出现不确定的风险误差，并且通过定期校验来避免或减少这些风险误差。

压力仪表在安装后，投运前必须进行校验方能启用。在正常运行中校验周期为每年一次，若中途发现测量值误差过大，也应及时给予校验，以确保仪表的精确度。

<table>
<tr><th colspan="3">压力仪表校验的方法和步骤</th></tr>
<tr><td colspan="3">工业压力仪表常采用示值比较法进行校验，常用的标准仪表有 U 型管液注压力表、补偿式微压计、活塞式压力计及标准弹簧管压力表（校验 9.8×10^4Pa 以上压力）。此外，校验压力变送器时还需要标准电源、标准电流表和标准电阻箱。校验时，标准器的综合误差应不大于被校表基本误差绝对值的 1/3。压力源常采用压力校验台、压力－真空校验台、手操压力泵等。</td></tr>
<tr><td rowspan="2">校验过程</td><td>1
校验前准备</td><td>（1）在校验时，应选择合适量程的校验台，一般校验台的量程应大于压力表量程的 1+1/3。在选择标准表时，也应尽量使压力表的最大量程处于标准表的 2/3 处，如被校压力表量程上限为 1MPa，标准表用 1.6 MPa 为宜。标准表的精度等级应比被校压力表高两个等级。标准表使用前应核对其检验证书，确认完好、符合要求，并在有效期内。
（2）准备校验的工具，包括专用工具、检修装备、测量仪器仪表、试验器具，有弹簧管式精密压力表（YB-150，精度 0.25 级）、压力表校验器、弹簧管式精密真空表（YB-150，精度 0.25 级）、真空表校验器、合适规格的活扳手、螺丝刀、合格证等。
（3）主要备品配件及材料计划，包括生料带、垫片、白布、压力表。</td></tr>
<tr><td>2
校验步骤</td><td>对于量程上限大于 250kPa 的压力表，采用油压的方式对其进行校验，具体步骤为：
（1）检查压力表外观是否有损坏，轻敲压力表外壳看表针是否能灵活转动。
（2）分别将标准表和被校压力表垂直装在校验台的左边和右边，在接头口处放上垫片并将螺纹处用生料带缠上一到两圈。用扳手将标准表和被校压力表拧紧，使它们平行正对前方，注意使标准表和被校压力表等高。
（3）进行压力表校验台的水平调整，并进行校验前泄压排空工作。
（4）打开油阀，关闭标准表和被校压力表进油阀，逆时针旋转手轮抽油，当油抽出约 1/3～2/3 时，将油阀关闭，打开标准表和被校压力表进油阀，顺时针转动手轮加压，加压时不仅要检查接头处是否漏油，还要检查标准表的指针变化情况。如果指针上升幅度不稳定，就要去检查是不是进油口堵塞或是标准表有故障，要是指针上升到一定程度，不再转动手轮时指针向下滑动较大，就说明有漏油现象，需要重新检查并固定接头后再校验。
（5）压力表校验时一般采用 5 点校验法，即将压力表按照量程等分成 5 点，按照其等分点对压力表逐步匀速地加压，然后看标准表，待被校表读数稳定后，读取被校表的压力指示值，轻敲压力表，再次读取被校表的压力指示值。当不对压力表加压，即标准表的指示为零时，观察被校压力表的读值，进行零点校验。对被校压力表按等分点进行加压，观察并记录每一点的压力示数，压力表的读数在量程×精度×1%范围内都属正常。上升加压后再下降减压，同样观察并记录每点输出值。
（6）若每一点的输出值均在误差允许范围内，则此压力表的校验完成，填写校验单，贴上合格证即可。若压力表的零位、线性及基本误差不合格，则对压力表进行相应的调整，调整后再重复步骤（4）和（5），重新校验一遍，直到符合要求。
（7）压力表的校验记录单包括标识、使用名称、型号、精度、测量范围、厂家编号、制造厂家、标准器等。规范填写校验单是整个校验过程的正确体现。需要注意的是校验单不能留有空格，不填的地方需用斜杠填上。
（8）校验完毕后，要进行泄压排空，拆掉所装标准表和压力表，将校验台恢复原样。
（9）对于量程小于 250kPa 的压力表，应采用空气加压的方式对其进行校验。其校验步骤与油压校验台类似，只是采用气泵打气的形式，用压缩空气加压对变送器进行校验。这种方式容易泄露，所以接头处需格外注意，应尽量拧紧。
（10）校验真空表时，方法同上，只是用真空表校验台代替压力表校验台。</td></tr>
<tr><td rowspan="2">伺服压力校验台</td><th>简介</th><th>操作规程</th></tr>
<tr><td>图 3-1-23 BLT612 伺服压力校验台</td><td>（1）将仪器放置于水平位置上。
（2）打开油杯中的卸压阀，微调阀位置适中。
（3）逆时针旋转伺服阀旋钮，退到零位（这步很重要，否则可能无法升压）。
（4）将气泵接通电源，此时气泵启动，当达到约 0.8MPa 压力时，使泵停止约 1 分钟左右。
（5）拧下丝堵，装上标准表和被检表，检定零点。
升压操作步骤：</td></tr>
</table>

	BLT612 伺服压力校验台采用气推液原理造压，造压快、省力省时、密封性能好、操作简单、方便使用、可移动性强、可随意选择操作工位。 BLT612 伺服压力校验台由气液增压系统、调压阀、卸压阀、油箱、压力输出部分等构成。通过启动气泵产生气压，由伺服阀精确控制，驱动液压活塞动作，实现正程检定，逆时针旋转伺服阀手轮，压力自动下降，实现回程检定。	（6）关闭卸压阀，缓慢顺时针旋转伺服阀旋钮，观察指针上升情况。 （7）当指针达到检定点时，需要把调压阀微微地逆时针转动一点，指针就可以精确地指示在当前位置上。 （8）重复第 7 步，直到被检表的最大量程。 回程检定步骤： （9）缓慢逆时针旋转伺服阀旋钮，观察指针下降情况。 （10）当指针达到检定点时，需要把调压阀微微地顺时针转动一点，指针就可以精确地指示在当前位置上。 （11）重复第 9～10 步，直到被检表的最小值，一般可达到 0 点。直到回检阀完全打开，读取零点数据。

子学习情境 3.2　执行器

工作任务单

<table>
<tr><td>情　　境</td><td colspan="6">学习情境 3　压力控制</td></tr>
<tr><td rowspan="3">任务概况</td><td rowspan="2">任务名称</td><td rowspan="2">子学习情境 3.2　执行器</td><td>日期</td><td>班级</td><td>学习小组</td><td>负责人</td></tr>
<tr><td></td><td></td><td></td><td></td></tr>
<tr><td>组员</td><td colspan="5"></td></tr>
<tr><td rowspan="2">任务载体和资讯</td><td rowspan="2" colspan="2"></td><td colspan="4">载体：执行器。</td></tr>
<tr><td colspan="4">资讯：
1．阀门：①阀门的定义和作用；②阀门的分类（重点）；③阀门的基础参数（重点）；④阀门的编号（重点）。
2．气动控制技术：①气源系统；②气动控制元件；③膜盒压力表。
3．执行器：①执行器组成（重点）；②执行器分类（重点）；③执行器的执行机构（重点）；④执行器的阀体（重点）；⑤气动调节阀的附件（重点）。</td></tr>
<tr><td>任务目标</td><td colspan="6">1．掌握执行器的功能、分类、结构等。
2．掌握各种执行器的使用用法。
3．掌握制作 PPT 的方法，熟悉汇报的一些语言技巧。
4．培养学生的组织协调能力、语言表达能力，达成职业素质目标。</td></tr>
<tr><td>任务要求</td><td colspan="6">前期准备：小组分工合作，通过网络收集资料。
汇报文稿要求：①主题要突出；②内容不要偏离主题；③叙述要有条理；④不要空话连篇；⑤提纲挈领，忌大段文字。
汇报技巧：①不要自说自话，要与听众有眼神交流；②语速要张弛有度；③衣着得体；④体态自然。</td></tr>
</table>

1 执行器

1.1 阀门

一、阀门的定义和作用	
阀门（图 3-2-1）是在流体系统中用来控制流体的方向、压力、流量的装置，是使配管和设备内的介质（液体、气体、粉末）流动或停止并能控制其流量的装置。 在化工生产中，阀门控制着全部生产设备和工艺流程的正常运转。尽管如此，阀门同其他产品比较往往被人们忽视。例如，在安装机器设备时，人们往往把重点放在主要机器设备方面，却忽视了阀门。这样会使整个生产效率降低或停产，或造成种种其他事故发生。因此，对阀门的选用、安装、使用、保养等都必须进行认真负责的工作。 阀门的主要作用： ● 接通或截断介质； ● 防止介质倒流； ● 调节介质的压力、流量等参数； ● 分离、混合或分配介质； ● 防止介质压力超过规定值，保证管道或设备安全运行。	 图 3-2-1 阀门

二、阀门的分类	
按用途和作用分类	截断类：主要用于截断或接通介质流，如闸阀、截止阀、球阀、碟阀、旋塞阀、隔膜阀。 止回类：用于阻止介质倒流，包括各种结构的止回阀。 调节类：用于调节介质的压力和流量，如减压阀、调压阀、节流阀。 安全类：在介质压力超过规定值时，用来排放多余的介质，保证管路系统及设备安全。 分配类：用于改变介质流向、分配介质，如三通旋塞、分配阀、滑阀等。 特殊用途：如疏水阀、放空阀、排污阀等。
按压力分类	真空阀——工作压力低于标准大气压的阀门。 低压阀——公称压力 P_N 为小于 1.6MPa 的阀门。 中压阀——公称压力 P_N 为 2.5～6.4MPa 的阀门。 高压阀——公称压力 P_N 为 10.0～80.0MPa 的阀门。 超高压阀——公称压力 P_N 大于 100MPa 的阀门。
按介质工作温度分类	高温阀——t 大于 450℃的阀门。 中温阀——用于介质工作温度 t 大于 120℃小于 450℃的阀门。 常温阀——用于介质工作温度 t 大于–40℃小于 120℃的阀门。 低温阀——用于介质工作温度 t 大于–100℃小于–40℃的阀门。 超低温阀——用于介质工作温度 t 小于–100℃的阀门。
按阀体材料分类	非金属阀门：如陶瓷阀门、玻璃钢阀门、塑料阀门。 金属材料阀门：如铸铁阀门、碳钢阀门、铸钢阀门、低合金钢阀门、高合金钢阀门及铜合金阀门等。

按公称通径分类	小口径阀门：公称通径 DN<40mm 的阀门。 中口径阀门：公称通径 DN 为 50～300mm 的阀门。 大口径阀门：公称通径 DN 为 350～1200mm 的阀门。 特大口径阀门：公称通径 DN≥1400mm 的阀门。
按与管道连接方式分类	法兰连接阀门：阀体带有法兰，与管道采用法兰连接的阀门。 螺纹连接阀门：阀体带有螺纹，与管道采用螺纹连接的阀门。 焊接连接阀门：阀体带有焊口，与管道采用焊接连接的阀门。 夹箍连接阀门：阀体上带夹口，与管道采用夹箍连接的阀门。 卡套连接阀门：采用卡套与管道连接的阀门。
按动作方式分类	自动阀：自动阀是指不需要外力驱动，而是依靠介质自身的能量来使阀门动作的阀门，如安全阀、减压阀、疏水阀、止回阀、自动调节阀等。 手动阀：借助人力来操作的阀门。通过手柄、手轮操作的阀门是设备管道上使用普遍的一种阀门。它的手柄、手轮旋转方向顺时针为关闭，逆时针为开启，但也有个别阀门开启相反。手动阀分为手柄操纵、手轮操纵、齿轮－齿条传动操纵、齿轮传动操纵和涡轮－蜗杆传动操纵。 气动阀：借助压缩空气驱动的阀门，主要由气动执行器和阀门配套组成，利用压缩空气来驱动阀门的开关。它可装配相关附件，组成开关型、调节型、防爆型等。 电动阀：利用电源压力来控制阀门，分为上、下两部分，上半部分为电动执行器，下半部分为阀门，有开关型、防爆型、调节型、反馈型等。
通用分类法	这种分类方法既按原理、作用，又按结构划分，是目前国际、国内最常用的分类方法。一般分为闸阀、截止阀、节流阀、仪表阀、柱塞阀、隔膜阀、旋塞阀、球阀、蝶阀、止回阀、减压阀、安全阀、疏水阀、调节阀、底阀、排污阀等。

三、阀门的基础参数

1. 公称通径：通径（口径）是为了设计、制造和维修方便，人为地规定的一种标准，也叫公称直径，是管件的规格名称。规定通径的目的是根据通径可以确定管子、管件、阀门、法兰、垫片等结构尺寸与连接尺寸，进而使管子、管件连接尺寸统一。常用“DN*”表示，如 DN100 是 4 寸（英寸）阀门，DN200 为 8 寸阀门。

阀门口径大小与管道的尺寸有着必然的联系，通常说多大的管径（外径）配多大的阀门。而阀门口径则需要根据实际参数来计算，一般来说管道都会较大一些，阀门实际要比较小，主要取决于阀门位置需要控制的流量大小是多少，而管道尺寸只需要流通能力够就可以了。

表 3-2-1　管件尺寸与阀门通径及管道外径对照表

直径英寸	DN 通径/mm	管道外径/mm	直径英寸	DN 通径/mm	管道外径/mm
1/4′	8	13.7	3′	80	88.9
3/8′	10	17.14	4′	100	114.3
1/2′	15	21.3	5′	125	141.3
3/4′	20	26.7	6′	150	168.3
1′	25	33.4	8′	200	219.1
1.2′	32	42.2	10′	250	273
1.5′	40	48.3	12′	300	323.8
2′	50	60.3	14′	350	355.6
2.5′	65	73	16′	400	406.4

表 3-2-2　阀门通径 DN（公称直径）对应管道外径（mm）

公称直径（DN）	管道外径 Φ（小外径）	管道外径 Φ（大外径）	公称直径（DN）	管道外径 Φ（小外径）	管道外径 Φ（大外径）
15	18	22	350	360	377
20	25	27	400	406	426

续表

公称直径（DN）	管道外径 Φ（小外径）	管道外径 Φ（大外径）	公称直径（DN）	管道外径 Φ（小外径）	管道外径 Φ（大外径）
25	32	34	450	457	480
32	38	42	500	508	530
40	45	48	600	610	630
50	57	60	700	720	
65	73	76	800	820	
80	89	89	900	920	
100	108	114	1000	1020	
125	133	140	1200	1220	
150	159	168	1400	1420	
200	219	219	1600	1620	
250	273	273	1800	1820	
300	324	325	2000	2020	

2．公称压力：经过圆整过的表示与压力有关的数字标示代号，如 P_N 6.3MPa 或 Class400。其含义是指在国家标准规定温度（规定温度：对于铸铁和铜阀门为 0℃～120℃；对于碳素钢阀门为 0℃～200℃；对于钼钢和铬钼钢阀门为 0℃～350℃）下阀门允许的最大工作压力（以符号 P_N 表示），以便用来选用管道的标准元件。

注意，P_N 是近似于折合常温的耐压 MPa 数，是国内阀门通常所使用的公称压力。对碳钢阀体的控制阀，指在 200℃以下应用时允许的最大工作压力。当工作温度升高时，阀体的耐压会降低。美国国家标准阀门以磅级表示公称压力，磅级是对于某一种金属的结合温度与压力的计算结果，根据 ANSI B16.34 的标准来计算。磅级与公称压力不是一一对应的，主要原因是二者的温度基准不同。通常使用软件来计算，但也需要懂得使用表格来查磅级。

表 3-2-3 磅级与公称压力的对应关系表

磅级 Class	150	300	400	600	800	900	1500	2000
公称压力 P_N/MPa	1.6、2.0	2.5、4.0、5.0	6.3	10	----	15	25	42

3．适用介质：①气体介质；②液体介质；③含固体介质；④腐蚀介质和剧毒介质。

4．试验压力：①强度试验压力；②密封试验压力。

阀门在总装完成后必须进行性能试验（强度性能和密封性能），以检查产品是否符合设计要求和是否达到国家所规定的质量标准。阀门的材料、毛坯、热处理、机加工和装配的缺陷一般都能在试验过程中暴露出来。常规试验有壳体强度试验、密封试验、低压密封试验、动作试验等，并且根据需要，依次序逐项试验合格后进行下一项试验。试验时阀门处于开启状态，一端封闭，从另一端注入介质并施加压力。

阀门是承受内压的机械产品，因而必须具有足够的强度和刚度，以保证长期使用而不发生破裂或产生变形。壳体强度试验是检验阀门强度性能的试验。要对阀体和阀盖等连接而成的整个阀门外壳进行压力试验，从而检验阀体和阀盖的致密性及包括阀体与阀盖联结处在内的整个壳体的耐压能力。强度试验压力即指壳体试验时阀门内腔应承受的计示压力。

阀门的密封性能是指阀门各密封部位阻止介质泄漏的能力，是阀门最重要的技术性能指标。阀门的密封部位有三处：启闭件与阀座两密封面间的接触处；填料与阀杆和填料函的配和处；阀体与阀盖的连接处。其中前一处的泄漏叫作内漏，也就是通常所说的关不严，它将影响阀门截断介质的能力。对于截断阀类来说，内漏是不允许的。后两处的泄漏叫作外漏，即介质从阀内泄漏到阀外。外漏会造成物料损失，污染环境，严重时还会造成事故。对于易燃易爆、有毒或有放射的介质，外漏更是不能允许的，因而阀门必须具有可靠的密封性能。阀门密封试验用来检验启闭件和阀体密封副密封性能，包括上密封试验、高压密封试验和低压密封试验，密封试验必须在壳体压力试验合格后进行。

阀门的壳体试验压力应为阀门最大允许工作压力的 1.5 倍，密封试验压力应为最大允许工作压力的 1.1 倍。具体试验方法请自行查阅资料。

5．阀门密封副：由阀座和关闭件组成，依靠阀座和关闭件的密封面紧密接触或密封面受压塑性变形而达到密封的目的。

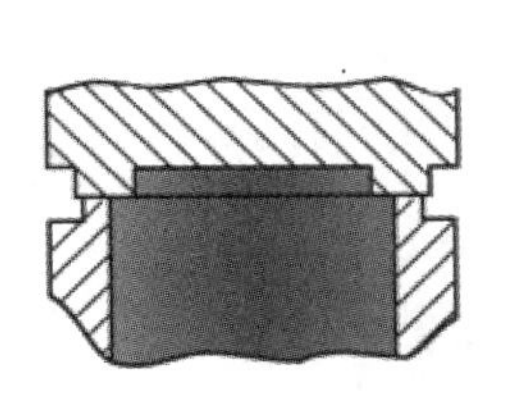

（a）平面密封

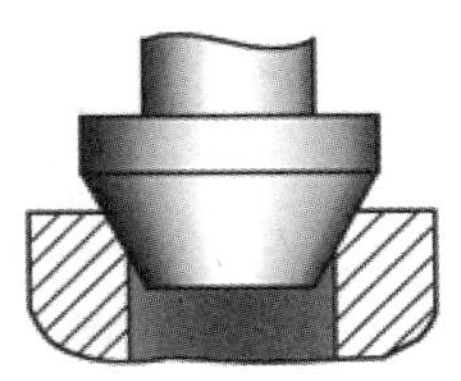
（b）锥面密封

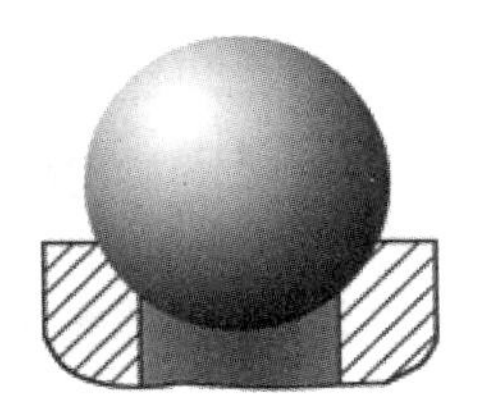
（c）球面密封

图 3-2-2　阀门密封副

6．阀门填充函：又名填料箱，就是阀杆部分的密封装置，用于防止气体、液体物料等介质漏出。

（1）填料函结构：由填料压盖、填料和填料垫组成。填料函结构分为压紧螺母式、压盖式和波纹管式。

（2）填料圈数。软质填料：P_N≤2.5MPa 时，4～10 圈；P_N=4.0～10MPa 时，8～10 圈。成型塑料填料：上填料一圈，中填料 3～4 圈，下部为一个金属填料垫。

4、常见阀门

<table>
<tr><th>闸阀</th><th>截止阀</th></tr>
<tr>
<td>闸阀也叫闸板阀，是一种广泛使用的阀门。它的闭合原理是闸板密封面与阀座密封面高度光洁、平整一致，相互贴合，可阻止介质流过，并依靠顶模、弹簧或闸板的模形，来增强密封效果。它在管路中主要起切断作用。
优点：流体阻力小，启闭省劲，可以在介质双向流动的情况下使用，没有方向性，全开时密封面不易冲蚀，结构长度短，不仅适合做小阀门，而且适合做大阀门。</td>
<td>
截止阀也叫截门，是使用最广泛的一种阀门，它之所以广受欢迎，是由于开闭过程中密封面之间摩擦力小，比较耐用，开启高度不大，制造容易，维修方便，不仅适用于中低压，而且适用于高压。
它的闭合原理是依靠阀杠压力，使阀瓣密封面与阀座密封面紧密贴合，阻止介质流通。
截止阀只许介质单向流动，安装时有方向性。它的结构长度大于闸阀，同时流体阻力大，长期运行时，密封可靠性不强。</td>
</tr>
</table>

<table>
<tr><th colspan="3">蝶阀</th><th colspan="3">球阀</th></tr>
<tr>
<td>手动对夹蝶阀</td><td></td>
<td rowspan="2">蝶阀的阀瓣是圆盘，围绕阀座内的一个轴旋转，旋角的大小便是阀门的开闭度。
优点：结构简单、重量轻，在所有阀门种类中安装尺寸最小，节约空间、启闭迅速，适合于制成大口径的阀门。
缺点：由于结构简单，所以密封性能差，</td>
<td>内螺纹和外螺纹球阀</td><td>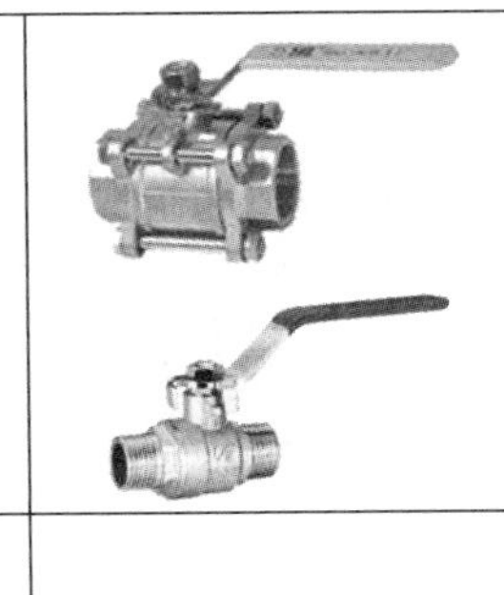</td>
<td rowspan="2">球阀的工作原理是靠旋转阀恋来使阀门畅通或闭塞。球阀结构简单、安装尺寸较小、启闭迅速、操作方便，可以做成直通、三通和四通式结构，其中直通式球阀在所有阀门中流动阻力最小，能输送带悬浮颗粒和黏度较大的介质。但缺点是制造</td>
</tr>
<tr>
<td>液压操纵法兰蝶阀</td><td></td>
<td>焊接球阀和卡箍球阀</td><td>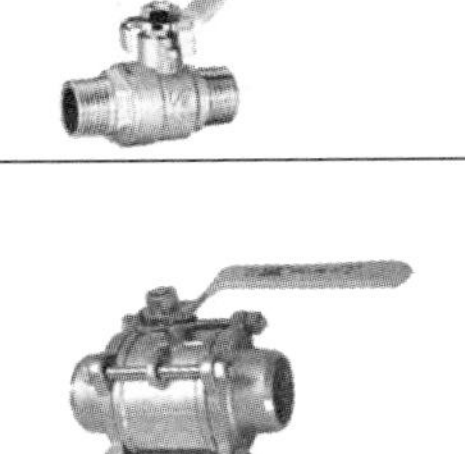</td>
</tr>
</table>

		只适用于低压管路。 主要用途：适用于输送温度小于 80℃、压力小于 1MPa 的水、空气、煤气等介质的较大口径管路中，关断性要求不高的场合。			精度要求高，阀体重量大，不能用于含有泥沙和结晶体的物料输送，关断性差，无调节流量功能。 球阀分两类：一是浮动球式，二是固定球式。
涡轮蜗杆法兰蝶阀			法兰球阀和三通法兰球阀		
电动法兰蝶阀			西德式球阀		

旋塞阀

旋塞阀是依靠旋塞体绕阀体中心线旋转，以达到开启与关闭的目的。它的作用是切断和改变介质流向。优点是结构简单、外形尺寸小、操作时只须旋转 90 度、流体阻力也不大。其缺点是开关费力、密封面容易磨损、高温时容易卡住，不适宜于调节流量。

旋塞阀也叫旋塞、考克、转心门。它的种类很多，有直通式、三通式和四通式。

柱塞阀

柱塞阀亦称为活塞阀，其启闭件由阀杆带动，是沿阀座（密封圈）轴线做直线升降运动的阀门。性能与截止阀相同，除用于截流外，也可起一定的节流作用。柱塞阀密封副是金属和非金属过盈配合，所以密封性能很好，不需填料，检修方便。

缺点：阀体重量大、流动阻力大，不适用于带泥沙和黏度较大的介质。

主要用途：适用于输送蒸汽、水、溶剂等流体的管路中，关断性要求高的场合。

隔膜阀

隔膜阀的结构形式与一般阀门很不相同，它是依靠柔软的橡胶膜或塑料膜来控制流体运动的。常用的隔膜阀材质分为铸铁隔膜阀、铸钢隔膜阀、不锈钢隔膜阀、塑料隔膜阀。耐腐蚀性好，但不适用于高温、高压、真空管路和设备。

针型阀

针型阀又称节流阀，结构与球阀相近，不同点是它的阀芯做成细长的圆锥，呈流线型。当阀芯离开阀座不同距离时，阀芯与阀座之间有不同的环形间隙，即流体有不同的通道面积，从而通过改变阀芯与阀座的距离，改变流体的流量，或借其节流作用改变流体的压力。

<table>
<tr><th>止回阀</th><th>安全阀</th></tr>
<tr><td>止回阀是依靠流体本身的力量自动启闭的阀门，它的作用是阻止介质倒流。它的名称很多，如逆止阀、单向阀、单流门等，适用于有防止物料倒流要求的管路中。止回阀一般适用于清净介质，不宜用于含有固体颗粒和黏度较大的介质。
</td><td>安全阀是一种自动阀门，它的作用是保证锅炉或其他带压设备不致因超压而损坏。当压力超过起跳压力时，阀门就自动开启，排除部分气体，使压力复原后，阀门就自动关闭。安全阀是直接依靠介质压力产生的作用力来克服作用在阀瓣上的机械载荷而使安全阀开启的，作用在阀瓣上的机械载荷主要来自重锤或弹簧。
</td></tr>
<tr><th>减压阀</th><th>疏水阀</th></tr>
<tr><td>减压阀是将介质压力降低到一定数值的自动阀门，一般阀后压力要小于阀前压力的50%。
减压阀种类很多，主要有活塞式和弹簧薄膜式两种。活塞式减压阀是通过活塞的作用进行减压的阀门。弹簧薄膜式减压阀是依靠弹簧和薄膜来平衡压力的。每种减压阀都有一定的减压幅度，如果要求的压差超过减压阀的规定压差，应采用多级减压。减压阀底设计有排污口，应定期拧开排污螺丝排污，以保证其正常工作。</td><td>疏水阀也叫阻汽排水阀、汽水阀、疏水器、回水盒、回水门等。它的作用是自动排泄不断产生的凝结水，而不让蒸汽出来。
疏水阀种类很多，有浮筒式、浮球式、钟形浮子式、脉冲式、热动力式、热膨胀式，常用的有浮筒式、钟形浮子式和热动力式。
</td></tr>
<tr><th colspan="2">调节阀（具体见后续执行器内容）</th></tr>
<tr><td>
电动法兰调节阀</td><td>类型：按照驱动方式分为气动调节阀和电动调节阀。按照阀体结构分为调节闸阀、调节球阀、调节蝶阀、调节截止阀和调节针型阀等。
用途：调节阀的用途是根据在线检测仪表输出的信号，经过逻辑处理单元处理后提供执行信号，由其对工艺进行连续调整。
使用：调节阀是实现化工生产自动化的重要设备，但必须配合检测仪表和处理单元组成回路。</td></tr>
<tr><td>
自力式压力调节阀</td><td>
气动薄膜调节阀</td></tr>
</table>

五、阀门的编号

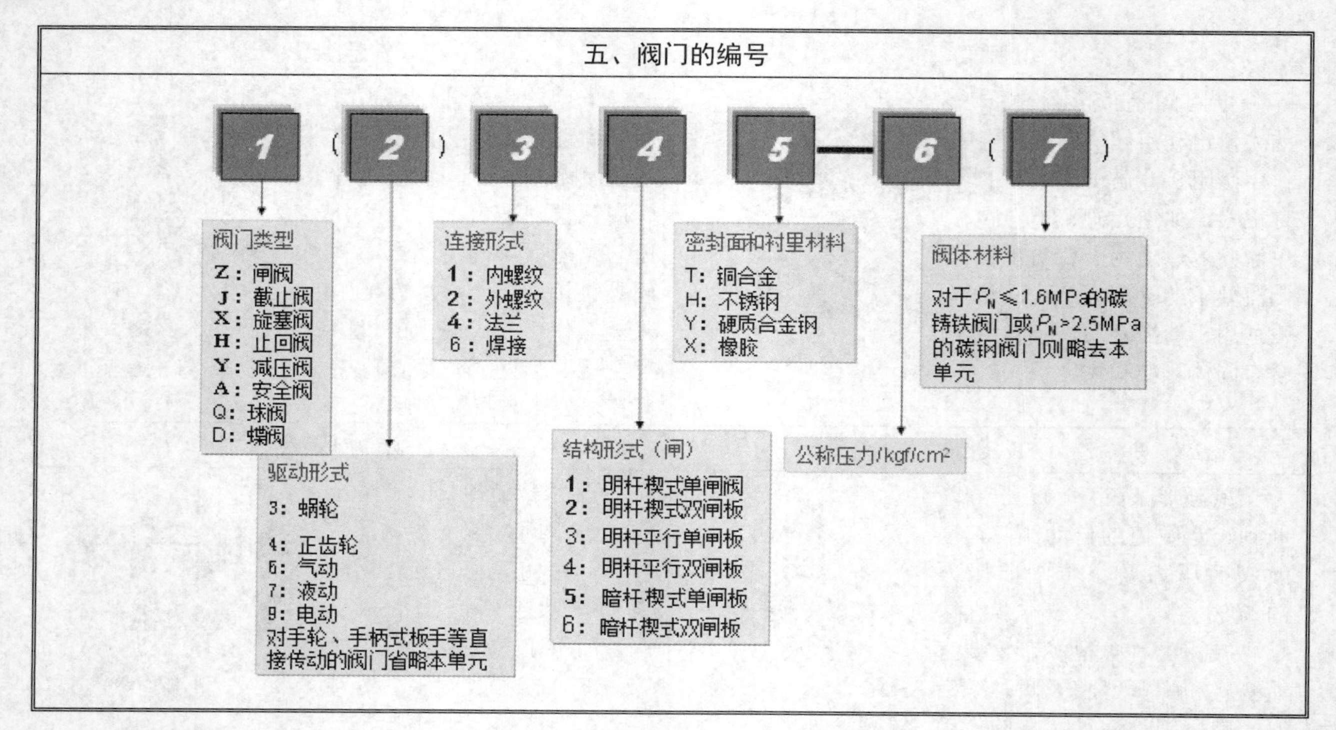

1.2 气动元件

气动控制系统元件介绍

以压缩空气为动力源，驱动气动执行元件完成一定运动规律的应用技术，叫作气压传动技术，简称气动技术。典型的气压传动系统包含两种方式，分别是纯气动控制方式和电一气动控制方式。在自动控制系统中，往往用 PLC 等智能控制器作为信号处理单元。我们将电气气动控制回路的各个组成元件按照信号流的方向排列，得到图 3-2-3。后文对各组成部分一一加以介绍。

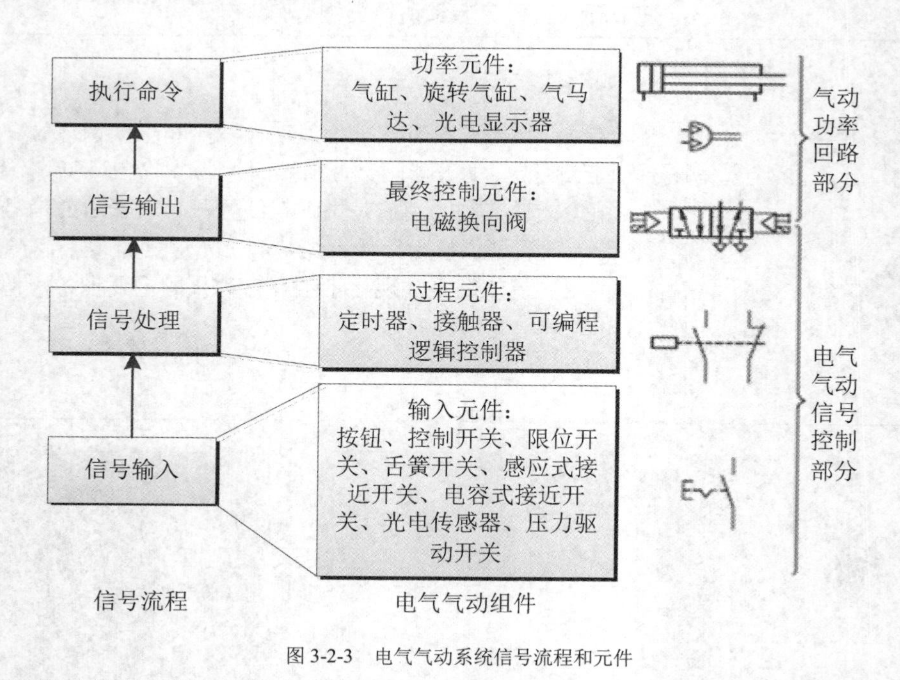

图 3-2-3 电气气动系统信号流程和元件

一、气源系统

功能和组成	气源系统（Supplier System）是为气动设备提供满足要求的压缩空气的动力源。气源系统一般由空气压缩机和必要的净化处理装置组成。

<table>
<tr><td rowspan="4">气泵</td><td>设备
图片</td><td>空气压缩机（俗称气泵）将原动机输出的机械能转变为空气的压力能，从而向气动系统提供压缩空气（图 3-2-4）。空气压缩机一般有活塞式、膜片式、螺杆式等几种类型，其中气压系统最常使用的机型为活塞式压缩机。

图 3-2-4　气泵</td></tr>
<tr><td>选用
原则</td><td>选用空气压缩机的根据是气压传动系统所需要的工作压力和流量两个参数。根据工作压力要求可将空气压缩机分为四类（MPa、bar 是什么单位？有什么含义和关系？同学们自行查阅资料解决这个小问题）：
● 中压空气压缩机：额定排气压力为 1MPa（10bar）。
● 低压空气压缩机：排气压力为 0.2MPa（2bar）。
● 高压空气压缩机：排气压力为 10MPa（100bar）。
● 超高压空气压缩机：排气压力为 100MPa（1000bar）。
输出流量的选择要根据整个气动系统对压缩空气的需要再加一定的备用余量，并以此作为选择空气压缩机的流量依据。空气压缩机铭牌上的流量是自由空气流量。</td></tr>
<tr><td>操作和
维护保
养规程</td><td>操作规程——使用设备前，先了解安全操作方法很重要。
● 开车前应检查空气压缩机曲轴箱内油位是否正常，各螺栓是否松动，压力表、气阀是否完好，压缩机必须安装在平稳牢固的基础上。
● 压缩机的工作压力不允许超过额定排气压力，以免超负荷运转而损坏压缩机和烧毁电动机。
● 不要用手去触摸压缩机气缸头、缸体、排气管，以免温度过高而烫伤。
● 日常工作结束后，要切断电源，放掉压缩机储气罐中的压缩空气，打开储气罐下边的排污阀，放掉汽凝水和污油。
我们此次实验用空气压缩机在一般使用情况下，必须遵守以下几点：
● 每星期检查一下油位；给空气压缩机排水（设定压力 2bar）。
● 每月检查一下空气过滤器、马达积灰情况。
● 每年换一次油；检查安全阀。</td></tr>
<tr style="display:none"><td></td><td></td></tr>
<tr><td>其他
辅助
气源
设备</td><td>压缩空
气的要
求</td><td>我们日常使用的压缩空气内不难发现水分、油污等物质。这些物质会直接增加气动工具或元件内运动部分的阻力，加速损耗，使元件寿命减少。严重的致使生产停顿，增加成本。因此，气源系统提供的压缩空气必须满足一定要求，主要包括如下几点：
● 具有一定的压力和足够的流量。
● 具有一定的清洁度和干燥度。
因此，气源装置必须设置一些除油、除水、除尘，并使压缩空气干燥、提高压缩空气质量的辅助设备，进而形成一个气源系统（压缩空气站，如图 3-2-5 所示）。</td></tr>
</table>

压缩空气站

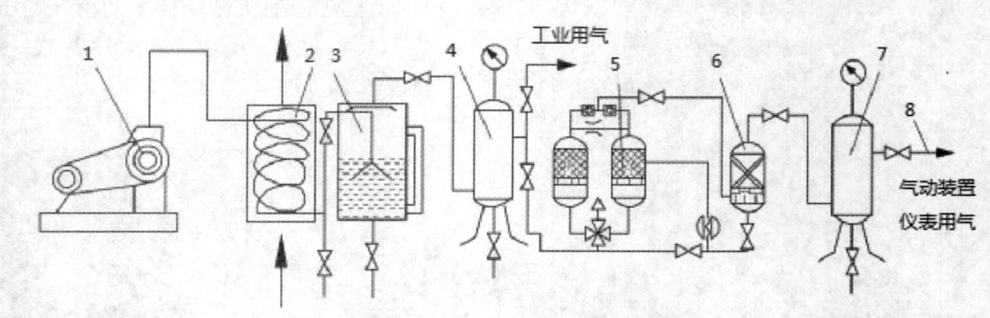

1—空气压缩机；2—后冷却器；3—除油器；4—储气罐；5—干燥器；6—过滤器；7—储气罐；8—输气管道

图 3-2-5　典型气源系统示意图

气源处理组件

气动系统中常常用二联件（过滤、调压组件，如图 3-2-6 所示）为各个工作站提供压缩空气。二联件又叫过滤一调压组件。由过滤器、压力表、调压组件、快插接口和快速连接件组成。其中过滤器的作用是滤除压缩空气中的杂质。过滤器有分水装置，可以除去压缩空气中的冷凝水、颗粒较大的固态杂质和油滴。调压组件可以控制系统中的工作压力，同时能对压力的波动做出补偿。

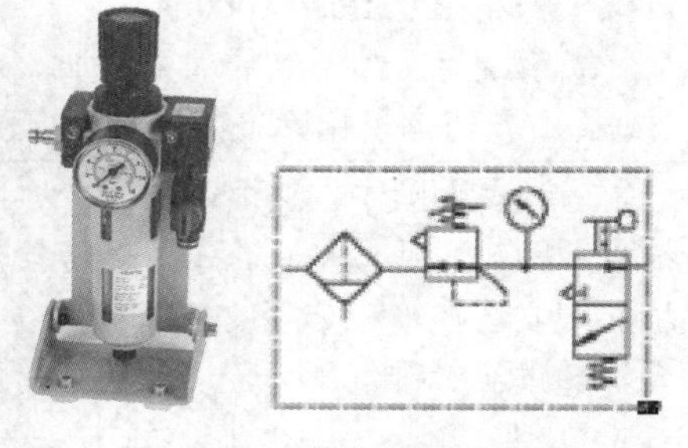

图 3-2-5　二联件及其气路符号

生产企业中常常用三联件，即过滤调压油雾组件（图 3-2-7）。其中，油雾器是一种特殊的注油装置。它以空气为动力，使润滑油雾化后，注入空气流中，并随空气进入需要润滑的部件，达到润滑的目的。油雾器上装有调节滴油量的旋钮。

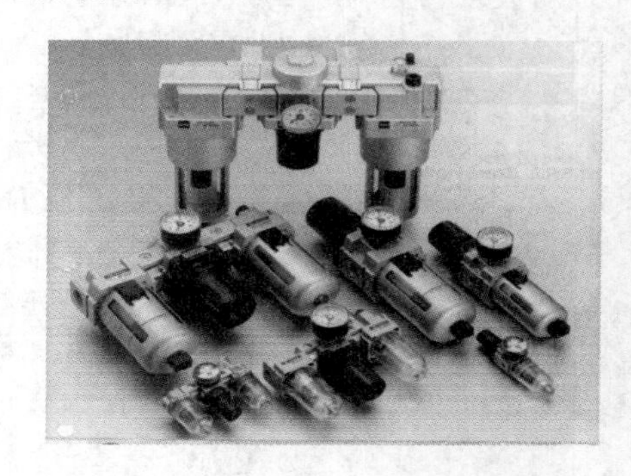

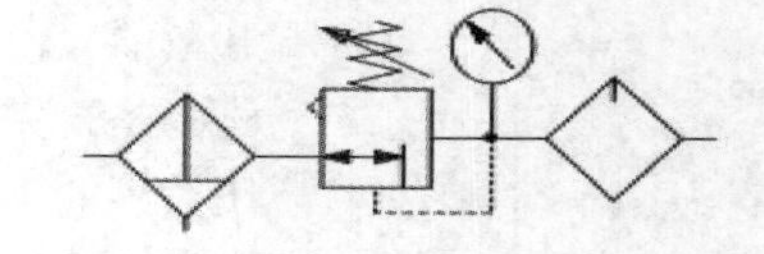

图 3-2-7　三联件及其气路符号

二、气动控制元件

概念

控制元件是在气压传动系统中，控制和调节压缩空气的压力、流量和方向等各类控制阀，按功能可分为压力控制阀、流量控制阀、方向控制阀及能实现一定逻辑功能的逻辑阀等。

分类——压力控制阀

压力控制阀（如减压阀）

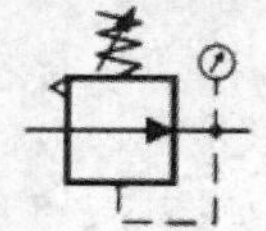

图 3-2-8　减压阀及其气路符号

减压阀（调压阀）是气动调节阀的一个必备配件，主要作用是将气源的压力减压并稳定到一个定值，以便于调节阀能够获得稳定的气源动力用于调节控制。减压阀及其气路符号如图 3-2-8 所示。

【使用方法】

旋转调压旋钮以调压。旋转前，先将旋钮帽向上拔起。旋转时，调压弹簧的弹簧力使得主阀芯打开，压缩空气得以通过，观察压力表进行压力的调节。压力设定好后，压下调压旋钮，实现压力锁定。

<table>
<tr><td></td><td colspan="3">气动压力控制阀除减压阀（调压阀）之外，还包括顺序阀、安全阀等。减压阀在气动系统中主要起调节、降低或稳定气源压力的作用，顺序阀在气动系统中控制执行元件的动作顺序，安全阀保证系统的工作安全等。后二者的介绍请参看有关资料。</td></tr>
<tr><td rowspan="2">分类
——
流量控制阀</td><td colspan="3">流量控制阀</td></tr>
<tr><td>通过改变阀的通流面积来调节压缩空气的流量，从而控制气缸的运动速度、换向阀的切换时间和气动信号的传递速度的气动控制元件叫作流量控制阀。
流量控制阀包括节流阀、单向节流阀、排气节流阀等。我们这里着重介绍单向节流阀（图 3-2-9）。</td><td>
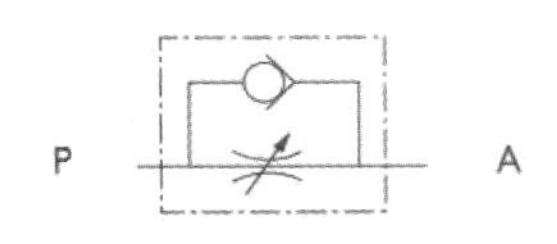

图 3-2-9　单向节流阀及图形符号</td><td>节流阀是通过改变节流截面或节流长度以控制流体流量的阀门。单向阀在一个方向上可以阻止空气流动，此时空气经可调节流阀流出，相反方向空气从单向阀流出。
将节流阀和单向阀并联则可组合成单向节流阀。其外观和图形符号如图 3-2-9 所示。</td></tr>
<tr><td rowspan="5">分类
——
方向控制阀</td><td colspan="3">方向控制阀</td></tr>
<tr><td>概念</td><td colspan="2">方向控制阀是控制压缩空气的流动方向和气路的通断，以控制执行元件的动作的一类气动控制元件，也是气动控制系统中应用最多的一种控制元件。按气流在阀内的流动方向，方向阀可分为单向型控制阀和换向型控制阀。</td></tr>
<tr><td>单向阀概念和图片</td><td colspan="2">通过单向阀的流体只能沿进口流动，出口介质却无法回流。单向阀又称止回阀或逆止阀，用于液压系统中防止油流反向流动和气动系统中防止压缩空气逆向流动。单向阀有直通式和直角式两种。直通式单向阀用螺纹连接安装在管路上。直角式单向阀有螺纹连接、板式连接和法兰连接三种形式。其外观和图形符号如图 3-2-10 所示。
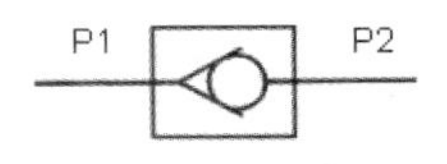

图 3-2-10　不同连接形式的单向阀和图形符号</td></tr>
<tr><td rowspan="2">换向阀图形符号标识图</td><td colspan="2">换向型控制阀简称“换向阀”，按控制方式分为人力控制（手动）、气压控制（气动）、电磁控制（电动）、机械控制（机动）等；按阀的通口数目分为二通阀、三通阀、四通阀、五通阀等；按阀芯的工作位置的数目分为二位阀和三位阀。
在气路图中，用方块表示换向阀的切换位置，而方块的数量表示阀有多少个切换位置，直线表示气流路径，箭头表示流动方向，如图 3-2-11 所示。</td></tr>
<tr><td colspan="2"> 二位二通阀　 二位五通阀
二位三通阀（常开）　 三位五通阀（排气式）
二位三通阀（常闭）　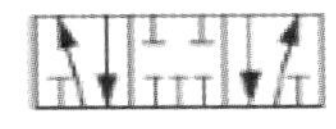 三位五通阀（中央封闭式）
 二位四通阀　 三位五通阀（中央加压式）
图 3-2-11　换向阀按切换路数和阀位的分类</td></tr>
</table>

换向阀气口控制方式说明

在换向阀中，气体的通口包括进气端口、排气端口、工作端口，如果阀的控制方式是气压控制，那么还用气控端口。如图 3-2-12（a）所示，二位五通电磁换向阀的工作端口有两个，代号 2、4；进气端口 1 个，代号 1；排气口 2 个，代号 3、5。图 3-2-12（b）中，气控控制口代号 12 和 14 共 2 个。当进气口（1）和控制口（12）有气时，进气口 1 与工作口 2 接通，若进气口（1）和控制口（14）有气，则进气口 1 与工作口 4 接通，其余接口排气。

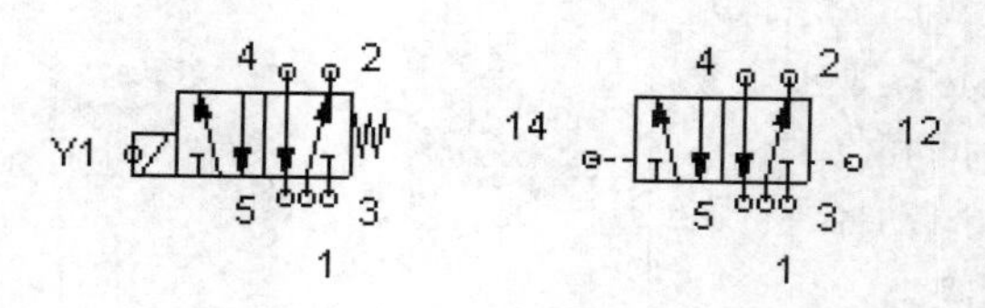

（a）二位五通单电控电磁换向阀　　（b）二位五通双气控换向阀

图 3-2-12　换向阀气端口标号

电磁换向阀说明

在自动化生产过程中，气动元件的动作常常采用智能控制器控制电磁换向阀换向来实现。常用的电磁换向阀的符号和控制方式见表 3-2-4。

表 3-5　常见电磁换向阀的图形符号和控制内容

电磁换向阀类型	图形符号	控制内容
二位三通单电控（常闭）	2 1　3	断电后，恢复原来位置
二位三通单电控（常开）	2 1　3	断电后，恢复原来位置
二位五通单电控	4　2 5　3 1	断电后，恢复原来位置
二位五通双电控	4　2 5　3 1	某一侧供电时，则阀芯切换至该侧的位置；若断电时，能保持断电前的位置
三位五通双电控（中位封闭）	4　2 5　3 1	两侧同时不供电时，阀处在中位，供气口及气缸口同时封堵，气缸的压力不能被释放
三位五通双电控（中位排气）	4　2 5　3 1	两侧同时不供电时，阀处在中位，供气口封堵，气缸内的气体向大气排放
三位五通双电控（中位加压）	4　2 5　3 1	两侧同时不供电时，供气口同时向两个气缸口通气

三、辅助元件

气路搭建中，还需要一些辅助元件，例如管道连接件、气管、消声器（图3-2-13）等，在此不再详述。

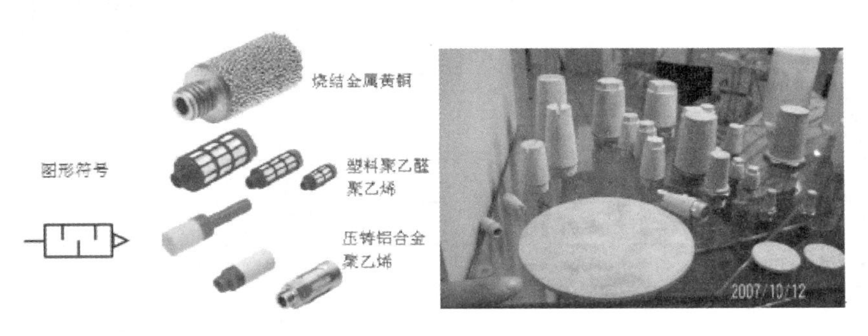

图3-2-13　消声器图形符号和外观

1.3　执行器

典型的自动化控制系统主要有三个环节——检测、控制、执行。近来，检测仪表和控制仪表受到数字技术和微处理技术的影响，发生了日新月异的变化，执行器这一环节，特别是作为主要产品的调节阀，也有了长足的进步。但随着现代化工业的大规模发展，人们对调节阀提出了更严格、更高的要求。这些要求可归纳如下：①质量更稳定、工作更可靠、操作更安全；②保护环境；③节约能源。

一、执行器组成

执行器是过程控制系统中用动力操作去改变流体流量的装置，主要由执行机构和调节阀两部分组成。执行机构起推动作用，而调节阀起调节流量的作用。在执行机构的推动下，改变阀芯与阀座之间的流通面积，可达到改变流量的目的。其工作原理如图3-2-14所示。

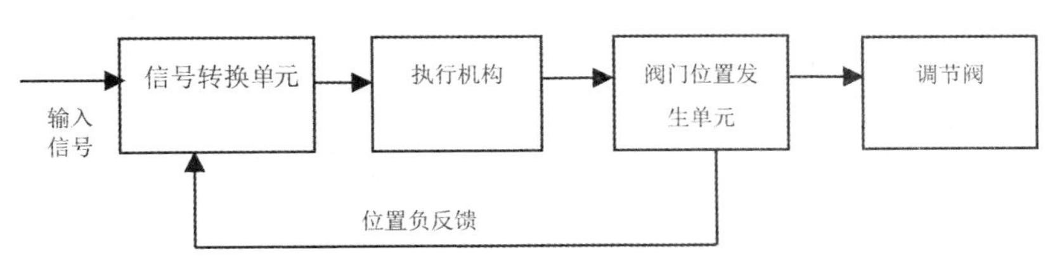

图3-2-14　执行器工作原理示意图

二、执行器分类

电动执行器	气动执行器	液动执行器
电动执行器是以电能为动力，它的特点是获取能源方便、动作快、信号传递速度快，而且可远距离传输信号，便于和数字装置配合使用等。因此，电动执行器正处于发展和上升时期，是一种有发展前途的装置。其缺点是结构复杂、价格贵和推动力小，同时，一般来说电动执行器不适合防火防爆的场合。但如果采用防爆结构，也可以达到防火防爆的要求。	气动执行器是以压缩空气为动力的，具有结构简单、动作可靠稳定、输出力大、维护方便和防火防爆等优点，广泛应用于石油、化工、冶金、电力等部门，特别适用于具有爆炸危险的石油、化工生产过程。其缺点是滞后大、不适宜远传（150m以内）、不能与数字装置连接。气动执行器分为薄膜式和活塞式两种。活塞式的推力较大，主要适用于大口径、高压降控制阀或蝶阀，但成本较高。通常情况下使用的都是薄膜式，本书将重点介绍。	液动执行器主要是利用液压原理推动执行机构，其推力大，适用于负荷较大的场合，但由于其辅助设备大且笨重，所用应用也很少。

三、执行机构（执行器的第一组成部分）

执行机构的作用就是根据输入控制信号的大小，产生相应的输出力或输出力矩和位移（直线位移或角位移），输出力或输出力矩用于克服调节机构中流动流体对阀芯产生的作用力或作用力矩，以及摩擦力等其他各种阻力；位移用于带动调节机构阀芯动作。

执行机构分为气动执行机构和电动执行机构两类，气动、电动执行机构特点对比见表3-2-4。

表 3-2-4 气动、电动执行机构特点

	气动执行机构	电动执行机构
可靠性	高（简单、可靠）	较低
驱动能源	压缩空气（设气站）	电力，简单、方便
输出力	大	小
刚度	大	小
防爆性能	好，本安型	较差，防爆型产品
环境温度	–40～+80℃	–10～+55℃
价格	低	高

1、气动执行机构

气动执行机构接受气动调节器或阀门定位器输出的气压信号，并将其转换成相应的输出力和直线位移，以推动调节机构动作，主要类型有薄膜式、活塞式、长行程式、滚筒膜片式。

气动薄膜执行机构是一种最常用的执行机构，它的传统机构如图 3-2-15 所示。它具有结构简单、动作可靠、维修方便、价格低廉的特点。

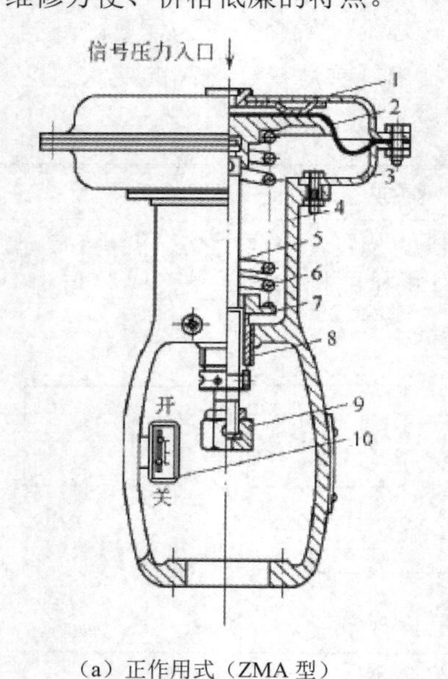

（a）正作用式（ZMA 型）

1—上膜盖；2—波纹薄膜；3—下膜盖；4—支架；5—推杆；6—压缩弹簧；7—弹簧座；8—调节件；9—螺母；10—行程标尺

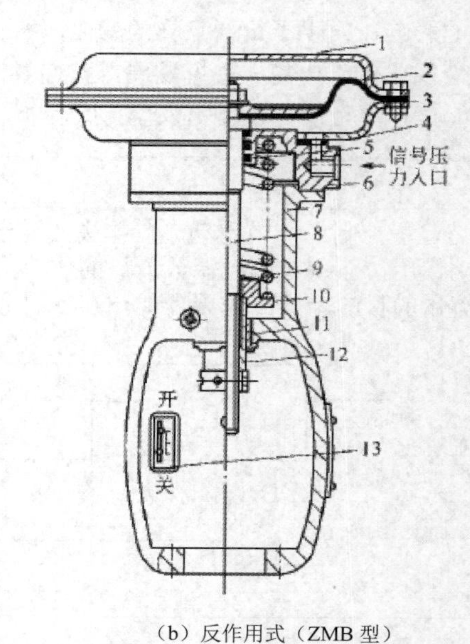

（b）反作用式（ZMB 型）

1—上膜盖；2—波纹薄膜；3—下膜盖；4—密封膜片；5—密封环；6—填块；7—支架；8—推杆；9—压缩弹簧；10—弹簧座；11—衬套；12—调节件；13—行程标尺

图 3-2-15 气动薄膜执行机构

气动薄膜执行机构分正作用和反作用两种形式，国产型号为 ZMA 型（正作用）和 ZMB 型（反作用）。信号压力一般是 20～100 kPa，气源压力的最大值为 500 kPa。信号压力增加时推杆向下动作的叫正作用执行机构；信号压力增加时推杆向上动作的叫反作用执行机构。正、反作用执行机构基本相同，均由上膜盖、下膜盖、波纹薄膜、推杆、支架、压缩弹簧、弹簧座、调节件、行程标尺等组成。在正作用执行机构上加上一个装 O 形密封圈的填块，只要更换个别零件，即可变为反作用执行机构。

这种执行机构的输出特性是比例式的，即输出位移与输入的气压信号成正比例关系。当信号压力通入薄膜气室时，在薄膜上产生一个推力，使推杆移动并压缩弹簧。当弹簧的反作用力与信号压力在薄膜上产生的推力相平衡时，推杆在一个新的位置。信号压力越大，在薄膜上产生的推力就越大，则与它平衡的弹簧反力也越大，即推杆的位移量越大。推杆的位移就是执行机构的直线输出位移，也称为行程。

电动执行机构接收控制器送来的标准电流信号，并将其线性地转换成相应的行程（角行程 q 与直行程 l），以推动调节机构动作。

2．电动执行机构	（1）电动执行机构的分类与组成 电动执行机构的产品很多，但一般分为直行程、角行程、多转式三种。这些执行机构都由电动机带动减速装置，在电信号的作用下产生直线运动和角度旋转运动。 三种不同类型的电动执行机构有不同的应用场合： 直行程电动执行机构——执行机构的输出轴输出各种大小不同的直线位移，通常用来推动单座、双座、三通、套筒等各种调节阀； 角行程电动执行机构——执行机构的输出轴输出角位移，转动角度范围小于 360°，通常用来推动蝶阀、球阀、偏心旋转阀等转角式的调节机构； 多转式电动执行机构——执行机构的输出轴输出各种大小不等的有效转数，用来推动闸阀或由执行电动机带动的旋转式的调节机构，如各种泵等。 电动执行机构由伺服放大器（DFC）、伺服电机（SD）、位置发送器（WF）和减速器（J）四部分组成，如图 3-2-16 所示。 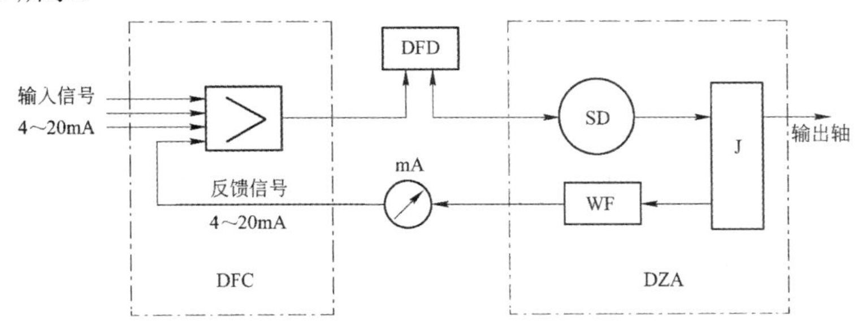 图 3-2-16　电动执行机构的构成框图 工作过程：若 $e=I_i-I_f\neq 0$，伺服放大器有输出，伺服电机正转（$e>0$）或反转（$e<0$），输出位置改变直至使 $e=0$ 为止（阀位与 I_i 成比例）。 （2）伺服放大器 伺服放大器也称为电动驱动器，它是电动执行机构的主要附件之一。它将微小的信号经放大后驱动电动机运转。放大方法可以用断电器放大、晶体管放大、可控硅放大、磁力放大等结构形式。当然，也可以根据不同的要求把几种方法组合应用。 对伺服放大器的要求是线性好、频率特性好、放大倍数高、时间常数小、稳定、效率高、寿命长。 功能好的伺服放大器有“电制动”的作用，当执行机构完成开启或关闭动作之后，能使电机产生瞬时的电制动力矩，有效地克服执行机构的惯性作用，减小机械制动的磨损，保持长期的制动能力。 伺服放大器一般由前置放大、中间放大、功率输出三部分构成，放大元件可以根据需要选用。 常见的伺服放大器有单相交流伺服放大器、三相交流伺服放大器、线性输出直流伺服放大器、线性输出交流伺服放大器、交流变频调速放大器。 图 3-2-17 是一个三相开关输出伺服放大器的原理图。 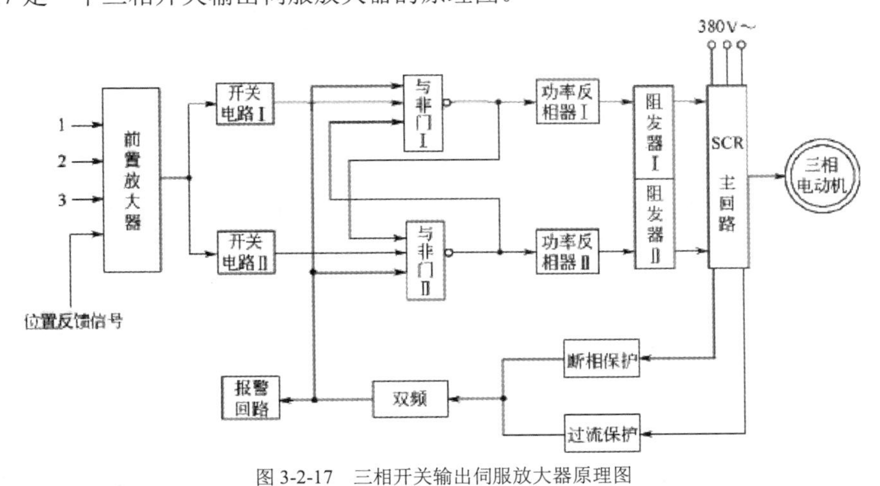 图 3-2-17　三相开关输出伺服放大器原理图

<table>
<tr><th colspan="4">四、阀体（执行器的第二组成部分）</th></tr>
<tr><td colspan="4">控制阀是一种主要调节机构，它安装在工艺管道上直接与操纵量（被调介质）接触，使用条件比较恶劣，例如要经受高温，高压，易结晶、易渗透、强腐蚀及高黏度等介质的作用。它的好坏将直接影响控制的质量。</td></tr>
<tr><td>1. 工作原理</td><td colspan="3">从流体力学的观点来看，控制阀是一个局部阻力可以变化的节流元件。对不可压缩流体，由能量守恒原理可推导出控制阀的流量方程式为
$$Q=\frac{A}{\sqrt{\xi}}\sqrt{\frac{2(P_1-P_2)}{\rho}}=\frac{\pi D_g^2}{4\sqrt{\xi}}\sqrt{\frac{2\Delta P}{\rho}}$$
式中 Q——流体流经阀的流量，m^3/s；
P_1、P_2——阀进、出口端压力，Pa；
A——阀的通孔面积，m^2；
D_g——阀的公称直径，m；
ρ——流体密度，kg/m^3；
ξ——阀的阻力系数。
由上式可知，当 A 一定且（P_1、P_2）不变时，则通过控制阀的流量仅随阀的阻力系数变化。控制阀的阻力系数主要与流通面积（即阀的开度）有关，也与流体的性质和流体状态有关。改变阀芯行程，也即改变阀门开度，就改变了控制阀的阻力系数 ξ，从而实现流量的控制。控制阀开度越大，则其阻力系数 ξ 越小，通过控制阀的流量就越大。</td></tr>
<tr><td rowspan="5">2. 阀体的主要类型</td><td colspan="3">根据不同的使用要求，控制阀的阀体可分成如下几种类型。</td></tr>
<tr><td>(1) 直通单座阀</td><td></td><td>只有一个阀芯和一个阀座。特点是泄漏量小、易于关闭，甚至可完全切断，结构简单、价格低廉。但由于阀座前后存在压力差，所以介质对阀芯推力大，即不平衡力较大，特别是在高压差、大口径时更为严重。故直通单座阀一般应用在小口径、低压差的场合。</td></tr>
<tr><td>(2) 直通双座阀</td><td></td><td>有两个阀芯和两个阀座，流体在阀前后的压力差同时作用在两个阀芯上，且方向相反，大致可以抵消，所以不平衡力小，允许压差大，口径也可以做得较大，所以流量较大。这是应用最普遍的一种类型。但由于加工限制，上下阀芯不易同时关闭，所以泄漏量较大。另外，阀体流路复杂，不宜用于高黏度、含悬浮颗粒和纤维的介质。</td></tr>
<tr><td>(3) 角形阀</td><td>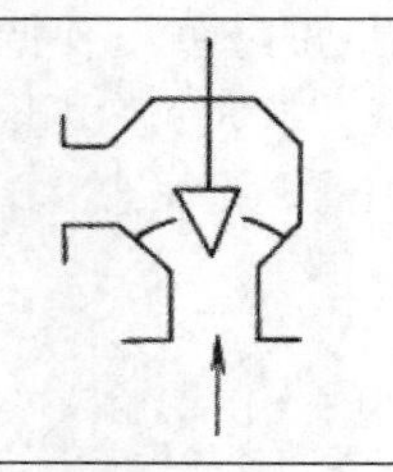</td><td>结构和单座阀相似，不过流体进出口成直角形。流向一般是底进侧出，此时控制阀稳定性较好。但在高压差场合，为了减少流体对阀芯的损伤，可以侧入底出。这种流向在小开度时容易引发振荡。此阀流路简单、阻力小，阀内不容易积存污物，所以特别适合于高差压、高黏度、含有悬浮物和颗粒的流体。</td></tr>
<tr><td>(4) 三通阀</td><td>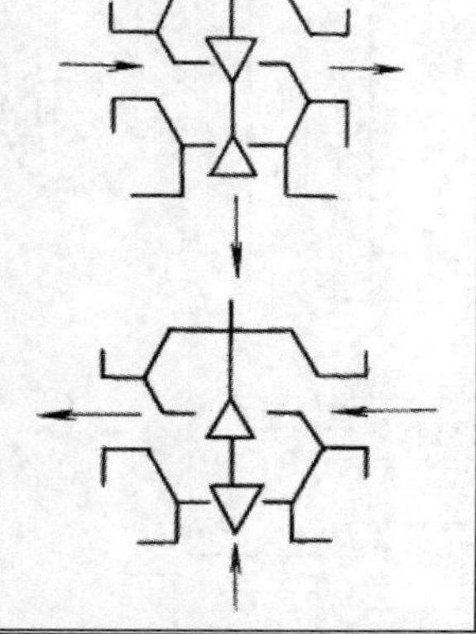</td><td>有三个出入口与管道相连，按其作用方式不同，可分为分流式和合流式两种。可以把一路流体分成两路，也可以把两路流体合成一路。阀芯移动时，流体一路增加，一路减少，二者成一定的比例关系，但总量不变。</td></tr>
</table>

	（5）蝶形阀	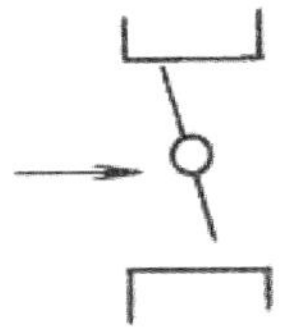	蝶形阀又称挡板阀或翻板阀。气压信号通过杠杆带动档板轴使挡板偏转，改变流通面积，从而改变流量。它适用于低差压、大口径、大流量的气体，也可用于含少量悬浮物及纤维或黏度不大的液体，但泄漏量大。
	（6）隔膜阀	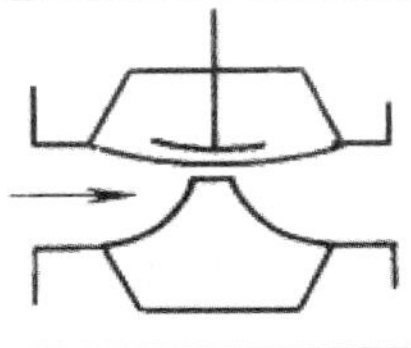	此阀采用具有耐腐蚀衬里的阀体和耐腐蚀的隔膜代替阀组件，由阀芯使隔膜上下动作来改变流通面积以改变流量。流路简单，几乎无泄露，适用于强腐蚀介质和高黏度及有悬浮颗粒的介质。
	（7）笼形阀	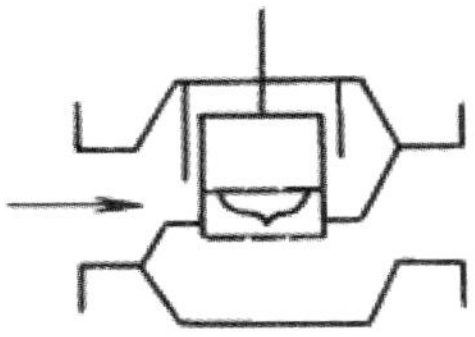	笼形阀又叫套筒阀。阀体与一般的直通单座阀相似，阀体内有一个圆柱形套筒（笼子）。其内有阀芯，可以利用笼子作导向上下移动。套筒壁上有多个不同形状的孔（窗口）。阀芯在套筒中移动时，就改变了窗口的流通面积，从而改变流量。笼形阀可调比宽、振动小、不平衡力小、结构简单、套筒互换性好、部件所受的气蚀也小，且更换不同的套筒可获得不同的流量特性，是一种性能优良的阀，特别适用于差压较大和要求降低噪音的场合。
	（8）凸轮挠曲阀	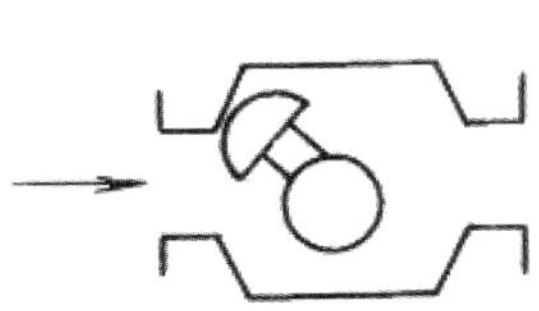	凸轮挠曲阀又称偏心旋转阀，简称“偏旋阀”。其阀芯呈扇形球面状，与挠曲壁及轴套一起铸成，固定在转轴上，阀芯从全关到全开的转角为90度左右。阀体为直通型，可调比宽、流阻小、密封性好，特别适用于黏度大的场合和一般场合；使用温度范围也宽，结构简单、体积小、重量轻、价格低。
	（9）球阀	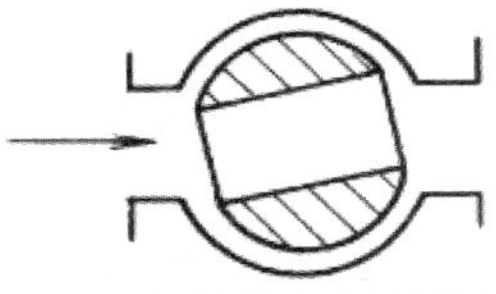	球阀的阀芯和阀体都呈球形，转动阀芯使之与阀体处于不同的相对位置时，就具有不同的流通面积，从而改变流量。阀芯有V和O两种开口形式，适用于高黏度和污秽介质场合。
五、气动调节阀的附件			
1．阀门定位器	定义	阀门定位器是气动执行器的主要附件，它与气动执行机构配套使用，用来提高阀门位置的线性度、克服阀杆的摩擦力和消除调节阀不平衡力的影响，从而保证阀门位置按调节器传来的信号实现正确定位。 	
	分类	阀门定位器按其结构形式可分为气动阀门定位器、电一气阀门定位器和智能式阀门定位器。	
	原理	阀门定位器将阀杆位移信号作为输入的反馈测量信号，以控制器输出信号作为设定信号，两者进行比较，当有偏差时，改变其到执行机构的输出信号，使执行机构动作，建立了阀杆位移与控制器输出信号之间的一一对应关系。	

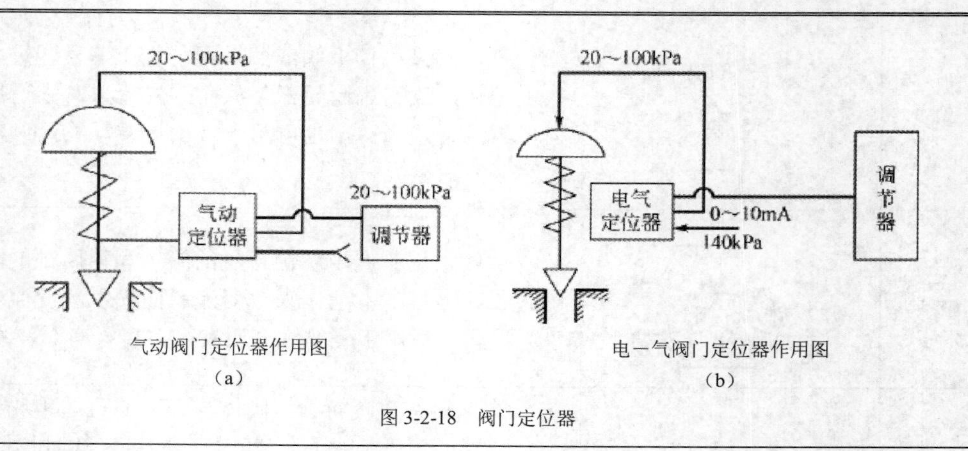

气动阀门定位器作用图
（a）

电一气阀门定位器作用图
（b）

图 3-2-18 阀门定位器

（1）气动阀门定位器

结构 气动阀门定位器主要由切换气路组件（由切换开关和外气路板组成）、波纹管组件（由波纹管、迁移弹簧及气路板组成）、主杠杆组件（由主杠杆、支承簧片、支承座和行程范围的调整机构组成）、副杠杆组件（由副杠杆、支承簧片、支承座和滚轮组成）、凸轮组件、反馈弹簧组件、调整机构组件、喷嘴挡板组件及单向放大器等部件组成。

原理

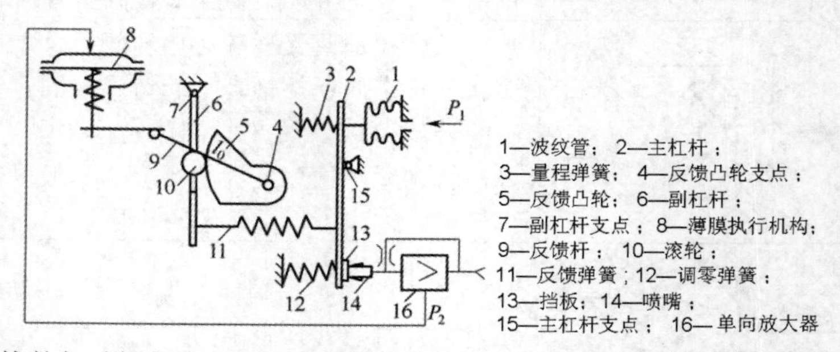

薄膜执行机构的气动阀门定位器是按力矩平衡原理工作的。当通入波纹管 1 的信号压力增加时，使主杠杆 2 绕主杠杆支点 15 转动，挡板 13 靠近喷嘴 14，喷嘴背压经单向放大器 16 放大后，通入到薄膜执行机构 8 的压力增加，使阀杆向下移动，并带动反馈杆 9 绕反馈凸轮支点 4 转动。反馈凸轮 5 也跟着做逆时针方向转动，通过滚轮 10 使副杠杆 6 绕副杠杆支点 7 转动，并将反馈弹簧 11 拉抻，反馈弹簧 11 对主杠杆 2 的拉力与信号压力作用在波纹管 1 上的力达到力矩平衡时，仪表达到平衡状态。此时，一定的信号压力就对应一定的阀门位置，调零弹簧 12 是用于调整零位的。

（2）电一气阀门定位器

作用 电气阀门定位器输入信号为 4～20mA 的直流信号，输出为气压信号。它能够起到电气转换器和气动阀门定位器两种作用。它接收从电动调节器来的信号，然后将其变成气压信号，和气动调节阀配套使用。

结构	原理
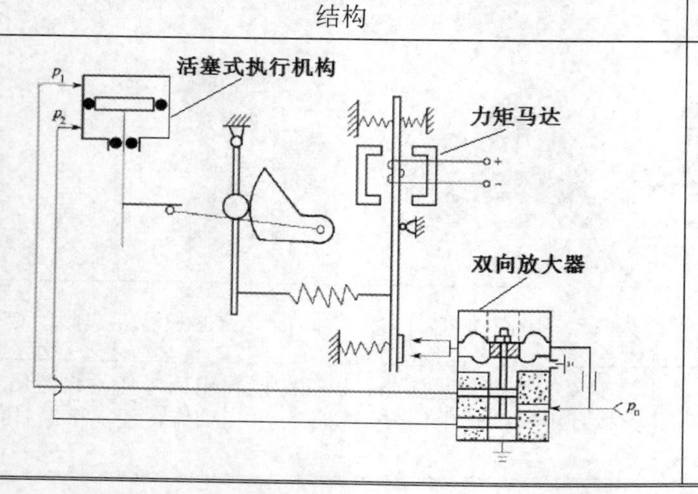	它是按力矩平衡原理工作的。当信号电流通入到力矩马达的线圈两端时，它与永久磁钢作用，对主杠杆产生一个力矩，于是挡板靠近喷嘴，以放大器放大后的输出压力通入到活塞式执行机构的气缸，通过反馈凸轮拉伸反馈弹簧，弹簧对主杠杆的反馈力矩与输入电流作用在主杠杆上的力矩相平衡时，仪表达到平衡状态，此时，一定的输入电流就对应一定的阀门位置。

<table>
<tr><td rowspan="7"></td><td colspan="2">（3）阀门定位器的功能</td></tr>
<tr><td colspan="2">1）它可改变阀门的气开、气关作用方式。</td></tr>
<tr><td colspan="2">2）它可实现分程控制。</td></tr>
<tr><td colspan="2">3）在高压降时，它可提供足够的推动功率。</td></tr>
<tr><td colspan="2">4）对气动阀门定位器，它还可改善空气阻容环节的动态特性，减小控制信号的滞后。因为定位器处于气动传输管线和薄膜执行机构之间，使气动管线部分的气容很小，薄膜部分的气阻也很小，两个环节串接后的时间常数也变得小，使响应速度增快。特别是管路长和薄膜室的容积也大时，效果较显著。</td></tr>
<tr><td colspan="2">5）克服阀杆摩擦力和消除不平衡力，加快阀杆移动速度。</td></tr>
<tr><td colspan="2">6）提高信号与阀位的线性度，实现准确定位；要注意的是，阀门定位器不宜用在反应迅速的过程，如流量控制或液体压力控制系统，使用阀门定位器容易发生振荡，反而使控制困难。</td></tr>
<tr><td rowspan="3">2.电—气转换器</td><td>作用</td><td>把电动控制器或计算机的电流信号转换成气压信号，送到气动执行机构上去。当然它也可以把这种气动信号送到各种气动仪表。</td></tr>
<tr><td>结构</td><td>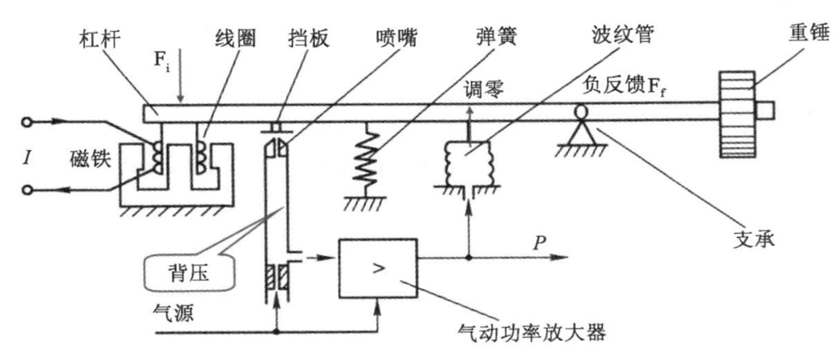

①电路部分主要是测量线圈；②磁路部分由铝镍钴永久磁铁所构成；③气动力平衡部分由喷嘴、挡板、功率放大器的负反馈波纹管和调零弹簧组成。</td></tr>
<tr><td>原理</td><td>输入电流作用于磁铁单元的线圈上→产生一个力，杠杆左端向下摆动→移动杠杆靠近于喷嘴，使喷嘴的压力增高传送至气动放大器→平衡波纹管的输出压力增高→平衡波纹管产生向上的力以抵消作用在磁铁单元上的力→杠杆重新得到平衡→于是输出气压信号就与输入电流成为一一对应的关系。也就是把电流信号变成对应的气压信号。</td></tr>
<tr><td>3.手轮</td><td></td><td>用于手动开合管道闸门。</td></tr>
</table>

子学习情境 3.3　FESTO 压力控制系统硬件

工作任务单

<table>
<tr><td>情　境</td><td colspan="6">学习情境 3　压力控制</td></tr>
<tr><td rowspan="3">任务概况</td><td rowspan="2">任务名称</td><td rowspan="2">子学习情境 3.3　FESTO 压力控制系统硬件</td><td>日期</td><td>班级</td><td>学习小组</td><td>负责人</td></tr>
<tr><td></td><td></td><td></td><td></td></tr>
<tr><td>组员</td><td colspan="5"></td></tr>
</table>

任务载体和资讯		**载体**：FESTO 过程控制系统及说明书。 **资讯**： 1. 压力系统的硬件分析：①压力检测元件（压力表、陶瓷压力传感器、陶瓷压力传感器的电气连接）；②过滤器控制阀；③压力控制系统管路连接。 2. 基于仿真盒的压力控制调试（重点）：①泵的扬程与电机输入电压关系实验；②手动压力控制实验。
任务目标	1. 掌握阅读产品说明书的方法。 2. 掌握压力控制的管路连接关系。 3. 掌握压力控制系统各硬件的性能。 4. 掌握压力控制系统各组件的电气连接关系。 5. 掌握仿真盒的操作方法，会使用仿真盒对系统压力进行操控。 6. 培养学生的组织协调能力、语言表达能力，达成职业素质目标。	
任务要求	1. 要认真识读 FESTO 过程控制系统的操作安全章程和事故处理方法。 2. 认真观察 FESTO 过程控制系统的各组件。 3. 认真阅读 FESTO 过程控制系统的说明书。 4. 设计压力控制的管路连接方式。 5. 通过万用表测量和分析电路图，明确压力系统各组件的电气连接关系。 6. 利用仿真盒对系统的压力参数实施控制，并分析数据。	

1 压力系统的硬件分析

1.1 压力检测元件

压力检测元件		
压力表	陶瓷压力传感器	仪表的安装位置
压力容器		

压力表

说明

FESTO 过程控制系统所用压力表是一种弹簧管式压力计，其最大量程是满刻度的 3/4。

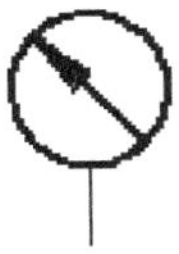

符号

参数

参数	值
示值范围	0～1bar
量程	0～0.7bar
介质	不能测量氧气和乙炔
连接	G1/4
精度	2.5
工作温度	–20℃～+60℃

原理

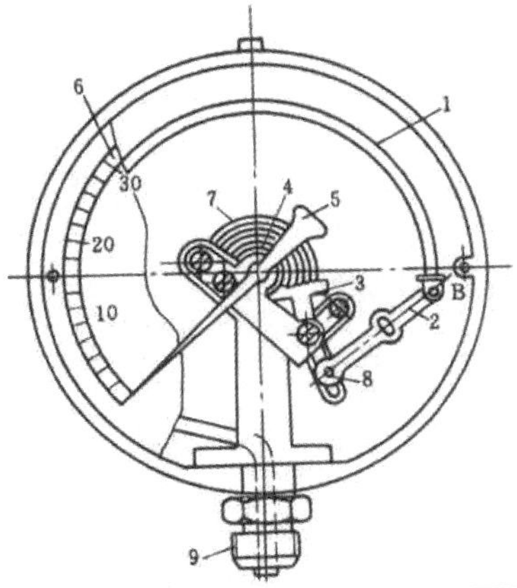

通入被测的压力 p → 弯成圆弧形的弹簧管将有绷直的趋势 → 其自由端将产生位移 → 与自由端相连的拉杆带动扇形齿轮摆动 → 与扇形齿轮啮合的中心齿轮克服游丝阻力转动 → 表针摆动。

1—弹簧管；2—拉杆；3—扇形齿轮；4—中心齿轮；5—指针；6—面板刻度盘；7—游丝；8—调整螺丝；9—接头

陶瓷压力传感器

说明

陶瓷压力传感器也称半导体压阻式压力传感器，该传感器具有内置的信号放大电路及温度补偿电路。

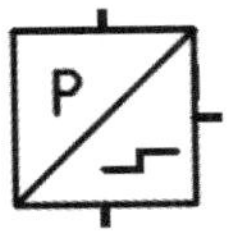

符号

参数

参数	值
量程	0～0.1 bar
电源电压	13～30V DC
输出电压信号	0～10V DC
连接	G1/4
响应时间	≤1ms
工作温度	0℃～+65℃

原理

在陶瓷半导体膜片上扩散四个阻值相等的电阻，接成全桥式输出电路，当膜片受压变形时，其边缘区的电阻阻值会减小，中心区的电阻阻值会增加，所以桥路会输出一个正比于压力值的电压信号。

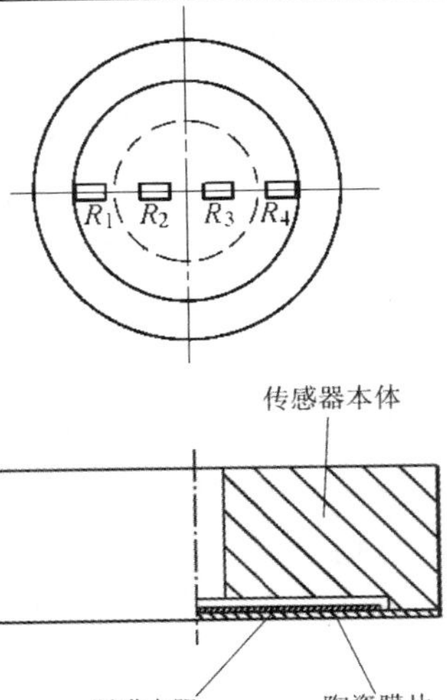

R_1 R_2 R_3 R_4

传感器本体

厚膜电阻

惠斯通电桥印刷电路

陶瓷膜片

电气连接图

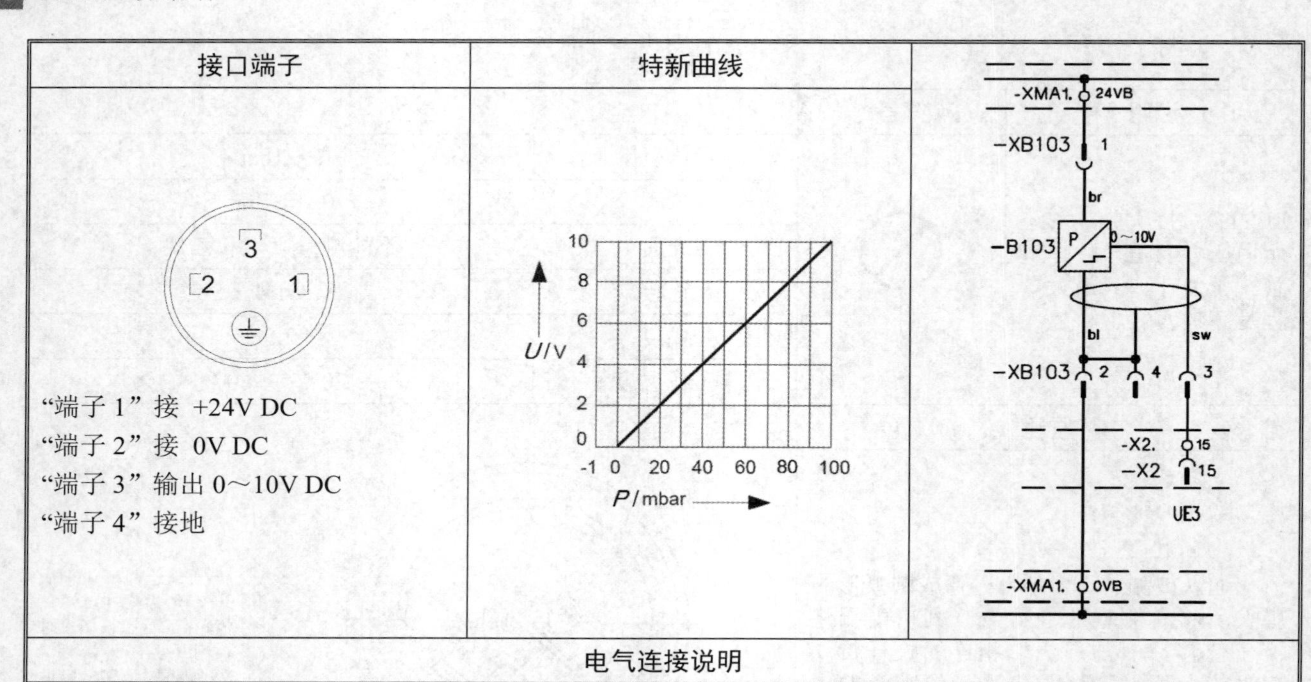

电气连接说明
电气连接图中的圆圈表示电缆屏蔽层，其中 1、2 通过插头与数字端子板 XMA1 上的“24V”和“0V”端子连接，4 为保护接地，输出端 3 接模拟端子板 X2，并通过模拟信号电缆传给计算机。

注意
（1）不锈钢罐 103 中必须有少量的气体，否则会损坏压力传感器 B101。 （2）水泵关闭时，给罐供水的管路中水柱会由于自重下落，致使罐中产生暂时负压，这将会使模拟压力传感器将产生一个负输出电压。这种情况会导致控制器错误，为了避免错误，在传感器的负极端和信号输出端并联了一个续流二极管。

1.2 过滤器控制阀

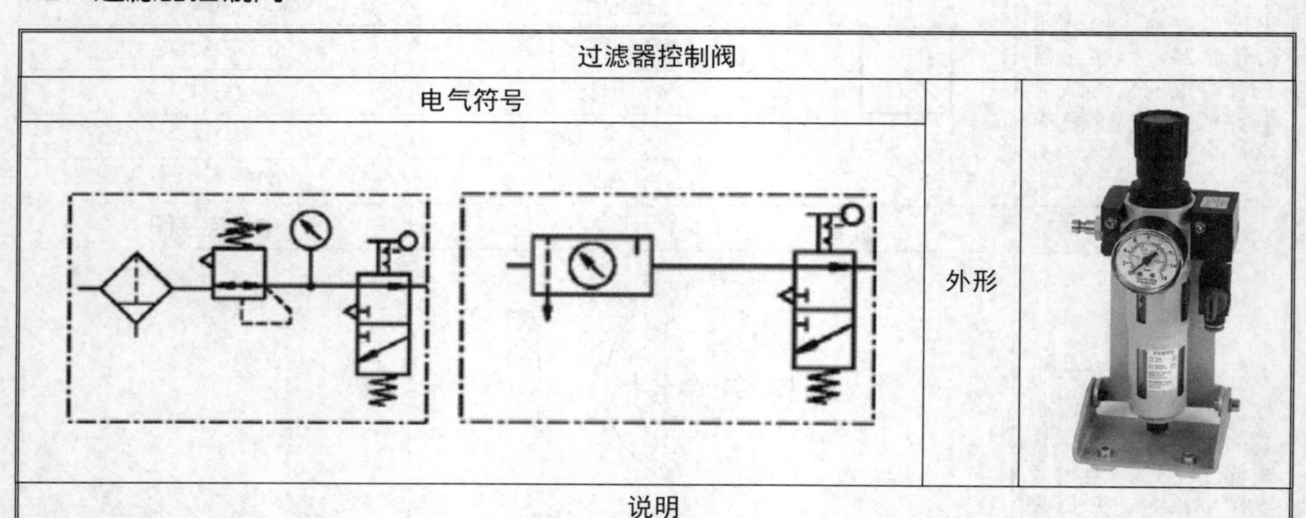

说明
这是一款带有压力表、启动阀、快速推拉压力调节器的过滤器控制阀。 将压力调节器旋钮向上拔起，然后旋转压力调节器旋钮可实现输出气压调节，当压力表的读数达到合适值后，再压下压力调节器旋钮，以锁定输出气压值。 滤水器可滤除管道内的污垢、铁锈和冷凝水，定期拧开下面的排水阀，可排出污物。 该过滤器控制阀要求垂直安装。

1.3　压力控制系统管路连接

压力控制系统管路连接

如图 3-3-1 所示，水箱 BINN101 的水由泵 P101 经截止阀 V103 和 V108 打入压力容器 VSSL103。

泵 P101 和陶瓷压力传感器 B103 构成水箱 VSSL103 的压力控制系统。

通过放空阀 V107 可以给压力容器 VSSL103 泄压。

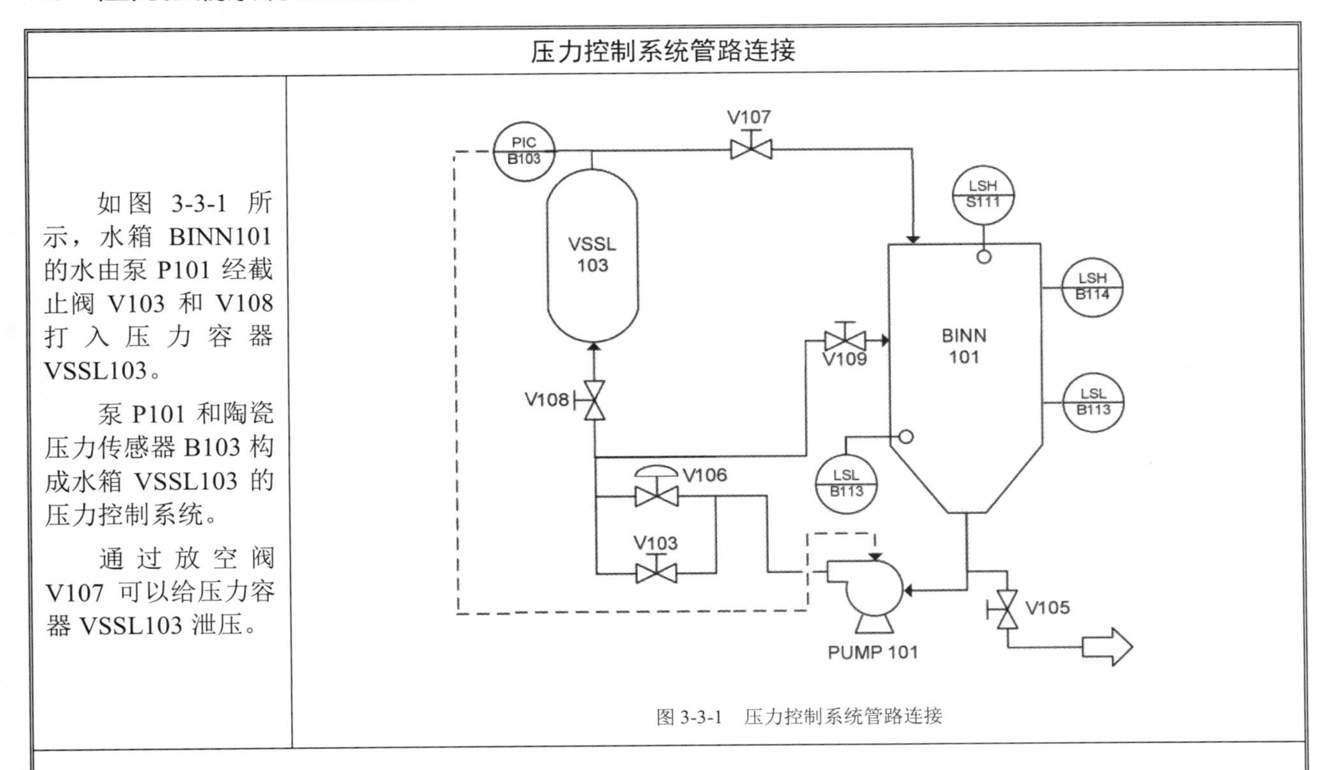

图 3-3-1　压力控制系统管路连接

2　基于仿真盒的压力控制调试

一、实验目的

1. 了解压力控制系统的结构组成与原理。
2. 了解水泵扬程与电机电压的关系。
3. 了解闭环压力控制系统的原理。
4. 认识手动控制的局限性。

二、仿真盒设备的连接

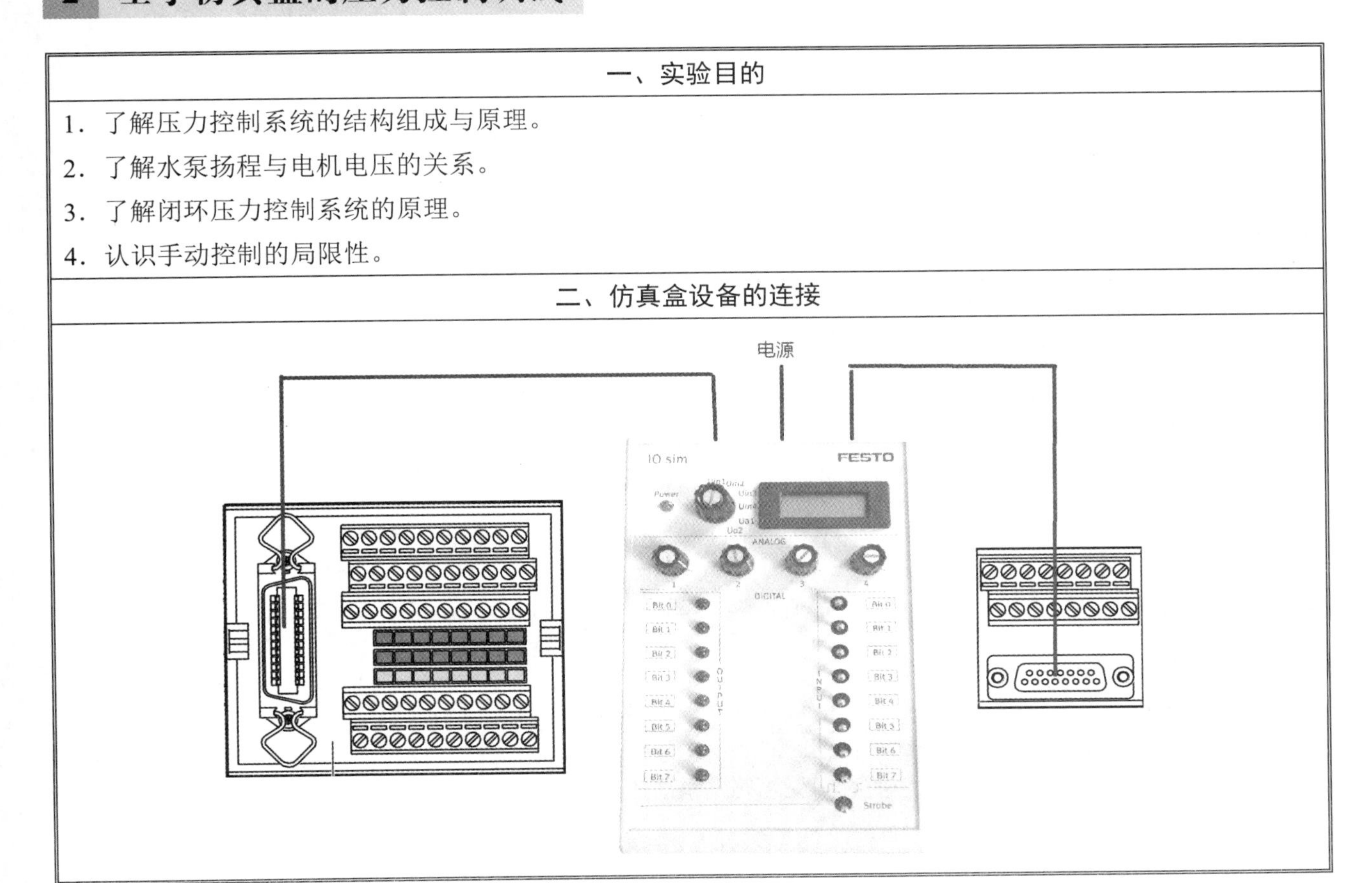

三、泵的扬程与电机输入电压关系

1．实验设备框图

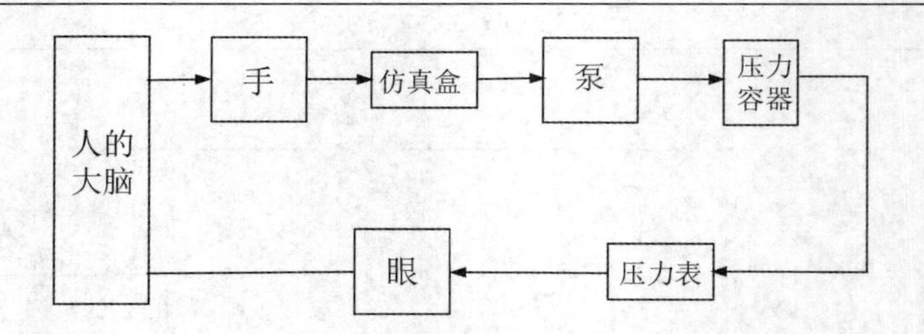

2．实验步骤

（1）将仿真盒与端子板 XMA1、端子板 X2 及电源连接在一起。

（2）电压显示选择旋钮的挡位拧到 U_a 挡。

（3）设置泵为调压运行方式，合上泵启动开关 Bit3，合上泵工作方式选择开关 Bit2、将低位水箱中的水打入压力容器 B103。

（4）不断旋转电位器 1，调节泵的作用电压，进而调节压力容器的压力。

（5）观察压力表的度数，压力每升高 0.05bar，读取一次电机电压。

（6）分析电机扬程与 bar 的换算关系。

（7）填写后面的任务实施单中的数据表，画出坐标图。

四、手动压力控制系统

1．实验设备框图

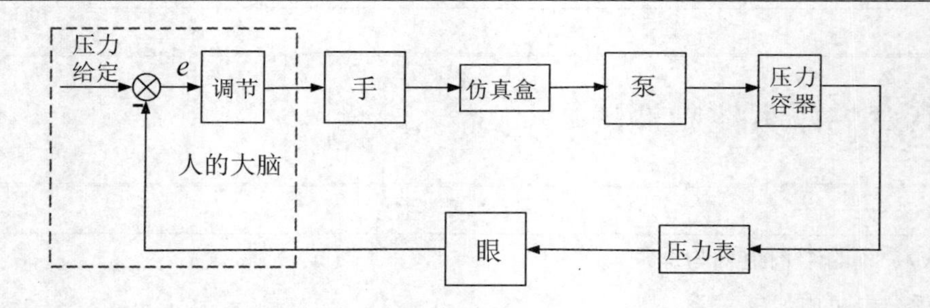

2．实验步骤

（1）将仿真盒与端子板 XMA1、端子板 X2 及电源连接在一起。

（2）设置泵为调压运行方式，合上泵启动开关 Bit3，合上泵工作方式选择开关 Bit2。

（3）将截止阀 V103 和 V108 打开。

（4）启动泵，将低位水箱中的水打入压力容器 B103。

（5）通过眼睛观察压力表，用手调节“电位器 1”旋钮，设法将压力容器 B103 的压力保持在 0.3bar。

（6）每隔 2 秒记录一次压力表的显示值。

（7）将数据填写到后面任务实施单中的数据表，画出压力随时间变化的关系曲线。

（8）计算超调量 σ、实际平均压力、余差 C。

（9）评价控制效果。

五、实验报告要求

（1）画出与“泵扬程”与“电机电压”关系测试的实验设备框图。

（2）分析电机扬程与 bar 的换算关系。

（3）填写“泵扬程”与“电机电压”关系的数据表，画出坐标图。

（4）画出闭环压力定值控制实验的结构框图。

（5）填写实时压力数据表，画出压力随时间变化的关系曲线。

（6）计算超调量 σ、实际平均压力、余差 C。

（7）评价压力的手动控制效果。

六、思考题
（1）“泵扬程”与“电机电压”的关系是什么？ （2）怎样做才能提高控制效率和精度？

子学习情境 3.4　压力的比例控制

工作任务单

<table>
<tr><td>情　　境</td><td colspan="6">学习情境 3　压力控制</td></tr>
<tr><td rowspan="3">任务概况</td><td rowspan="2">任务名称</td><td rowspan="2">子学习情境 3.4　压力的比例控制</td><td>日期</td><td>班级</td><td>学习小组</td><td>负责人</td></tr>
<tr><td></td><td></td><td></td><td></td></tr>
<tr><td>组员</td><td colspan="5"></td></tr>
<tr><td>任务载体和资讯</td><td colspan="2"></td><td colspan="4">载体：FESTO 过程控制系统及说明书。
资讯：
1．比例控制规律（重点）：①比例控制规律；②比例度；③比例控制规律对过渡过程的影响；④比例增益的选取。
2．基于 Fluid Lab 软件的压力比例控制：① EasyPort 接口的接线；②基于泵的压力比例控制；③有扰动时的压力闭环控制。</td></tr>
<tr><td>任务目标</td><td colspan="6">1．掌握阅读产品说明书的方法。
2．掌握压力控制的管路连接关系。
3．掌握压力控制系统各组件及 EasyPort 的电气连接关系。
4．掌握 Fluid Lab 软件的操作方法，会使用 Fluid Lab 软件对系统压力进行操控。
5．掌握双位闭环控制规律。
6．培养学生的组织协调能力、语言表达能力，达成职业素质目标。</td></tr>
<tr><td>任务要求</td><td colspan="6">1．要认真识读 FESTO 过程控制系统的操作安全章程和事故处理方法。
2．认真观察 FESTO 过程控制系统的各组件。
3．认真阅读 FESTO 过程控制系统的说明书。
4．设计压力控制的管路连接方式。
5．要明确 EasyPort 接口以及 FESTO Fluid Lab 软件的使用方法。
6．利用 EasyPort 接口以及 FESTO Fluid Lab 软件对系统的压力参数实施控制，并分析数据。</td></tr>
</table>

1 认识比例控制规律

1.1 比例控制规律

<table>
<tr><th colspan="2">基本控制规律</th></tr>
<tr><td colspan="2">

被控对象的特性决定了对象是否好控制，当生产工艺确定后，对象特性也就随之确定了。而针对该对象施加的控制方案的合理性，以及检测变送器、控制器、执行器等控制工具的精度，则决定了能否控制好。而这在工作完成后，也就确定了。但这并不是说控制质量就固定了。控制器控制规律的选择、控制参数的设置同样可以改变控制的质量，而且更具有灵活性。

控制规律就是指控制器输出的变化量 $\Delta p(t)$ 随输入偏差 $e(t)$ 变化的规律。控制规律的描述通常有表达式和阶跃响应曲线两种方式。其中阶跃响应曲线反映的是在阶跃偏差作用下，控制器的输出变化量随时间的变化规律。控制器的控制规律与控制器的原理、结构无关，因此可以抛开控制器而单独来研究控制规律。

基本控制规律有双位控制、比例控制（P）、积分控制（I）和微分控制（D）等。

双位控制，顾名思义，是指控制器只有两个输出值——最大和最小。对应的控制阀只有两个工作位置——全开和全关，因此双位控制又称为开关控制。双位控制简单易懂，在此不再赘述。

本节我们首先学习比例控制规律。

</td></tr>
<tr><th colspan="2">比例控制（P）</th></tr>
<tr><td>比例控制规律</td><td>

控制器输出的变化量与被控变量的偏差成比例的控制规律。其输入/输出关系可表示为

$$\Delta p(t) = K_p e(t) \qquad （式 3-4-1）$$

式中：K_p——控制器的比例放大倍数。

图 3-4-1 为阶跃偏差作用下比例控制的响应曲线。

显然，在偏差 $e(t)$ 一定时，比例放大倍数 K_p 越大，控制器输出值的变化量 $\Delta p(t)$ 就越大，说明比例作用就越强，即 K_p 是衡量比例控制作用强弱的参数。

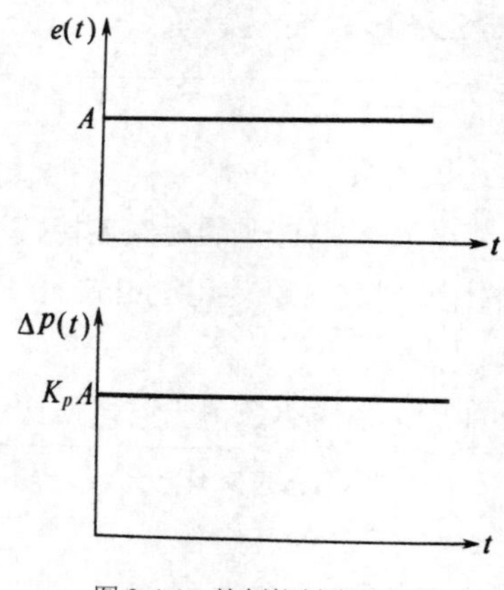

图 3-4-1 比例控制阶跃曲线

</td></tr>
<tr><td>比例度</td><td>

工业仪表中，习惯用比例度来描述比例控制作用的强弱。比例度的定义为：调节器的输入变化量相对于输入信号范围占相应的输出变化量相对于输出信号范围的百分数，如公式 3-4-2 所示。

$$\delta = \frac{\dfrac{e}{z_{max} - z_{min}}}{\dfrac{\Delta p}{p_{max} - p_{min}}} \times 100\% \qquad （式 3-4-2）$$

</td></tr>
</table>

式中　$z_{max}-z_{min}$——控制器输入信号的变化范围，即量程；

$p_{max}-p_{min}$——控制器输出信号的变化范围。

显然，当输入 Δp 变化满量程时，$\Delta p=p_{max}-p_{min}$，此时，比例度为

$$\delta=\frac{e}{z_{max}-z_{min}}\times 100\%$$

因此，比例度可以理解为：要使输出信号做全范围的变化，输入信号必须改变全量程的百分之几。图 3-4-2 更为直观地显示了比例度与输入输出的关系。

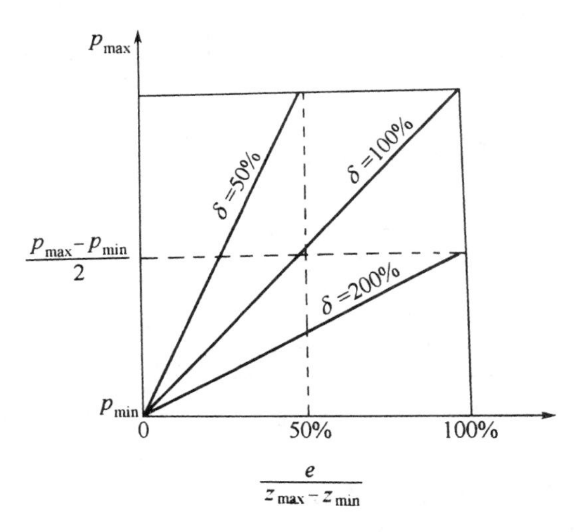

图 3-4-2　比例度与输入输出信号的关系

因为单元组合仪表中，控制器的输入输出是一样的标准信号，即 $z_{max}-z_{min}=p_{max}-p_{min}$，所以，

$$\delta=\frac{e}{\Delta p}\times 100\%=\frac{1}{K_p}\times 100\% \qquad （式 3-4-3）$$

可见，在单元组合仪表中，比例度 δ 与比例放大倍数 K_p 互为倒数。因此，控制器的比例度越小，比例放大倍数越大，比例控制作用就越强，反之亦然。

在控制器上有专门的比例度旋钮，以实现比例度的设置。

比例控制规律的特点	由式 3-4-1 和图 3-4-2 可知，在偏差 e 产生的瞬间，控制器立刻产生 K_pe 的输出，这说明比例控制作用及时。 同时，为了克服扰动的影响，控制器必须要有控制作用，即其输出要有变化量，而对于比例控制来讲，只有在偏差不为零时，控制器的输出变化量才不为零，这说明比例控制会永远存在余差。所以说，比例控制的精度不高。

1.2　比例控制规律对过渡过程的影响

比例度对过渡过程的影响
图 3-4-3 所示的为比例度 δ 对过渡过程的影响情况。 由图 3-4-3 可见，δ 越小，比例作用越强。效果是：最大偏差（超调量）减少、振荡周期减少、余差减少、衰减比减少。 δ 等于某一数值时，系统会出现等幅振荡，此时的 δ 值称为临界值。当 δ 小于临界值时，系统会发生发散振荡，而 δ 太大时，又会出现单调衰减过程。 好的控制系统希望最大偏差小、余差小，所以要求 δ 小一些；同时希望过渡过程平稳，所以要求 δ 大一些。那么 δ 值究竟多大最好？这并没有一个严格的界限，要根据对象特性等综合考虑。一般来说，如果对象较为稳定，即滞后较小，时间常数较大且放大倍数较小时，控制的重点应是提高灵敏度，此时，δ 可选的较小一些；反之，控制重点是增加系统的稳定性，此时，δ 应选得大一些。

针对不同的对象，δ 的大致范围是：压力对象 30%～70%；流量对象 40%～100%；液位对象 20%～80%；温度对象 20%～60%。

纯比例控制只适用于扰动较小、滞后较小而时间常数又不太小且允许余差存在的场合。

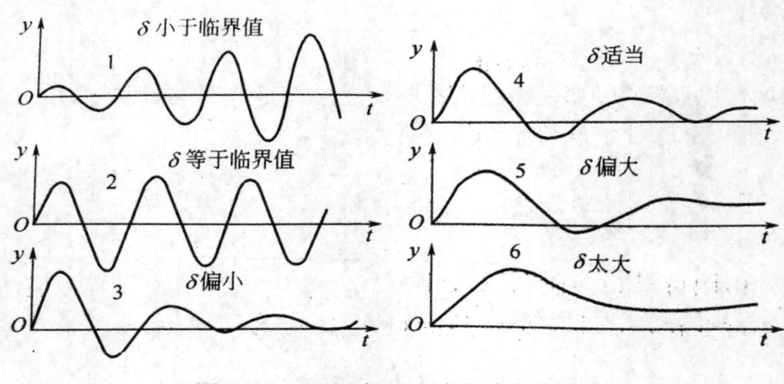

图 3-4-3 比例度 δ 对过渡过程的影响

1.3 比例增益的选取

比例增益的选取

比例增益 K_c 的选取与对象的特性有关。一般而言，如果对象是较稳定的，即当广义对象的放大系数较小、时间常数较大、时滞较小的情况下，控制器 K_c 可以取得大一些，以提高系统的灵敏度；反之，如果对象的纯滞后较大、时间常数较小以及放大系数较大时，K_c 就应该取得小一些，否则达不到稳定的要求。工业生产中定值控制系统通常要求控制系统具有振荡不太剧烈、余差不太大的过渡过程，即衰减比在 4:1～10:1 的范围内，而随动系统一般衰减比也在 10:1 以上。

通常，工业上常见系统的比例度 δ 的参考选取范围如下：

压力控制系统为 30%～70%；流量控制系统为 40%～100%；液位控制系统为 20%～80%；温度控制系统为 20%～60%。

结论：在基本控制规律中，比例作用是最基本、最主要也是应用最普遍的控制规律。它能较为迅速地克服扰动的影响，使系统很快地稳定下来。比例控制作用通常适用于扰动幅度较小、负荷变化不大、过程时滞较小或者控制要求不高的场合。

这是因为负荷变化越大，则余差越大，如果负荷变化小，余差就不太显著；过程的 τ/T 越大，振荡越厉害，如果把比例度 δ 放大，这样余差也就越大，如果 τ/T 较小，δ 可小一些，余差也就相应减小。控制要求不高、允许有余差存在的场合，当然可以用比例控制，例如在液位控制中，往往只要求液位稳定在一定的范围之内，没有严格要求，只有当比例控制系统的控制指标不能满足工艺生产要求时，才需要在比例控制的基础上适当引入积分或微分控制。

2 基于 Fluid Lab 软件的压力比例控制

2.1 压力比例控制的实验目的

1. 了解压力控制系统的结构组成与原理。
2. 掌握压力控制系统调节器参数的整定方法。
3. 研究调节器相关参数的变化对系统静、动态性能的影响。
4. 研究扰动对压力控制系统的影响。

2.2 压力比例控制系统的方框图

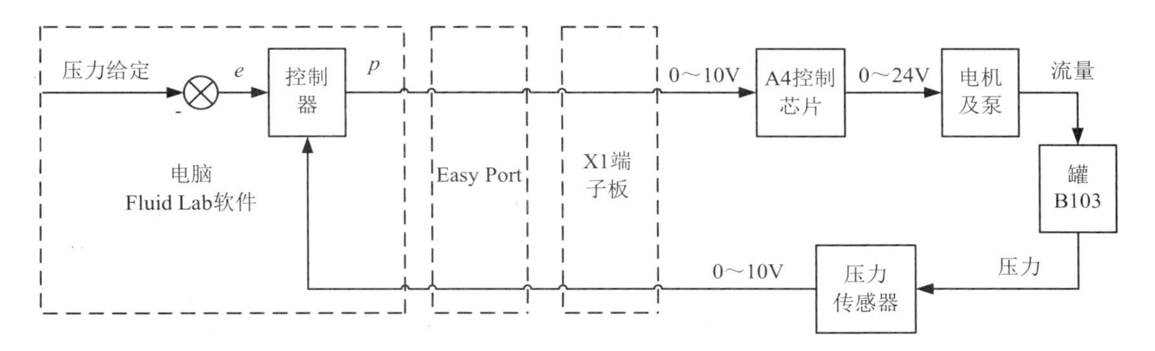

2.3 压力比例控制系统的电器连接

<table>
<tr><th colspan="2">EasyPort 接口的接线</th></tr>
<tr><td>1. EasyPort 接口模块。
2. 数字量输入/输出信号端子 XMA1。
3. 数字量信号 SysLink 通信电缆。
4. 模拟量输入/输出信号端子 X2。
5. 模拟量信号 SysLink 通信电缆。
6. 24V 电源。
7. 电源电缆。
8. USB 通信线。</td><td>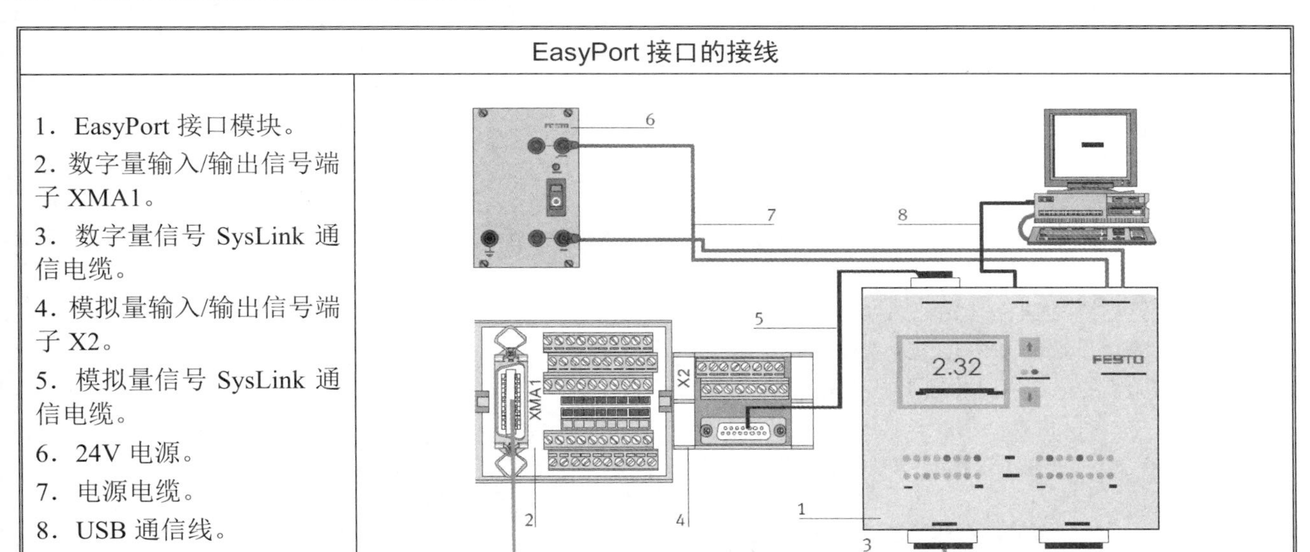
</td></tr>
</table>

2.4 自动压力比例控制

实验前准备
1. 在下部的容器中填补约 10L 水（注意整个系统的水不能超过 10L）。 2. 按照图 2-3-5，将过程控制试验台、EasyPort 及计算机连接在一起。 3. 接通过程控制试验台和计算机的电源。
实验步骤
1. 按照图 3-3-1 压力控制系统管路连接图连接管路，将阀 V103 和阀 V108 完全打开、其他手动阀全关。 2. 打开 Fluid Lab-PA 软件，进入“连续量闭环控制”界面，开始设置界面右边的实验选项。 3. 清除上次实验的曲线。 4. 单击“预设置”下面的红色下三角按钮，在下拉列表中选择被控变量“Pressure”。 5. 此时，模拟量输入通道会自动显示 Channel 2。 6. 在“数字量输出”下面一排小开关中找到开关 0、开关 2 和开关 3，并将之闭合，以打开球阀和泵，将泵设置为电压可调运行模式。 7. 单击“选择操纵值”下面的红色下三角按钮，在下拉列表中选择“模拟量 1 Pump”作为执行器（此后，泵的开关会被软件自动控制）。 8. 在“模拟量输出 Ch1”右侧输入泵的电压为 9.9V。 9. 在“setpoint SP”右侧文本框中填入给定压力，在“PID” 窗口下设置比例值 Kp，将积分时间常数 Tr 设

置为无穷大，将微分时间常数 Td 设置为 0。

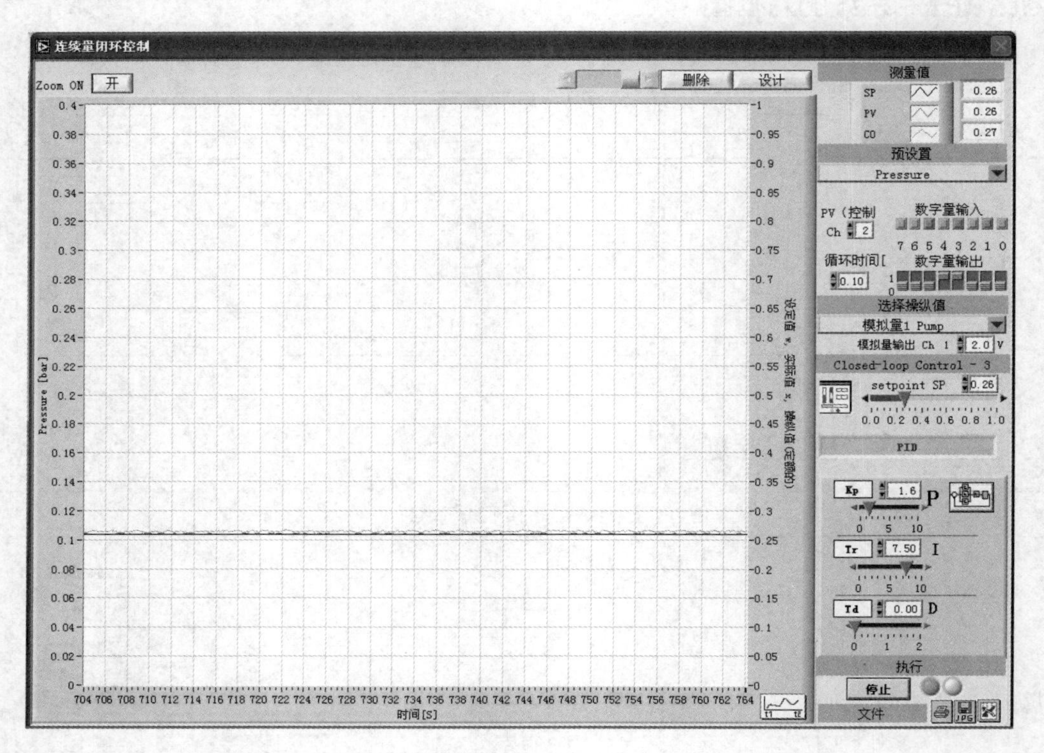

10. 单击“开始”按钮，开始记录实验数据曲线。
11. 单击“停止”按钮，停止记录实验数据曲线。
12. 保存实验数据，并用 Excel 导出数据。

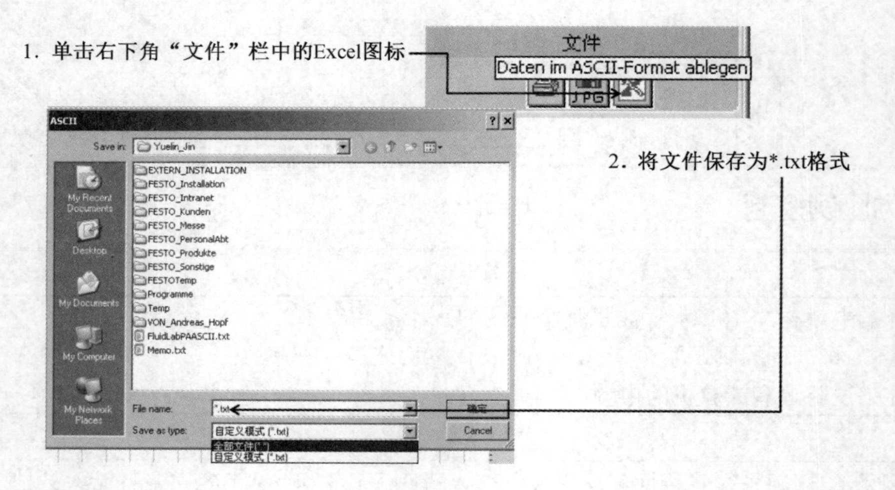

13. 修改比例值 Kp，重新做一遍实验，观察调节规律的变化。

实验分析

1. 将 Excel 表格中的数据填写到《FESTO 过程控制实践手册》的任务实施表中。
2. 打印实验数据曲线，剪切后粘贴到《FESTO 过程控制实践手册》的任务实施表中，或者根据 Excel 表格中的数据重新绘制实验数据曲线。
3. 测出多次实验的超调量，并说明超调量和比例值 Kp 之间的关系。
4. 测出多次实验的压力稳态值并计算余差，并说明余差和比例值 Kp 之间的关系。
5. 对控制性能作出评价。

2.5 扰动输入对压力控制的影响

实验目的和实验前准备
同 2.4。
实验步骤
1. 按照图 3-1-1 压力控制系统管路连接图连接管路，将阀 V103 和阀 V108 完全打开、其他手动阀全关。 2. 打开 Fluid Lab-PA 软件，进入“连续量闭环控制”界面，开始设置界面右边的实验选项。 3. 清除上次实验的曲线。 4. 单击“预设置”下面的红色下三角按钮，在下拉列表中选择被控变量“Pressure”。 5. 此时，模拟量输入通道会自动显示 Channel 2。 6. 在“数字量输出”下面一排小开关中找到开关 0、开关 2 和开关 3，并将之闭合，以打开球阀和泵，将泵设置为电压可调运行模式。 7. 单击“选择操纵值”下面的红色下三角按钮，在下拉列表中选择“模拟量 1 Pump”作为执行器（此后，泵的开关会被软件自动控制）。 8. 在“模拟量输出 Ch1”右侧输入泵的电压为 9.9V。 9. 在“setpoint SP”右侧文本框中填入给定压力，在“PID”面板下设置比例值 Kp，将积分时间常数 Tr 设置为无穷大，将微分时间常数 Td 设置为 0。 10. 单击“开始”按钮，开始记录实验数据曲线。 11. 当系统进入稳定调控状态后，轻轻将放空阀 V107 松开一点，以输入扰动，观察控制系统的反应。 12. 单击“停止”按钮，停止记录实验数据曲线。 13. 保存实验数据，并用 Excel 导出数据。
实验分析
1. 将 Excel 表格中的数据填写到《FESTO 过程控制实践手册》的任务实施表中。 2. 打印实验数据曲线，将其粘贴到《FESTO 过程控制实践手册》的任务实施表中，或者根据 Excel 表格中的数据重新绘制实验数据曲线。 3. 计算扰动回调时间，并分析扰动量大小与扰动回调时间的关系。 4. 对控制性能作出评价。

学习情境 4　流量控制

学习目标

知识目标：掌握流量检测仪表原理、安装及使用，掌握 FESTO 流量控制系统硬件及 FESTO 仿真盒的使用，掌握 EasyPort 接口及 FESTO Fluid Lab 软件的使用。

能力目标：培养学生利用网络资源进行资料收集的能力；培养学生获取、筛选信息和制订工作计划、方案及实施、检查和评价的能力；培养学生独立分析、解决问题的能力；培养学生的团队合作、交流、组织协调的能力和责任心。

素质目标：养成严谨细致、一丝不苟的工作作风，养成严格按照仪表工职业操守进行工作的习惯；培养学生的自信心、竞争意识和效率意识；培养学生的爱岗敬业、诚实守信、服务群众、奉献社会等职业道德。

子学习情境 4.1　流量检测仪表

工作任务单

<table>
<tr><td>情　　境</td><td colspan="6">学习情境 4　流量控制</td></tr>
<tr><td rowspan="3">任务概况</td><td rowspan="2">任务名称</td><td rowspan="2">子学习情境 4.1　流量检测仪表</td><td>日期</td><td>班级</td><td>学习小组</td><td>负责人</td></tr>
<tr><td></td><td></td><td></td><td></td></tr>
<tr><td>组员</td><td colspan="5"></td></tr>
<tr><td rowspan="2">任务载体和资讯</td><td colspan="2" rowspan="2"></td><td colspan="4">载体：流量检测仪表说明书。</td></tr>
<tr><td colspan="4">资讯：
1. 差压式流量计的测量原理、标准节流装置及非标准节流装置（重点）。
2. 转子流量计测量原理、种类及结构。
3. 其他流量计：①涡轮流量计；②弯管流量计；③超声波流量计；④冲板式流量计；⑤电磁流量计。</td></tr>
<tr><td>任务目标</td><td colspan="6">1. 掌握阅读产品说明书的方法。
2. 掌握一般流量检测仪表的安装及接线方法。
3. 培养学生的组织协调能力、语言表达能力，达到应有的职业素质目标。</td></tr>
<tr><td>任务要求</td><td colspan="6">前期准备：小组分工合作，通过网络收集流量检测仪表说明书资料。
识读内容要求：①仪表原理；②仪表量程和精度；③仪表的电气连接方法及主要电气参数；④仪表的参数设置方法；⑤仪表的尺寸及安装方法。
任务成果：一份完整的报告。</td></tr>
</table>

1　差压式流量计

流量的概念及常见测量仪表

任何生产过程都要应用大量的原料与能源，如经由管道输送的空气、天然气、煤气、蒸汽、氧气、氮气、氢气等气体，水、酸、碱、盐，各种燃油、原油等液体以及经由传送带输送的矿石、煤、各种溶剂等物料。这些物料的流通量统称流量，都应进行检测，大多还需要进行自动控制，以保证生产设备在负荷合理且安全的状态下运行，同时为进行经济核算提供基本的数据。物料的流量不但直接表征设备的能力，如高炉与加热炉等的燃料用量与热流量，而且还代表设备的输入能量，如燃煤、燃油、氧气、氮气以及酸、碱、盐溶液等需要量，这些都是衡量设备经济性的技术性的重要指标。因此，流体流量检测是有效地进行生产和控制、节约能源以及企业经济管理所必需的。

流量是指单位时间内流过管道或特定通道横截面的流体数量，称为瞬时（平均）流量。通常情况下测定的流量大多是体积流量，以 Q 或 q_v 表示，是流体平均流速 V 与流经管道横截面积 A 的乘积，即 $Q=AV$，单位有 m^3/h、m^3/s、L/h 及 L/min 等。生产上往往要求测量质量流量，以 M 或 q_m 表示，它是体积流量 Q 乘以流体的密度是 ρ 而得，即 $M=Q\rho$，单位有 kg/h、t/h 及 kg/s 等。在某一段时间内流过管道截面的流体的总和称为总流量或累积流量。它是瞬时流量对时间的积累，单位有 m^3 与 t 等。

流量检测的方法和仪表种类多，分类方法不一。最常见的是把流量仪表分为以下两大类：

（1）速度式流量计：通过测量流体在管道内的流速来计算流量，例如差压式流量计、转子流量计、电磁流量计、均速管流量计、涡轮流量计、超声波流量计、热式流量计等。

（2）容积式流量计：以单位时间内根据所推出流体固定容积数作为测量依据来计算流量，例如转轮式流量计、活塞式流量计、刮板式流量计等。

差压式流量计

流体流经节流件时，流束收缩引起压头转换而在节流件前后产生静压力差，该压差与流过的流量之间存在一定的关系，这种通过测量压差而求出流量的一种流量计称为差压式流量计。节流装置与差压变送器配套构成差压式流量计，其结构简单、性能稳定、使用维护方便，且有一部分已标准化，是目前应用最多的一种流量计。常用标准节流装置有孔板、喷嘴及文丘里管，如图 4-1-1 所示。

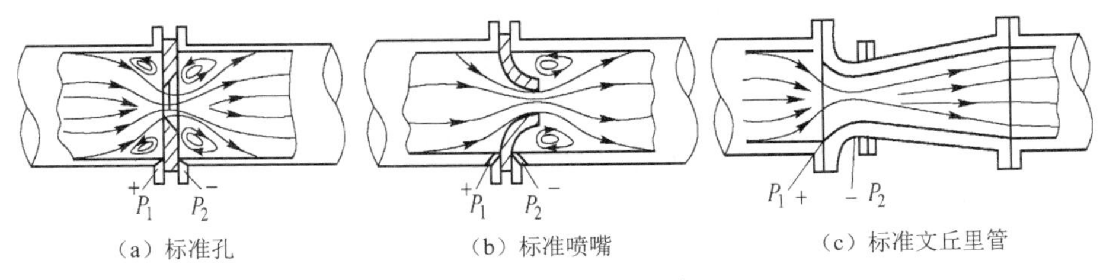

图 4-1-1　节流装置的形式

以下介绍测量原理。

节流装置由节流件、取压装置和符合要求的直管段所组成。在水平管道中安装一块节流件，如孔板，当流体连续流过节流孔时，在节流件前后由于压头转换而产生压差，如图 4-1-2 所示。

在管道中流动的液体具有动能和位能，在一定条件下这两种能量可以相互转换，但参加转换的能量总和是不变的，应用节流元件测量流量就是利用这个原理实现的。

根据能量守恒定律和液体连续性原理，节流装置的体积流量 Q 和质量流量 M 可以写成：

$$\begin{cases} Q = \alpha\varepsilon A_{\mathrm{d}}\sqrt{\dfrac{2\Delta P}{\rho}} \\ M = \alpha\varepsilon A_{\mathrm{d}}\sqrt{2\rho\Delta P} \end{cases}$$

式中 M——质量流量，kg/s；

Q——体积流量，m^3/s；

a——流量系数；

ε——流束膨胀系数；

A_d——节流装置开孔截面积，m^2；

ρ——流体流经节流元件前的密度，kg/m^3；

Δp——节流元件前后压力差，即 $\Delta P=P_1-P_2$，Pa。

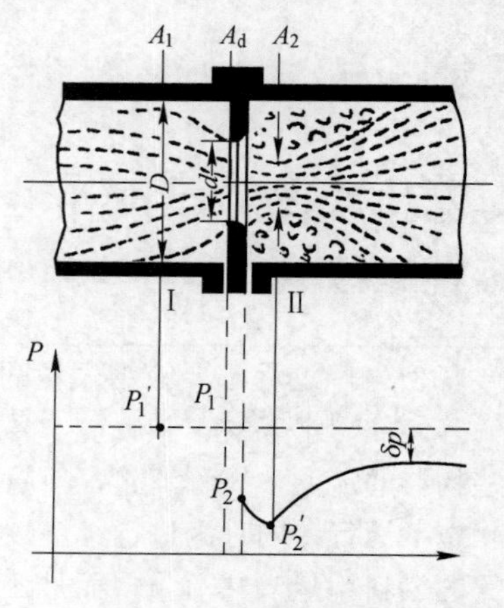

图 4-1-2 流体流经节流孔前后的流态变化

在计算时，根据我国现有用单位的习惯，如果 Q 的单位为 m^3/h，M 为 kg/h，A_d 为 mm^2，ΔP 为 Pa，ρ 为 kg/m^3 单位时，则上述流量公式可换算为实用流量计算公式，即

$$\begin{cases} Q = 0.003996\alpha\varepsilon d^2\sqrt{\dfrac{\Delta P}{\rho}}, & m^3/h \\ M = 0.003996\alpha\varepsilon d^2\sqrt{\rho\Delta P}, & kg/h \end{cases}$$

式中 d 为节流元件的开孔直径。

国家标准《用安装在圆形截面管道中的差压装置测量满管流体流量》（GB/T 2624－2006）采用流出系数 C 来代替过去的流量系数 a，两者的换算关系如下：

$$C=a/E$$

式中 E 为渐近速度系数，并由下式确定：

$$E=1/\sqrt{1-\beta^4}$$

标准节流装置

节流装置已发展应用半个多世纪，积累的经验和试验数据十分充分，应用也十分广泛，先进的工业国家大多制定有各自的标准。我国于 2006 年颁布的《用安装在圆形截面管道中的差压装置测量满管流体流量》（GB/T 2624－2006），等同于国际标准 ISO 5167（2003）。在国际标准规定的使用极限范围内，根据该标准所提供的数据和要求进行设计、制造和安装使用的节流件，称为标准节流装置。标准孔板、标准喷嘴与标准文丘里管（简称孔板、喷嘴、文丘里管）等，不需经过标定即可使用，测量准确度一般为1%～2%，能满足工业生产上的一般要求。

1. 标准孔板

（1）结构形式

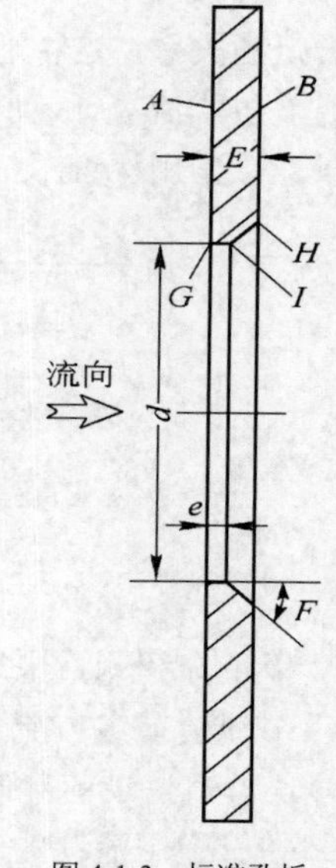

图 4-1-3 标准孔板

标准孔板的结构如图 4-1-3 所示，它是一个具有与管道轴线同轴的圆形开孔，其直角入口边缘是非常尖锐的薄板，通常用不锈钢制造。各种形式的标准孔板是几何相似的，它们都应符合标准所规定的技术要求。

孔板的上下游端面应当平行，且是光滑平整的，在上游端面 A 上任意两点的直线与垂直于轴线的平面之间的斜度小于 0.5%时，可以认为孔板是平的；表面粗糙度要求 $R_a \leqslant 10^{-4}d$。孔板的下游端面 B 也应是平整的，且与 A 面平行，对它的加工要求可以低一些。

孔板的厚度 E 应在节流孔厚度 e 与 $0.05D$ 之间，e 应在 $0.005D$ 与 $0.02D$ 之间。在节流孔的任意点上测得的各个 E 或 e 值之间的差值均不大于 $0.001D$。如孔板厚度 E 超过节流孔厚度 e 时，出口处应有一个向下游侧扩散的光滑锥面，锥面的斜角 F 应为 45°±15°，其表面要精细加工。上游侧入口边缘 G 应当十分尖锐，无毛刺、无卷口，亦无可见的任何异常。节流件开孔越小，边缘尖锐度的影响越大。

任何情况下节流件开孔直径 $d \geqslant 12.5mm$，直径比 β 在 0.1～0.75 范围内。

（2）取压装置

每个取压装置至少有一个上游取压孔和一个下游取压孔，不同取压方式的上下游取压孔位置都必需符合国家标准的规定。

节流件上下游取压孔的位置不同，所取得的差压不同，如图 4-1-4 所示。取压口的位置表征标准孔板的取压方式，一般分为角接取压、法兰取压、径距取压、缩流取压和管接取压五种，标准孔板常用角接取压法和法兰取压法。取压方式不同的标准孔板，其取压装置的结构、孔板的适用范围、流出系数的实验数据以及有关技术要求均有所不同。

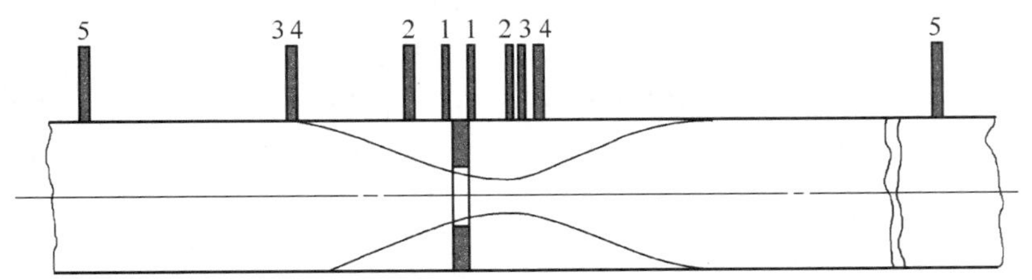

1-1—角接取压；2-2—法兰取压；4-3—径距取压；4-4—缩流取压；5-5—管接取压

图 4-1-4　节流装置的取压方式

1）角接取压装置

从节流件上下游断面与管壁的夹角处取出待测的压力，称为角接取压，如图 4-1-4 中的 1-1，取压装置的结构有两种形式，如图 4-1-5 所示，下半部为单独钻孔取压，上半部为环室取压。

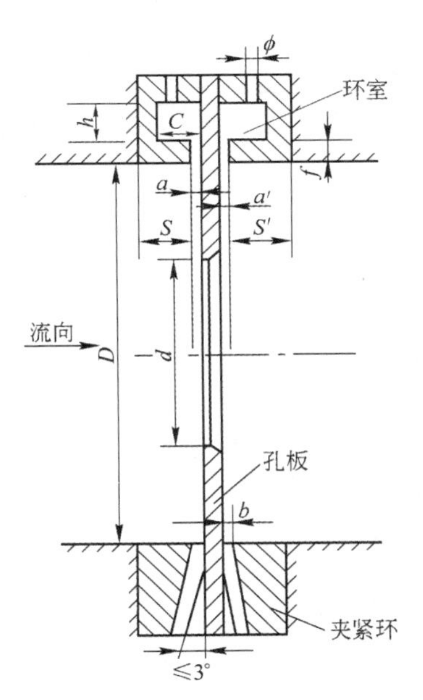

图 4-1-5　角接取压装置

单独钻孔取压由前、后加紧环上取出，取压孔的轴线与孔板前，后端面距离分别为取压孔直径的一半或取压口环隙宽度的一半。取压口的出口边缘应与孔板断面平齐，取压孔直径 b 的大小规定为：对于清洁流体或蒸汽，当 $\beta<0.65$ 时为 $0.005D\leqslant b\leqslant 0.03D$；当 $\beta>0.65$ 时，为 $0.01D\leqslant b\leqslant 0.02D$。无论如何，直径 b 的实际尺寸对于任何 β 值，用于清洁流体应为 $1\text{mm}\leqslant b\leqslant 10\text{mm}$；用于蒸汽或液化气应为 $4\text{mm}\leqslant b\leqslant 10\text{mm}$。对于直径较大的管道，为了取得均匀的压力，允许在孔板上下游侧规定的位置上分别设有几个单独钻的取压孔，钻孔按等角距对称配置，并分别连通起来做成取压环形管。

环室取压装置是在节流件上下游两侧安装前、后环室（或称夹持环），用法兰将环室、节流件和垫片紧固在一起，环室的内径应在 1～1.04D 范围内选取，保证不会凸出于管道内。上下游环室的长度 S（或 S'）不得大于 0.5D，为了取得圆管周围均匀的压力，环室是紧靠节流件端面开一宽度为 a 的两倍的环隙；环室的横截面积 $h\times c$ 应等于或大于此环隙与管道相通的开孔总面积的一半，至少 50mm^2，h 或 C 不应小于 6mm。连通管直径 Φ为 4～10mm。环室取压的优点是压力取出口面积比较广，便于取出平均压差而有利于提高测量准确度。但是加工制造和安装工作复杂。对于大口径的管道（$D\geqslant 400\text{mm}$），通常采用单独钻孔取压。

2）法兰取压装置

标准孔板的上下游两侧均用法兰连接，在法兰中钻孔取压如图 4-1-6 所示。取压孔的轴线离孔板上下游端面的距离 S 和 S'名义上均为 25.4mm，并必须垂直于管道的轴线，当 $\beta>0.60$ 和 $D<150\text{mm}$ 时，应为（25.4±0.5）mm

之间；当 $\beta \leqslant 0.60$ 或 $\beta > 0.60$ 但 $150\text{mm} \leqslant D \leqslant 1000\text{mm}$ 时，应为（25.4±1）mm之间。取压孔的轴线应与管道轴线直角相交，孔口与管内表面平齐，孔径 $b \leqslant 0.13D$ 并小于13mm。

3）径距取压（或称 D 与 $D/2$ 取压）装置上游取压口中心与孔板上游端面距离名义上等于 D，但在 $0.9D$ 与 $1.1D$ 之间时，无须对流出系数进行修正。下游取压口中心与孔板上游端面距离为 $D/2$，但当 $\beta \leqslant 0.60$，在（0.48～0.52）D 之间时，或当 $\beta > 0.60$，在（0.49～0.51）D 之间时，都不必对流出系数进行修正。

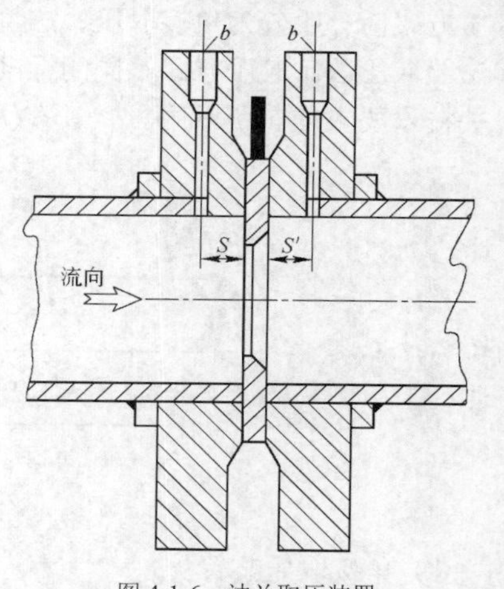

图 4-1-6 法兰取压装置

2. 标准喷嘴

标准喷嘴分ISA 1932喷嘴和长径喷嘴两种。喷嘴在管道内的部分是圆的，由圆弧形的收缩部分和圆筒形喉部组成。ISA 1932喷嘴简称标准喷嘴，其形状如图4-1-7所示，是由垂直于中心线平面入口部分 A、两端圆弧曲面 B 和 C 构成的入口收缩部分、圆筒形喉部 E 与防止出口边缘损伤的保护槽 F 所组成的。

3. 文丘里管

标准文丘里管有两种形式：古典文丘里管（简称“文丘里管”）与文丘里喷嘴。文丘里管是由入口圆筒段 A、圆锥收缩段 B、圆柱形喉部 C 以及圆锥形扩散段 E 组成。文丘里管内壁是对称于轴线的旋转表面，该轴线与管道同轴，如图4-1-8所示。

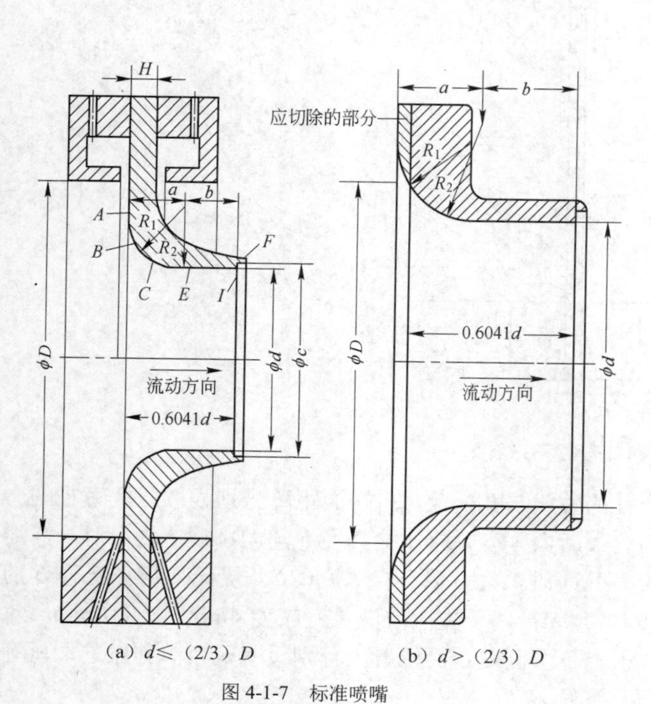

图 4-1-7 标准喷嘴

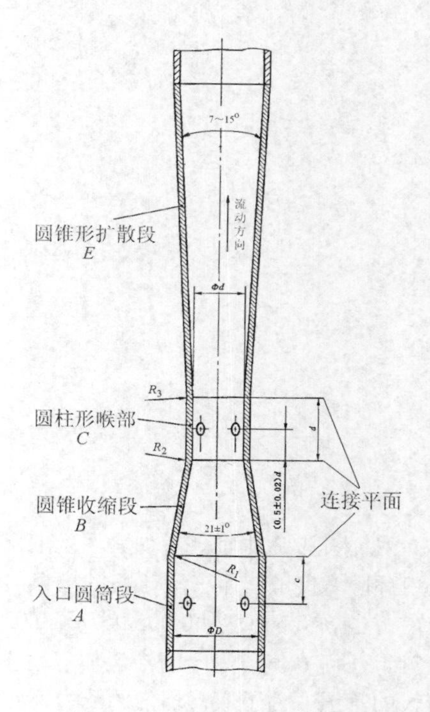

图 4-1-8 文丘里管

标准节流装置的使用条件如下：

（1）节流装置只适用于测量圆形截面管道内的流体，流体必须充满圆管，连续地流过管道。在紧邻节流装置的上游管道内流体的流动状态接近典型的充分发展的紊流状态。

（2）流束应与管轴平行，不得有旋转流或旋涡。在进行流量测量时，管道内流体的流动应是稳定的。

（3）流体流量基本上不随时间而变化，或者变化是非常缓慢的。

（4）流体可以是可压缩的气体或不可压缩的流体；但不适用于脉动流与临界流。

（5）流体必须是牛顿流体，在物理学和热力学上是单相的、均匀的或者可认为是单相的，且流经节流装置时不发生相变。具有高分散程度的胶质溶液（例如牛奶）可以认为是单相流体。

（6）节流装置的制造和使用条件超出国家标准的极限时，必须标定后才能安装使用。

非标准节流装置

在工业生产中，由于被测流体特征和现场条件的限制，有时无法满足标准节流装置的测量条件，而需采用一些非标准形式的节流装置，也称为特殊节流装置。这些装置的研究试验还不够充分，尚未标准化，使用时应经个别标定。

1. V锥差压流量计

当节流件上下游管道上有局部阻力件（例如弯头、阀门、缩径、扩径、泵、三通接头等）时，会破坏流体的流动状态，因此要求在节流件的上下游必须有较长的直管段，否则会严重损害节流流量计的流量特性，难以获得准确的测量结果。如图 4-1-9 所示，V 锥差压流量计克服了这些缺点，因为锥体有“整流”作用，即使在极为恶劣的情况下（如紧邻仪表上游有单弯管、双弯管等阻力件），经过锥体后的流体分布也比较均匀，可保证仪表在恶劣的条件下获得较高的测量精度。因此对上下游直管段的要求小，安装时在上游留（0～3）*D* 的直管段，在下游留（0～1）*D* 的直段管即可。

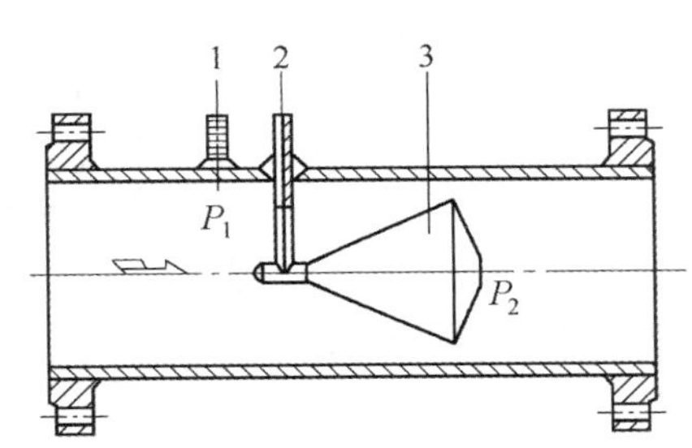

1—上游端开孔（总压管）；2—下游端开孔（静压管）；3—节流件

图 4-1-9　V 锥差压流量计

V 锥差压流量计简称 V 锥流量计，是将锥形节流件 3 悬挂在管道的中心线上，从其上游端开孔 1 引出流体压力 P_1，在其下游椎体中心自开孔 2 引出压力 P_2，得到差压 $\Delta P=P_1-P_2$，从而利用差压流量方程，得出体积流量 *Q* 和质量流量 *M*。

2. 内文丘里管

内文丘里管是一种对传统文丘里管结构作了质的变革而集经典文丘里管、环形孔板、耐磨孔板和锥形入口孔板的优点为一体的新一代异型文丘里管，其特性与使用性能优于标准节流装置，适用于测量各种液体、气体和蒸汽，特别适用于测量各种煤气、非洁净天然气、高含湿气体以及其他各种脏污流体，大多可取代传统孔板、喷嘴、经典文丘里管。

内文丘里管是由圆形测量管 1 与同轴的文丘里型芯体 2 所构成的，如图 4-1-10（a）所示。芯体是一几何旋转体，由前段圆锥 6 或圆锥台 6 [图 4-1-10（c）]、中段圆柱 7 和后段圆锥台 8 连接而成。上述三段轴向长度比例及圆锥和圆锥台的夹角因被测量条件的不同而异。在芯体与测量管内圆之间形成一环形通道，其轴向流的横截面积的变化规律和传统文丘里管变化规律相似。芯体固定在支撑轴 9、10 之间，由与之同轴的支撑环 3、4 定位；中小型只有后支撑轴 9，如图 4-1-10（c）所示。支撑环是由具有同轴的内环、外环和将内外环连接成一体的三个或四个支撑肋构成的。在节流件前后有静压的取压接头 5。测量管 1 的两端与管道用法兰连接。

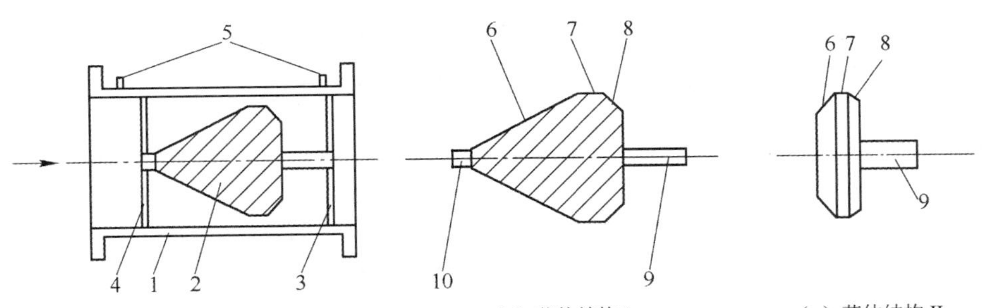

（a）结构示意图　（b）芯体结构 I　（c）芯体结构 II

1—圆形测量管；2—文丘里型芯体；3，4—支撑环；5—取压孔；

6—前段圆锥（图 b）或圆锥台（图 c）；7—中段圆柱；8—后段圆锥台；9，10—支撑轴

图 4-1-10　内文丘里管流量计

内文丘里管与经典文丘里管的测量原理相同，流体流经内文丘里管的流动与节流过程同流经经典文丘里管时相似，通过测量差压，便可得知流体流过内文丘里管流量的大小。

3. 小管道流量测量

标准节流装置只能用在直径大于 50mm 的管道上，在工业和科研上，常需在直径小于 50mm，甚至几毫米的管道上测量流体流量，此时应采用非标准节流装置。

（1）小管径孔板

当管道尺寸较小时，孔板的偏心、管壁粗糙度和取压口几何尺寸的影响都会增大。为此，将小管径孔板装在已镗磨过的测量管道中，如图 4-1-11 所示，使管壁的粗糙度、圆度和直管段长度都达到孔板的要求。

（2）内藏孔板

把小孔板装在与差压变送器的正、负压室相连的小管中，这种小孔板和小管就成为构成差压变送器整体的构件，故称为内藏孔板（或称整体孔板）。这种结构不仅使安装变得紧凑，而且提高了孔板测量小流量的能力。对于液体最小可测量 0.015L/min，对于气体最小可测量 0.42L/min（标志）。

内藏孔板有两种形式：一种呈直通式；另一种呈 U 形弯管式，如图 4-1-12 所示。直通式内藏孔板的结构是被测流体流经差压变送器高压室和小孔板，在小孔板的下游侧有一个三岔口和小支管，小支管与变送器低压室相连，如图 4-1-12（a）所示，使变送器低压室感受孔板下游侧压力。U 形弯管式内藏孔板如图 4-1-12（b）所示，流体首先流经变送器高压室，然后流过 U 形弯管，在弯管末端装一块小孔板，流体流过小孔后，进入变送器低压室，再由连通管流出并通至工艺管道，孔板产生的差压由变送器膜盒感测并变换成标准电流信号（4～20mA DC）输出。

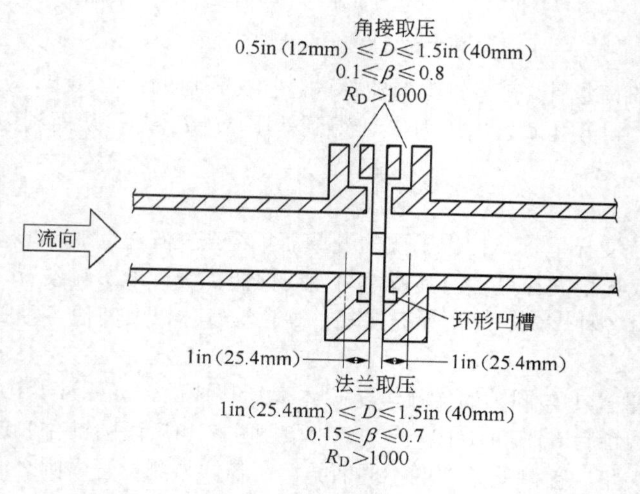

图 4-1-11 小孔径孔板

内藏孔板适用于测量清洁气体和液体的小流量，工艺管道直径范围为 8～25mm，孔板孔径范围通常为 0.5～6mm，测量精度为±（1～3）%，流量系数与雷诺数和孔径等因素有关，通常由仪表厂标定。

4. 特殊介质（含悬浮物和高黏度流体）的流量测量

在测量含悬浮物和高黏度流体的流量时，在标准孔板前后会积存沉淀物，使管道实际面积减小，测量不准确，甚至堵塞管道，因而，必须采用特殊节流装置来测量。

（1）楔形孔板

在管道中嵌入一个 V 形节流件，如图 4-1-13 所示，当流体流过时，在节流件前后产生压差 ΔP，该差压的平方根与流过的流量成比例关系，故又可称它为楔形孔板。由楔形节流件、法兰取压装置和差压变送器等组成楔形流量计，其主要特性如下：

1）节流件形状是 V 形体，具有导流作用，可消除滞流区，避免堵塞，故适用于测量含悬浮物和高黏度流体，如泥浆、矿浆、纸浆、污水、重油、原油、柴油、煤气等。

2）结构简单，无可动部件，锥体夹角不易受脏污介质磨损，性能稳定，能长期保持测量精度，寿命长。

3）差压测量采用远传式差压变送器（法兰连接型），由隔膜片和毛细管（内充硅油）来感测和传递压力的变化，取消导压管，故没有标准孔板的导压管被堵塞和泄露问题，适应悬浮介质（液体和气体）的压力（差压）测量要求。

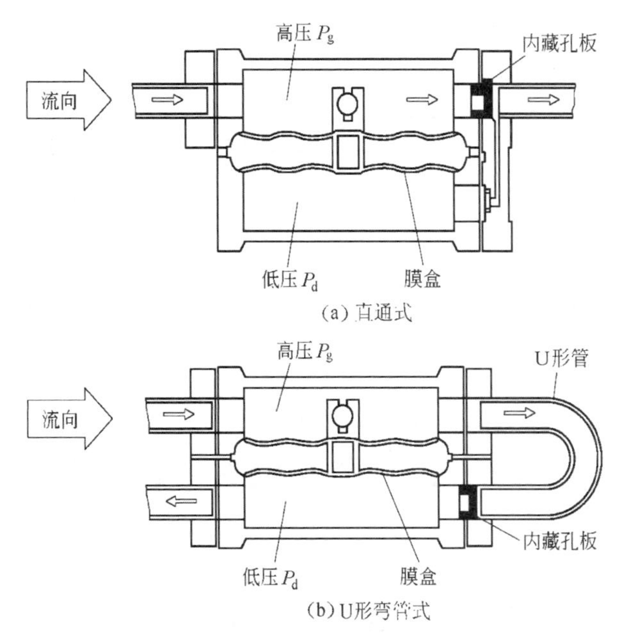

图 4-1-12　内藏孔板原理结构图

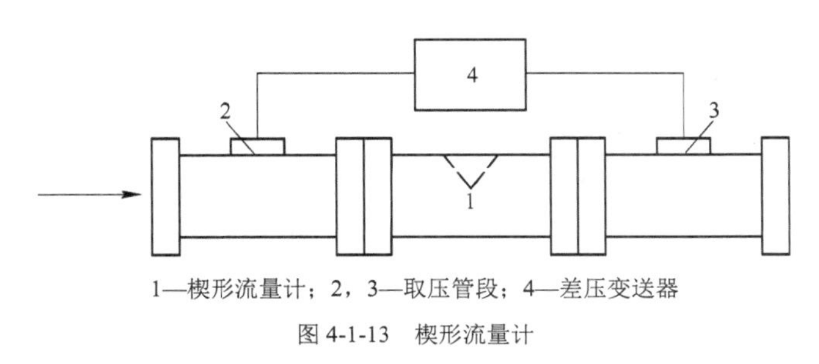

1—楔形流量计；2，3—取压管段；4—差压变送器

图 4-1-13　楔形流量计

楔形流量计广泛应用于测量含悬浮物和高黏度流体等一般流量计无法胜任的场合。其适用管径范围为 8～600mm（或达 1200mm），雷诺数为 300～1000000，流体温度为 300℃，流体压力为 6MPa，测量范围度为 1:5，目前已达 1:10；测量精度经标定为±0.5%，未标定的约为±3%。

（2）圆缺孔板

圆缺孔板形状似扇形，它的开孔是一个圆的一部分（圆缺部分），这个圆的直径是管道直径的 98%，如图 4-1-14 所示。其主要用于脏污介质（含有固体微粒的液体和气体）的流量测量，圆缺开孔一般位于下方，但对于含气泡的液体，其开孔位于上方。测量时管道应水平安装。

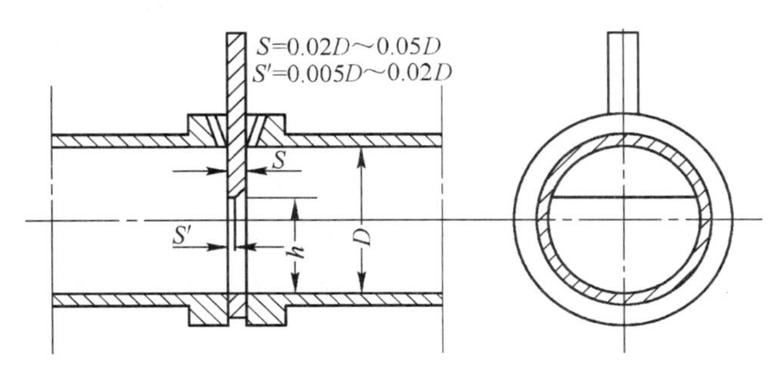

图 4-1-14　圆缺孔板

圆缺孔板适用范围：管径 50mm≤D≤350mm（可达 500mm），0.35≤β≤0.75，雷诺数为 104≤ReD≤106。取压方式采用法兰取压和缩流取压。

（3）偏心孔板

这种孔板的孔是偏心的，它与一个和管道同心的圆相切，这个圆的直径等于管道直径的98%，如图 4-1-15 所示。其取压方式也有两种：法兰取压和缩径取压。

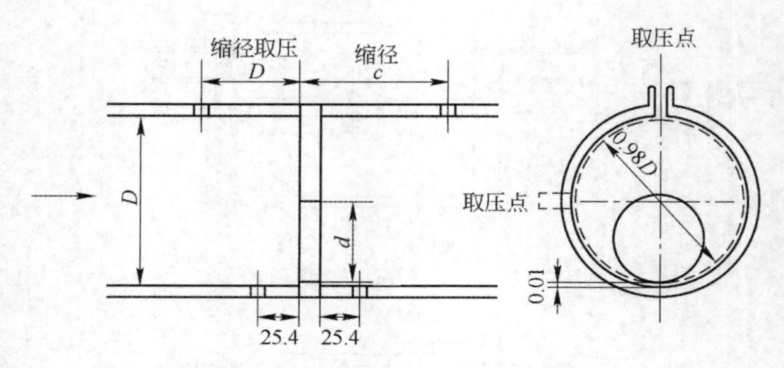

图 4-1-15　偏心孔板

偏心孔板适用范围：管径为 100mm≤D≤1000mm，直径比为 0.46≤β≤0.84，雷诺数为 105≤ReD≤106。

2　差压流量计的安装

节流装置的选用

1．在加工制造和安装方面，以孔板为最简单，喷嘴次之，文丘里管最复杂。造价高低也与此相对应。实际上，在一般场合下，以采用孔板为最多。

2．当要求压力损失较小时，可采用喷嘴、文丘里管等。

3．在测量某些易使节流装置腐蚀、沾污、磨损、变形的介质流量时，采用喷嘴较采用孔板为好。

4．在流量值与压差值都相同的条件下，使用喷嘴有较高的测量精度，而且所需的直管长度也较短。

5．如被测介质是高温、高压的，则可选用孔板和喷嘴。文丘里管只适用于低压的流体介质。

节流装置的安装

节流装置安装在一定长度的直管道上，上下游难免有影响流体流动的拐弯、扩张、缩小、分岔及阀门等阻力件，如图 4-1-16 所示。阻力件的存在将会严重扰乱流束的分布状态，引起流出系数 C 的变化。因此在节流件上下游侧都必须有足够长度的直管段。

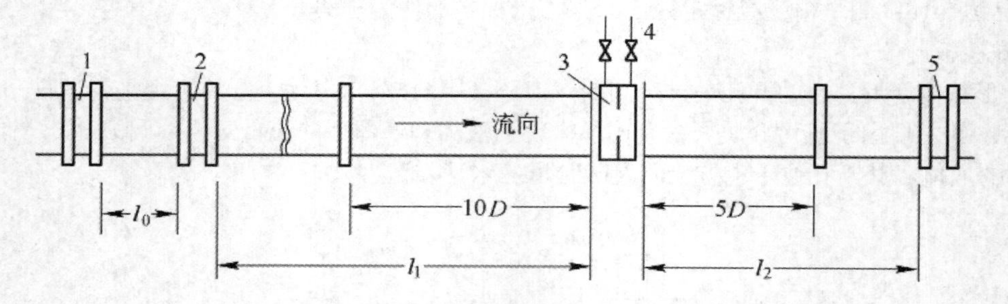

1，2，5—局部阻力件；4—节流件；4—引压管

图 4-1-16　节流装置的安装管段

在节流装置 3 的上游侧有两个局部阻力件 1、2，节流装置的下游侧也有一个局部阻力件 5，在各阻力件之间的直管段分别为 l_0、l_1 及 l_2，如在节流装置的上游侧只有一个局部阻力件 2，则直管段就只需 l_1 及 l_2。直管段必须是圆的，其内壁要清洁，并且尽可能是光滑平整的。节流件上下游侧最小直管段长度，与节流件上游侧局部阻力件形式和直径比有关。

差压流量计导压管的安装

说明	我们以孔板差压变送器为例，说明当它们测量气体、液体和蒸汽时的安装位置。

	测量液体介质	变送器测量液体的压力或差压时，主要是防止进入导管中的液体内混入气体并积贮在导压管内，使其静压头发生变化，为此，变送器应装在与测压点保持水平的位置或下方，如图 4-1-17（a）所示。如果变送器不得不装在测压点的上方，则将导压管先从测压点向下一段距离后再向上，以形成 U 形管，让液体中的气体尽可能先放出去。在导管的最上方，要装集气器或放空阀，如图 4-1-17（b）所示。无论是上方还是下方，如果液体有沉淀物析出，为了不堵塞导管，都需装沉降器。如果被测液体有腐蚀性或黏性，应装隔离器，安装位置如图 4-1-17（c）所示。
		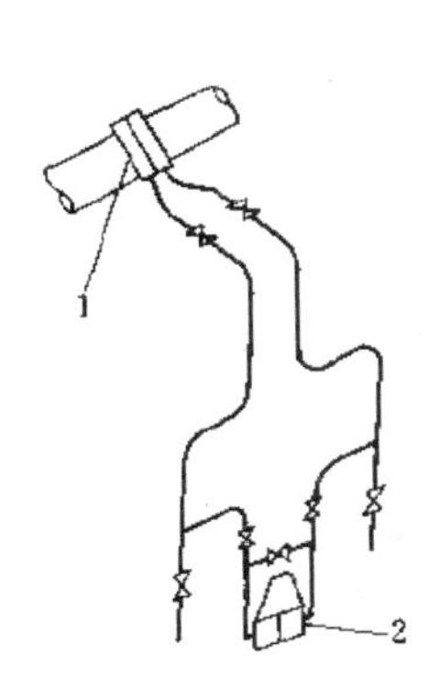 （a）变送器在节流装置下方 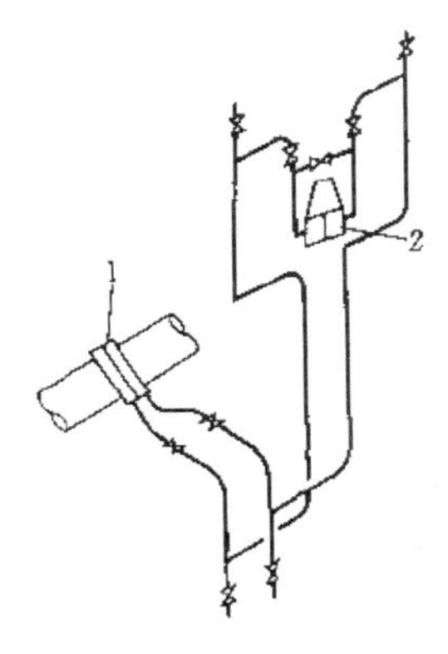 （b）变送器在节流装置上方 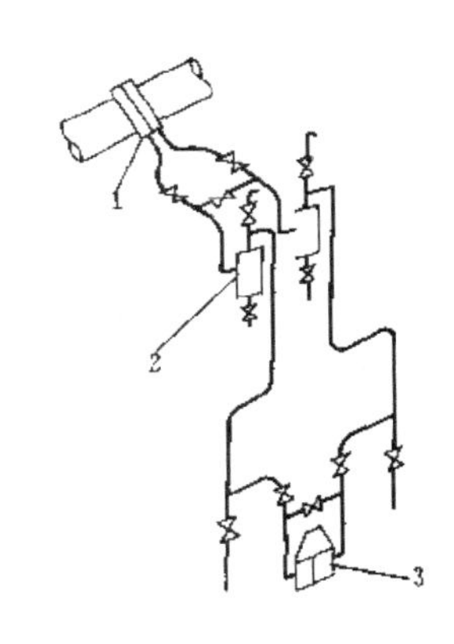 （c）使用隔离器的变送器安装 1—节流装置；2—隔离器；3—差压变送器 图 4-1-17　测量液体安装方式
	测量气体介质	变送器测量气体的差压或压力时，主要是防止液体和灰尘进入导压管，使其静压头发生变化，造成测量误差增加，为此变送器应装在测压点的上方。如果不得不装在下方，则需在导压管路的最低点加装沉降器或沉降管，以便析出冷凝液和灰尘。如果测量腐蚀性气体，也应加装隔离器。图 4-1-18 给出了测量气体安装位置。
		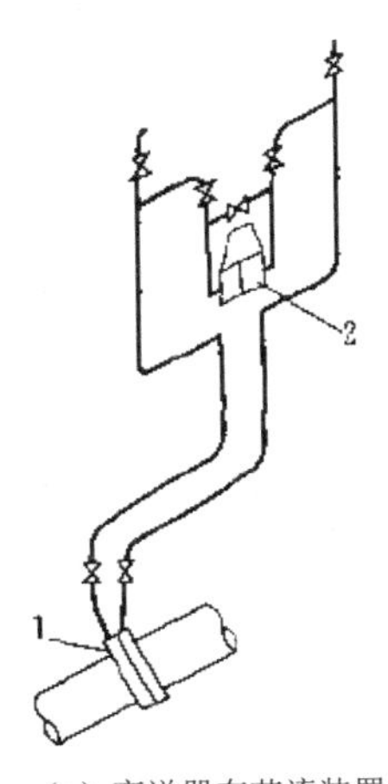 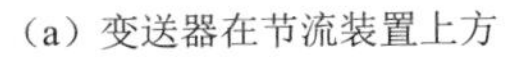 （a）变送器在节流装置上方 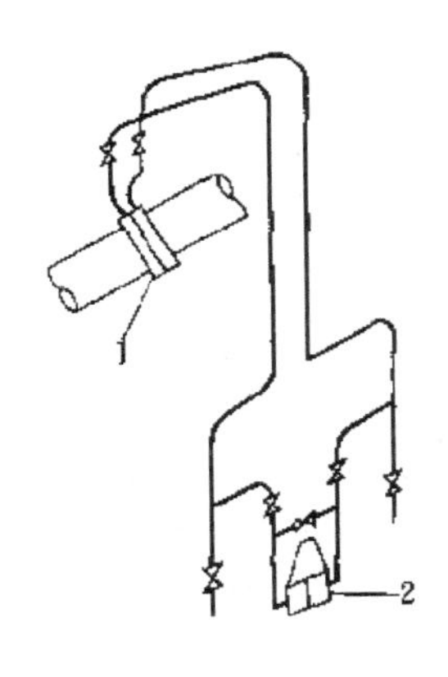 （b）变送器在节流装置下方 1—节流装置；2—隔离器 图 4-1-1 8　测量气体安装位置
	测量蒸汽介质	变送器测量蒸汽时，蒸汽是以冷凝液的状态进入变送器测量室。如果操作不慎，而让蒸汽进入了变送器，则会损坏仪表的检测部件。为此，在靠近节流装置处的差压连接管路上，需装两个平衡器。平衡器内应是冷凝液体，并确保两平衡器内的液面相等。因为蒸汽是以液体的状态被测量的，所以变送器应装在下方；如果不得不装在上方，则需加装集气器或放空阀。测量蒸汽安装位置如图 4-1-19 所示。

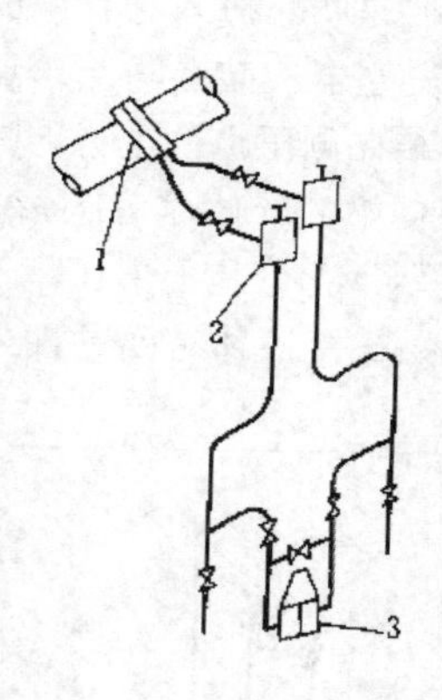

(a) 变送器在节流装置下方

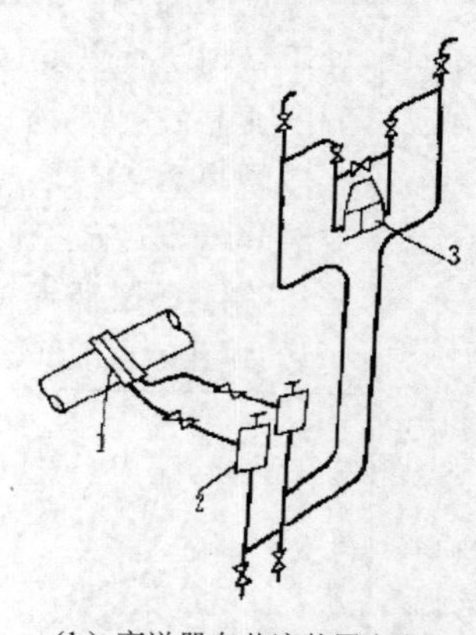

(b) 变送器在节流装置上方

1—节流装置；2-平衡器；3—变送器

图 4-1-19 测量蒸汽安装位置

测量液位安装

根据静压原理，用差压或压力变送器测量容器内液体的液位或界位时，根据被测介质的性质和容器内的压力，可以有多种安装方法，图 4-1-20 所示的是其中的两种。

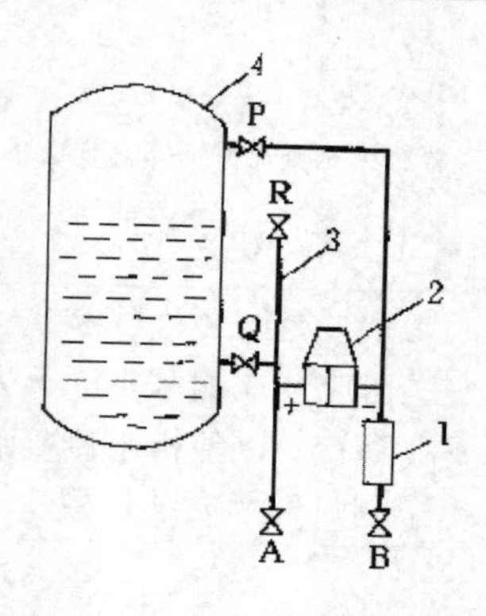

(a) 变送器在节流装置下方

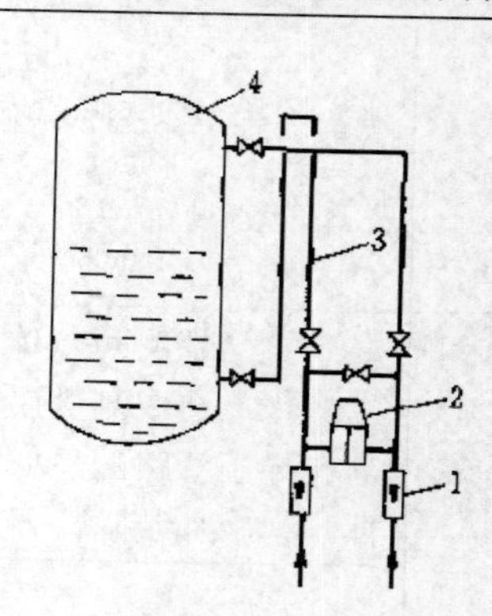

(b) 变送器在节流装置上方

1—节流装置；2—平衡器；3—校准管；4—变送器

图 4-1-20 测量液位安装位置

图 4-1-20（a）所示的是测量闭口容器的液位，负压管为干气体，正压管为被测液体。为了防止负压管内有冷凝液析出，而使负压的静压头增加，所以在它的下方装了个冷凝罐 1。校准管 3 是用来校验变送器的量程的，其高度正好等于容器内的最高液位。这样，只要把阀 Q 关掉，把阀 R 打开，然后从阀 R 处倒入被测介质，当阀 R 出口开始溢流时，便是给变送器通了满量程压力。

如果此时仪表输出不是满刻度，便可调节量程螺钉。如果被测介质有腐蚀性，一时无法得到，则可以用水或其他介质进行标定，然后根据水或其他介质的密度和被测介质的密度计算仪表示值，再根据实际示值和计算示值的差值进行量程调整。

图 4-1-20（b）为打冲洗液和有隔离弯管的液位测量示意图。为了防止被测介质进入仪表而影响测量，从正压导管内打冲洗液，负压导管内打气体。打气体的目的是节省冲洗液。为了防止冲洗液停打时，被测重介质进入导压管和仪表机体，故在正压导管上面加一隔离弯管，它的高度应高于最高液位，这样，被测介质就被冲洗液隔开，不可能进入仪表测量室。

<table>
<tr><th colspan="3">常用辅助容器</th></tr>
<tr><td rowspan="3">说明</td><td>冷凝器</td><td>被测流体是蒸汽时，在引压管内以凝结水的形态传给变送器，为了使两引压管内的液位高度不变，常在靠近节流装置的导压管上安装冷凝器。对于工作过程中测量室容积变化大的差压变送器，安装冷凝器还可以大大减少因容积变化而造成导压管内冷凝液柱高度的变化。
图 4-1-21 为冷凝器图片。由于冷凝器内有压力，所以焊接时要按钢制焊接容器技术条件进行。容器制成后，还需进行耐压测试，测试压力为公称压力的 1.5 倍。

图 4-1-21　冷凝器
冷凝器上带螺纹的接头座主要是为了供出厂或安装前对冷凝器进行单体耐压试验用的，当然也可以连接低压管道。
安装时，从节流装置引出的两个水平导压管的高度要一致，导管内径至少 10mm，中间不宜装阀门。要让多余的液体能顺利地流入工艺管道中，以使两冷凝器的液面相等，且稳定不变，从而减少附加误差。
为了减少运行中的故障，除测量低压蒸汽外，冷凝器和节流装置、冷凝器和阀门之间应采用焊接方式连接。冷凝器和仪表间要接入阀门，以便在维修时可切断与仪表的联系，从而不影响工艺生产的正常运行。</td></tr>
<tr><td>隔离器</td><td>对于高黏度、强腐蚀、易冻结或易析出固体颗粒的液体，应采用一种化学性质稳定，且与被测液体不起作用和不相熔融的隔离液体，将被测介质与变送器隔开。而被测介质的压力可以通过隔离液传到变送器检测部件，这样，变送器将不受腐蚀性介质的侵蚀，变送器前的导压管也不会因冷凝或有固体颗粒而堵塞，而使测量不受影响。
隔离的方法有两种，一种用隔离器，另一种用隔离管。由于隔离器的容积远大于隔离管，所以采用隔离器的液面不易变化，精度较高。隔离器也是由筒体、上下底板构成。引压导管焊在隔离器的短管上，连接座是用于连接导管，以便灌隔离液和装放空阀。
隔离液的密度要和被测介质的密度有一定的差异，这样才能使两种液体不易相混。根据隔离液，即传压液体的密度大于或小于被测介质的密度，隔离器有两种安装方法。若以隔离器和节流元件连接处为其进口，与引压管连接处为其出口，则当被测介质密度小于隔离液的密度时，隔离器要上进下出，若被测介质密度大于隔离液密度，隔离器要下进上出。
在灌隔离液时，应打开中间堵头螺钉后往里灌。由于隔离液的密度和被测介质不同，所以测差压时，高低压室的起始高度必须调整到同一水平线上，并且在隔离液中不允许有气泡存在，隔离器应无泄漏现象，这样才能使分界面高度相等，不产生零位误差。</td></tr>
<tr><td>集气器和沉降器</td><td>当被测介质为液体时，为防止液体中析出的气体引起静压头变化，产生测量附加误差，常在导压管最高处安装集气器。集气器上有排气阀，可以定期排放气体。另外，为了防止液体中析出的沉淀堵塞导管，又在导管最低处安装沉降器及排污阀以便定期排出污物。集气器和沉降器是一个空罐，体积尽可能设计得大一些，以便放气排污的周期加长。</td></tr>
</table>

3 转子流量计

转子流量计

转子流量计又称浮子流量计，是基于浮子位置测量的一种变面积流量仪表，通过测量设在直流管道内的转动部件的位置来推算流量。

在一根由下向上扩大的垂直锥管中，圆形横截面的浮子的重力是由液体动力承受的；浮子可以在锥管内自由地上升和下降。在流速和浮力作用下上下运动，与浮子重量平衡后，通过磁耦合传到刻度盘指示流量。其一般分为玻璃和金属转子流量计。金属转子流量计是工业上最常用的，对于小管径腐蚀性介质通常用玻璃材质，由于玻璃材质的本身易碎性，关键的控制点也有用以全钛材等贵重金属为材质的转子流量计。

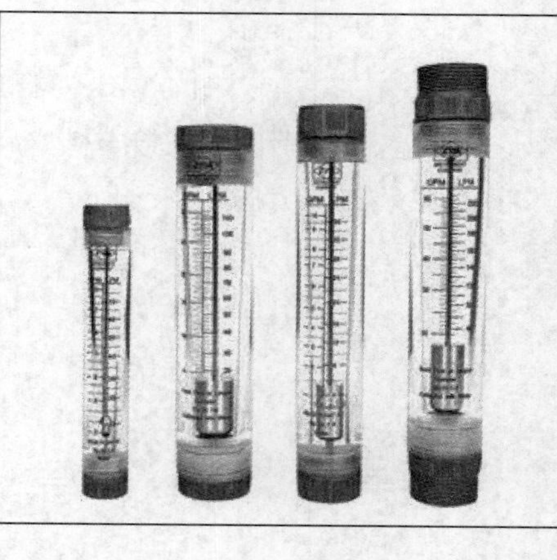

转子流量计工作原理

转子流量计又称面积式流量计或恒压降式流量计，它也是以流体流动时的节流原理为基础的一种流量测量仪表。

在一个向上略为扩大的均匀锥形管内，放一个较被测流体密度稍大的浮子（也叫转子），如图 4-1-22 所示，当流体自下而上流动时，浮子受到流体的作用力而上升，流体的流量越大，浮子上升越高。浮子上升的高度就代表一定的流量。从而可从管壁上的流量刻度标尺直接读出流量数值。

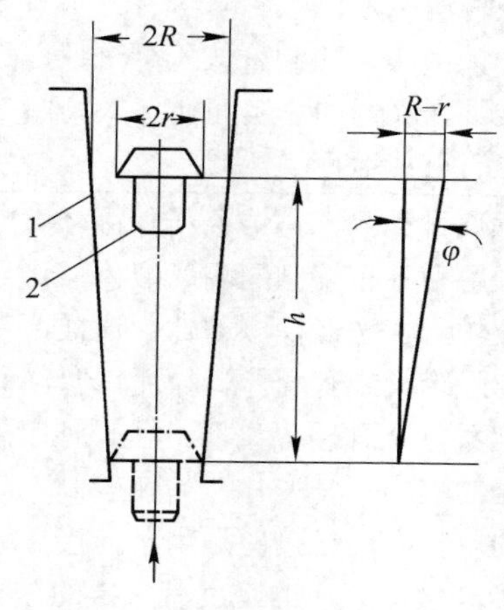

1—锥形测量管；2—转子

图 4-1-22　转子流量计工作原理

浮子在管内可视为一个节流件，在锥形管与浮子之间形成一个环形通道，浮子的升降就改变环形通道的流通面积从而测定流量，故又称为面积式流量计。

它与流通面积固定，通过测量压差变化而测定流量的节流式流量计比较，结构简单得多。浮子在锥形管内受流体向上的浮力为 $\rho A_S V^2/2$，浮子在流体中自垂向下的力为 $C_S(\rho_S-\rho)g$，忽略压力损失，在平衡状态即浮子稳定在一定高度时，则有

$$\rho A_S V^2/2=C_S(\rho_S-\rho)g$$

由此得

$$V=\sqrt{\frac{2C_S(\rho_S-\rho)g}{A_S\rho}}$$

式中　A_S、C_S——浮力的最大截面积（m^2）和其体积（m^3）；

ρ_S、ρ——浮子与被测流体的密度，kg/m^3；

V——浮子与锥形管之间环形通道处的流速，m/s。

在浮子稳定位置处，流体通过的体积流量 Q 为

$$Q = aA_0\sqrt{\frac{2C_S(\rho_S - \rho)g}{A_S\rho}}$$

式中　a——流量系数，它与锥形管的锥度、浮子的形状和雷诺数等因素有关，由实验确定；

A_0——浮子稳定位置处的环形通道面积，$A_0=\pi(R+r)h\tan j$。

对于一台具体的流量计，A_S、C_S、ρ_S、R、r、φ、a 均可视为常数，当被测流体的密度 ρ 已知时，上式可简化为 $Q=f(h)$。Q 与 h 之间并非线性关系，只是由于锥形管夹角 φ 很小，可近似视为线性关系，通常在锥形管壁上直接刻流量标尺。

转子流量计可用来测量各种气体、液体和蒸汽的流量，适用于中、小流量范围，流量计口径从几毫米到几十毫米，流量范围从每小时几升到几百立方米（液体）、几千立方米（气体），准确度为±（1%～2.5%），量程比为 10:1。浮子对污染比较敏感，应定期清洗，不宜用来测量使浮子污染的介质的流量。

制造厂在标定转子流量计流量刻度时，是用水（液体转子流量计）或空气（气体转子流量计）在标准状态（293.15K、101.325kPa）下进行标定的。在实际使用中，如果被测量流体的性质（密度）和工作状态（温度、压力）与标定时不同，会产生测量误差，应对流量示值加以修正。

转子流量计的种类及结构

转子流量计的浮子可以用不锈钢、铝、铜或塑料等制造，视被测流体的性质和量程的大小来选择。转子流量计有直接式和远传式两种，前者锥形管用玻璃（或透明塑料）制成，流量标尺刻度在管壁上，可就地读数，称为玻璃转子流量计，后者锥形管用不锈钢制造，将浮子的位移转换成标准电流信号（4～20mA DC）或气压信号（0.02～0.1MPa）并传递至仪表室以显示记录，便于集中检测和自动控制，称为金属管转子流量计。金属管转子流量计按转换器不同又可分为气远传、电远传、指示型、报警型、带积算型等；按其变送器的结构和用途又可分为基础型、夹套保湿型、耐腐蚀型、高温型、高压型等。

图 4-1-23 所示为电远传金属管转子流量计工作原理图。当流体通过仪表时，转子上升，其位移通过封镶在转子上部的磁钢与外面的双面磁钢耦合传出，由平衡杆带动两套四连杆机构，分别实现现场指示和使铁芯相对于差动变压器产生位移，从而使差动变压器的次级绕组产生不平衡电势，经整流后，输出 0～10mV 或 0～50mV 的电压信号。如要输出标准电流信号，则可将整流后的电信号再经功率放大等，最后输出 0～10mA 或 4～20mA 标准电流信号，便于远传进行指示、记录或调节等。

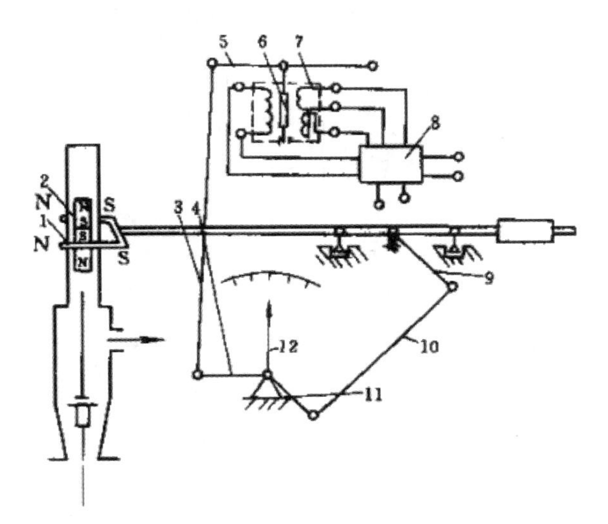

1，2—磁钢；3，4，5—第二套四连杆机构；6—铁芯；7—差动变压器；8—电转换器；
9，10，11—第一套四连杆机构；12—指针

图 4-1-23　电远传金属管转子流量计工作原理

4 其他流量计

<table>
<tr><th colspan="3">电磁流量计</th></tr>
<tr><td colspan="3">在生产过程中，有电导性的液体不少，可以应用电磁感应的方法来测量其流量。根据电磁感应原理制成的电磁流量计，能够测量有一定电导率的各种流体的流量，由流量传感器和转换器等组成。</td></tr>
<tr><td>工作原理</td><td>当被测流体垂直于磁力线方向流动而切割磁力线时，如图 4-1-24 所示，在与流体流向和磁力线垂直方向上产生感应电势 E_x（V），E_x 与体积流量 Q 的关系为
$$E_x=4B/(\pi D)Q\times 10^{-8}=KQ$$
式中 K 为仪表常数，取决于仪表几何尺寸及磁场强度。
利用传感器测量管上对称配置的电极引出感应电势，经放大和转换处理后，仪表指示出流量值。</td><td>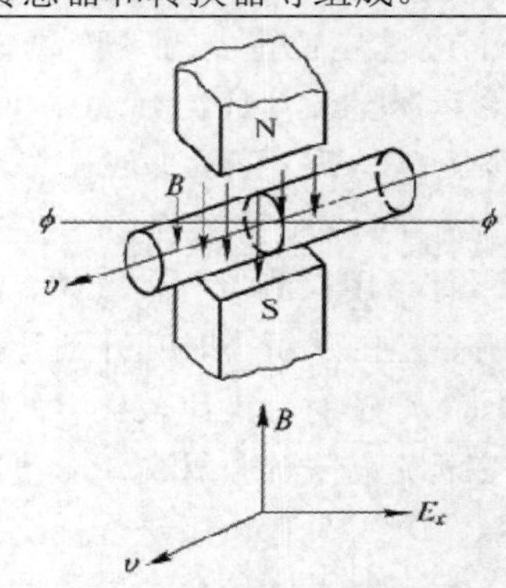

图 4-1-24　电磁流量计的工作原理</td></tr>
<tr><td>特点</td><td colspan="2">电磁流量传感器普遍适用于稍具电导率流体的流量测量，适应范围广泛。在管道中没有阻力件，也没有可动部件，因而压力损失小。信号变换与处理技术不断改善，因而测量精度高、可靠性好。近年来，插入式电磁流量探头的出现，使电磁流量传感器使用范围更加广泛。</td></tr>
<tr><td>电磁流量传感器结构</td><td>电磁流量传感器由测量管、励磁系统（励磁线圈、磁轭等）、电极、内衬和外壳等组成，如图 4-1-25 所示。测量管由非导磁的高阻材料制成，如不锈钢、玻璃钢或某些具有高阻率的铝合金。这些材料可避免磁力线被测量管的管壁短路，且涡流损耗较小。
为了防止测量导管被磨损或腐蚀，常在绝缘管内壁衬上绝缘衬里，衬里材料视被测介质的性质和工作温度而不同，耐腐蚀性较好的材料有聚四氟乙烯、聚三氟氯乙烯、耐酸搪瓷等；耐磨性能较好的材料有聚氨酯橡胶和耐磨橡胶等。
电极用非导磁不锈钢制成，或用铂、金或镀铂、镀金的不锈钢制成。电极的安装位置宜在管道的水平对称方向，以防止沉淀物堆积在电极上面而影响测量准确度。要求电极与内衬齐平，以便流体通过时不受阻力。电极与测量管内壁必须绝缘，以防止感应电势被短路。</td><td>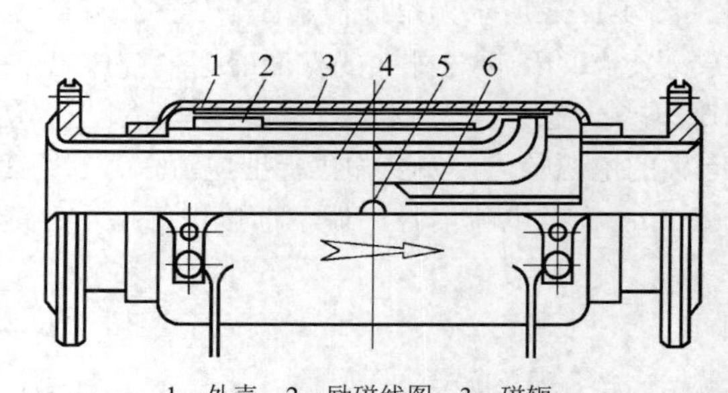

1—外壳；2—励磁线图；3—磁轭；
4—内衬；5—电极；6—绕组支持件
图 4-1-25　电磁流量传感器结构</td></tr>
<tr><td>电磁流量传感器的励磁与干扰</td><td colspan="2">电磁流量计的励磁，原则上采用交流励磁和直流励磁都可以。直流励磁不会造成干扰，仪表性能稳定，工作可靠。但直流磁场在电极上产生直流电势，可能引起被测液体电解，在电极上产生极化现象，从而破坏了原来的测量条件。因此电磁流量计通常采用交流励磁系统，如图 4-1-26 所示。
（a）交流励磁
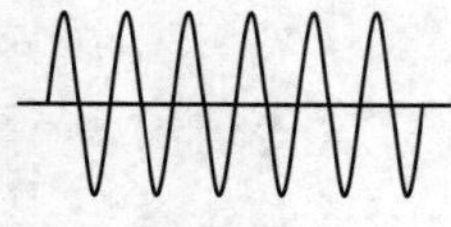
（b）矩形波（2 值）励磁
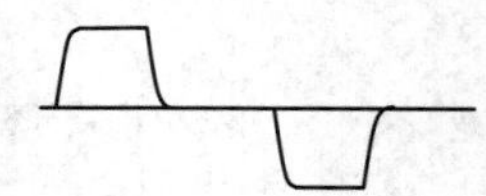
（c）矩形波（3 值）励磁
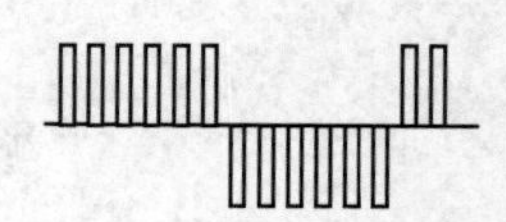
（d）双频矩形波励磁
图 4-1-26　几种励磁波形</td></tr>
</table>

	交流磁场虽然可以有效地消除极化现象，但由于传感器测量导管内充满的是导电液体，交变磁通穿过由电极引线、被测液体和转换器的输入阻抗构成的闭合回路，在此回路内产生的干扰电势 e_t 为 $$e_t=-K_B\frac{\mathrm{d}B}{\mathrm{d}t}=-K_B\frac{\mathrm{d}(B_m\sin\omega t)}{\mathrm{d}t}=-K'_B\sin(\omega t-90°)$$ 干扰电势 e_t 与信号电势 E_x 频率相同，而相位差为 90°，故称其为 90° 干扰或正交干扰。严重时 e_t 可与 E_x 相当，甚至大于 E_x。因此消除正交干扰是正常使用交流励磁的电磁流量计的关键问题。 正交干扰理想的消除方法式是使电极引出线所构成的平面与磁力线平行，避免磁力线穿过引出线。
	在此条件下干扰电压不会产生，但这样做相当困难。目前采用的方法是，从一根电极上引出两根接线，分别绕过磁极形成两个回路，并接入一个调零电位器 W，如图 4-1-27 所示。 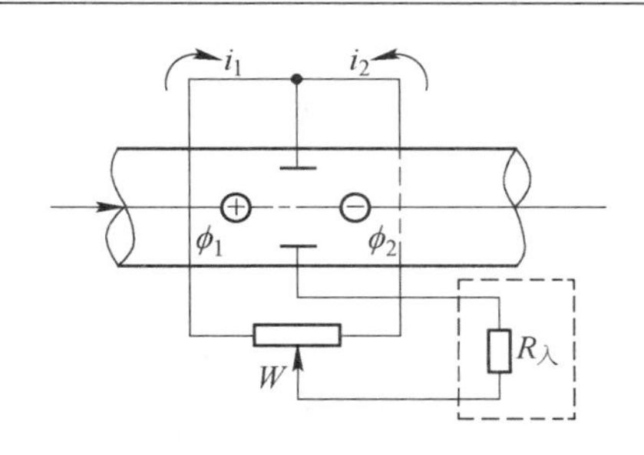 图 4-1-27 消除正交干扰的调零回路
电磁流量转换器	将传感器输出的电势信号 E_x 经转换器信号处理和放大后转换为正比于流量的 4～20mA DC 电流信号或脉冲信号，输出给显示记录仪表，因励磁波形的不同，电磁流量转换器的电路有多种形式。
电磁流量计的选用	流量计的特点： （1）测量导管内无可动部件，几乎没有压力损失，也不会发生堵塞理象； （2）无机械惯性，反应灵敏，可以测量脉动流量； （3）测量范围很宽，精度较高。 电磁流量计的缺点主要是： （1）被测介质温度有限制（一般为–40℃～130℃）； （2）要求被测介质必须具有导电性能。
电磁流量计的安装维护	电磁流量计要求传感器的测量管内必须充满液体，不允许有气泡产生（最好垂直安装）；垂直安装可以避免固液两相分布不均匀或液体内残留气体的分离，这样可以减少测量误差。 应有足够长的直管段，一般要求不小于 5*D*。 电磁流量传感器的输出信号比较微弱，一般满量程只有几毫伏，流量很小时只有几微伏，故易受外界磁场干扰。因此传感器的外壳、屏蔽线及测量导管均应妥善地单独接地，不允许接在电机及变压器等的公共中线上或水平管上。为了防止干扰，传感器及转换器应安装在远离大功率电气设备（如电机及变压器）的地方。 电磁流量传感器及转换器应用同相电源，不同相的电源可使检测信号与反馈信号相位差 120°，相敏整流器的整流效率将大大降低，以致仪表不能正常工作。 仪表使用一段时间后，管道内壁可能积垢，垢层的电阻低，严重时可能使电极短路，表现为流量信号越来越小或突然下降。此外，管壁内衬也可能被腐蚀或磨损，产生电极短路和渗漏现象，造成严重的测量误差，甚至仪表无法正常工作。因此，必须定期维护清洗传感器，保持测量管内壁清洁，电极光亮平整。

容积式流量计

应用容积法测量流体流量的仪表称为容积式流量计。它有一个已标定容积的计量室，容积是在仪表壳体与旋转体之间形成的。当流体经过仪表时，利用仪表入口和出口之间产生的压力差，推动旋转体转动，将流体从计量室中容积 V_0 一份一份地推送出去。所推送出的流体流量为

$$Q=nV_0$$

式中 n 为转动的次数，其单位为 r/s（转 / 秒）。

因为计量室的容积是已知的，故只要测出旋转体的转动次数，根据计量室的容积和旋转体的转动频率，求出流体的瞬时流量和累计流量。容积式流量计的种类较多，按旋转体的结构不同分为转轮式、转盘式、活塞式、刮板式和皮囊式流量计等。

转轮式流量计按两个相切转轮的旋转方式和结构不同，分为齿轮式、腰轮式、双转子式与螺杆式四种，最常见的是前两种。

1. 椭圆齿轮流量计

在流体差压（P_1–P_2）作用下，推动椭圆齿轮 A 和 B 反方向旋转，不断地将充满半月形固定容积中的流体推出去，其转动与充液排液过程如图 4-1-28 所示。齿轮每转一周就推出四个半月形容积的流体，从齿轮的转数可计算出排出流体的总流量。椭圆齿轮的转动通过减速传动机构带动指针与机械计数器，仪表盘中间的大指针指示流体的瞬时流量，经过齿轮计数器显示体积总流量。

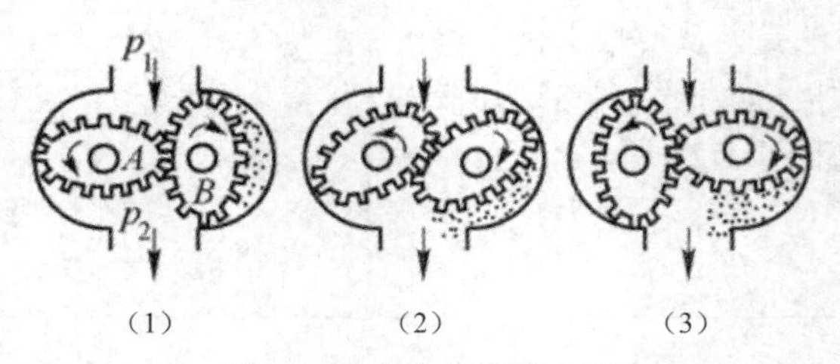

图 4-1-28 齿轮式流量计原理

2. 腰轮流量计（罗茨流量计）

腰轮流量计如图 4-1-29 所示，椭圆齿轮换为无齿的腰轮：由于腰轮没有齿，不易被流体中尘灰夹杂卡死，同时腰轮的磨损也较椭圆齿轮轻一些，因此使用寿命较长，准确度较高，可作标准表使用。

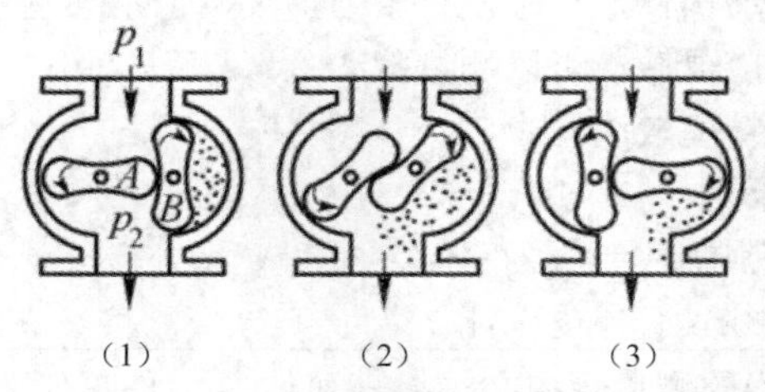

（1）t=0，θ=0°，流体进入计量室；

（2）t=T/8，θ=45°，流体排出计量室；

（3）t=T/4，θ=90°，流体全部排出，开始下一个循环，每次周期完成 4 次计量

图 4-1-29 腰轮流量计原理

3. 容积式流量计的选用

容积式流量计主要特点是测量准确度高，被测介质的黏度、温度及密度等的变化对测量准确度影响小，测量过程与雷诺数无关，尤其适用于高黏度流体的流量测量（因泄漏误差随黏度增大而减小）。流量计的量程比较宽，一般为 10:1。安装仪表的直管段长度要求不严格。缺点是结构较复杂、运动部件易磨损，对于大口径管道的流量测量，流量计的体积大而笨重，维护不够方便、成本也较高。在选用时注意如下问题：

（1）选择这种流量计时，不能简单地按连接管道的直径大小去确定仪表规格；应注意实际应用时的测量范围保持在所选仪表的量程范围以内。

（2）为了避免液体中的固体颗粒进入流量计而磨损运动部件，流量计前应装配筛网过滤器，并注意定期清洗和更换过滤网。

（3）当被测液体含有气体或可能析出气体时，在流量计前方应装气液分离器，以免气体进入流量计形成气泡而影响测量准确度。

（4）在精密测量中应考虑被测介质的温度变化对流量测量的影响，过去都采用人工修正，现在已有可进行温度与压力自动补偿并自动显示记录的容积流量计。

质量流量计

质量流量计大致分为三大类：直接式、推导式和补偿式。直接式质量流量计即直接检测与质量流量成比

例的量，检测元件直接反映出质量流量。推导式质量流量计是用体积流量计和密度计组合的仪表来测量质量流量，同时检测出体积流量和流体密度，通过运算得出与质量流量有关的输出信号。补偿式质量流量计同时检测流体的体积流量和流体的温度、压力值，再根据流体密度与温度、压力的关系，由计算单元计算得到该状态下流体的密度值，最后再计算得到流体的质量流量值。

1. 科里奥利质量流量计

科里奥利质量流量计（简称 CMF）是利用流体在振动管中流动时，产生与质量流量成正比的科里奥利力而制成的一种直接式质量流量仪表。

双 U 形科里奥利流量传感器的结构如图 4-1-30 所示，它是两根 U 形管在驱动线圈的作用下，以一定频率振动。

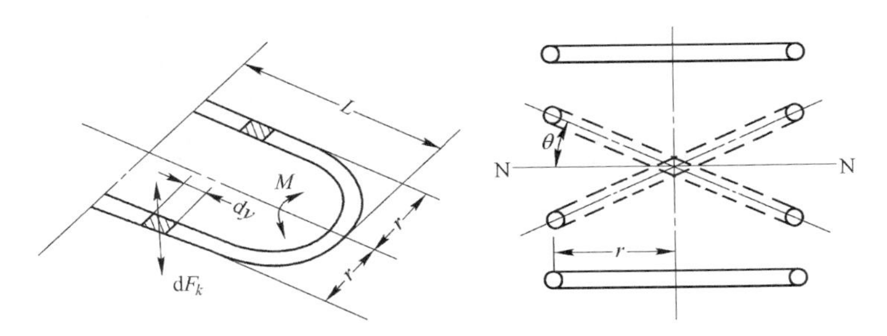

图 4-1-30　科里奥利质量流量传感器结构原理图

如图 4-1-30 所示，被测流体从 U 形管流过，其流动方向与振动方向垂直，由理论力学可知，当某一质量为 m 的物体在旋转（在此为振动）参考系中以速度 u 运动时，将受到一个力的作用（$\propto m$），从而在直管段产生扭矩，在该力矩作用下，U 形管产生扭矩转角 θ（$\propto q_m$）。通过测量 U 形管两端管通过振动中心 N-N 所需的时间差即可得到 q_m。

2. 热式质量流量计

利用流体热交换原理构成的流量计称为热式流量计，如图 4-1-31 所示。它有两种形式，即量热式与冷却式，前者为分布式仪表，测量范围有限；后者为插入式仪表，测量范围较大。

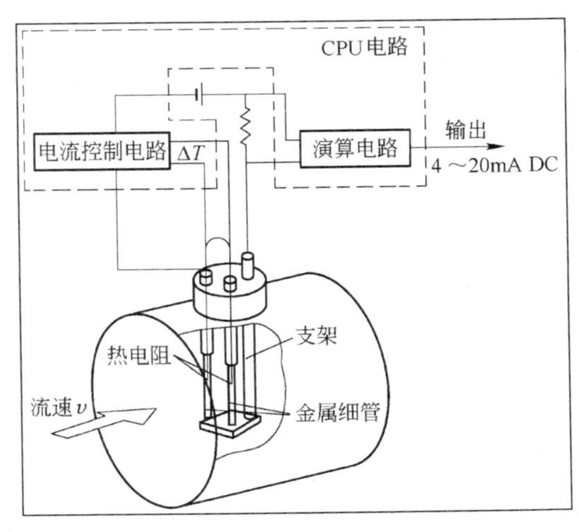

图 4-1-31　热式插入式质量流量计

3. 推导式质量流量计

用测量体积流量的流量计配合密度计，利用 $q_m=\rho qv$ 计算得出质量流量，如图 4-1-32 所示为一种推导式质量流量计，节流孔板和密度计配合，测得质量流量。密度计可采用同位素、超声波、振动管等连续测量密度的仪表。图中差压信号 ΔP 与体积流量 Q 成正比，差压变送器输出信号为 y，密度计的输出信号为 x，经过计算对 xy 开方后输出信号 z，乘一比例系数 k，即为质量流量：

$$M = z = \sqrt{xy} = kq_v\rho$$

同理，电磁流量计、容积流量计、涡轮流量计、涡街流量计等，都可与密度计配合测量流体质量流量。

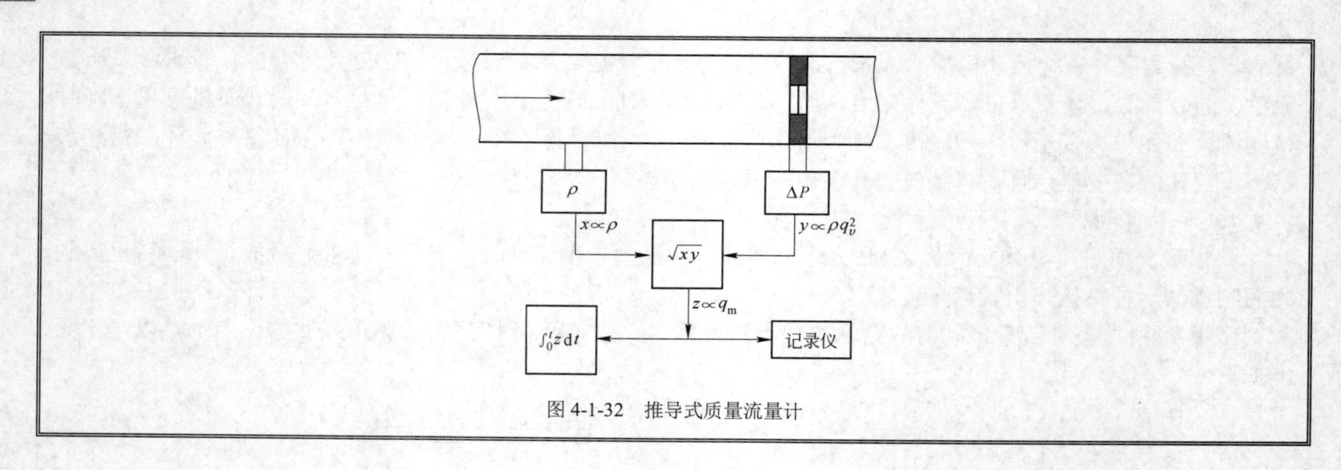

图 4-1-32 推导式质量流量计

子学习情境 4.2 泵与风机

工作任务单

<table>
<tr><td>情 境</td><td colspan="6">学习情境 4 流量控制</td></tr>
<tr><td rowspan="3">任务概况</td><td rowspan="2">任务名称</td><td rowspan="2">子学习情境 4.2 泵与风机</td><td>日期</td><td>班级</td><td>学习小组</td><td>负责人</td></tr>
<tr><td></td><td></td><td></td><td></td></tr>
<tr><td>组员</td><td colspan="5"></td></tr>
<tr><td>任务载体和资讯</td><td colspan="2">卧式 立式</td><td colspan="4">载体：泵与风机说明书。
资讯：
1．泵与风机的概念、组成、原理及分类。
2．叶片式泵与风机在管路上的工作情况。</td></tr>
<tr><td>任务目标</td><td colspan="6">1．掌握阅读产品说明书的方法。
2．掌握分析和调节叶片式泵与风机的方法。
3．培养学生的组织协调能力、语言表达能力，达到应有的职业素质目标。</td></tr>
<tr><td>任务要求</td><td colspan="6">前期准备：小组分工合作，通过网络收集泵与风机说明书资料。
识读内容要求：①仪表原理；②仪表的量程和精度；③仪表的电气连接方法及主要电气参数；④仪表的参数设置方法；⑤仪表的尺寸及安装方法。
任务成果：一份完整的报告。</td></tr>
</table>

1 泵与风机

泵与风机的概念

泵与风机是将原动机的机械能转化为被输送流体能量的一种动力设备，输送液体的动力设备称为泵，输送气体的动力设备称为风机。其作用主要是：输送机械向流体传递的能量，主要用来克服管路系统的能量损失，提高流体位能，满足工艺对压力的要求。其主要应用在以下几个领域：

（1）农业：灌溉。

（2）采矿工业：排水、通风。

（3）机械工业：润滑（泵）、冷却（泵、风机）、通风。

（4）建筑工业：给排水、通风、空调、供暖。

（5）医学：人工心脏。

（6）火电工业：煤燃烧需要空气、产生烟气；工质水。

（7）核电工业：工质水，润滑冷却。

泵与风机的分类

（1）按泵与风机所产生的全压高低分类：

泵
- 高压　大于　6MPa
- 中压　处于　2～6MPa
- 低压　小于　2MPa

风机
- 通风机　小于　15kPa
- 鼓风机　处于　15～340kPa
- 压气机　大于　340kPa

（2）按泵与风机工作原理分类：

泵
- 叶片式
  - 离心式
  - 轴流式
  - 混流式
- 容积式
  - 往复式
  - 回转式
- 其他
  - 真空泵
  - 射流泵
  - 水击泵

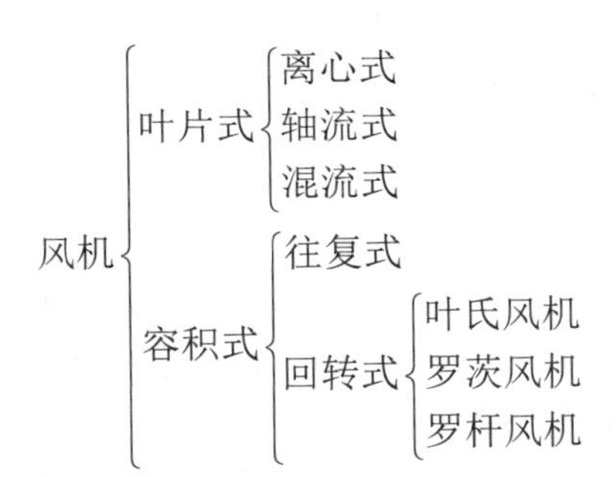

（3）按轴与基准的相对位置分类：卧式和立式。

（4）按用途分类：

- 水泵：给水泵、循环水泵、冷却水泵
- 风机：送风机、引风机、增压风机

2　叶片式泵与风机

叶片式泵与风机分类

（1）离心式泵与风机的出流方向沿径向。

（2）轴流式泵与风机的出流方向沿轴向。

（3）混流式泵与风机的出流方向沿斜向。

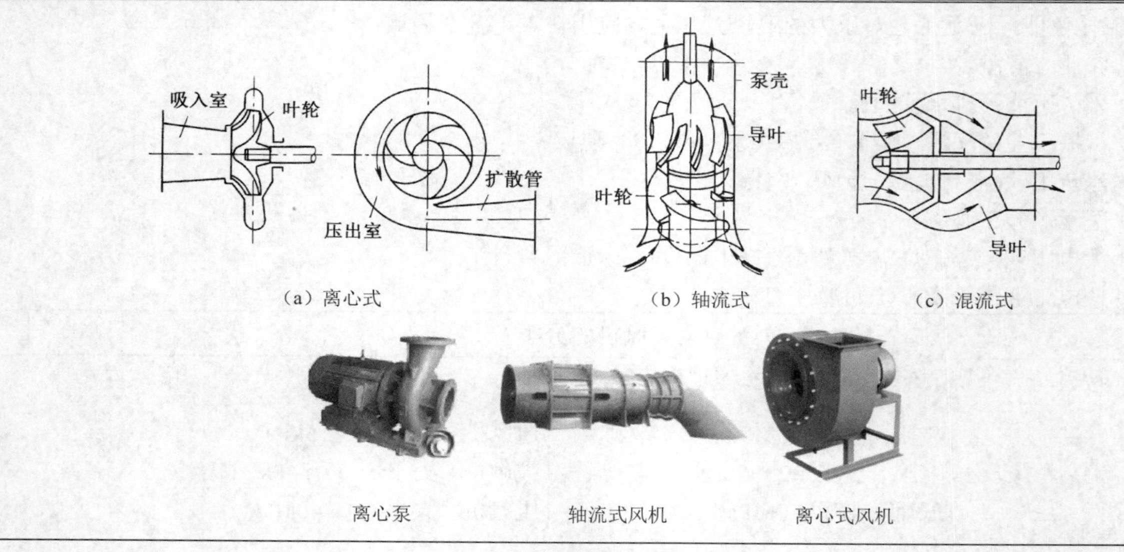

（a）离心式　（b）轴流式　（c）混流式

离心泵　轴流式风机　离心式风机

离心式泵与风机

1. 离心泵结构

离心泵的主要零件由转动、固定及交接三大部件组成，其中转动部件有叶轮和泵轴，固定部件有泵壳和泵座，交接部件有轴承、轴封、联轴器、减漏环及轴向力平衡装置等。

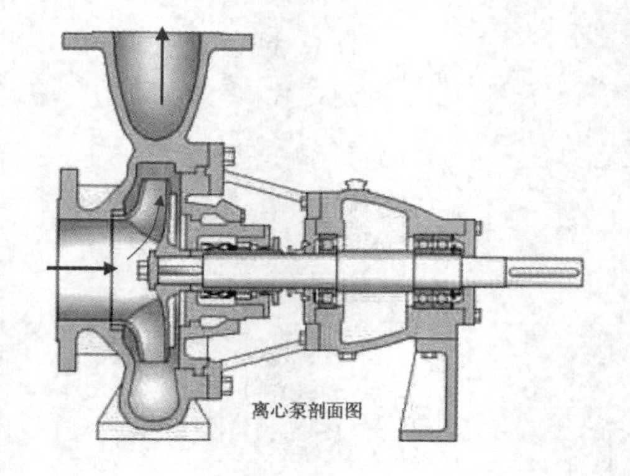

离心泵剖面图

其中：

（1）叶轮是做功元件。主要分为封闭叶轮（前后盖板、轮毂、叶片）、半开叶轮、全开叶轮三种。其中封闭叶轮效率高，适用于输送清水；全开叶轮效率低，适用于输送含杂质流体；半开叶轮介于它俩之间。

（2）吸入室位于泵入口法兰到叶轮入口的流动空间。其作用是以最小的阻力损失，将流体平稳引入叶轮；其形状有锥形、环形、半螺旋形、弯管形。

1）锥形的结构简单、流动损失小，适用于小型单级悬臂支承泵；

2）环形的结构简单、轴向尺寸小、流动损失较大，适用于分段多级泵；

3）半螺旋形的有预旋，能头降低，流动损失小，适用于大型单级、多级泵；

4）弯管形的流动损失小、轴向尺寸大，适用于大型单级、多级泵。

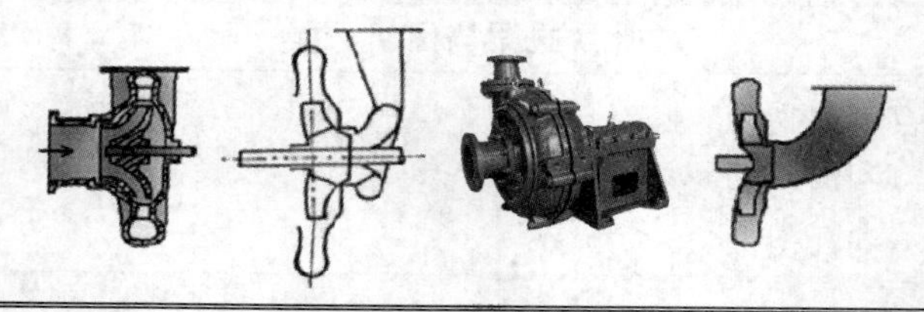

（3）压水室位于叶轮出口到泵出口法兰之间的流动空间。其作用是在最小阻力损失下，将流体从叶轮收集起来并引出。其主要有环形、螺旋形两种。

1）环形结构简单、轴向尺寸小、流动损失较大，适用于节段多级泵；

2）螺旋形压水室的流动损失小，适用于单级、多级泵。

2. 离心泵的管路及附件

采用离心泵提升输送液体时，常配有管路及其他必要的附件。典型的离心泵管路附件装置如图 4-2-1 所示。

从吸液池液面下方的底阀开始到泵的吸入口法兰为止，这段管段叫作吸水管段。底阀的作用是阻止水泵启动前灌水时漏水。泵的吸入口处装有真空计，以便观察吸入口处的真空值。吸水管水平段的阻力应尽可能降低，其上一般不设阀门。水平管段要向泵方向抬升，以便于排除空气。过长的吸水管段还要装设防振件。泵出口以外的管段是压水管段。压水管段装有压力表，以测量泵出口压强。止回阀用来防止压水管段中的液体倒流。闸阀用来调节流量的大小。此外，还应装设排水管，以便将填料盖处漏出的水引向排水沟。有时，出于防振的需要，在泵的出、入口处一般选用 K-ST 型可曲挠橡胶接头。另外，安装在供热、空调系统上的水泵还需在其出、入口装设温度计。

当两台或两台以上水泵的吸水管路彼此相连时，或当水泵处于自灌式灌水，即水泵的安装高程低于水池水面时，吸水管上应安装闸阀。

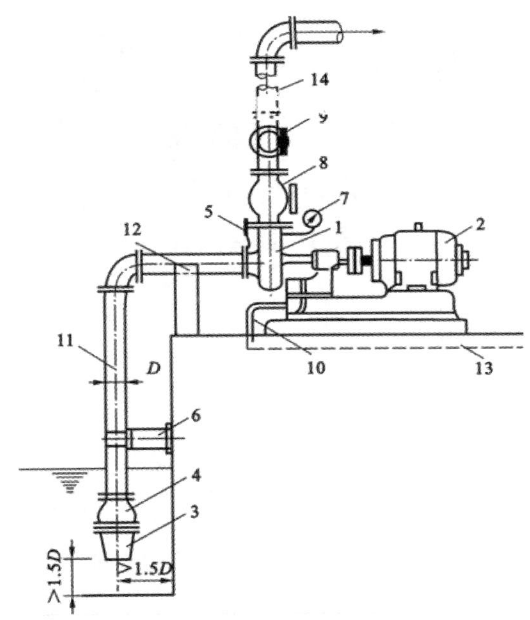

1—离心泵；2—电动机；3—拦污栅；4—底阀；5—真空表；6—防振件；7—压力表；
8—止回阀；9—闸阀；10—排水管； 11—吸水管；12—支座；13—排水沟；14—压水管

图 4-2-1　离心泵管路附件装置

3. 离心泵的工作原理

离心泵是依靠装于泵轴上叶轮的高速旋转，使液体在叶轮中流动时受到离心力的作用而获得能量的。离心泵启动之前必须使泵内和进水管中充满水，然后启动电动机，带动叶轮在泵壳内高速旋转，水在离心力的作用下甩向叶轮边缘，经蜗壳形泵壳中的流道被甩入水泵的压水管中，沿压水管输送出去。水被甩出后，水泵叶轮中心就会形成真空，水池中的水在大气压的作用下，沿吸水管流入水泵吸入口，受叶轮高速旋转的作用，水又被甩出叶轮进入压水管道，如此作用下就形成了离心泵连续不断的吸水和压水过程。

离心泵输送液体的过程，实际上完成了能量的传递和转化，电动机高速旋转的机械能转化为被抽升液体的动能和势能。在这个能量的传递与转化过程中，伴随着能量损失，损失越大，该泵的性能越差，效率越低。

最常用的离心泵是卧式单级单吸泵，根据其构造特点的不同，又可分为悬臂式和直联式两种，如图 4-2-2 所示。悬臂式离心泵的叶轮悬臂地固定在泵轴上，所以称为悬臂式离心泵。直联式离心泵的叶轮直接装在电动机加长轴上，泵体与电动机壳接在一起，故称为直联式离心泵。这类水泵所能提供的流量范围为 4.5～300m^3/h，扬程为8～150m。

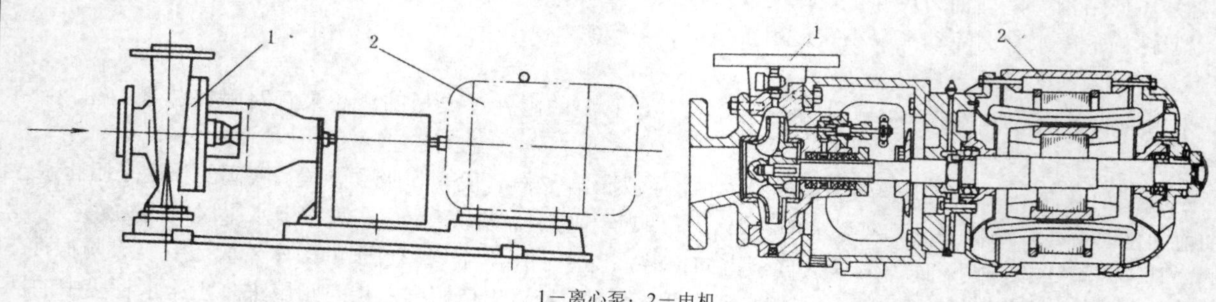

1一离心泵；2一电机

图4-2-2 单级单吸离心泵

多级分段离心泵是将几个叶轮同时安装在一根轴上串联工作，如图4-2-3所示。液体在泵中顺序地流过各级叶轮，它的总扬程等于各级叶轮产生的扬程之和，它的级数等于叶轮个数。这类泵所能提供的流量范围为2.5～550m^3/h，扬程为50～800m，在暖通工程中，常用这类水泵作为锅炉给水泵。

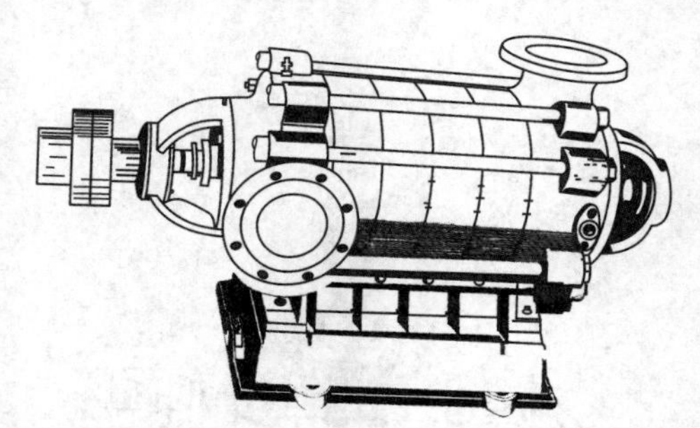

图4-2-3 多级分段离心泵

4. 离心风机结构

离心风机主要工作零件（图 4-2-4）有叶轮、机壳、机轴、蜗壳、集流器等。对大型离心风机，一般还有进气箱、前导器和扩压器等。

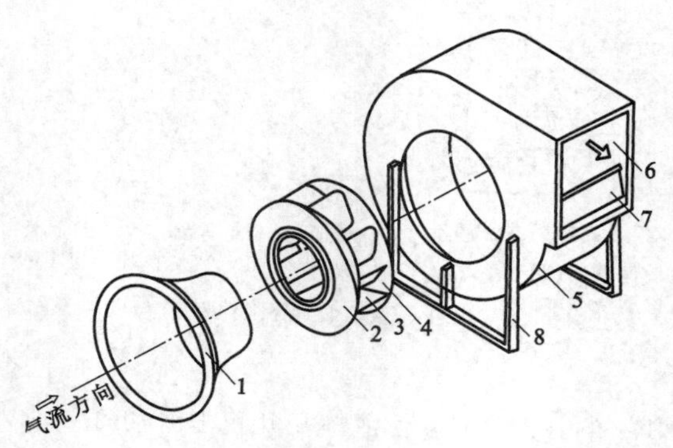

1一吸入口；2一叶轮前盘；3一叶片；4一后盘；
5一机壳；6一出口；7一节流板，即风舌；8一支架

图4-2-4 离心风机主要结构分解示意图

（1）叶轮是离心通风机的主要零件，叶轮的结构参数和几何形状对通风机的性能有着重要影响。叶轮一般由前盘、后盘、叶片和轮毂所组成，其结构有焊接和铆接两种形式。叶轮前盘的形式有平前盘、锥形前盘和弧形前盘等几种。

（2）风机的机壳与泵壳相似，呈蜗壳形。它的作用是汇集叶轮中甩出来的气体，并将部分动压转换为静压，最后将气体导向出口。机壳可以用钢板、塑料板、玻璃钢等材料制成，其断面有方形和圆形两种，一般中、低压风机多呈方形，高压风机则呈圆形。目前研制生产的新型风机的机壳能在一定的范围内转动，以

适应用户对出风口方向的不同需要。

（3）风机的吸入口又称集流器，是连接风机与风管的部件。吸入口的作用是保证气流能均匀地充满叶轮进口截面，降低流动损失。目前常用的吸入口形式有圆筒形、圆锥形、圆弧形、锥筒形、弧筒形、锥弧形等多种。吸入口形状应尽可能符合叶轮进口附近气流的流动状况，以避免漏流及其引起的损失。从流动方面比较，圆锥形比圆筒形好，圆弧形比圆锥形好，锥弧形比圆弧形好。但是锥弧形吸入口加工复杂，一般用于高效通风机上。

（4）进气箱一般只使用在大型的或双吸的离心风机上。其主要作用可使轴承装于风机的机壳外边，便于安装与检修，对改善锅炉引风机的轴承工作条件更为有利。对进风口直接装有弯管的风机，在进风口前装上进气箱，能减少因气流不均匀进入叶轮产生的流动损失。断面逐渐收敛的进气箱的效果较好。

5. 离心式泵与风机的原理

当叶轮转动时，叶片驱使流体一起转动，使流体产生离心力，在离心力作用下，流体沿叶片流道被甩向叶轮出口，经扩压器、蜗壳送入排出管。流体从叶轮获得能量，使压力能和速度能增加。

在流体被甩向叶轮出口的同时，叶轮中心入口处的压力显著下降，瞬时形成真空，在吸入端大气压强的作用下，入口流体进入叶轮中心。叶轮不停地旋转，流体就不断地被吸入和排出。

注意：离心泵开泵之前，必须打开出入管道阀，将泵体内充满流体，只有这样离心泵才能正常工作。

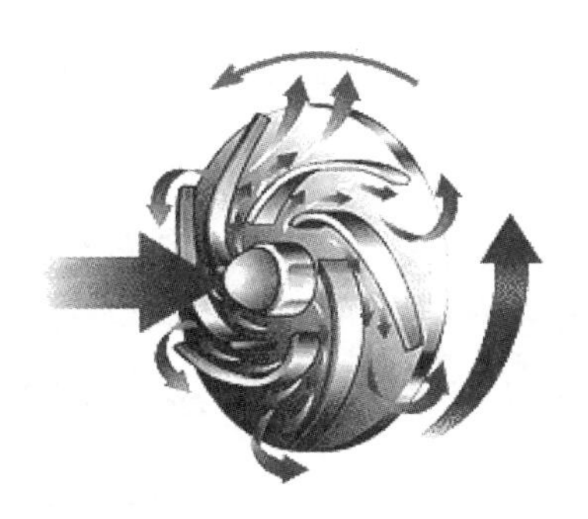

轴流式泵与风机

轴流式泵与风机是一种比转数较高的叶片式流体机械，它们的突出特点是流量大而扬程较低。

1. 轴流泵的结构

轴流泵主要由吸入管、叶轮、导叶、轴和轴承、机壳、出水弯管及轴封装置等零部件组成。其中导叶可改变流体流动方向、减小动能损失、将部分动能转变为静压能。

轴流泵的外形很像一根弯管。根据安装方式不同，轴流泵通常分为立式、卧式和斜式三种。图 4-2-5 所示为立式轴流泵的工作示意图。

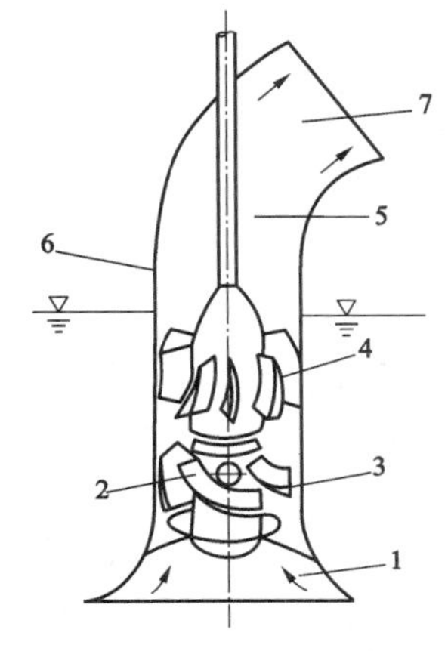

1—吸入管；2—叶片；3—叶轮；4—导叶；5—轴；6—机壳；7—压水管

图 4-2-5　立式轴流泵的工作示意图

（1）吸水管。吸水管是形状如流线型的喇叭管，方便汇集水流，并使其得到良好的水力条件。

（2）叶轮。叶轮是轴流泵的主要工作部件。按其调节的可能性分为固定式、半调式和全调式三种。固定式轴流泵的叶片与轮毂铸成一体，叶片的安装角度不能调节；半调式轴流泵的叶片是用螺栓装配在轮毂体上的，叶片的根部刻有基准线，轮毂体上刻有相应的安装角度位置线。根据不同的工况要求，可将螺母松开，转动叶片，改变叶片的安装角度，从而改变水泵的性能曲线。全调式轴流泵可以根据不同的扬程与流量要求，在停机或不停机的情况下，通过一套油压调节机构来改变叶片的安装角度，从而改变其性能，以满足用户的使用要求。

（3）导叶。在轴流泵中，液体运动类似螺旋运动，即液体除了轴向运动外，还有旋转运动。导叶固定在泵壳上，一般为3～6片。水流经过导叶时旋转运动受限制而做直线运动，旋转运动的动能转变为压力能。因此，导叶的作用是把叶轮中向上流出的水流旋转运动变为轴向运动，并减少水头损失。

（4）轴和轴承。泵轴是用来传递扭矩的，全调节轴流泵泵轴做成空心，里面安置调节操作油管。轴承有两种，一种称为导轴承，主要用来承受径向力，起径向定位作用；另一种称为推力轴承，在立式轴流泵中用来承受水流作用在叶片上方的压力及水泵转动部件重量，维持转子的轴向位置，并将这些推力传递到机组的基础上去。

（5）轴封装置。轴流泵出水弯管的轴孔处需要设置轴封装置，目前常用的轴封装置和离心泵相似。

2. 轴流式风机

轴流式风机基本构造如图4-2-6所示。它主要由圆形风筒、钟罩形吸入口、装有扭曲叶片的轮毂、流线型轮毂罩、电动机、电动机罩、扩压管等零部件组成。

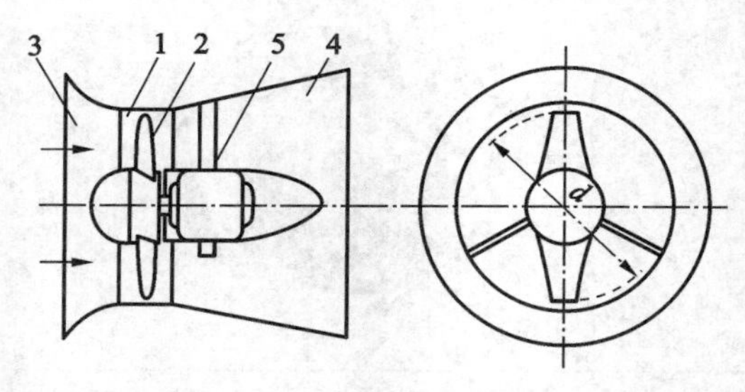

1—圆形风筒；2—叶片及轮毂；3—钟罩形吸入口；4—扩压管；5—电机及轮毂罩

图4-2-6 轴流式风机基本构造图

轴流式风机的叶轮由轮毂和铆在其上的叶片组成，叶片从根部到梢部常呈扭曲状态或与轮毂呈轴向倾斜状态，安装角一般不能调节。大型轴流式风机的叶片安装角是可以调节的。与轴流泵一样，调整叶片安装角就可以改变风机的流量和风压。大型风机进气口上常常装置导流叶片，出气口上装置整流叶片，以消除气流增压后产生的旋转运动，提高风机效率。

轴流式风机的种类很多：只有一个叶轮的轴流式风机叫作单级轴流式风机；为了提高风机压力，把两个叶轮串在同一根轴上的风机称为双级轴流式风机；图4-2-7所示的轴流式风机，电动机与叶轮装在一起，这种风机结构简单、噪声小，但由于这种风机的电动机直接处于被输送的气流之中，若输送温度较高的气体，就会降低电动机效率。为了克服上述缺点，工程中采用一种长轴式轴流式风机，如图4-2-7所示。

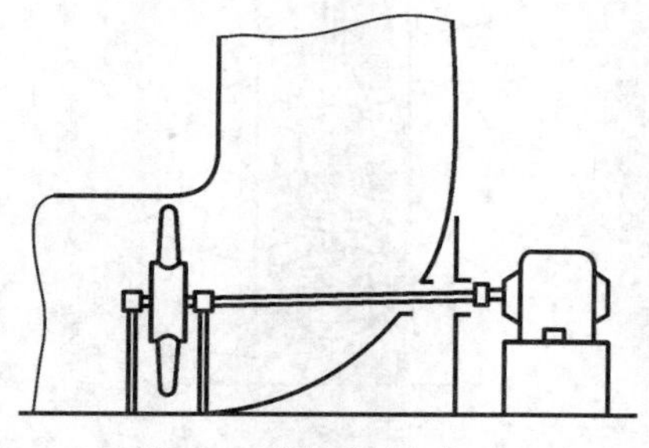

图4-2-7 长轴式轴流式风机

3. 轴流式泵与风机的原理

轴流式泵与风机的叶轮形状与离心式泵与风机不同，不是扁平的圆盘，而是一个圆柱体。其叶片呈回转状，有螺旋浆形、机翼形等。轴流泵的叶轮和泵轴一起安装在圆筒形的机壳中，机壳浸没在液体中。泵轴的伸出端通过联轴器与电动机连接。当电动机带动叶轮高速旋转运动时，由于叶片对流体的推力作用，迫使自吸入管吸入机壳的流体产生回转上升运动，从而使流体的压强及流速增高。增速增压后的流体经固定在机壳上的导叶作用，由旋转运动变为轴向运动，把旋转的动能变为压力能而自压出管流出。

容积式泵与风机（又称定排量式）

容积式泵与风机是指通过工作室容积周期性变化而实现输送流体的泵与风机。根据其机械运动方式的不同还可分为往复式、回转式和罗茨式三种。

（1）往复式容积式泵与风机

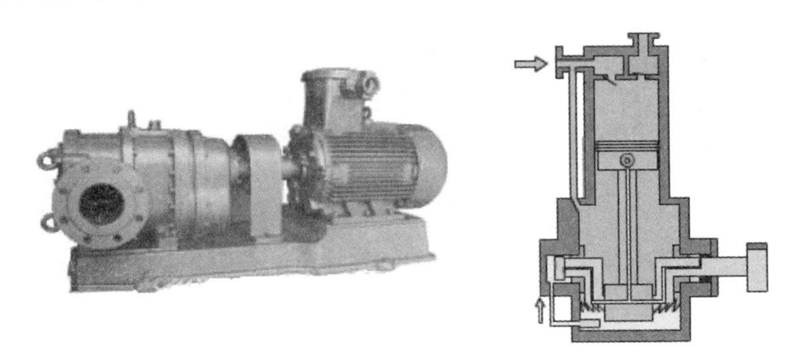

（2）回转式容积式泵与风机

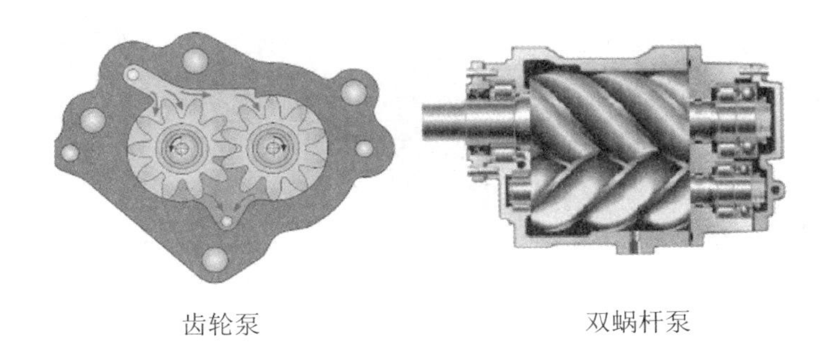

齿轮泵　　　　双蜗杆泵

（3）罗茨式容积式泵与风机

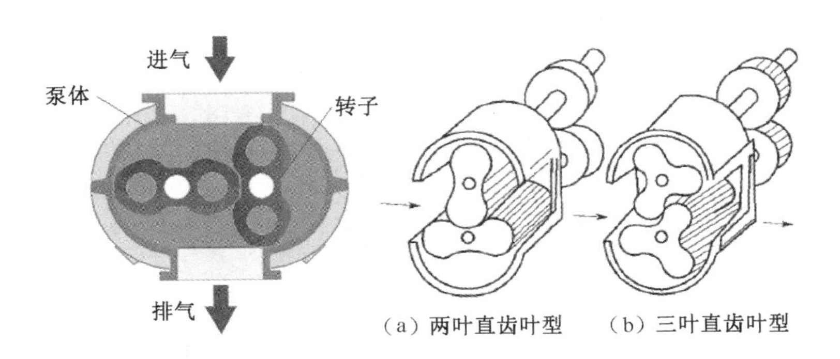

（a）两叶直齿叶型　　（b）三叶直齿叶型

罗茨鼓风机壳体内装有一对腰形渐开线的叶轮转子，通过主、从动轴上一对同步齿轮的作用，以同步等速向相反方向旋转，将气体从吸入口吸入，气体经过旋转的转子压入月牙形腔体中，随着腔体内转子旋转，气体受压排出出口，被送入管道或容器内。

罗茨鼓风机的特点是压力在小范围内变化能维持流量稳定，工作适应性强。在流量要求稳定而阻力变动幅度较大时，可自动调节，结构简单、制造维修方便，为石油化工企业所常用。

泵与风机主要性能参数

参数	说明
流量	泵与风机在单位时间内所输送的流体量，通常用体积流量 Q 表示，单位为 L/s、m^3/s、m^3/h；测量时，泵以出口流量计算，而风机则以进口流量计算。

	对于非常温水或其他液体也可以用质量流量 M 表示，单位为 kg/s、kg/h。Q 和 M 的换算关系为 $M=Q\times\rho$	
泵的扬程及风机的全压	泵的扬程指的是泵对流体的托举高度（不计算压头损失），它反映了单位重量流量的流体从泵的进口至出口的能量增值；用符号 H 来表示；单位为 m。 风机的压头（全压）指的是风机的静压增值加上风机动压增值，它反映了单位体积气体通过风机所获得的能量增量；用符号 p 来表示；单位为 Pa。 泵的扬程及风机的全压反映了泵与风机的出力大小。	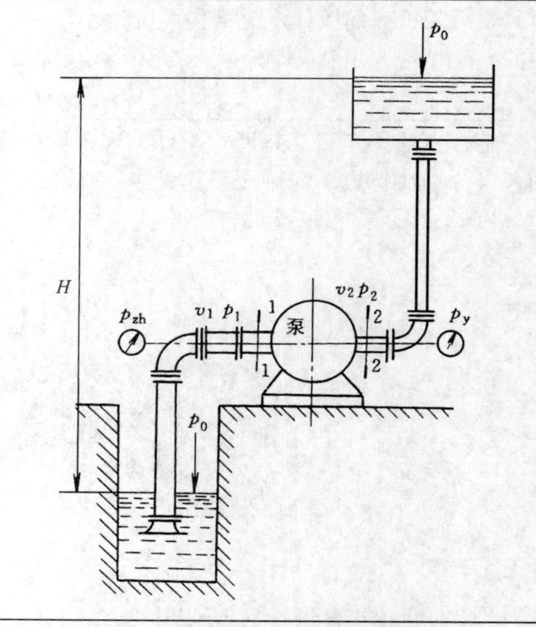
功率	单位时间内通过泵或风机的流体所获得的总能量叫有效功率；用符号 P 来表示；单位为 kW。	
效率	泵或风机的有效功率与输入的轴功率的比称为泵或风机的全压效率（简称“效率 η”）。	
转速	泵或风机叶轮每分钟的所转圈数；用符号 n 来表示；单位为 r/min。	

泵的特性曲线

离心泵的流量 Q、扬程 H、功率 P 和效率 η 为泵的基本性能参数，它们之间存在一定的关系，这些关系用曲线表示即为泵的特性曲线，如图 4-2-8 所示。

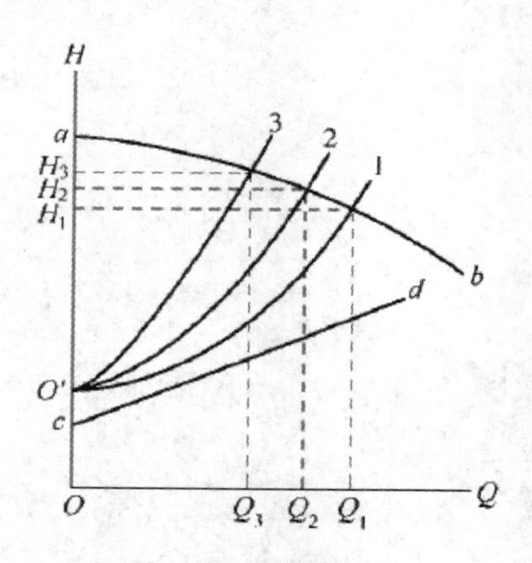

图 4-2-8　泵的特性曲线

离心泵的出口流量 Q 和扬程 H 之间的关系曲线叫流量—扬程曲线（图 4-2-8 中的 ab 线）。流量 Q 增大，扬程 H 变小，流量为 0 时，扬程 H 最大。流量 Q 和扬程 H 沿着 ab 曲线变化。

cd 为功率曲线。Q'-1，Q'-2、Q'-3 分别为系统中不同阻力曲线。某一工艺流程存在着系统阻力（阻力来自管道、弯头、阀门、设备等），对应某一系统阻力，便有一组确定的流量与扬程。例如，对于系统阻力 Q'-1，便有相应的流量 Q_1 和扬程 H_1；对于系统阻力 Q'-2，便有相应的流量 Q_2 和扬程 H_2；对于系统阻力 Q'-3，便有相应的流量 Q_3 和扬程 H_3。显然，系统阻力越大，泵的扬程越大，而流量越小。由图 4-2-8 可知，Q'-2 阻力大于 Q'-1 阻力，则 $H_2>H_1$，$Q_2<Q_1$。

系统阻力的大小可以通过调节泵进、出口阀门的开度来实现。对于确定的泵系统来说，当出口阀门全开时，系统的阻力最小，而对应的流量最大，扬程最小，功率最大。当出口阀门关死时，系统阻力最大，流量为零，扬程最大（为有限值），功率最小。因此在离心泵启动时，为了避免原动机超载，出口阀门不可全开。应当先将出口阀门关闭，在泵启动后再慢慢地打开，这样可以避免原动机启动时超载。只要泵腔中充满液体（避免口环、轴封等干摩擦），离心泵在出口阀门关闭时，允许短时间的运行。在运行当中，可以通过调节出口阀门开度而得到离心泵性能范围内的任一组流量与扬程。当然，泵在设计工况点运行时效率最高。

子学习情境 4.3　FESTO 流量控制系统硬件

工作任务单

<table>
<tr><td>情　　境</td><td colspan="6">学习情境 4　流量控制</td></tr>
<tr><td rowspan="3">任务概况</td><td rowspan="2">任务名称</td><td rowspan="2">子学习情境 4.3　FESTO 流量控制系统硬件</td><td>日期</td><td>班级</td><td>学习小组</td><td>负责人</td></tr>
<tr><td></td><td></td><td></td><td></td></tr>
<tr><td>组员</td><td colspan="5"></td></tr>
<tr><td rowspan="2">任务载体和资讯</td><td colspan="2" rowspan="2"></td><td colspan="4">载体：FESTO 过程控制系统及说明书。</td></tr>
<tr><td colspan="4">资讯：
1. 流量系统的硬件分析：①涡轮流量计（涡轮流量计、频率/电压变送器、二者的电气连接）；②比例阀（比例阀、比例阀的外部接线、比例阀的驱动电路）；③流量控制系统管路连接。
2. 基于仿真盒的流量控制调试（重点）：① 验证流量与累积流量的关系；② 手动流量控制实验。</td></tr>
<tr><td>任务目标</td><td colspan="6">1. 掌握阅读产品说明书的方法。
2. 掌握流量控制的管路连接关系。
3. 掌握流量控制系统各硬件的性能。
4. 掌握流量控制系统各组件的电气连接关系。
5. 掌握仿真盒的操作方法，会使用仿真盒对系统流量进行操控。
6. 培养学生的组织协调能力、语言表达能力，达成职业素质目标。</td></tr>
<tr><td>任务要求</td><td colspan="6">1. 要认真识读 FESTO 过程控制系统的操作安全章程和事故处理方法。
2. 认真观察 FESTO 过程控制系统的各组件。
3. 认真阅读 FESTO 过程控制系统的说明书。
4. 设计流量控制的管路连接方式。
5. 通过万用表测量和分析电路图，明确流量系统各组件的电气连接关系。
6. 利用仿真盒对系统的流量参数实施控制，并分析数据。</td></tr>
</table>

1 流量系统的硬件分析

1.1 流量检测元件

<table>
<tr><th colspan="4">涡轮流量计</th></tr>
<tr><th>外形</th><th colspan="2">符号</th><th>仪表的安装位置</th></tr>
<tr><td></td><td colspan="2">24V
0V</td><td rowspan="3"></td></tr>
<tr><th colspan="3">说明</th></tr>
<tr><td colspan="3">测量点 FIC101 对应流量传感器 B102。
光电涡轮流量传感器 B102 安装于水泵的出水口，用于检测水泵的输出流量。</td></tr>
</table>

<table>
<tr><th colspan="4">参数</th></tr>
<tr><td>输出频率信号</td><td>4～1200 Hz</td><td>连接</td><td>G1/4</td></tr>
<tr><td>供电电压</td><td>8～24V DC</td><td>量程</td><td>0.3～9.0L/min</td></tr>
<tr><td>输入电流</td><td>6～24 mA</td><td>工作温度</td><td>0℃～+65℃</td></tr>
</table>

<table>
<tr><th>涡轮流量计原理</th><td rowspan="2">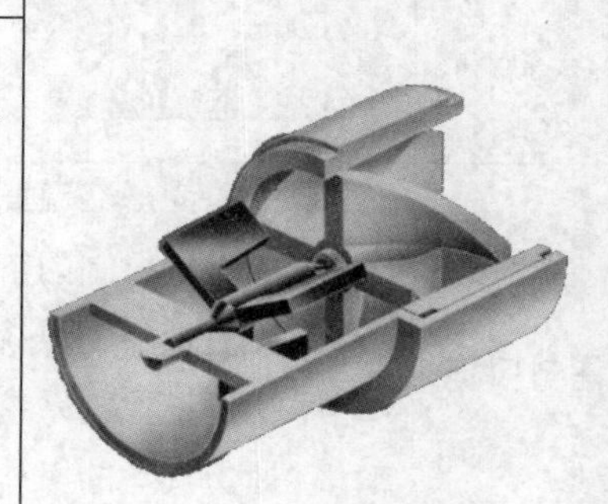</td></tr>
<tr><td>1．流动的液体不断冲击转子叶轮前缘。
2．由于叶轮方向与流体速度方向存在角度，流过流量计的液体会给叶片转子传递力矩，产生角速度。
3．转子旋转稳定后，其叶片两侧受到的液压力达到动态平衡，角速度稳定。
4．一定条件下，角速度大小（rpm）与流量成正比关系。
5．最低有效流量取决于液体的黏度及流量计的精度要求。
6．在叶片前缘与转子轴之间会产生液体低压区。
7．当液体内某点压力低于该液体当前的饱和蒸气压时，会发生空穴效应并产生水泡，影响测量结果。</td></tr>
<tr><th colspan="2">涡轮流量计的引出导线</th></tr>
<tr><td colspan="2">白色线接正极，绿色线接负极，棕色接线脉冲信号输出端。</td></tr>
<tr><th colspan="2">频率/电压变送器</th></tr>
<tr><td colspan="2">该变送器可将流量传感器传来的0～1000Hz 脉冲信号变为0～10V 的电压信号输出。其电源电压为24V DC。它是可插拔端子块，可以简单地把它从插座上拔出来。</td></tr>
</table>

外形	原理结构
	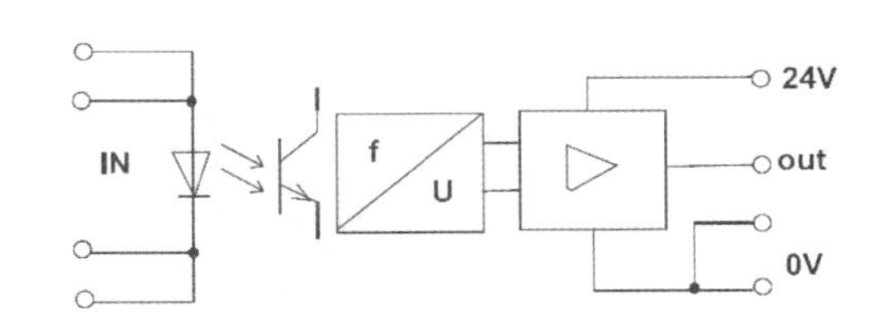
上图中的“频率/电压变送器”包含 1）变送器本体、2）终端座、3）标签。	上图中，输入脉冲信号经光电耦合传给频率/电压变换模块，从而产生一个与该脉冲信号频率成正比的电压信号，最后电压信号经放大器输出。
涡轮流量计与频率/电压变送器的电气连接	
电气连接如图 4-3-1 所示，B102 为涡轮流量计，A2 为频率/电压变送器，其中圆圈表示 B102 的输出线有屏蔽保护套，B102 的输出信号线接 A2 的“+”端，同时也直接将信号通过数字电缆传给计算机，B102 和 A2 的“0V”端和“24V”端接数字端子板 XMA1，A2 的 OUT 信号输出端接模拟端子板 X2，并通过模拟信号电缆传给计算机或 PLC。	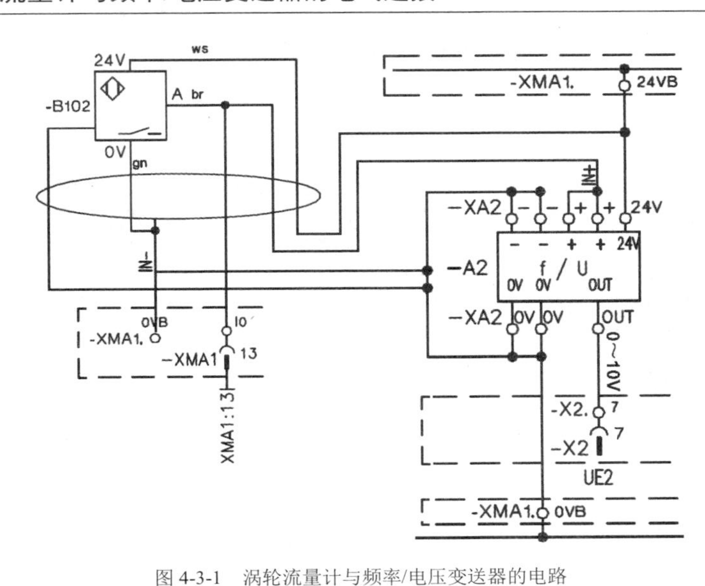图 4-3-1　涡轮流量计与频率/电压变送器的电路

1.2　比例阀

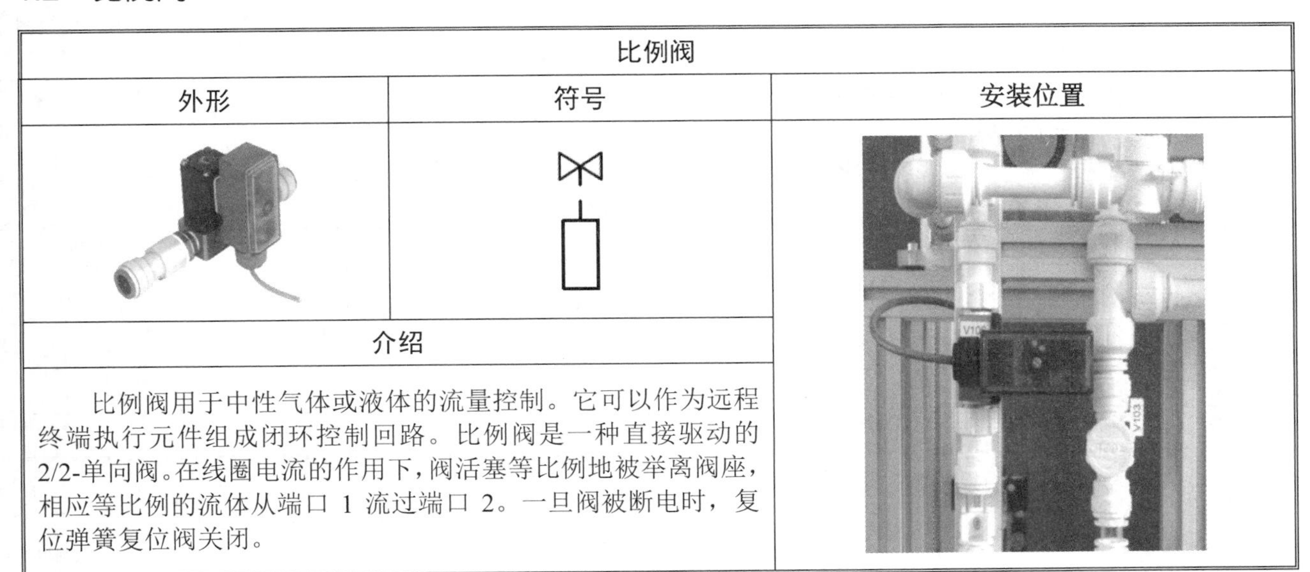

比例阀		
外形	符号	安装位置
介绍		
比例阀用于中性气体或液体的流量控制。它可以作为远程终端执行元件组成闭环控制回路。比例阀是一种直接驱动的 2/2-单向阀。在线圈电流的作用下，阀活塞等比例地被举离阀座，相应等比例的流体从端口 1 流过端口 2。一旦阀被断电时，复位弹簧复位阀关闭。		

比例阀的结构	比例阀的接线端子

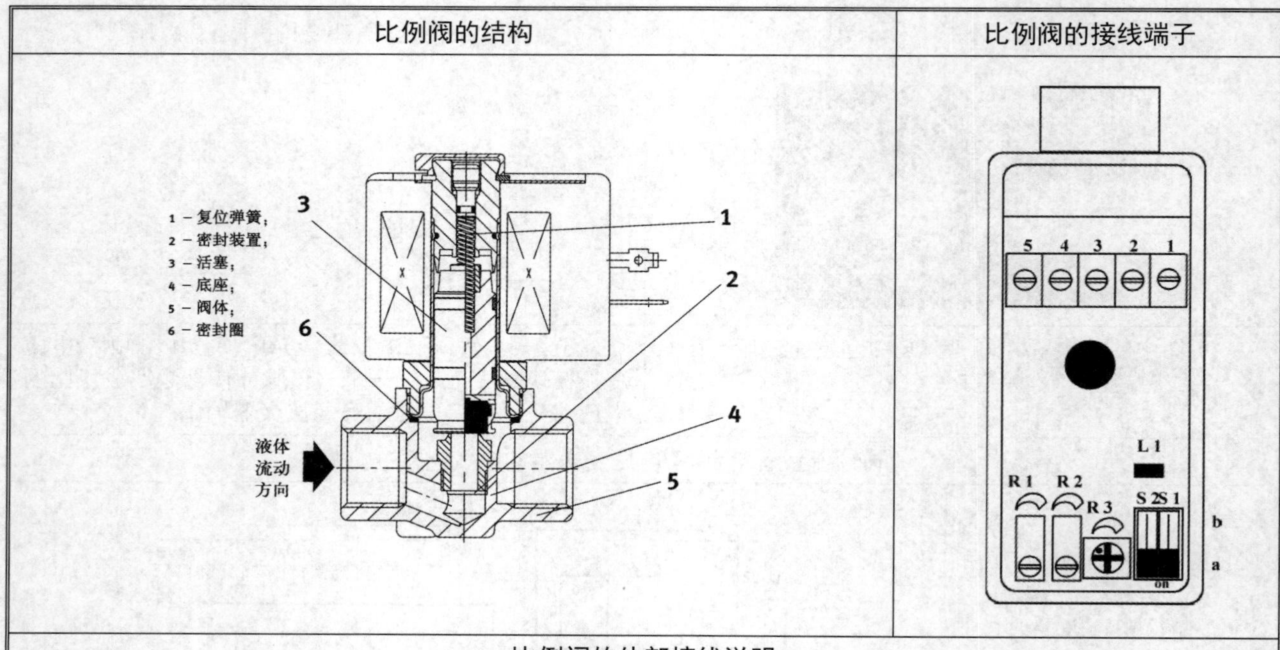

比例阀的外部接线说明

端钮 1 为保护接地，端钮 2 通过棕色线接 24V DC，端钮 3 通过蓝色线接公共地端，端钮 4 通过黑色线接模拟信号输入端，端钮 5 输出比例阀状态信息（数字信号）；电位器 R1 用于调节最小流量值，电位器 R2 用于调节流量增益；流量和压力闭环控制时，开关 S1 和 S2 分别设置到 a 位和 b 位。

参数

电源电压	24V DC	管路连接	G 1/4
控制电压	0～10V DC	温度要求	0℃～+65℃
操作压力	0～0.5L/min	功率	8W

比例阀的驱动电路

K106 是一个继电器，来自数字量端子板 XMA1 的驱动信号使得 K106 的线圈通电，通电后 K106 的触点 13-14 接通，使得比例阀通电。来自 X2 端子板（图 2-2-7）上的 UA2 端子的模拟信号是比例阀 0 到 10 V 的标准输入驱动信号。

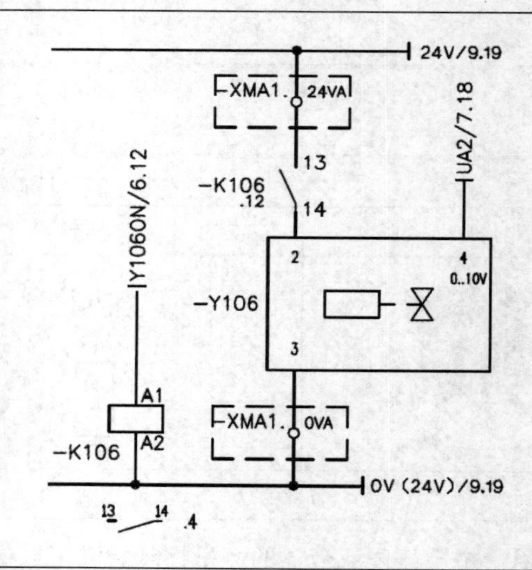

1.3　流量控制系统管路连接

<table>
<tr><th colspan="2">流量控制系统管路连接</th></tr>
<tr><td>图 4-3-2 中水箱 B101 的水由泵 P101 抽出再经比例阀 V106 流回水箱 B101，组成流体自循环管路。此时，泵 P101 和涡轮流量计 B102 可构成流量控制系统。

水箱 B101 的水也可由泵 P101 抽出再经阀 V104 流回水箱 B101，组成流体自循环管路。此时，比例阀 V106 和涡轮流量计 B102 构成流量控制系统。</td><td>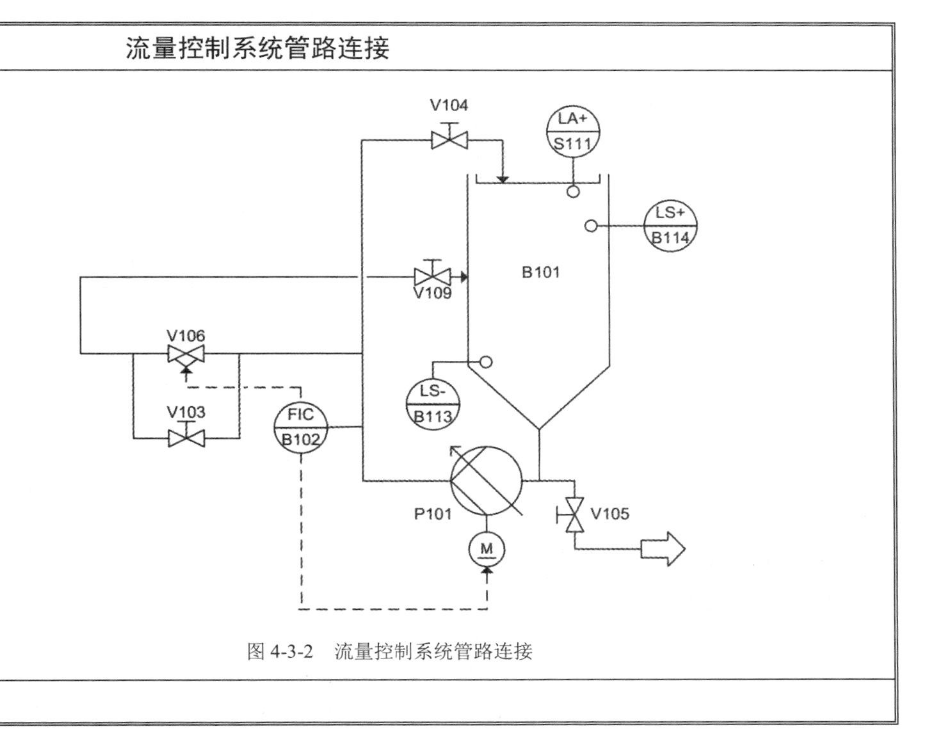

图 4-3-2　流量控制系统管路连接</td></tr>
<tr><td colspan="2"></td></tr>
</table>

2　基于仿真盒的流量控制调试

<table>
<tr><th>一、实验目的</th></tr>
<tr><td>1．了解流量控制系统的结构组成与原理。
2．认识流量与累积流量的关系。
3．了解闭环流量控制系统的原理。
4．认识手动控制的局限性。</td></tr>
<tr><th>二、仿真盒设备的连接</th></tr>
<tr><td>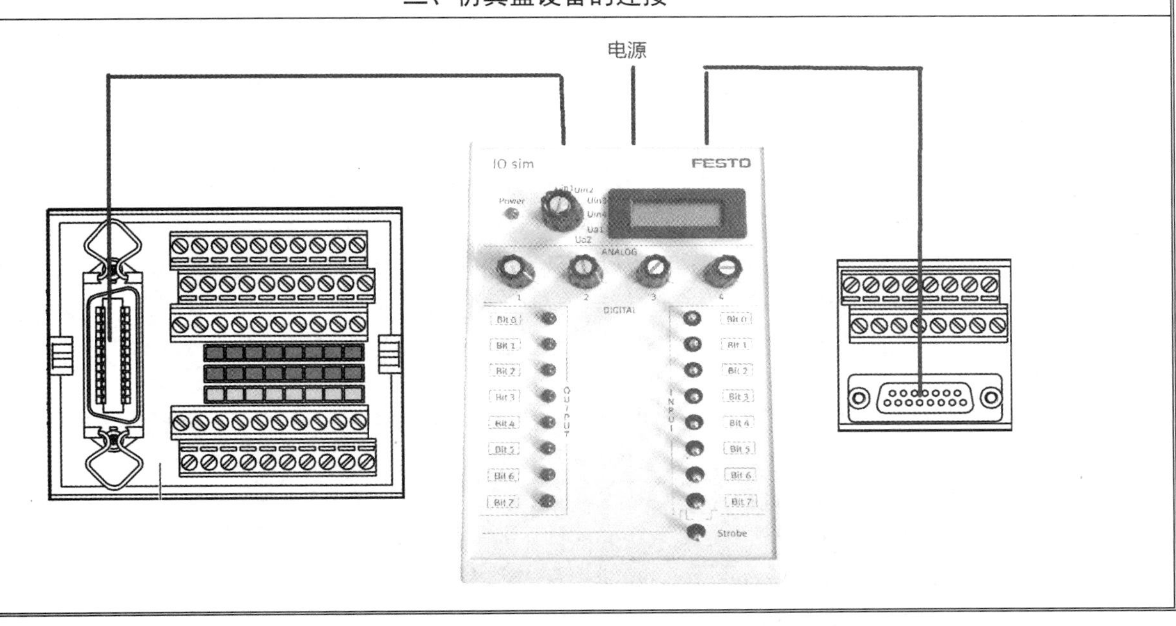
</td></tr>
</table>

三、验证“流量与累积流量的关系”

1．实验设备框图

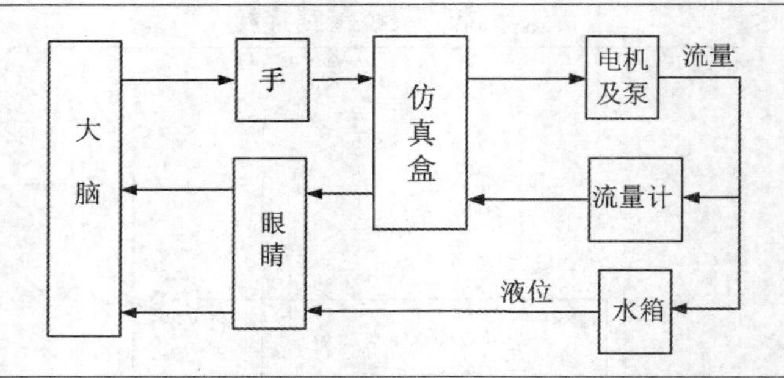

2．实验步骤

（1）按照图4-3-2流量控制系统管路连接图连接管路，将阀V104完全打开构成流体自循环回路。

（2）将仿真盒与端子板XMA1、端子板X2及电源连接在一起。

（3）将电压显示选择旋钮的挡位拧到U_{In2}挡，以显示流量传感器的反馈电压，这里的0～10 VDC对应流量0.3～9.0L/min。

（4）计算低位水箱的横截面积S。

（5）合上泵启动开关Bit3，合上泵工作方式选择开关Bit2，将泵设置为调压运行方式，以便建立低位水箱流体的自循环模式。

（6）旋转电位器1，调节泵的作用电压，进而把流量调节到合适的值。

（7）观察仿真盒上流量传感器的反馈电压值，当该值趋于稳定后记录低位水箱的起始液位L_1和实验起始时间T_1，经过一段时间后再记录低位水箱的终结液位L_2和实验终结时间T_2。

（8）根据U_{In2}的值计算出实验中流量的稳定值F。

（9）验证$F=(L_2-L_1)\times S/(T_2-T_1)$是否成立。

四、手动流量控制系统框图

1．实验设备框图

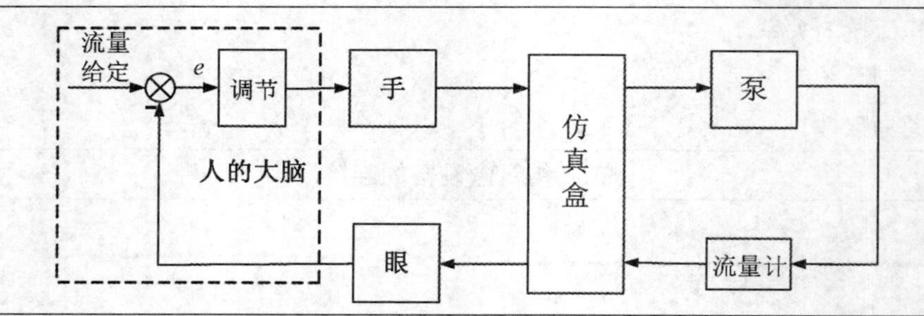

2．实验步骤

（1）按照图4-3-2流量控制系统管路连接图连接管路，将阀V104完全打开构成流体自循环回路。

（2）将仿真盒与端子板XMA1、端子板X2及电源连接在一起。

（3）将电压显示选择旋钮的挡位拧到U_{In2}挡，以显示流量传感器的反馈电压，这里的0～10V DC对应流量0.3～9.0L/min。

（4）合上泵启动开关Bit3，合上泵工作方式选择开关Bit2，将泵设置为调压运行方式，以便建立低位水箱流体的自循环模式。

（5）通过眼睛观察U_{In2}的数值，用手调节“电位器1”旋钮，通过改变电机转速使得流量传感器的反馈电压值U_{In2}保持在5V。

（6）用手机拍摄U_{In2}数值的变化过程。

（7）播放手机视频，将实时流量值（由U_{In2}换算得之）及对应时间填入到《FESTO过程控制实践手册》任务实施单，并画出流量随时间变化的关系曲线。

（8）计算超调量σ、实际平均流量、余差C。

（9）评价控制效果。
五、实验报告要求
（1）计算低位水箱的横截面积 S。 （2）记录低位水箱的起始液位 L_1 和起始时间 T_1，以及终结液位 L_2 和终结时间 T_2。 （3）根据 U_{In2} 的值计算出实验中流量的稳定值 F，并验证 $F=(L_2-L_1)\times S/(T_2-T_1)$是否成立。 （4）画出闭环流量定值控制实验的结构框图。 （5）填写实时流量数据表，画出流量随时间变化的关系曲线。 （6）计算超调量 σ、实际平均流量、余差 C。 （7）评价流量的手动控制效果。
六、思考题
（1）流量与累积流量的关系是什么？ （2）怎样做才能提高流量控制的效率和精度？

子学习情境 4.4　流量 PI 控制

工作任务单

<table>
<tr><td>情　　境</td><td colspan="6">学习情境 4　流量控制</td></tr>
<tr><td rowspan="3">任务概况</td><td rowspan="2">任务名称</td><td rowspan="2">子学习情境 4. 4　流量 PI 控制</td><td>日期</td><td>班级</td><td>学习小组</td><td>负责人</td></tr>
<tr><td></td><td></td><td></td><td></td></tr>
<tr><td>组员</td><td colspan="5"></td></tr>
<tr><td rowspan="2">任务载体和资讯</td><td colspan="2" rowspan="2"></td><td colspan="4">载体：FESTO 过程控制实训室软件。</td></tr>
<tr><td colspan="4">资讯：
1. 积分控制规律（重点）：①比例积分的含义；②积分控制规律；③比例积分调节的滞后性；④积分消余差作用。
2. 比例积分控制：①比例作用和积分作用的叠加；②积分时间常数对过渡过程的影响；③积分时间常数的选择；④试凑法确定 PI 控制器参数。
3. 基于 Fluid Lab 软件的流量比例控制：①基于泵的流量比例积分控制；②基于比例阀的流量比例积分控制。</td></tr>
<tr><td>任务目标</td><td colspan="6">1. 掌握阅读产品说明书的方法。
2. 掌握流量控制的管路连接关系。
3. 掌握流量控制系统各组件及 EasyPort 的电气连接关系。
4. 掌握 Fluid Lab 软件的操作方法，会使用 Fluid Lab 软件对系统流量进行操控。
5. 掌握比例积分闭环控制规律。
6. 培养学生的组织协调能力、语言表达能力，达成职业素质目标。</td></tr>
<tr><td>任务要求</td><td colspan="6">1. 要认真识读 FESTO 过程控制系统的操作安全章程和事故处理方法。
2. 认真观察 FESTO 过程控制系统的各组件。</td></tr>
</table>

	3．认真阅读 FESTO 过程控制系统的说明书。 4．设计流量控制的管路连接方式。 5．要明确 EasyPort 接口以及 FESTO Fluid Lab 软件的使用方法。 6．利用 EasyPort 接口以及 FESTO Fluid Lab 软件对系统的流量参数实施控制，并分析数据。

1 积分控制

比例控制的结果往往不能使被控变量恢复到给定值而存在余差，控制精度不高。而对于工艺条件要求较高，不允许存在余差的情况，比例调节器就不能满足要求了，这时需要引入积分作用，以克服余差。

<table>
<tr><th colspan="2">一、积分控制规律</th></tr>
<tr><td>积分控制规律的数学描述</td><td>

积分控制是控制器的输出变化量 Δp 与输入偏差值 e 随时间的积分成正比的控制规律，亦即控制器的输出变化与输入偏差值随时间的累积值成正比。其数学表达式为

$$\Delta p = K_I \int_0^t e(t)\mathrm{d}t = \frac{1}{T_I}\int_0^t e(t)\mathrm{d}t$$

式中，K_I 为控制器的积分速度；T_I 为控制器的积分时间；$e(t)$ 为不断随时间变化的误差值。长写的 S 表示对 $e(t)\mathrm{d}t$ 进行的累加。所以上式又可写作

$$\Delta p = K_I \sum_{t_1}^{t_n} e(t_i)\Delta t = \frac{1}{T_I}\sum_{t_1}^{t_n} e(t_i)\Delta t$$

式中，Δt 为选定的一个较小时间间隔，也是计算机进行累加的时间间隔。

</td></tr>
<tr><td rowspan="2">积分的含义</td><td>

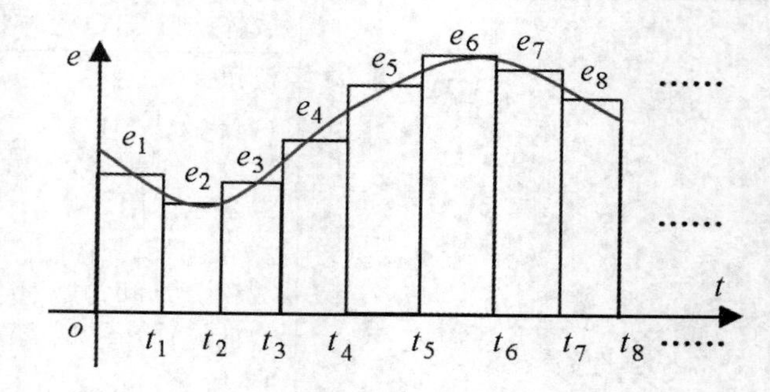

图 4-4-1　积分作用

</td></tr>
<tr><td>

如图 4-4-1 所示，误差随时间不停地变化，$t=t_1$ 时，$e=e_1$；$t=t_2$ 时，$e=e_2$；……那么在 $t=t_2$ 时刻，控制器的输出为 $\Delta p = K_I(e_1+e_2)\Delta t$；在 $t=t_3$ 时刻，控制器的输出为 $\Delta p = K_I(e_1+e_2+e_3)\Delta t$；……显然积分控制器的输出正比于输入误差信号的隔时累加。

</td></tr>
<tr><td rowspan="2">积分调节器输入与输出信号的关系</td><td>积分调节器的输出信号 Δp 正比于偏差信号 e 的大小</td></tr>
<tr><td>

积分调节器的输出信号大小还取决于偏差 存在时间的长短。

当输入偏差存在时，积分调节器的输出会不断累加，而且偏差存在的时间越长，积分调节器的输出累积量也会越大。直到偏差等于零时，控制器的输出才不再变化而稳定下来。

</td></tr>
</table>

当积分调节器的输入信号 e 为常数时，其输出信号将是一条斜率不变的直线。

输出直线的斜率正比于控制器的积分速度 K_I。积分速度越大，在同样的时间内积分控制器的输出变化量越大，即积分作用越强；反之，则积分作用越弱。

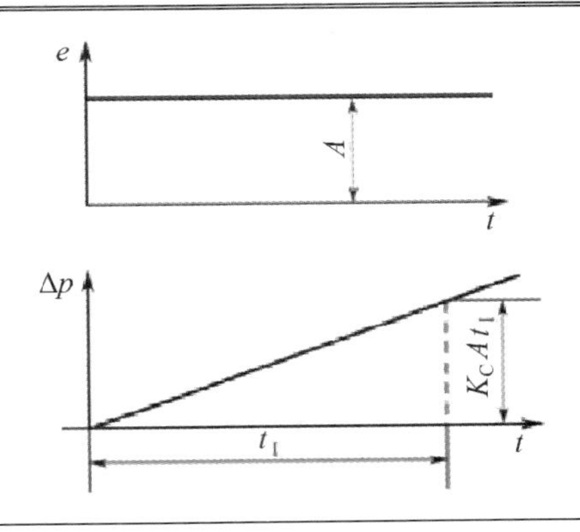

当积分调节器的输入信号 e 大于 0 时，其输出信号 Δp 逐渐增加；输入信号 e 等于 0 时，输出信号 Δp 保持不变；输入信号 e 小于 0 时，输出信号 Δp 逐渐减小，此时也称“退积分”。

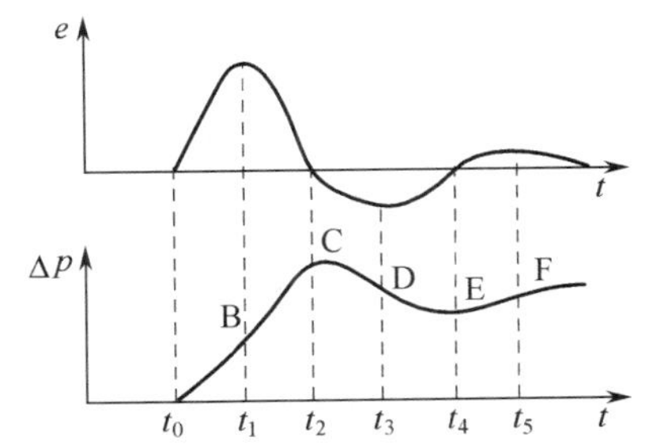

积分控制规律的特点

积分调节的滞后性

从积分控制的公式 $\Delta p = K_I(e_1\Delta t + e_2\Delta t + e_3\Delta t + \cdots)$ 可以看出，积分调节器的输出信号 Δp 等于误差微分信号的累积，所以 Δp 值是一个随时间缓慢累积增加的量，所以它对输入信号的响应慢。例如 K_I=5，计算机扫描周期 Δt=0.01s，e_1=7，e_2=7.5，e_3=7.2，则在 t=0.03s 时刻，积分调节输出为 Δp=1.085。

而对于比例控制 $\Delta p = K_C e$，其输入与输出是直接的比例关系，不受时间影响，对输入信号的响应很快。例如 K_C=5，t=0.03s 时，e=7，则 Δp=35。

若积分控制的 $e_1 = e_2 = e_3 = \cdots = 7$，则 t=1s 后 Δp 才达到 35。

显然同样的比例控制和积分控制，积分控制对输入信号的响应要慢得多，结果往往超调，使被控变量波动得很厉害，引入积分作用后会使系统易于振荡。因此，生产上都是将比例作用与积分作用组合成比例积分控制规律来使用。

积分的消“余差”作用

为了消除稳态误差，在控制器中必须引入“积分项”。积分项将对误差积分，随着时间的增加，积分项会增大。这样，即便误差很小，积分项也会随着时间的增加而加大，它推动控制器的输出增大而使稳态误差进一步减小，直到等于零。因此，比例+积分（PI）控制器可以使系统在进入稳态后无稳态误差。

为了消除余差，都要使调节作用在未完全克服余差之前继续动作，直到余差完全消除为止，即余差没有克服，调节阀就不能停止工作，调节器输出的变化速度就不能为零。余差越大，调节器应当动作越快，调节器输出的变化也应越快。

液位 PI 调节系统实例

图 4-4-2 所示为一个积分调节的例子，对象是贮槽，被调参数是液位 H，调节阀装在出口管线上。其积分调节的动态特性曲线如图 4-4-3 所示。

在 t_0 时刻，进料量（负荷）突然增加 ΔG，即出现一个阶跃干扰，则被调参数 H 立即上升，调节阀也开始动作。由于积分调节作用使阀门的变化不是与被调参数的变化成正比，而是阀门变化的速度与被调参数变化值的大小成正比，所以，当被调参数偏离最大值时（图中 t_0 时刻），阀门的动作才最快。在 t_1 以后，由于调节阀已开大，出料量大，被调参数已开始回复，但因为未回复到给定值，有偏差存在，阀门继续开大，到 t_2 时刻，被调参数已回复到给定值，没有偏差了。但由于阀门未及时关小，以致调节过了头，被调参数又反方向偏离给定值（减小），阀门又反方向动作（关小），在 t_3 时刻，被调参数反方向达到最大，阀门动作也达到最快。如此多次反复调节，被调参数的偏离越来越小，阀门移动也越来越小，最后，被调参数回复到给定值保持不变，阀门才停止在相应的位置上。

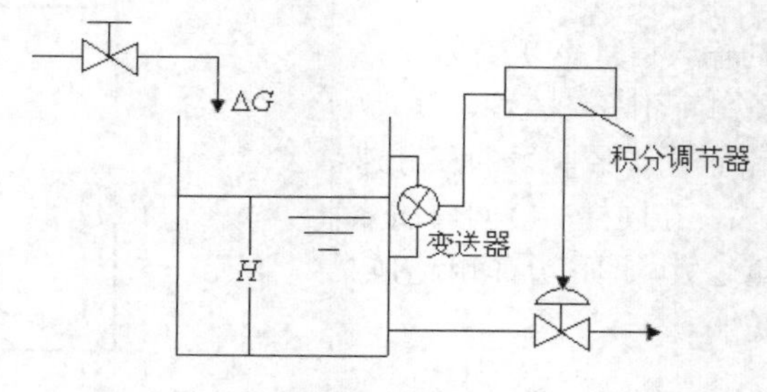

图 4-4-2　液位调节系统

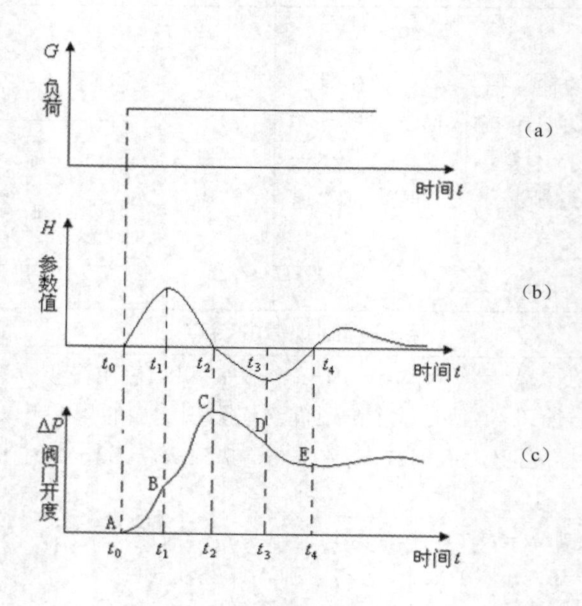

图 4-4-3　积分调节作用的动态特性

由图 4-4-3 可见，积分调节是能消除余差的。在t_0、t_2、t_4等时刻，被调参数的偏差为零，而阀门位置各不相同，说明积分调节的输入与输出之间无稳定性。比较图中（b）、（c）两条曲线可知，积分调节器的输出信号总是落后于输入的偏差信号的变化（称为相位滞后）。

二、比例积分控制

积分作用使控制器的输出和偏差的积分成比例，故过渡过程结束时无余差，但是加上积分作用，稳定性降低。积分作用时增大比例度，可保持稳定性，但超调量和振荡周期增大，过渡时间增长。所以积分调节作用很少单独使用，一般都和比例作用组合在一起，构成比例积分调节器，简称“PI 调节器”。其作用可表示为

$$\Delta P = \Delta P_p + \Delta P_i = \delta\left(e + \frac{1}{T_i}\int e\mathrm{d}t\right)$$

该式表示 PI 调节作用的参数有两个：比例度δ和T_i。而且比例度不仅影响比例部分，也影响积分部分，使总的输出既有克服偏差有力、调节及时的特点，又有能克服余差的优点。由于它是在比例调节（粗调）的基础上，又加上积分调节（细调），所以又称为再调节或重定调节。

比例作用和积分作用的叠加

如图 4-4-4 中的调节器的输入与输出特性曲线，当输入偏差是一个阶跃信号时，由于比例作用的输出与输入偏差成正比，因此控制器一开始（t=0 时）的输出也应该是阶跃变化，而此时积分作用的输出应为零；当 t>0 时，偏差为一个恒值，其大小不再变化，所以比例输出

也应是恒值，而积分输出则应以恒定的速度不断增大。

在 K_c 和偏差值幅度一定的情况下，特性曲线的斜率将取决于积分时间 T_I 的大小：T_I 越大，直线越平坦，积分作用越弱；T_I 越小，直线越陡峭，积分作用越强。而当 T_I 趋于无穷大时，这一控制器实际上已成为一个纯比例控制器了。

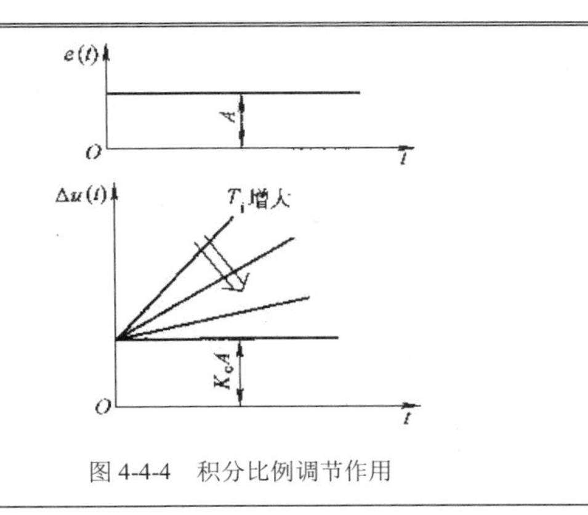

图 4-4-4 积分比例调节作用

积分时间常数对过渡过程的影响

采用积分控制时，积分时间对过渡过程的影响具有两重性。在同样的比例度下缩短积分时间，可使积分作用增强，易于消除余差，但振荡加剧，不易稳定，甚至会发散。

若保持控制器的比例度 K_c 不变，则可从图 4-4-5 所示的曲线族中看到，随着 T_I 减小，积分作用增强，消除余差较快，但控制系统的振荡加剧，系统的稳定性下降；T_I 过小，可能导致系统不稳定，过渡过程为等幅振荡；T_I 过大，系统会出现余差。T_I 小，扰动作用下的最大偏差下降，振荡频率增加。

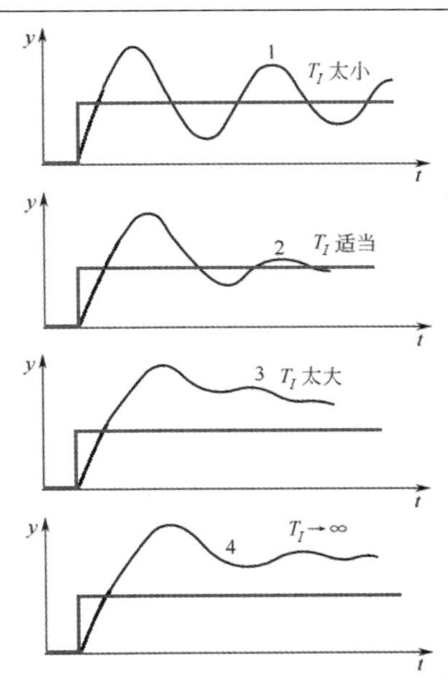

图 4-4-5 积分时间常数对过渡过程的影响

积分时间常数的选择

由于比例积分控制器既保留了比例控制器响应及时的优点，又能消除余差，故适用范围比较广，大多数控制系统都能使用。其积分时间 T_I 应根据不同的对象特性加以选择，一般情况下 T_I 的大致范围如下所述。压力控制：$T_I = 0.4 \sim 3$ min；流量控制：$T_I = 0.1 \sim 1$ min；温度控制：$T_I = 3 \sim 10$min；液位控制：一般不置积分作用。

用试凑法确定 PI 控制器参数

试凑法就是根据控制器各参数对系统性能的影响程度，边观察系统的运行，边修改参数，直到满意为止。

一般情况下，增大比例系数 K_c 会加快系统的响应速度，有利于减少静差。但过大的比例系数会使系统有较大的超调，并产生振荡使系统稳定性变差。减小积分系数 K_I 将减少积分作用，有利于减少超调使系统更稳定，但系统消除静差的速度会变慢。在试凑时，对参数实行先比例、后积分的步骤进行整定。

1. 比例部分整定

首先将积分系数 K_I 取零（或令 $T_I = \infty$），即取消积分作用，采用纯比例控制。将比例系数 K_c 由小到大变化，观察系统的响应，直至速度快，且有一定范围的超调为止。如果系统静差在规定范围之内，且响应曲线已满足设计要求，那么只需用纯比例调节器即可。

2. 积分部分整定

如果比例控制系统的静差达不到设计要求，这时可以加入积分作用。在整定时将积分系数 K_I 由小逐渐增加（或将 T_I 逐渐往小调），积分作用就逐渐增强，观察输出会发现，系统的静差会逐渐减少直至消除。反复试验几次，直到消除静差的速度达到满意为止。注意这时的超调量会比原来加大，应适当地降低一点比例系数 K_c 。

2 基于 Fluid Lab 软件的流量比例积分控制

2.1 流量比例控制的实验目的

1. 了解流量控制系统的结构组成与原理。
2. 掌握流量控制系统调节器参数的整定方法。
3. 研究积分时间常数对动态响应速度及系统稳定性的影响。
4. 研究积分消余差的作用。
5. 研究扰动对流量控制系统的影响。

2.2 流量比例积分控制系统的电器连接

EasyPort 接口的接线

1. EasyPort 接口模块。
2. 数字量输入/输出信号端子 XMA1。
3. 数字量信号 SysLink 通信电缆。
4. 模拟量输入/输出信号端子 X2。
5. 模拟量信号 SysLink 通信电缆。
6. 24V 电源。
7. 电源电缆。
8. USB 通信线。

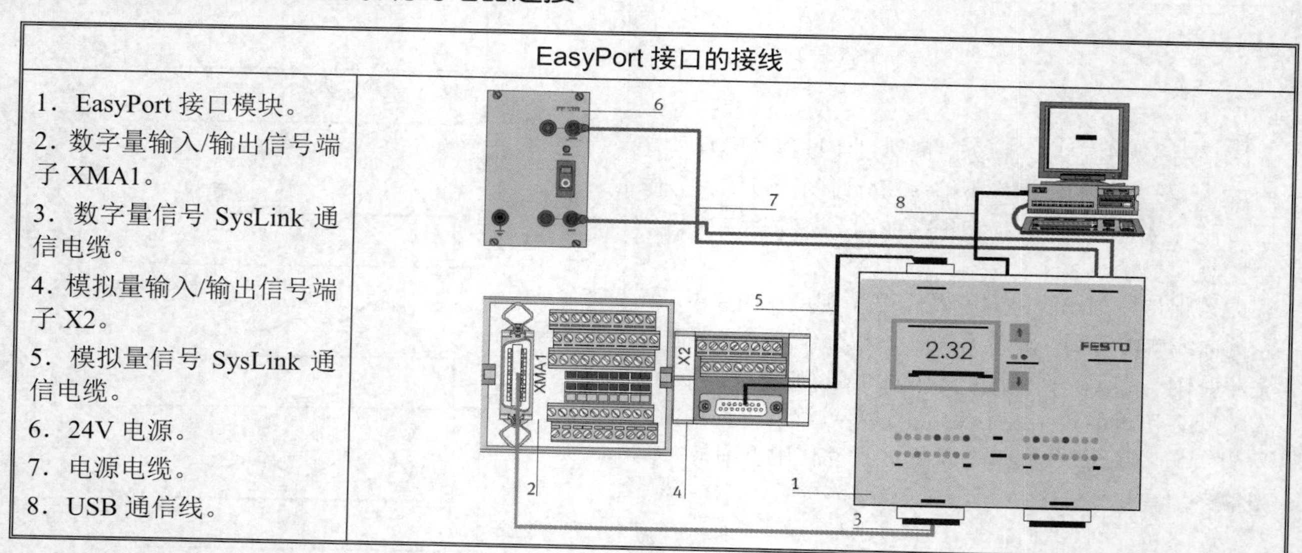

2.3 基于泵的流量比例积分控制

实验前准备

1. 在下部的容器中填补约 10L 水（注意整个系统的水不能超过 10L）。
2. 按照图 2-3-5，将过程控制试验台、EasyPort 及计算机连接在一起。
3. 接通过程控制试验台电源和计算机电源。

控制系统的方框图

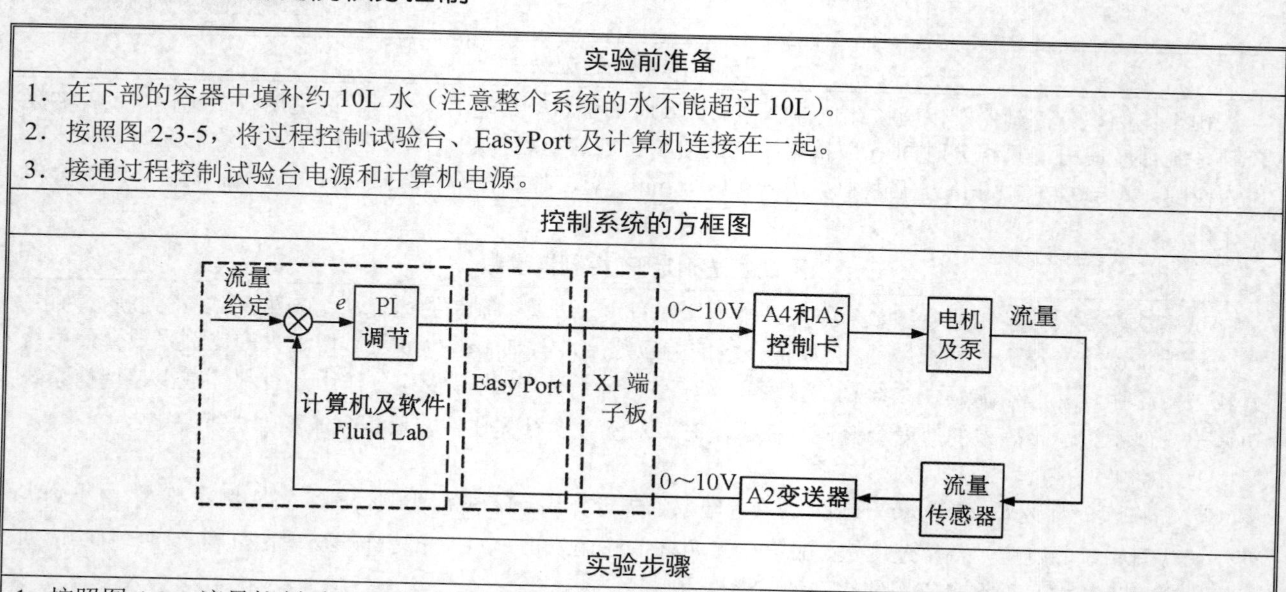

实验步骤

1. 按照图 4-3-2 流量控制系统管路连接图连接管路，将阀 V104 完全打开、其他手动阀全关。
2. 打开 Fluid Lab-PA 软件，进入“连续量闭环控制”界面，开始设置界面右边的实验选项。
3. 清除上次实验的曲线。
4. 单击“预设置”下面的红色下三角按钮，在下拉列表中选择被控变量“Flow”。

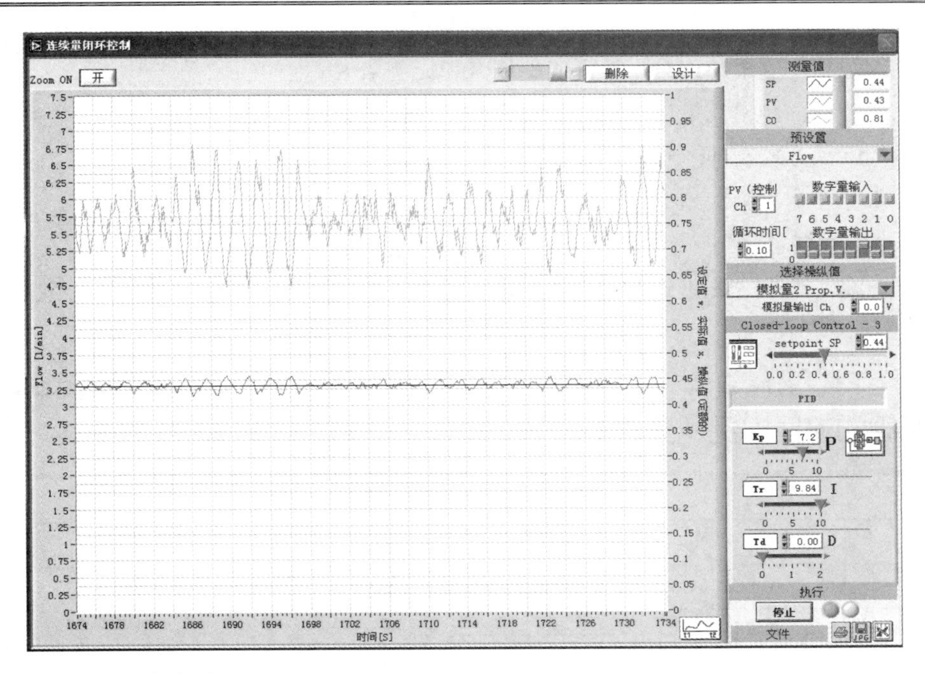

5. 此时，模拟量输入通道会自动显示 Channel 1。

6. 合上“数字量输出”下面的小开关 2，将泵设置为电压可调运行模式。

7. 单击“选择操纵值”下面的红色下三角按钮，在下拉列表中选择“模拟量 2 Prop.v.”，将泵作为执行器（这是 Fluid Lab 软件的一个“Bug”，选择比例阀时，实际为泵在工作；选择泵时，实际为比例阀在工作）。

8. 在“setpoint SP”右侧文本框中填入给定流量，在“PID”面板下，先将积分时间常数 Tr 设置为无穷大，微分时间常数 Td 设置为 0，再设置比例值 Kp

9. 增大比例值 Kp，直到系统开始大幅振荡，记录最大允许比例值 Kp。

10. 把 Kp 值从 0 开始慢慢增大，观察流量的反应速度是否在你的要求（振荡 2.5 个波头）内，当流量的反应速度达到你的要求时，停止增大 Kp 值，记录稳态值和给定值之间的余差。

11. 减小积分时间常数 Tr，直到系统开始大幅振荡，记录最小允许积分时间常数 Tr 的值。

12. 将前面所设定的 Kp 值减少 10%，然后将积分时间常数 Tr 由无穷大逐渐减小，当流量开始波动（振荡 2.5 个波头）时，停止减小 Tr 值。

13. 单击“开始”按钮，开始记录实验数据曲线。

14. 单击“停止”按钮，停止记录实验数据曲线。

15. 保存实验数据，并用 Excel 导出数据。

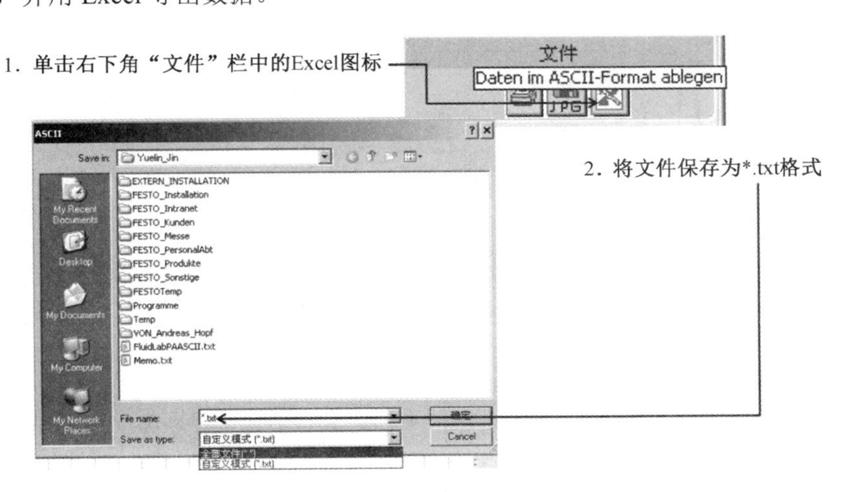

16. 修改比例值 Kp 值和积分时间常数 Tr 值，重新做一遍实验，观察调节规律的变化。

实验分析
1. 进行多次纯比例控制，测出超调量，并说明超调量和比例值 Kp 之间的关系。
2. 进行多次纯比例控制，测出流量稳态值并计算余差，并说明余差和比例值 Kp 之间的关系。
3. 在控制系统中加入积分控制环节时，观察是否存在余差，说明原因。
4. 进行多次比例积分控制，测出超调量并说明超调量和积分时间常数 Tr 之间的关系。
5. 将 Excel 表格中的数据填写到《FESTO 过程控制实践手册》的任务实施表中。
6. 打印实验数据曲线，将其粘贴到《FESTO 过程控制实践手册》的任务实施表中，或者根据 Excel 表格中的数据重新绘制实验数据曲线。
7. 对控制性能作出评价。

2.5 基于比例阀的流量比例积分控制

实验目的和实验前准备

同 2.3。

控制系统的方框图

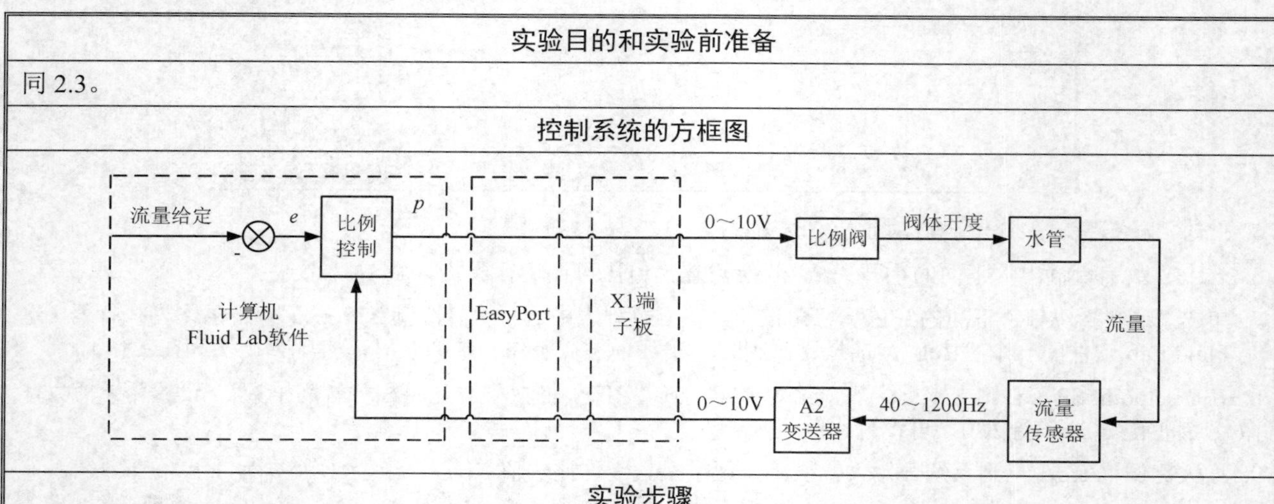

实验步骤

1. 按照图 4-3-2 流量控制系统管路连接图连接管路，将阀 V109 完全打开、其他手动阀全关。

2. 打开 Fluid Lab-PA 软件，进入“连续量闭环控制”界面，开始设置界面右边的实验选项。

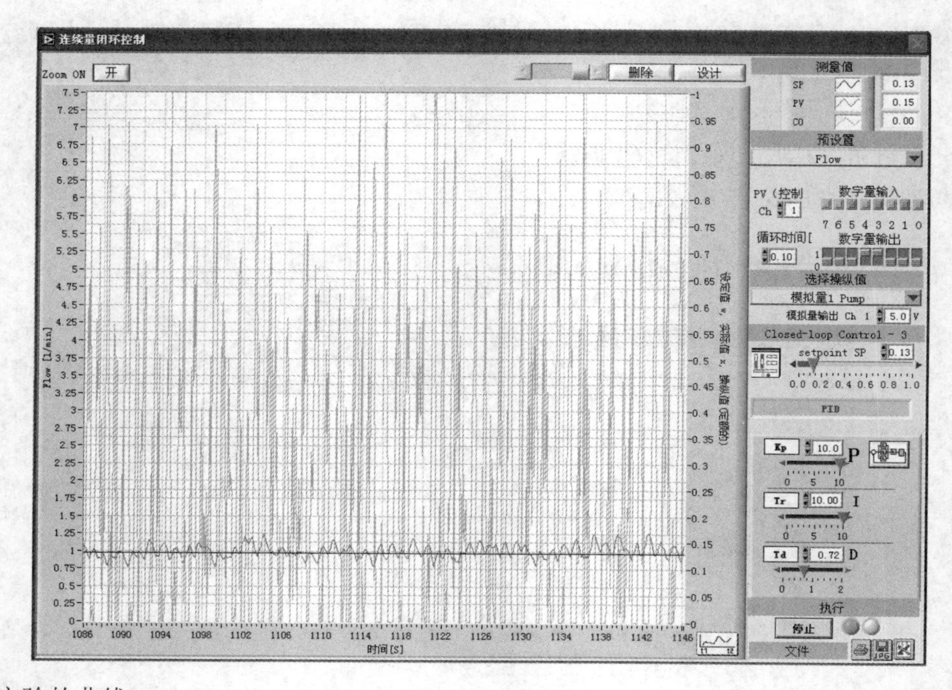

3. 清除上次实验的曲线.

4. 单击“预设置”下面的红色下三角按钮，在下拉列表中选择被控变量“Flow”。

5. 此时，模拟量输入通道会自动显示 Channel 1。

6. 在“数字量输出”下面，合上小开关3，将泵设置为全压运行模式，合上小开关4，将比例阀电源接通。

7. 单击“选择操纵值”下面的红色下三角按钮，在下拉列表中选择“模拟量 1 Pump”，将比例阀作为执行器（这是 Fluid Lab 软件的一个“Bug”，选择比例阀时，实际为泵在工作；选择泵时，实际为比例阀在工作）。

8. 在“setpoint SP”右边文本框中填入给定流量，在“PID”面板下，先将积分时间常数 Tr 设置为无穷大，微分时间常数 Td 设置为 0，再设置比例值 Kp。

9. 增大比例值 Kp，直到系统开始大幅振荡，记录最大允许比例值 Kp。

10. 把 Kp 值从 0 开始慢慢增大，观察流量的反应速度是否在你的要求（振荡 2.5 个波头）内，当流量的反应速度达到你的要求时，停止增大 Kp 值，记录稳态值和给定值之间的余差。

11. 减小积分时间常数 Tr，直到系统开始大幅振荡，记录最小允许积分时间常数 Tr 值。

12. 将前面所设定的 Kp 值减少 10%，然后将积分时间常数 Tr 由无穷大逐渐减小，当流量开始波动（振荡 2.5 个波头）时，停止减小 Tr 值。

13.单击“开始”按钮，开始记录实验数据曲线。

14. 单击“停止”按钮，停止记录实验数据曲线。

15. 保存实验数据按钮，并用 Excel 导出数据。

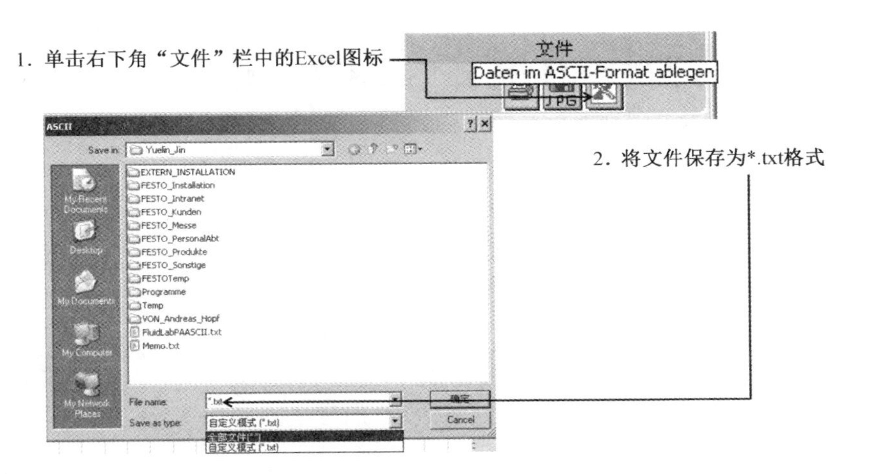

16. 修改比例值 Kp 值和积分时间常数 Tr 值，重新做一遍实验，观察调节规律的变化。

实验分析

1. 进行多次纯比例控制，测出超调量，并说明超调量和比例值 Kp 之间的关系。

2. 进行多次纯比例控制，测出流量稳态值，并计算余差，并说明余差和比例值 Kp 之间的关系。

3. 在控制系统中加入积分控制环节时，观察是否存在余差，说明原因。

4. 进行多次比例积分控制，测出超调量，并说明超调量和积分时间常数 Tr 之间的关系。

5. 将 Excel 表格中的数据填写到《FESTO 过程控制实践手册》的任务实施表中。

6. 打印实验数据曲线，将其粘贴到《FESTO 过程控制实践手册》的任务实施表中，或者根据 Excel 表格中的数据重新绘制实验数据曲线。

7. 对控制性能作出评价。

学习情境 5　温度控制

知识目标：掌握温度检测仪表原理、安装及使用，掌握 FESTO 温度控制系统硬件及 FESTO 仿真盒的使用，掌握 EasyPort 接口及 FESTO Fluid Lab 软件的使用。

能力目标：培养学生利用网络资源进行资料收集的能力；培养学生获取、筛选信息和制订工作计划、方案及实施、检查和评价的能力；培养学生独立分析、解决问题的能力；培养学生的团队合作、交流、组织协调的能力和责任心。

素质目标：养成严谨细致、一丝不苟的工作作风，养成严格按照仪表工职业操守进行工作的习惯；培养学生的自信心、竞争意识和效率意识；培养学生的爱岗敬业、诚实守信、服务群众、奉献社会等职业道德。

子学习情境 5.1　温度检测仪表

工作任务单

<table>
<tr><td>情　　境</td><td colspan="6">学习情境 5　温度控制</td></tr>
<tr><td rowspan="3">任务概况</td><td rowspan="2">任务名称</td><td rowspan="2">子学习情境 5.1　温度检测仪表</td><td>日期</td><td>班级</td><td>学习小组</td><td>负责人</td></tr>
<tr><td></td><td></td><td></td><td></td></tr>
<tr><td>组员</td><td colspan="5"></td></tr>
<tr><td>任务载体和资讯</td><td colspan="2"></td><td colspan="4">载体：温度检测仪表及其说明书。
资讯：
1. 热电阻温度计的工作原理及分类（重点）。
2. 热电偶温度计（重点）：①热电偶温度计的原理；②热电偶冷端延长；③热电偶冷端温度补偿。
3. 其他测温仪表：①双金属温度计；②辐射式温度计；③温度变送器（重点）。</td></tr>
<tr><td>任务目标</td><td colspan="6">1. 掌握阅读产品说明书的方法。
2. 掌握一般温度检测仪表的安装及接线方法。
3. 培养学生的组织协调能力、语言表达能力，达到应有的职业素质目标。</td></tr>
<tr><td>任务要求</td><td colspan="6">前期准备：小组分工合作，通过网络收集温度检测仪表说明书资料。
识读内容要求：①仪表原理；②仪表量程和精度；③仪表的电气连接方法及主要电气参数；④仪表的参数设置方法；⑤仪表的尺寸及安装方法。
任务成果：一份完整的报告。</td></tr>
</table>

1　热电阻温度计

1.1　什么是温度?

温度是用来表示物体受热程度的物理量。温度又是在化工生产中既普遍又极其重要的操作参数。我们知道，无论任何一种化工生产过程总是伴随着物质的物理或化学的变化，以及能量的变换和转化。其中热交换是最为普遍的一种交换形式。因此，在很多化工反应的过程中，温度的测量和控制常常是保证这些反应过程正常进行与安全运行的重要环节，同时也是产品质量和产量提高的重大保障。

<table>
<tr><th>温度的概念</th></tr>
<tr><td>温度概念的建立以及温度的测量都是以热平衡为基础的，当两个冷热程度不同的物体接触后必然要进行热交换，最终达到热平衡时，它们具有相同的温度，通过测量被选物体随温度变化的物理量，可以得出被测物体的温度数值。</td></tr>
<tr><th>温度的本质</th></tr>
<tr><td>温度在宏观上是表示物体冷热程度的物理量。但从微观上来讲，它是物体中分子或原子的平均动能的一种度量方式。
任何物体，无论是气体、液体还是固体，都是由分子或原子组成。由于这些分子或原子具有动能，所以它们将做永不停息的运动。分子或原子在运动中，不免要相互碰撞，所以它们的运动形式将表现为一种无统一方向的杂乱运动（布朗运动）。这种运动越剧烈说明分子或原子具有的动能越多，相应物体的温度会越高。
从宏观上，我们看不到每一个单独分子或原子的运动（就像在大雨中，你撑着伞根本没法分辨出每一个雨点给了你多大的力，但我们能感受到所有雨滴对伞的冲击力），但我们能够感知所有分子或原子的平均动能。</td></tr>
</table>

1.2　温标

为了保证温度量值的统一和准确，应该建立一个用来衡量温度的标准尺度，简称为温标。它规定了温度的读数起点（零点）和测量温度的基本单位。各种温度计的刻度数值均由温标确定。目前国际上采用较多的温标有经验温标、热力学温标和国际温标。

<table>
<tr><th colspan="2">经验温标</th></tr>
<tr><td colspan="2">借助于某一种物质的物理量与温度变化的关系，用实验方法或经验公式所确定的温标，称为经验温标，有华氏、摄氏、兰氏、列氏等。</td></tr>
<tr><td rowspan="4">分类</td><th>摄氏温标</th></tr>
<tr><td>摄氏温标是由瑞典天文学家安德斯・摄西阿斯（Anders Celsius，1701－1744）制成的温度计。将标准大气压下水的冰点定为零度，水的沸点定为 100 度。在 0～100 之间分 100 等份，每一等份为 1 摄氏度，用符号 t 表示，单位记为℃。</td></tr>
<tr><th>华氏温标</th></tr>
<tr><td>华氏温标规定在标准大气压下，纯水的冰点为 32 度，沸点为 212 度，中间划分 180 等份，每一等份为1华氏度，符号为℉。摄氏温度值与华氏温度值的关系为
$$n\,^\circ\mathrm{C} \leftrightarrow (1.8n+32)\,^\circ\mathrm{F}$$
式中，n 为摄氏温标的度数，℃和℉分别代表摄氏和华氏的单位。</td></tr>
<tr><td>局限性</td><td>不论是摄氏温标还是华氏温标，它们建立的基础都是假定工作介质在玻璃管中的膨胀与温度成线性关系。但是，实际情况是所测出的温度数值都随物体的物理性质（如水银的纯度）及玻璃管材料</td></tr>
</table>

	的不同而有所不同，所以，上述温标都不能精确地保证与世界各国所采用的基本温度单位“度”的完全一致。因而，随着科学技术的发展，提出了一种与物质任何物理性质无关的温标，这就是开尔文提出的热力学温标。
热力学温标	
热力学温标又称开氏温标。它规定分子运动停止时的温度为绝对零度，或称最低理论温度，它是以热力学第二定律（开尔文所总结）为基础的，与测温物体的任何物理性质无关的一种温标。	
热力学温标的计算	$$T=\frac{PV}{nR}$$ 其中 P 是气体的压强，V 是气体的体积，n 是气体分子的量（即摩尔数），R 是普适气体常数，一般为 8.314。
局限性	由于实际气体与理想气体的差异，当用气体温度计测量温度时，总要进行一些修正，因此，气体热力学温标的建立是相当繁杂的，而且使用同样繁杂，很不方便。
国际温标	
国际温标是用来复现热力学温标的，是一个国际协议性温标，要素如下：选择了一些纯物质的平衡态温度作为温标的基准点；规定了不同温度范围内的标准仪器，如铂电阻、铂铑-铂热电偶和光学温度计等；建立了标准仪器的示值与国际温标关系的补偿公式，应用这些公式可以求出任何两个相邻基准点温度之间的温度值。	
前提条件	1．要求尽可能接近热力学温标。 2．要求复现准确度高，世界各国均能以很高的准确度加以复现，以确保温度值的统一。 3．要求用于复现温标的标准温度计使用方便、性能稳定。
定义	根据国际温标规定，热力学温度是基本温度，用符号 T 表示，单位是开，记为 K。它规定水的三相点热力学温度（固态、液态、气态三相共存时的平衡温度）为 273. 16 K，定义 1K（开尔文 1 度）等于水的三相点热力学温度的 1/273. 16。通常将低于水的三相点温度 0.01K 的温度值规定为摄氏 0℃，它与摄氏温度之间的关系为 $$t=T-273.15$$ 式中，T 为热力学温度，单位为 K；t 为摄氏温度，单位为℃。

1.3 温度的测量

温度计与高温计的区别		
测温的全部范围习惯上分为低温（低于 600℃）和高温（高于 600℃）两部分。凡是用于测量 600℃以下温度的仪表称为温度计，测量 600℃以上温度的仪表称为高温计。		
温度测量的本质		
温度不能直接测量，但可以利用冷热不同的物体之间的热交换，以及物体随冷热程度变化而变化的物理性质，进行间接测量。 例如日常生活中常用的体温计，热量从人体传递给体温表，直到人体和体温表的温度相平衡为止，并使表中的水银柱膨胀，从而指示出体温的高低。因此，我们利用这一原理，就可以选择某一物体同被测物体相接触来测量它的温度。当然也可以利用热辐射的原理和光辐射原理来进行非接触式测量。		
温度测量的分类		
温度测量范围很广、种类很多，按工作原理分，有膨胀式、热电阻式、热电偶式以及辐射式等；按测量方式分，有接触式和非接触式两类。		
按测量方式分	接触式测量	接触式温度测量的特点是温度传感器的检测部分直接与被测对象接触，通过传导与对流达到热平衡，从而使温度计的示值能直接表示被测对象的温度。接触式测温的精度较高，直观可靠，在一定的测温范围内，也可测量物体内部的温度分布。但由于感温元件与被测介质直接接触，会影响被测介质的热平衡状态，而接触不良又会增加测温误差，腐蚀性介质或温度太高将严重影响感温元件的性能与寿命。

	非接触式测量	非接触式温度测量的特点是感温元件不与被测对象直接接触，而是通过接收被测物体的热辐射能实现热交换，来测出被测对象的温度。因此，采用非接触测温不影响物体的温度分布状况与运动状态，适合于测量高速运动物体，带电体，高压、高温和热容量小或温度变化迅速的对象的表面温度，也可用于测量温度场的温度分布。

按工作原理分

表 5-1-1　常用测温仪表的分类及性能

类别	原理	典型仪表	测温范围/℃
膨胀类	利用液体、气体的热膨胀及物质的蒸气压变化	玻璃液体温度计	–100～600
		压力式温度计	–100～500
	利用两种金属的热膨胀差	双金属温度计	–80～600
热电类	利用热点效应	热电偶	–200～1800
电阻类	固体材料的电阻随温度而变化	铂热电阻	–260～850
		铜类电阻	–50～150
		热敏电阻	–50～300
其他电学类	半导体器件的温度效应	集成温度传感器	–50～150
	晶体的固有频率随温度而变化	石英晶体温度计	–50～120
光纤类	利用光纤的温度特性测温或作为传光介质	光纤温度传感器	–50～400
		光纤辐射温度计	200～4000
辐射类	利用普朗克定律	光电高温计	800～3200
		辐射传感器	400～2000
		比色温度计	500～3200

2　热电阻温度计

一、热电阻温度计工作原理

电阻温度计是基于热电阻效应而工作的。所谓热电阻效应，是指电阻体阻值随温度而变化的性质。当温度变化时，感温元件的电阻值随温度而变化，将变化的电阻值作为电信号输入显示仪表，通过测量电路的转换，在仪表上显示出温度的变化值。

热电阻温度计适用于测量–200℃～+650℃范围内液体、气体、蒸汽及固体表面的温度。

热电阻温度计由热电阻温度传感器、连接导线和显示仪表等组成。根据电阻体材料的不同，热电阻有导体和半导体两种类型，工业上使用最多的是铂电阻和铜电阻。

二、热电阻分类

作为热电阻的材料，一般要求是：①电阻温度系数、电阻率要大；②热容量要小；③在整个测温范围内，应具有稳定的物理和化学性质和良好的复制性；④电阻随温度的变化关系最好成线性；⑤价格便宜。

金属热电阻	**铂热电阻** 铂热电阻由纯铂丝绕制而成，其使用温度范围（按国际电协会 IEC 标准）为–200℃～850℃。铂电阻的特点是精度高、性能可靠、抗氧化性好、物理化学性能稳定。另外它易提纯，复制性好，有良好的工艺性，可以制成极细的铂丝（直径可达 0.02mm 或更细）或极薄铂箔，与其他热电阻材料相比，电阻率较高。因此，它是一种较为理想的热电阻材料，除作为一般工业测温元件外，还可作为标准器件。但它的缺点是电阻温度系数小，电阻与温度成非线性，高温下容易被还原性气氛污染，使铂丝变脆，改变其电阻温度特性，所以须用套管保护方可使用，而且属于贵重金属，价格较高。

绕制铂电阻感温元件的铂丝纯度是决定温度计精度的关键。铂丝纯度越高其稳定性、复现性越好，测温精度也越高。铂丝纯度常用 R_{100}/R_0 表示，R_{100} 和 R_0 分别表示 100℃和 0℃条件下的电阻值。对于标准铂电阻温度计，规定 R_{100}/R_0>1.3925；对于工业用铂电阻温度计，根据 ITS-90，R_{100}/R_0=1.3851～1.3925。

标准的铂电阻 R_0 只有 10Ω 或 100Ω 两种。实际使用的还有 Pt20、Pt50、Pt200、Pt300、Pt500、Pt1000、Pt2000 等。其技术指标列于表 5-1-2。铂电阻与温度的数学关系式为

–200℃≤t≤0℃：$R_t = R_0[1 + At + Bt^2 + C(t-100)t^3]$

0℃≤t≤850℃：$R_t = R_0(1 + At + Bt^2)$

当 R_{100}/R_0=1.3851 时，$A = 3.9083\times10^{-3}$（℃$^{-1}$）；$B = -5.775\times10^{-7}$（℃$^{-2}$）；$C = -4.183\times10^{-12}$（℃$^{-4}$）。

表 5-1-2　铂电阻的分度号及允许误差表

铂热电阻	测温范围/℃	分度号	R_0/Ω	最大允许误差/℃
A 级	–200～850	Pt10	10	±(0.15+0.002|t|)
		Pt100	100	
B 级		Pt10	10	±(0.30+0.005|t|)
		Pt100	100	

铜热电阻

在准确度要求不高，且温度较低的场合，可采用铜电阻测温。其测温范围为–50℃～150℃，分度号为 Cu50 和 Cu100，在 0℃时 R_0 的阻值分别为 50Ω 和 100Ω。铜电阻电阻温度系数较大、价格便宜，但电阻率低、体积大、热惯性较大。铜电阻阻值－温度关系（ITS-90）为

$$R_t = R_0\left[1 + At + Bt(t-100) + Ct^2(t-100)\right]$$

式中　$A = 4.280\times10^{-3}$（℃$^{-1}$）；

$B = -9.31\times10^{-8}$（℃$^{-2}$）；

$C = 1.23\times10^{-9}$（℃$^{-3}$）。

铜热电阻的允许误差为：±(0.30+0.006|t|)。

半导体热电阻

热敏电阻的分类

负温度系数型：NTC。	正温度系数型：PTC。	临界型：CTR。

热敏电阻的温度特性

NTC 的阻值随着其本体温度的升高而减小，NTC 的测温范围较宽；测量低温时灵敏度高。	PTC 的阻值随着其本体温度的升高而增加，PTC 的测温线性度较差。	CTR 的阻值在临界温度附近会发生急剧变化。

优点与缺点

温度系数大（与热电阻相比）、互换性差、非线性严重、测温范围低（–50℃～300℃）。

用途

主要用于仪表线路温度补偿和温差电偶冷端温度补偿等。

三、金属热电阻的结构

工业热电阻有普通装配式和柔性铠装式两种结构形式，不管是哪种装配形式，其主要结构是一样的，但是普通热电阻不可弯折，而铠装热电阻较细可弯折。

金属热电阻的基本结构由感温元件、内引线、保护管等几部分组成。

结构	外形
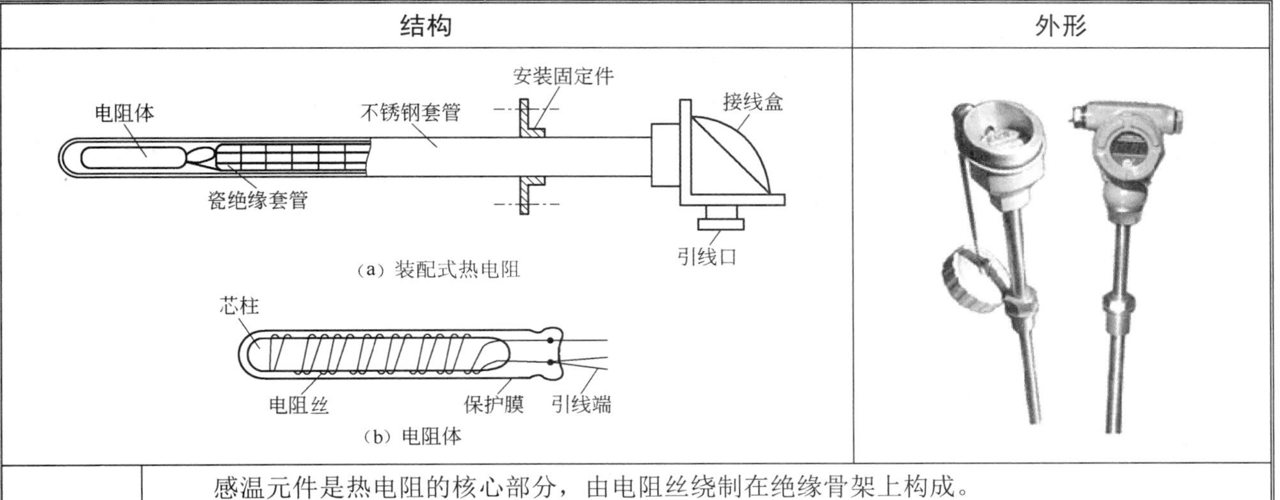	

（a）装配式热电阻

（b）电阻体

感温元件	感温元件是热电阻的核心部分，由电阻丝绕制在绝缘骨架上构成。 1．电阻丝 电阻丝的直径一般为 0.01～0.1 mm。感温元件的绕制均采用了双线无感绕制方法，其目的是消除因测量电流变化而产生的感应电势或电流。 2．绝缘骨架（芯柱） 绝缘骨架用来缠绕、支承或固定热电阻丝，常用的骨架材料有云母、玻璃（石英）、陶瓷等，形状有十字截面形、平板形、螺旋形及圆柱形等。
内引线	内引线的功能是将感温元件引至接线盒，以便与外部显示仪表及控制装置相连接。 铂电阻承受高温时用镍丝作引出线，承受中低温时用银丝作引出线；铜电阻和镍电阻的内引线一般均采用其本身的材料，即铜丝或镍丝。 为了减少引线电阻的影响，其直径往往比电阻丝的直径大得多。工业用热电阻的内引线直径一般为 1mm 左右，标准或实验室用直径为 0.3～0.5 mm。内引线之间也采用绝缘子将其绝缘隔离。它与接线盒柱相接，以便与外接线路相连而测量及显示温度。
保护套	保护套的作用是使感温元件、内引线免受环境有害介质的影响。有可拆卸式和不可拆卸式两种，材质有金属或非金属等多种。
接线盒	用于外部导线连接。

四、热电阻测温线路

二线制接法

热电阻温度计的测量电路最常用的是电桥，其测量原理如图 5-1-1 所示，图中的热电阻 R_t 及其连接导线构成电桥的一个桥臂，当外界温度变化导致其阻值变化时，将引起电桥失衡，进而将热电阻阻值的变化转换为相应的输出电势，从显示（或控制）仪表 G 输出。

由于图中热电阻体 R_t 的两端各引出一根连接导线，共两根导线，故将这种方式称为二线制接法。

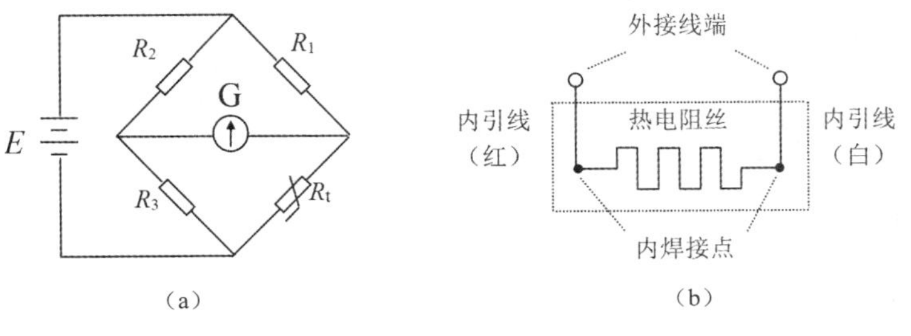

图 5-1-1　热电阻测温原理与二线制接法引线方式

自热效应对测量精度的影响	导线电阻对测量精度的影响
测量过程中有电流流过热电阻而产生热量，从而造成测量结果失真，这	生产中，热电阻一般安装于远离仪表（控制室）的地方（现场），当环境温度变化时其连接导线电阻也将变

	称为自热效应，这是热电阻测温的一个缺点。在使用热电阻测温时，需限制流过热电阻的电流以防止热电阻自热效应对测量精度的影响。	化，因为它与热电阻是串联的，也是电桥臂的一部分，会造成测量误差，因此，二线制接法只能用于测温精度不高的场合。为了提高测温精度，现在一般采用三线制或四线制接法来消除这项误差。

三线制接法

三线制是指在电阻体的一端连接两根引线，另一端连接一根引线的热电阻引线形式，如图5-1-2（a）、5-1-2（b）、5-1-2（c）所示。三线制接法热电阻和电桥配合使用时，由于在两个相邻桥臂中各接入了一根连接导线，可以较好地消除引线电阻（图中表示为 r_1 和 r_3）的影响，测量精度比二线制接法高，所以工业热电阻多采用这种连接方法。

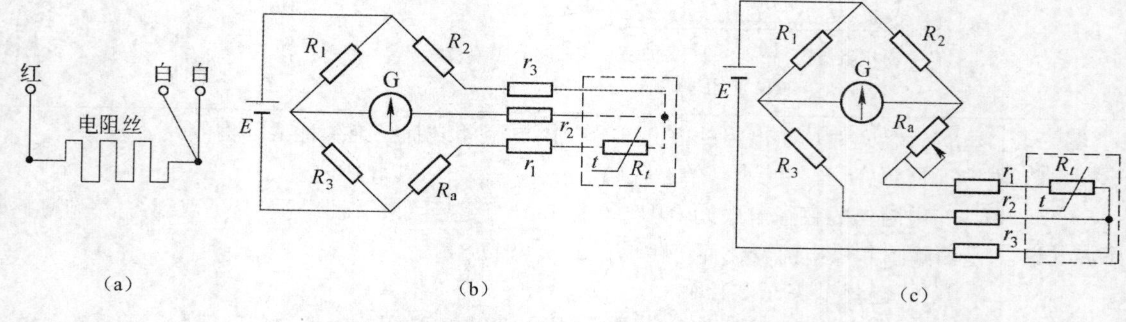

图 5-1-2　三线制热电阻引线方式及测温电桥接法

四线制接法

热电阻四线制接法测量线路如图5-1-3所示，四线制主要用于高精度温度的测量，但这种接法比较麻烦，电缆用量大。只要电路设计合理，流过热电阻的电流恒定，因此测量仪表两端电压等于 I_0Rt，与接线电阻 r_1～r_4 无关，故它可消除连接线电阻的影响。实际上图5-1-3（b）所示的测量桥路同时可以消除测量电路中寄生电动势引起的误差。

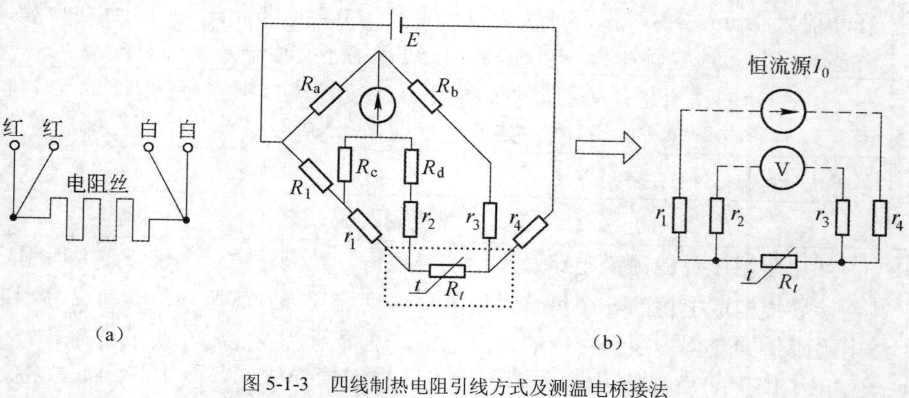

图 5-1-3　四线制热电阻引线方式及测温电桥接法

2　热电偶温度计

一、热电偶温度计概要

热电偶温度计是目前应用最为广泛的温度传感器。它测温的精度高、灵敏度好、稳定性及复现性较好、响应时间少、结构简单、使用方便、测温范围广，可以用来测量-200℃～1600℃的温度，在特殊情况下，可测至2800℃的高温或4K的低温。

热电偶温度计是以热电效应为基础，将温度变化转换为热电势变化来进行温度测量的仪表。

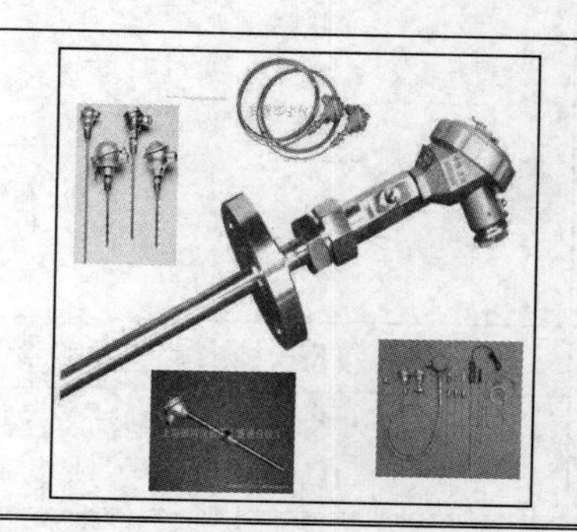

<table>
<tr><td colspan="2">

二、热电偶测温原理

</td></tr>
<tr><td colspan="2">

热电偶的测温原理基于1821年塞贝克（Seeheck）发现的热电现象。将两种不同的导体或半导体连接成如下图所示的闭合回路，如果两个接点的温度不同，则在回路内会产生热电动势，这种现象称为塞贝克热电效应。

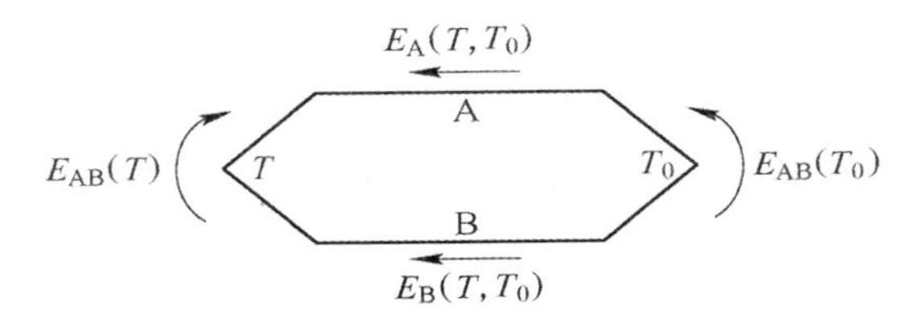

导体A和B称为热电偶的热电丝或热偶丝。热电偶两个接点中，置于温度为T的被测对象中的接点称为测量端，又称工作端或热端，温度为参考温度T_0的另一端称为参考端，又称自由端或冷端。

</td></tr>
<tr><td rowspan="2">

接触电势

</td><td>

当两种电子密度不同的导体或半导体材料相互接触时，就会发生自由电子扩散现象，自由电子从电子密度高的导体流向电子密度低的导体。比如材料A的电子密度大于材料B，则会有一部分电子从A扩散到B，使得A失去电子而带正电，B获得电子带负电，最终形成由A向B的静电场。静电场的作用又阻止电子进一步由A向B扩散。当电子扩散力和电场阻力达到平衡时，材料A和B之间就建立起一个固定的接触电势，如图5-1-4所示。

接触电势的大小和方向主要取决于两种材料的性质和接触面温度的高低。温度越高，接触电势越大，两种导体电子密度的比值越大，接触电势也越大。

</td></tr>
<tr><td>

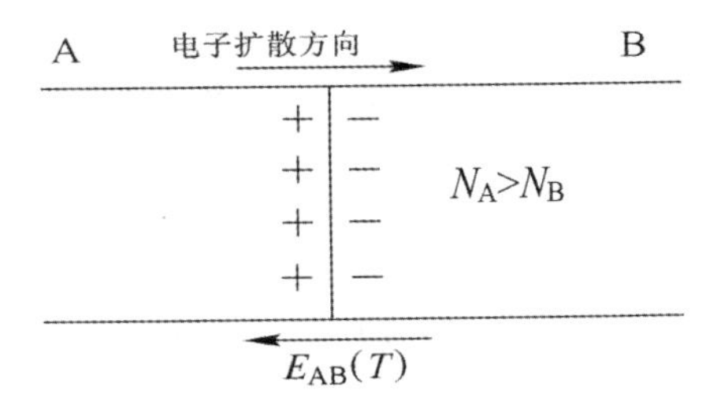

图5-1-4　接触电势原理图

</td></tr>
<tr><td rowspan="2">

温差电势

</td><td>

温差电势是由于同一种导体或半导体材料其两端温度不同而产生的一种电动势。由于温度梯度的存在，改变了电子的能量分布，温度较高的一端电子具有较高的能量，其电子将向温度较低的一端迁移，于是在材料两端之间形成一个高温端指向低温端的静电场。电子的迁移力和静电场力达到平衡时所形成的电位差叫温差电势，如图5-1-5所示。

温差电势的方向是由低温端指向高温端，其大小与材料两端温度和材料性质有关。

</td></tr>
<tr><td>

T　电子迁移方向　T_0

$E(T,T_0)$

图5-1-5　温差电势原理图

</td></tr>
<tr><td>

热电偶闭合回路的总热电动势

</td><td>

对于A、B两种材料构成的热电偶回路，总热电动势包括两个接触电势和两个温差电势。

$$E_{AB}(T,T_0)=E_{AB}(T)+E_B(T,T_0)-E_{AB}(T_0)-E_A(T,T_0)$$
$$=\frac{K}{e}\int_{T_0}^{T}\ln\frac{N_A}{N_B}\mathrm{d}t$$

</td></tr>
</table>

<table>
<tr><td></td><td>
从中可以看出：
（1）只有用两种不同性质的材料才能组成热电偶，且两端温度必须不同；
（2）热电势的大小只与组成热电偶的材料和材料两端连接点处的温度有关，与热电偶丝的大小尺寸及沿程温度分布无关。
显然，热电偶的两个热电极材料确定之后，热电势的大小只与热电偶两端接点的温度有关，即
$$E_{AB}(T,T_0)=f(T)-f(T_0)$$
或写为摄氏度形式：$E_{AB}(t,t_0)=f(t)-f(t_0)$
如果 T_0 为恒定值，则 $f(T_0)$ 为常数，回路总热电势 $E_{AB}(T,T_0)$ 只是温度 T 的单值函数。通过测量这个热电动势就可得到被测温度，这就是热电偶的测温原理。
国际实用温标 IPTS-90 规定热电偶的温度测值为摄氏温度 t（℃），参考端温度定为0℃。因此，实用的热电势不再写成 $E_{AB}(T,T_0)$，而是 $E_{AB}(t,t_0)$。如果 t_0=0℃，则可简写为 $E_{AB}(t)$。
一般情况下，热电偶的接触电势远大于温差电势，故其热电势的极性取决于接触电势的极性。在两个热电极当中，电子密度大的导体 A 总是正极，而电子密度小的导体 B 总是负极。
</td></tr>
<tr><td colspan="2">三、热电偶的基本定律</td></tr>
<tr><td colspan="2">在实际测温时，热电偶回路中必然要引入测量热电势的显示仪表和连接导线，因此理解了热电偶的测温原理之后还要进一步掌握热电偶的一些基本定律（性质），并能在实际测温中灵活而熟练地应用这些基本定律。</td></tr>
<tr><td>均质材料定律</td><td>
由一种均质材料组成的闭合回路，不论沿材料长度方向各处温度如何分布，回路中均不产生热电势。
它要求组成热电偶的两种材料 A 和 B 必须各自都是均质的，否则会由于沿热电偶长度方向存在温度梯度而产生附加热电势，引入不均匀性误差。因此在进行精密测量时要尽可能对电极材料进行均匀性检查和退火处理。该定律是同名极法检定热电偶的理论根据。
</td></tr>
<tr><td>中间导体定律</td><td>
在热电偶测温回路中插入第三种（或多种）导体（如图5-1-6中的导体C），只要其两端温度相同，则热电偶回路的总热电势与串联的中间导体无关。图5-1-6为典型中间导体的连接方式。
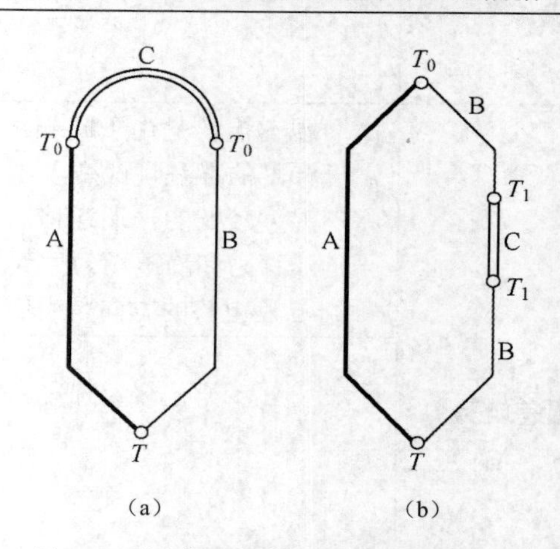

图 5-1-6　热电偶回路中接入第三种导体的接线图
中间导体定律表明热电偶回路中可接入测量热电势的仪表。只要仪表处于稳定的环境温度，原热电偶回路中的热电势将不受接入测量仪表的影响。同时该定律还表明热电偶的接点不仅可以焊接而成，也可借助均值等温的导体加以连接。在测量液态金属或固体表面温度时，常常不是把热电偶先焊接好再去测温，而是把热电偶丝的端头直接插入或焊在被测金属表面上，把液态金属或固体金属表面看作是串接的第三种导体，如图 5-1-7 所示。
</td></tr>
</table>

<table>
<tr><td></td><td>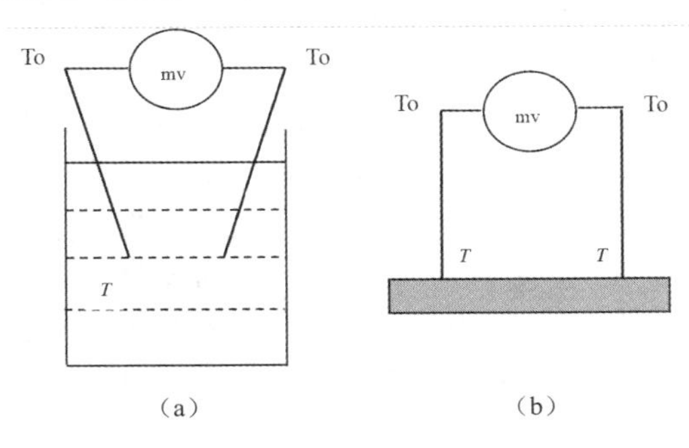

图 5-1-7　中间导体定律的应用</td></tr>
<tr><td rowspan="2">中间温度定律</td><td>在热电偶测温回路中，测量端的温度为T，连接导线各端点的温度分别为T_n和T_0（图 5-1-8），如 A 与 A′、B 与B′的热电性质相同，则总的热电动势等于热电偶的热电动势$E_{AB}(T,T_n)$与连接导线的热电动势$E_{AB}(T_n,T_0)$的代数和，其中T_n为中间温度，即
$$E_{ABB'A'}(T,T_n,T_0)=E_{AB}(T,T_n)+E_{A'B'}(T_n,T_0)$$
中间导体定律和中间温度定律是工业热电偶测温中应用补偿导线的理论依据。只有选配出与热电偶的热电性能相同的补偿导线，便可使热电偶的参考端远离热源而不影响热电偶测温的准确性。</td></tr>
<tr><td>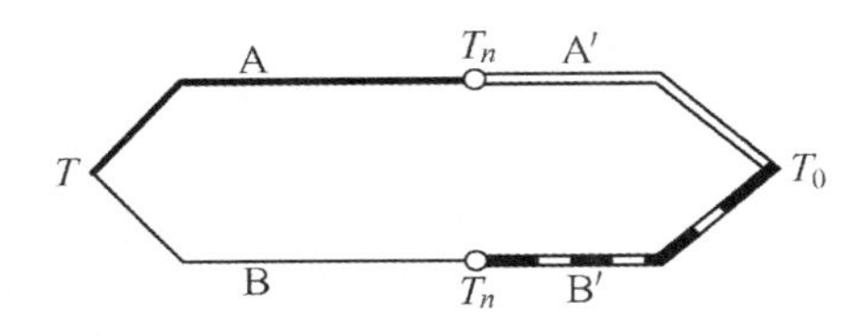

图 5-1-8　热电偶中间温度定律示意图</td></tr>
<tr><td>参考电极定律</td><td>两种导体 A、B 分别与参考电极 C（标准电极）组成热电偶，如果已知它们所产生的热电动势，那么，A 与 B 两热电极配对后的热电动势可按下式求得：
$$E_{AB}(T,T_0)=E_{AC}(T,T_0)+E_{CB}(T,T_0)$$
人们多采用高纯铂丝作为参考电极，这样可大大简化热电偶的选配工作。</td></tr>
<tr><td colspan="2">四、热电偶的结构</td></tr>
<tr><td colspan="2">为了适应不同生产对象的测温要求和条件，热电偶的结构形式有普通型热电偶、铠装型热电偶和薄膜式热电偶等。热电偶还可分为可拆卸与不可拆卸两类。</td></tr>
<tr><td rowspan="3">普通型热电偶结构</td><td colspan="2">普通型热电偶在工业上使用最多，典型工业用热电偶结构如图 5-1-9 所示。它一般由热电极、绝缘套管、保护管和接线盒组成。普通型热电偶按其安装时的连接形式可分为固定螺纹连接、固定法兰连接、活动法兰连接、无固定装置等多种形式。</td></tr>
<tr><td colspan="2">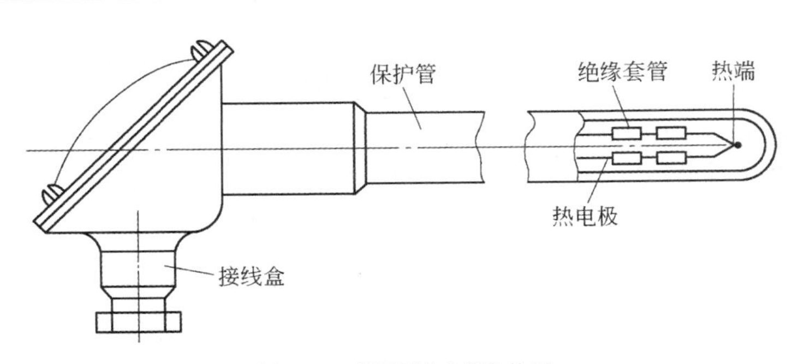

图 5-1-9　普通型热电偶结构图</td></tr>
<tr><td>热电极</td><td>热电偶常以所用的热电极材料的种类来命名，一般金属热电极材料的直径为 0.5～3.2mm，昂贵金属热电极材料的直径为 0.3～0.6mm，长度与被测物有关，一般为 300～</td></tr>
</table>

2000mm，通常在 350mm 左右。作为实用的热电偶测温元件，对热电极材料的要求是多方面的。

（1）两种材料所组成的热电偶应输出较大的热电势，以得到较高的灵敏度，且要求热电势 $E(t)$和温度 t 之间尽可能地成线性函数关系。

（2）能应用于较宽的温度范围，物理化学性能、热电特性都较稳定，即要求有较好的耐热性、抗氧性、抗还原性、抗腐蚀性等性能。

（3）要求热电偶材料有较高的电导率和较低的电阻温度系数。

（4）具有较好的工艺性能，便于成批生产；具有满意的复现性，便于采用统一的分度表。

绝缘管

绝缘管用于保证热电偶两极之间及热电极与保护套管之间的电气绝缘。常用的绝缘管材料是高温陶瓷管，其结构有单孔、双孔和四孔之分。常用绝缘管材料见表 5-1-3。

表 5-1-3 常用绝缘管材料

名称	长期使用温度上限/°C	名称	长期使用温度上限/°C	名称	长期使用温度上限/°C
天然橡胶	60～80	玻璃和玻璃纤维	400	氧化铝	1600
聚乙烯	80	石英	1100	氧化镁	2000
聚四氟乙烯	250	陶瓷	1200		

保护套管

保护套管在热电极及绝缘管外边，作用是保护热电极不受化学腐蚀和机械损伤。材质一般根据测温范围、插入深度、被测介质及测温时间常数等条件来决定。常用的保护套管材料有金属、非金属和金属陶瓷三类。保护套管材料见表 5-1-4。

表 5-1-4 常用保护套管材料

金属材料	耐温/°C	非金属材料	耐温/°C	金属陶瓷	耐温/°C
铜	350	石英	1100	MgO 基金属陶瓷	2000
20#碳钢	600	高温陶瓷	1300	碳化钛系基金属陶瓷	1000
1Gr18Ni9Ti	900	高温氧化铝	1800		
镍铬合金	1200	氧化镁	2000		

接线盒

接线盒的主要作用是将热电偶的参考端引出，供热电偶和导线连接之用，兼有密封和保护接线端子等作用，一般由铝合金、不锈钢、工程塑料、胶木等制成。

铠装热电偶结构

铠装热电偶是将热电偶丝与绝缘材料及金属套管经整体复合拉伸工艺加工而成的可弯曲的坚实组合体。

与普通热电偶不同的是：热电偶与金属保护套管之间被氧化镁材料填实，三者成为一体；具有一定的可挠性，一般最小弯曲半径为其直径的 5 倍，安装使用方便。

五、热电偶的分类

标准化热电偶

国际电工委员会（IEC）推荐的工业用标准热电偶有八种（目前我国的国家标准与国际标准统一）。其中分度号为 S、R、B 的三种热电偶均由铂和铂铑合金制成，称为贵金属热电偶。分度号为 K、N、T、E、J 的五种热电偶是由镍、铬、硅、铜、铝、锰、镁、钴等金属的合金制成，称为廉价金属热电偶。工业用标准热电偶基本性能见表 5-1-5。

表 5-1-5 工业用标准热电偶基本性能

名称	分度号	测量范围/°C	适用气氛	稳定性
铂铑 30—铂铑 6	B	200～1800	氧化、中性	<1500℃，优；>1500℃，良
铂铑 13—铂	R	–40～1600	氧化、中性	<1400℃，优；>1400℃，良

<table>
<tr><td rowspan="10"></td><td>名称</td><td>分度号</td><td>测量范围/℃</td><td>适用气氛</td><td>稳定性</td></tr>
<tr><td>铂铑 10—铂</td><td>S</td><td></td><td></td><td></td></tr>
<tr><td>镍铬—镍硅（铝）</td><td>K</td><td>–270～1300</td><td>氧化、中性</td><td>中等</td></tr>
<tr><td>镍铬硅—镍硅</td><td>N</td><td>–270～1260</td><td>氧化、中性、还原</td><td>良</td></tr>
<tr><td>镍铬—康铜</td><td>E</td><td>–270～1000</td><td>氧化、中性</td><td>中等</td></tr>
<tr><td>铁—康铜</td><td>J</td><td>–40～760</td><td>氧化、中性、还原、真空</td><td><500℃，良；>500℃，差</td></tr>
<tr><td>铜—康铜</td><td>T</td><td>–270～350</td><td>氧化、中性、还原、真空</td><td>–170℃～200℃，优</td></tr>
<tr><td>钨铼 3—钨铼 25</td><td>WRe3-WRe25</td><td rowspan="2">0～2300</td><td rowspan="2">中性、还原、真空</td><td rowspan="2">中等</td></tr>
<tr><td>钨铼 5—钨铼 26</td><td>WRe5-WRe26</td></tr>
</table>

<table>
<tr><td rowspan="4">非标准化热电偶</td><td rowspan="2">铠装热电偶</td><td>铠装热电偶是一种小型化、结构牢固、使用方便的特殊热电偶，它是由热电偶丝、绝缘材料（氧化镁或氧化铝）和金属套管经整体复合拉伸工艺加工而成的可弯曲的坚实组合体，其断面结构如图 5-1-10 所示。常用热电偶材料均可制成铠装热电偶形式使用，外径一般为 0.25～12mm，长短根据需要定，最长可达 1500m。铠装热电偶的优点是：热惰性小、反应快、机械强度高、挠性好、耐高温、耐强烈振动和耐冲击。它较好地解决了普通热电偶体积及热惯性大、对被测对象温度场影响较大、不易在热容量较小的对象中使用、在结构复杂弯曲的对象上不便安装等问题。由于其结构小型化，易于制成特殊用途的形式，挠性好、能弯曲，适应对象结构复杂的测量场合，因而被广泛应用。</td></tr>
<tr><td>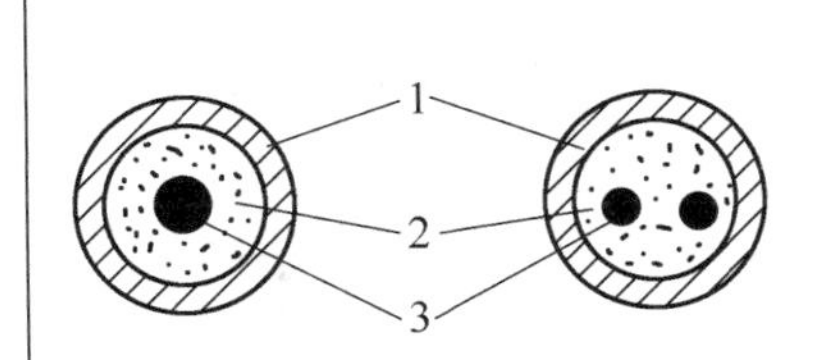

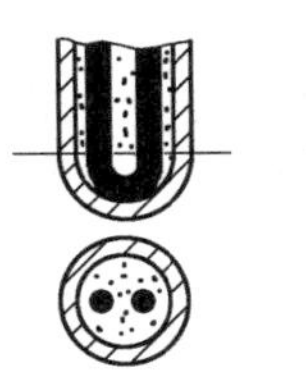
碰底型
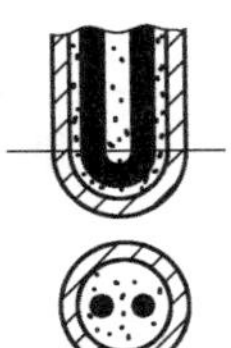
不碰底型
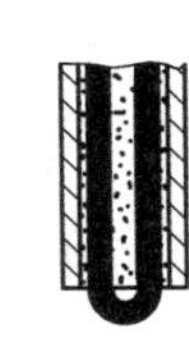
露头型
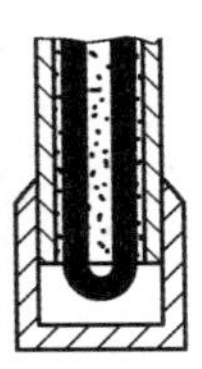
帽型
1—金属套管；2—绝缘材料；3—热电极
图 5-1-10　铠装热电偶结构图</td></tr>
<tr><td rowspan="2">快速微型热电偶</td><td>快速微型热电偶是专为测量钢水、铁液及其他金属熔体温度而设计制造的，又称为“消耗式热电偶”，其结构如图 5-1-11 所示。其测温元件小、响应速度快；每测一次换一只新的热电偶，无需定期维修，而且准确度较高；由于纸管不吸热，故可测得真实的温度。在高温熔体测量中已广泛使用，目前我国有两类快速微型热电偶，即快速铂铑热电偶与快速钨铼热电偶。</td></tr>
<tr><td>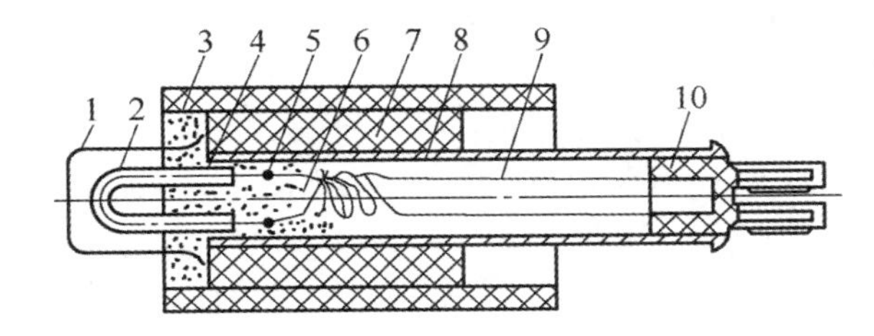

1—外保护帽；2—U 形石英管；3—外纸管；4—绝热水泥；5—热电偶自由端；6—棉花；7—绝热纸管；8—小纸管；9—补偿导线；10—塑料插件
图 5-1-11　快速微型热电偶</td></tr>
</table>

	薄膜式热电偶	薄膜式热电偶采用真空蒸镀或化学涂层等制造工艺将两种热电极材料蒸镀到绝缘基板上，形成薄膜状热电偶，其热端接点极薄，约 0.01～0.1μm。它适于壁面温度的快速测量，基板由云母或浸渍酚醛塑料片等材料做成，热电极有镍铬—镍硅、铜—康铜等，它的结构形式如图 5-1-12 所示。一般在 300℃以下测温，使用时用粘结剂将基片粘附在被测物体表面上，反应时间约为数毫秒。	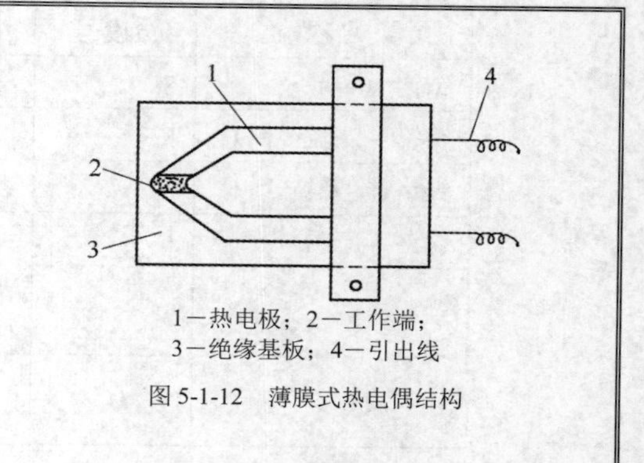 1－热电极；2－工作端； 3－绝缘基板；4－引出线 图 5-1-12　薄膜式热电偶结构
	钨铼热电偶	钨铼热电偶是最成功的难熔金属热电偶，可以测到 2400℃～2800℃的高温。它的特点是在高温下易氧化，只能用于真空和惰性气氛中。热电势率大约为 S 型热电偶的 2 倍，在 2000℃时的热电势接近 30mV，价格仅为 S 型热电偶的 1/10。WRe 热电偶已成为冶金、材料、航天、航空及核能等行业中重要的测温工具。	

六、热电偶的冷端补偿

根据热电偶的测温原理，由 $E_{AB}(T,T_0)=f(T)+f(T_0)$ 的关系式可以看出，只有当参考端温度 T_0 稳定不变且已知时，才能得到热电势 E 和被测温度 T 的单值函数关系。此外，实际使用的热电偶分度表中热电势和温度的对应值是以 T_0 =0℃为基础的，但在实际测温中由于环境和现场条件等原因，参考端温度 T_0 往往不稳定，也不一定恰好等于 0℃，因此需要对热电偶冷端温度进行处理。常用的冷端补偿方法有以下四种。

冰点法	这是一种精度最高的处理方法，也被称为零度恒温法，常用在实验室中，可以使 T_0 稳定地维持在 0℃。将碎冰和纯水的混合物放在保温瓶中，再把细玻璃试管插入冰水混合物中，在试管底部注入适量的油类或水银，热电偶的参考端就插到试管底部，满足 T_0=0℃的要求，如图 5-1-13 所示。	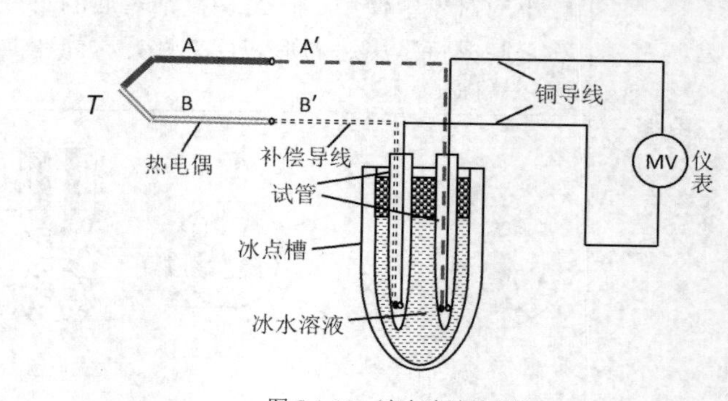 图 5-1-13　冰点冷端补偿法
计算法	在没有条件实现冰点法时，可以设法把参考端置于已知的恒温条件，得到稳定的 T_0，故可根据分度表查得 $E(T_0,0)$，根据中间温度定律公式： $$E(T,0)=E(T,T_0)+E(T_0,0)$$ 式中，$E(T_0,0)$ 是根据参考端所处的已知稳定温度 T_0 去查热电偶分度表得到的热电势。然后根据所测得的热电势 $E(T,T_0)$ 和查到的 $E(T_0,0)$ 二者之和再去反查热电偶分度表，即可得到被测量的实际温度 T。	
冷端补偿器法	在工业生产应用中，通常采用冷端补偿器来自动补偿 T_0 的变化。图 5-1-14 所示的是热电偶回路接入补偿器的示意图。 冷端补偿器是一个不平衡电桥，桥壁 $R_1=R_2=R_3=R_4=1\Omega$，采用锰铜丝无感绕制，其电阻温度系数趋于零。桥臂 R_4 用铜丝无感绕制，其电阻温度系数约为 4.3×10^{-3}℃$^{-1}$，当温度为 0℃时 $R_4=1\Omega$。R_g 为限流电阻，配用不同分度号热电偶时 R_g 作为调整补偿器供电电流使用。桥路供电电压为直流电，大小为 4V。仪表输入端电压为热电势 $E_{AB}(T,T_0)$ 与电桥不平衡电势 U_{ba} 之和，即 $E=E_{AB}(T,T_0)+U_{ba}$。$R_1\sim R_4$ 组成不平衡电桥（补偿器），当参考端和补偿器的温度为 0℃时，补偿器桥路四臂电阻 $R_1\sim R_4$ 均为 1Ω，电桥处于平衡状态，桥路输出端电压 $U_{ba}=0$，指示仪表所测得的总电势为 $E=E_{AB}(T,T_0)+U_{ba}=E(T,0)$。 当 T_0 随环境温度增高时，R_4 增大，则 a 点电位降低，使 U_{ba} 增加。同时由于 T_0 增高，$E(T,T_0)$	

将减小。只要冷端补偿器电路设计合理，使 U_{ba} 的增加值恰好等于 $E(T,T_0)$ 的减少量，那么指示仪表所测得的总电势 E 将不随 T_0 而变，相当于热电偶参考端自动处于 0℃。由于电桥输出电压 U_{ba} 随温度变化的特性为 $U_{ba}=g(t)$，与热电偶的热电特性 $E=f(t)$ 并不完全一致，这就使得具有冷端补偿器的热电偶回路的热电势在任一参考温度下都得到完全补偿是困难的。实际上只有在平衡点温度和计算点温度下才可以得到完全补偿，而在其他各参考端温度值时只能得到近似的补偿，因此采用温度补偿器作为参考端温度的处理方法会带来一定的附加误差。我国工业的冷端补偿器有两种参数：一种是平衡点温度定为 0℃；另一种是定为 20℃。它们的计算点温度均为 40℃。

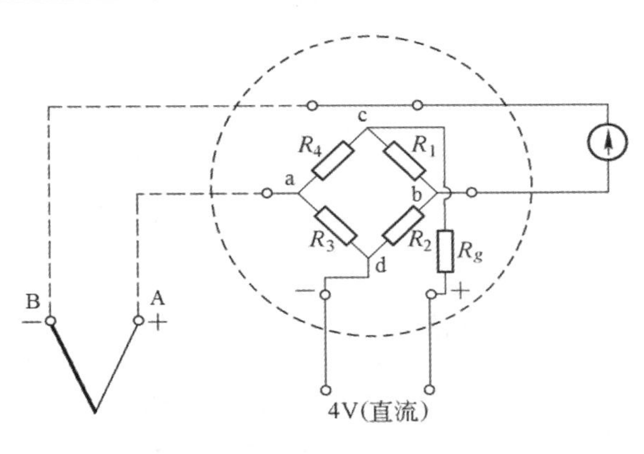

图 5-1-14　热电偶冷端补偿器示意图

补偿导线法

补偿导线是在一定温度范围内（包括常温）具有与所匹配的热电偶的热电动势的标称值相同的一对带有绝缘层的导线。用它们连接热电偶与测量装置，可将热电偶的参考端移到离被测介质较远且温度比较稳定的场合，以免参考端温度受到被测介质的热干扰。

由图 5-1-15 可知，根据中间导体定律，引入了补偿导线后的回路总热电势为

$$E=E_{AB}(t,t_0')+E_{A'B'}(t_0',t_0)$$

由于在规定使用温度范围内补偿导线 A′ 和 B′ 与所取代的热电偶丝 A 和 B 的热电特性一致，故：

$$E_{AB}(t_0,t_0')=E_{A'B'}(t_0,t_0')$$

那么

$$E=E_{AB}(t,t_0)$$

为了保证测量精度等要求，在使用补偿导线时必须严格遵照有关规定要求，如补偿导线型号必须与热电偶配套、环境温度不能超出其使用温度范围，以免产生附加误差。

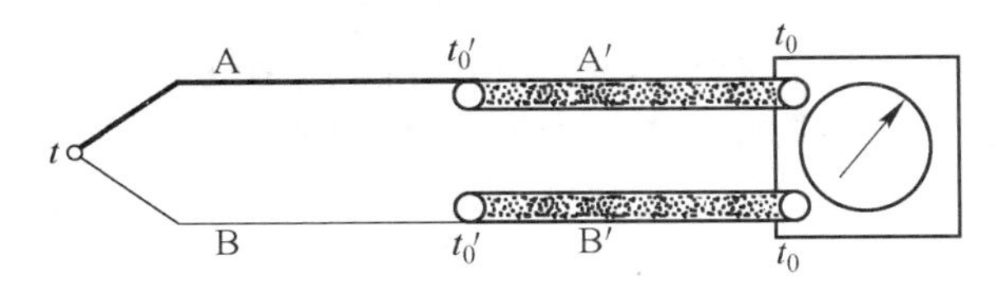

图 5-1-15　补偿导线连接图

七、测温线路

工业用热电偶测温的基本线路

在实际测温时，因热电偶长度受到一定的限制，参考端温度的变化将直接影响温度测量的准确性。因此，热电偶测温线路一般由热电偶、显示仪表及中间连接部分（温度补偿电桥、补偿导线或铜导线）组成，如图 5-1-16 所示。

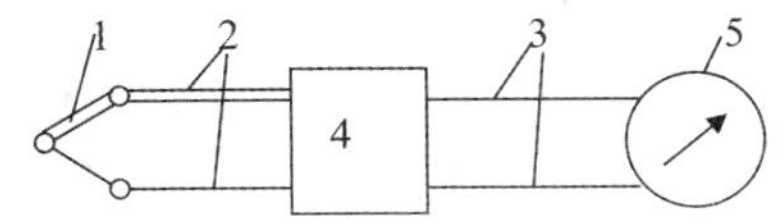

1—热电偶；2—补偿导线；3—铜导线；4—温度补偿电桥；5—显示仪表

图 5-1-16　单点测温基本线路

多点温度测量的基本线路

用同型号的多支热电偶进行多点温度测量时，共用一台显示仪表和一支实现冷端温度补偿的补偿热电偶。为了节省补偿导线，这组同型号的多支热电偶经过比较短的补偿导线分别连接到温度分布比较均匀的接线板上，再用铜导线依次接到切换开光上，由切换开关最后接到显示仪表上去。用补偿导线做成的补偿热电偶反向串接在仪表回路中，补偿热电偶的冷端在接线板上，热端维持恒温 t_0，如图 5-1-17 所示。

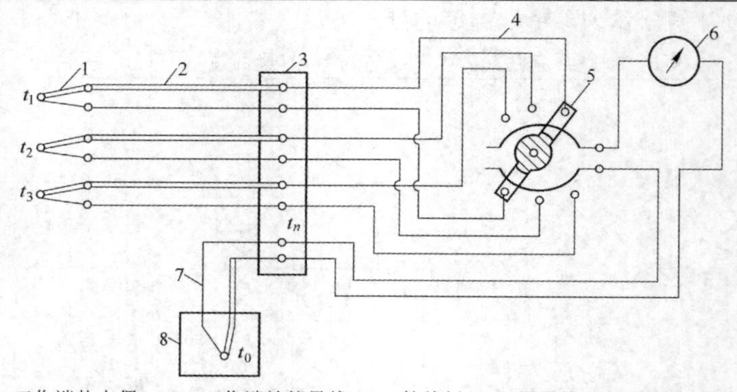

1—工作端热电偶； 2—工作端补偿导线；3—接线板；4—铜导线；5—切换开关；
6—数字显示仪；7—参考端补偿导线；8—参考端热电偶

图 5-1-17 多点测温线路

热电偶串、并联线路

热电偶的正向串联

正向串联就是讲 n 支同型号热电偶异极串联的接法，如图 5-1-18 所示。其总电势为：

$$E_x=E_1+E_2+\cdots+E_n$$

热电堆就是采用这种方法来测量温度的，其特点是输出电势增加，仪表的灵敏度提高。多支热电偶串联的缺点是当一支热电偶烧断时整个仪表回路停止工作。

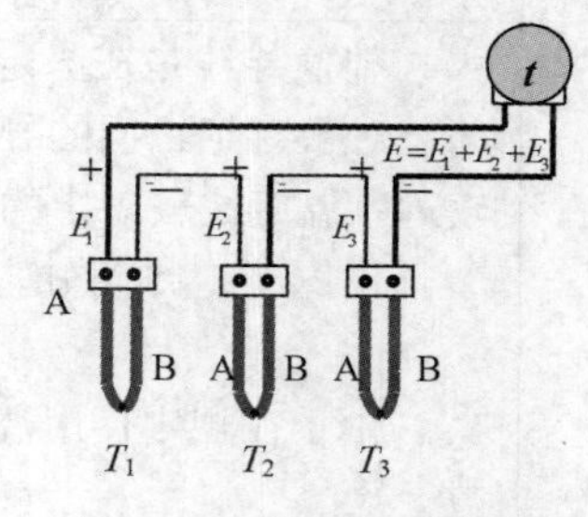

图 5-1-18 热电偶正向串联

热电偶的反向串联

热电偶的反向串联是将两支同型号热电偶的同名极串联，这样组成的热电偶称为差分或微差热电偶，如图 5-1-19 所示。如果两支差分热电偶的时间常数相差很大，则构成微分热电偶，可用来测量温度变化速度。其输出热电势 ΔE 反映出两个测量点（t_1 和 t_2）温度之差，或是同一点温度的变化快慢。

$$E=E(t_1,t_0)-E(t_2,t_0)=E(t_1,t_2)$$

为使 ΔE 值能更好地反映被测参数的状态，应选用线性特性良好的热电偶。

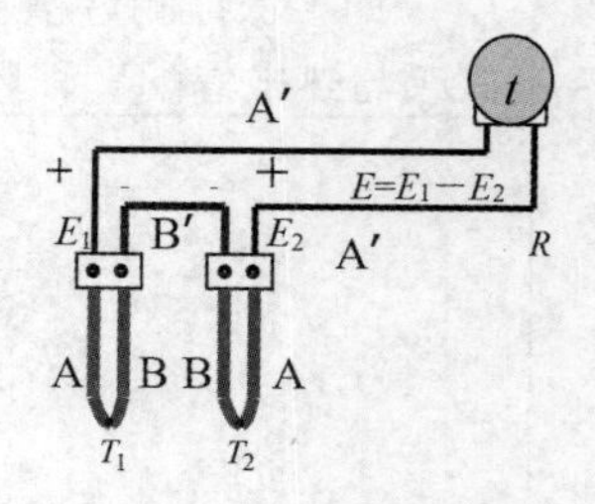

图 5-1-19 热电偶反向串联

热电偶的并联

将几支同型热电偶的正极和负极分别连接在一起的线路称为并联线路，如图 5-1-20 所示。如果几支热电偶的电阻值均相等，则并联测量线路的总电动势等于几支热电偶电动势的平均值，即

$$E_x=(E_1+E_2+\cdots+E_n)/n$$

并联线路常用来测量温场的平均温度。同串联线路相比，并联线路的电势虽小，但其相对误差仅为单支热电偶

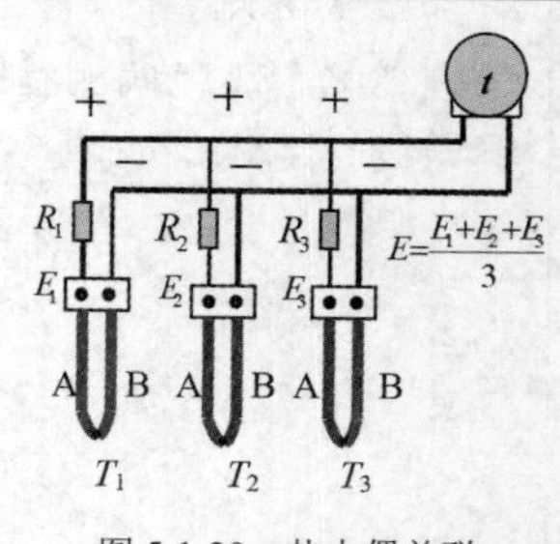

图 5-1-20 热电偶并联

	的 $1/\sqrt{n}$，且单支热电偶断路时，测温系统照常工作。	

3　其他测温仪表

3.1　双金属温度计

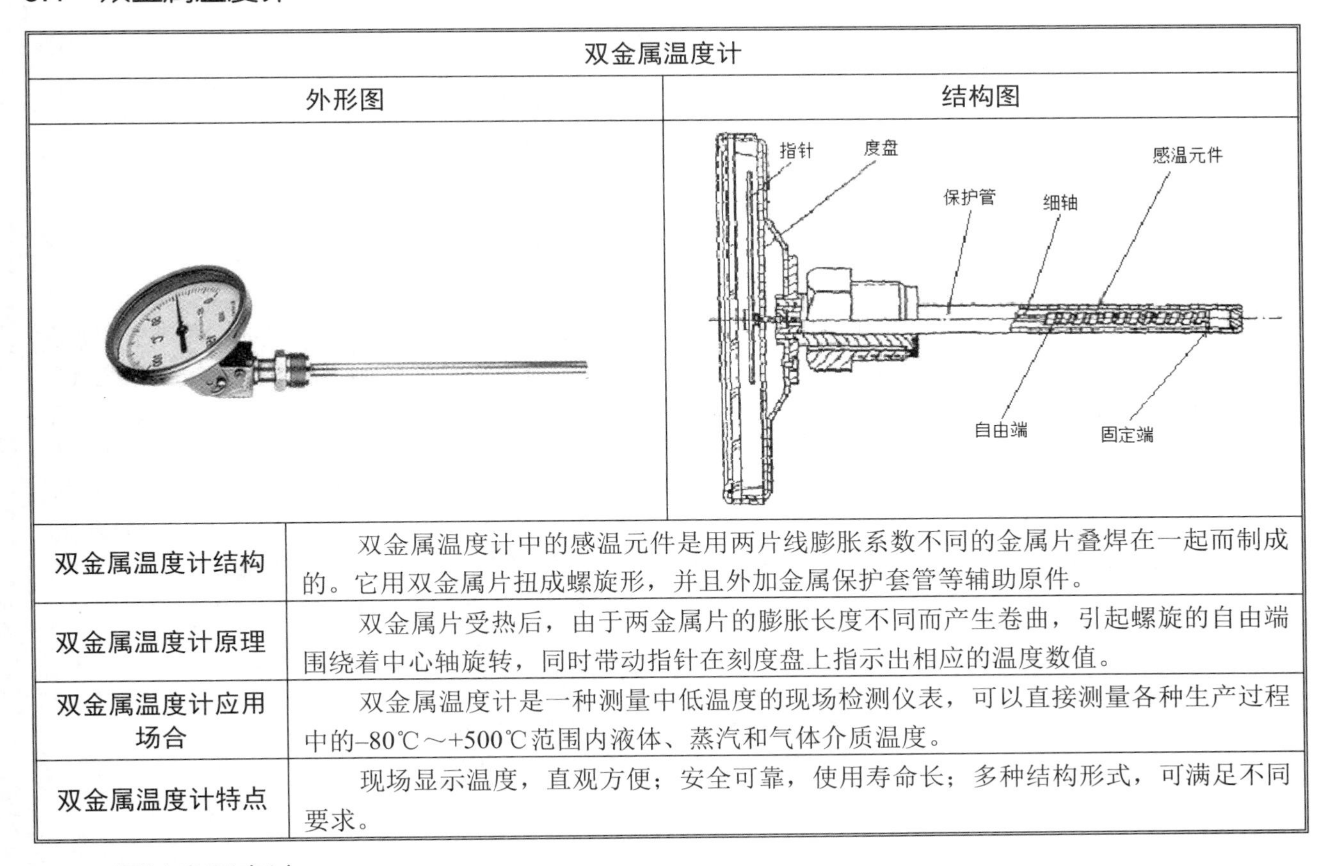

双金属温度计	
外形图	结构图
双金属温度计结构	双金属温度计中的感温元件是用两片线膨胀系数不同的金属片叠焊在一起而制成的。它用双金属片扭成螺旋形，并且外加金属保护套管等辅助原件。
双金属温度计原理	双金属片受热后，由于两金属片的膨胀长度不同而产生卷曲，引起螺旋的自由端围绕着中心轴旋转，同时带动指针在刻度盘上指示出相应的温度数值。
双金属温度计应用场合	双金属温度计是一种测量中低温度的现场检测仪表，可以直接测量各种生产过程中的–80℃～+500℃范围内液体、蒸汽和气体介质温度。
双金属温度计特点	现场显示温度，直观方便；安全可靠，使用寿命长；多种结构形式，可满足不同要求。

3.2　辐射式温度计

辐射式温度计	
辐射式温度计是由测量物体的辐射通量，而给出按温度单位分度的输出信号的仪表。它可以测量运动物体的温度且不会破坏物体的温度场，因此，基于热辐射原理的非接触式光学测温仪器得到了广泛应用。目前，非接触式测温技术已在冶金、化工、机械、建材、核工业、航天等行业得到广泛应用。非接触式温度测量仪大致分为两类：一类是通常所谓的光学辐射式高温计，包括光学高温计、光电高温计、全辐射高温计、比色高温计等；另一类是红外辐射温度计，包括全红外线辐射型、单色红外辐射型、比色型等。 辐射测温方法广泛应用于 900℃以上的高温区测量中，近年来随着红外技术的发展，测温的下限已下移到常温区，大大扩展了非接触式测温仪的使用范围。	
一、亮度高温计	
亮度高温计是根据物体发出光谱的辐射亮度与其温度 T 的关系来测温的，是发展最早、应用最广的非接触式温度计。其主要类型有光学高温计、光电高温计等亮度高温计。	
光学高温计	光学高温计结构较简单，使用方便，适用于 1000K～3500K 范围的温度测量，其精度通常为 1.0 级和 1.5 级，可满足一般工业测量的精度要求。它被广泛用于高温熔体、高温窑炉的温度测量。用光学高温计测量被测物体的温度时，读出的数值将不是该物体的实际温度，而是这个物体此时相当于绝对黑体的温度，即所谓的“亮度温度”。

光学高温计通常采用（0.66±0.01）μm的单一波长，将物体的光谱辐射亮度Ll和标准光源的光谱辐射亮度进行比较，确定待测物体的温度。光学高温计有三种形式：灯丝隐灭式光学高温计、恒定亮度式光学高温计及光电亮度式光学高温计。其中灯丝隐灭式光学高温计是一种典型的单色辐射光学高温计，如图5-1-21所示，在所有的辐射式温度计中它的精度最高，因此被很多国家用来作为基准仪器。

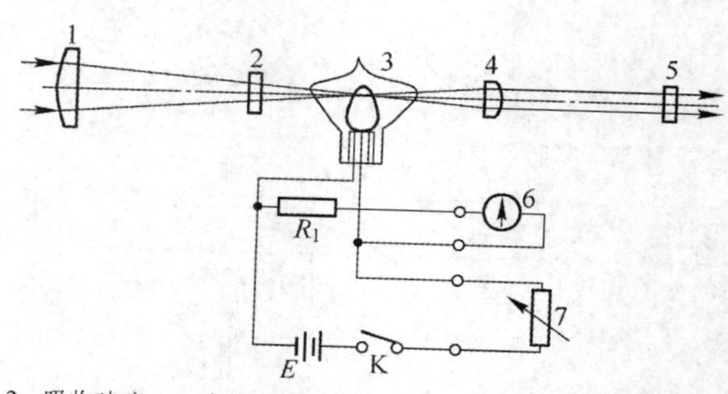

1—物镜；2—吸收玻璃；3—标准灯；4—目镜；5—滤光片；6—毫伏表；7—滑线电阻

图5-1-21 灯丝隐灭式光学高温计原理图

高温计的核心元件是一只标准灯3，其弧形钨丝灯的加热采用直流电源E，用滑线电阻器7调整灯丝电流以改变灯丝亮度。标准灯经过校验，电流值与灯丝亮度关系成为已知。灯丝的亮度温度由毫伏表6测出。物镜1和目镜4均可沿轴向调整，调整目镜位置使观测者能清晰地看到标准灯的弧形灯丝；调整物镜的位置使被测物体成像在灯丝平面上，在物像形成的发光背景上可以看到灯丝。观测者目视比较背景和灯丝的亮度，如果灯丝亮度比被测物体的亮度低，则灯丝在背景上显现出暗的弧线，如图5-1-22（a）所示；若灯丝亮度比被测物体亮度高，则灯丝在相对较暗的背景上显现出亮的弧线，如图5-1-22（b）所示；只有当灯丝亮度和被测物体亮度相等时，灯丝才隐灭在物像的背景里，如图5-1-22（c）所示，此时由毫伏表指示的电流值就是被测物体亮度对应的读数。

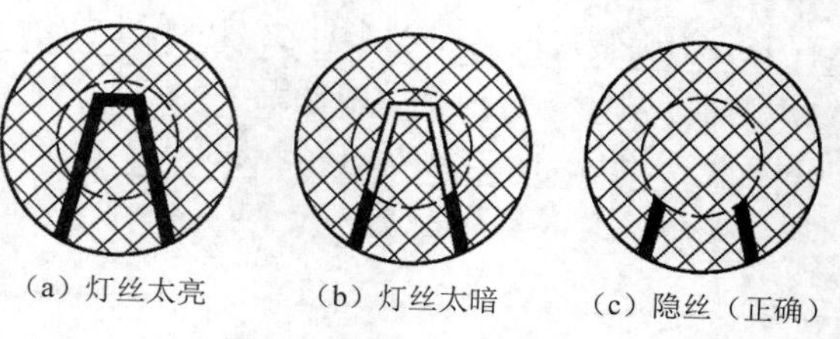

（a）灯丝太亮　（b）灯丝太暗　（c）隐丝（正确）

图5-1-22 灯丝亮度调整图

光电高温计

光电高温计在测量物体温度时，是由人的眼睛来判断亮度平衡状态，带有测量人的主观性，同时由于测量温度是不连续的，使得难以做到被测温度的自动记录。光电高温计用光电器件作为敏感元件感受辐射源的亮度变化，并将其转换成与亮度成比例的电信号，再经过电子放大器放大，最后输出被测温度值，并自动记录下来。图5-1-23所示的是WDL-31型光电高温计的工作原理示意图。

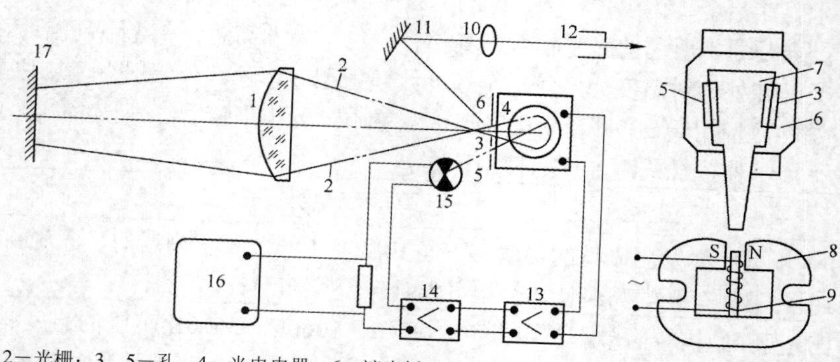

1—物镜；2—光栅；3，5—孔；4—光电电器；6—遮光板；7—调制片；8—永久磁钢；9—激磁绕磁；10—透镜；11—反射镜；12—观察孔；13—前置放大器；14—主放大镜；15—反馈镜；16—电子电位差计；17—被测物体

图5-1-23 光电高温计工作原理图

光电高温计与光学高温计相比，主要优点有灵敏度高、精确度高、使用波长范围不受限制、光电探测器的响应时间短及便于自动测量与控制。

二、比色高温计

绝对黑体辐射的两个波长 λ_1 和 λ_2 的亮度比等于被测辐射体在相应波长下的亮度比时，绝对黑体的温度就称为这个被测辐射体的比色温度。绝对黑体，对应于波长 λ_1 和 λ_2 的光谱辐射亮度之比 R，可用下式表示：

$$R(T)=\frac{E_{\lambda 1}}{E_{\lambda 2}}=\left(\frac{\varepsilon_{\lambda 1}}{\varepsilon_{\lambda 2}}\right)\left(\frac{\lambda_2}{\lambda_1}\right)\cdot\exp\left[\frac{C_2}{T}\left(\frac{1}{\lambda_1}-\frac{1}{\lambda_2}\right)\right]$$

根据比色温度的定义，可知物体的真实温度 T 和其比色温度 T_R 的关系：

$$\frac{1}{T}-\frac{1}{T_R}=\frac{\ln(\varepsilon_{\lambda 1}/\varepsilon_{\lambda 2})}{C_2(1/\lambda_1-1/\lambda_2)}$$

通常 λ_1 和 λ_2 为比色高温计出厂时统一标定的定值，由制造厂家选定。例如选 0.8μm 的红光和 1μm 的红外光。

图 5-1-24 所示的是按照比色测温原理设计的单通道光电比色高温计的工作原理图。

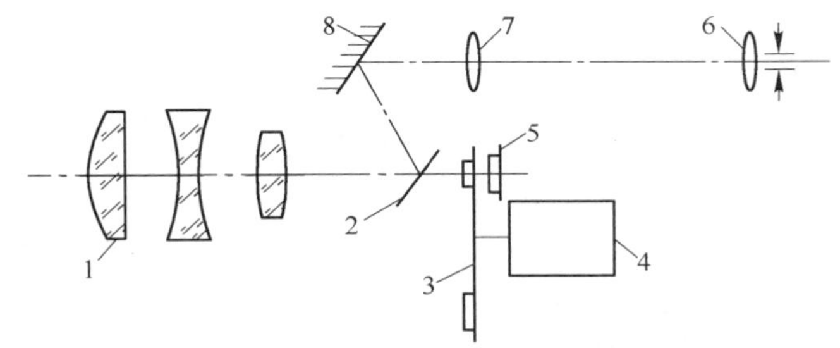

1—物镜组；2—通孔成像镜；3—调制盘；4—同步电机；5—硅光电池接收器；
6—目镜；7—倒像镜；8—反射镜

图 5-1-24　单通道光电比色高温计原理图

被测物体的辐射能量经物镜组聚焦，经过通孔成像镜 2 而到达硅光电池接收器 5，同步电机 4 带动调制盘 3 转动，调制盘上装有两种不同颜色的滤光片，可允许两种波长的光交替通过。硅光电池接收器 5 输出两个相应的电信号。对被测对象的瞄准通过反射镜 8、倒像镜 7 和目镜 6 来实现。

硅光电池接收器输出的电信号经变送器完成比值运算和线性化后输出统一直流信号。它既可接模拟仪表也可接数字式仪表，来指示被测温度值。为使光电池工作稳定，它被安装在一个恒温容器内，容器温度由光电池恒温电路自动控制。

比色高温计适于在环境条件恶劣的工业现场中使用，如烟雾、水蒸气、灰尘比较严重的钢铁、焦化和炉窑等应用现场。

三、全辐射高温计

全辐射高温计是根据物体的辐射热效应测量物体表面温度的仪器。物体受热后会发出各种波长的辐射能，其中有许多是我们眼睛看不到的，譬如铁块在未烧红前并不发出“亮”光来，也就无法使用光学高温计来测量它的温度。虽然物体辐射出来的能量看不见，但可以把它辐射出来的所有能量集中于一个感温元件，例如热电偶上，热电偶的工作端感受到这些热能后，就有热电势输出，并配以动圈式显示仪表或自动平衡显示仪表测出，这就是全辐射高温计的工作原理。

全辐射高温计由辐射敏感元件（分光电型与热敏型两大类）、光学系统、显示仪表及辅助装置等几大部分组成。例如图 5-1-25 所示的为全辐射高温计原理图。

全辐射高温计光学系统的作用是聚集被测物体的辐射能。其形式有透射型和反射型两大类。全辐射高温计的测量仪表按显示方式可分为自动平衡式、动圈式和数字式三类。全辐射高温计的辅助装置主要包括水冷却和烟尘防护装置。与光学高温计相比较，全辐射高温计的测量误差要大一些。

全辐射高温计与光学高温计一样是按绝对黑体进行温度分度的，因此用它测量非绝对黑体的具体物体温度时，仪表上的温度指示值将不是该物体的真实温度，我们称该温度为此被测物体的辐射温度。当热辐射体与黑体在全波长范围的积分辐射度相等时，黑体的温度被称为热辐射体的辐射温度 T_p。

$$T = T_p \sqrt[4]{\frac{1}{\varepsilon}}$$

由于ε总是小于 1，所以测到的辐射温度总是低于实际物体的真实温度。

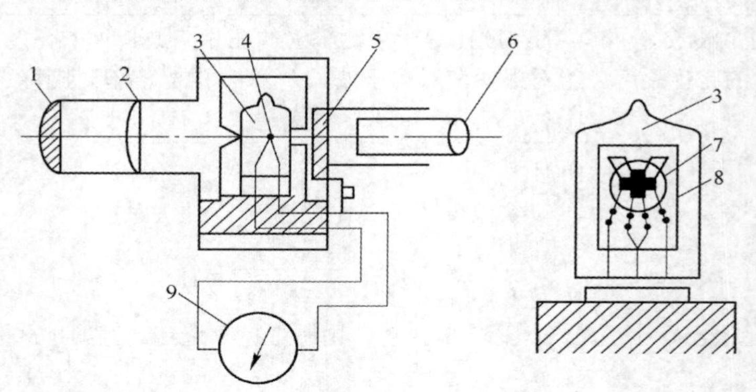

1—物镜；2—光栏；玻璃泡；4—热电堆；5—灰色滤光片；6—目镜；

7—铂箔；8—云母片；9—二次仪表

图 5-1-25　全辐射高温计原理图

四、红外测温

红外温度计

对于波长约在 0.75～40μm 的红外光谱波段，热辐射体发出的部分光谱波段的辐射通量与温度之间的关系，仍然可依据普朗克定律确定。可以通过光探测器或热探测器测量辐射通量进而确定热辐射体的温度。利用红外辐射测定温度的方法将非接触式测温向低温方向延伸，低温区已至–50℃，高温区达 3000℃。它由红外探测器和显示仪表两大部分组成，其结构与比色高温计基本相同，如图 5-1-26 所示。

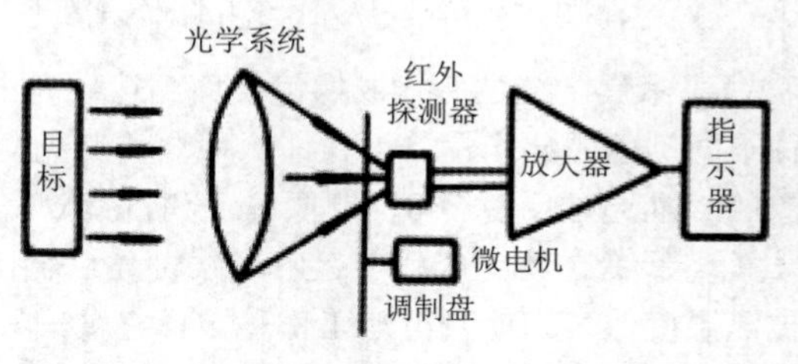

图 5-1-26　红外温度计原理图

红外测温的特点：非接触测温、反应速度快、灵敏度高、准确度较高、测量范围广泛。

红外热像仪

红外热像仪通常用于面积大且温度分布不均匀的被测对象，欲求其整个面积的平均温度或表面温场随时间的变化；在有限的区域内，寻找过热点或过热区域的情况。

红外热像仪是利用红外探测器按顺序直接测量物体各部分发射出的红外辐射，综合起来就得到物体发射红外辐射通量的分布图像，这种图像称为热像图。由于热像图本身包含了被测物体的温度信息，也称温度图。

它由光学汇聚系统、扫描系统、探测器、信号处理器、视频显示器等几个主要部分组成。目标的辐射图形经光学系统会聚和滤光，聚焦在焦平面上。焦平面内安置一个探测元件。在光学会聚系统与探测器之间有一套光学—机械扫描装置，它由两个扫描反光镜组成，一个用作垂直扫描，一个用作水平扫描，如图 5-1-27 所示。从目标入射到探测器上的红外辐射随着扫描镜的转动而移动，按次序扫过物空间的整个视场。在扫描过程中，入射红外辐射能使探测器产生响应。一般说来，探测器的响应是与红外辐射的能量成正比的电压信号，扫描过程使二维的物体辐射图形转换成一维的模拟电压信号序列。该信号经过放大处理后，由视频监视系统实现热像显示和温度测量。

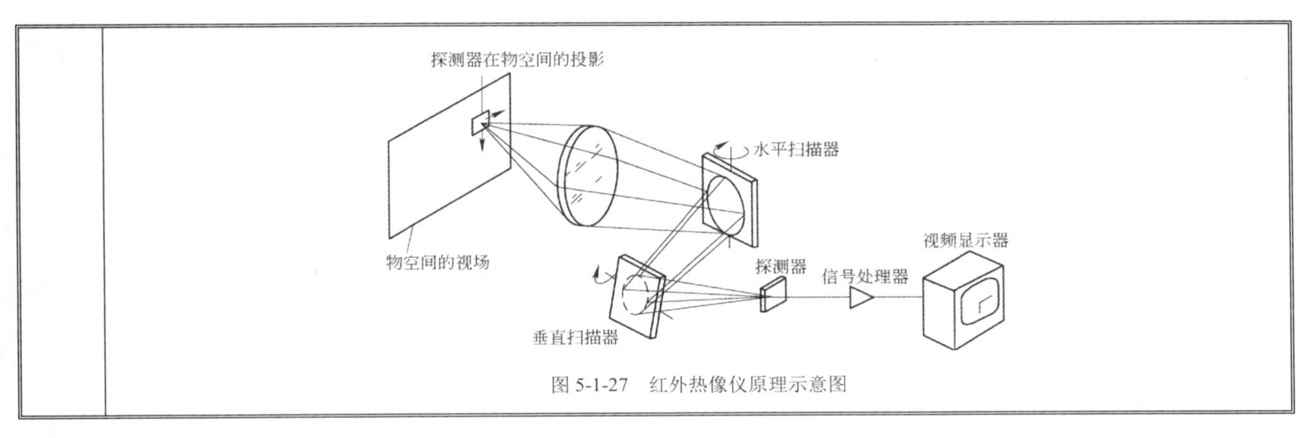

图 5-1-27　红外热像仪原理示意图

3.3　温度变送器

温度变送器

温度变送器是自动检测和自动化控制中使用的一种仪表。它与测温元件配合使用，把温度转换成统一信号输出，作为显示、记录和控制仪表的输入信号。

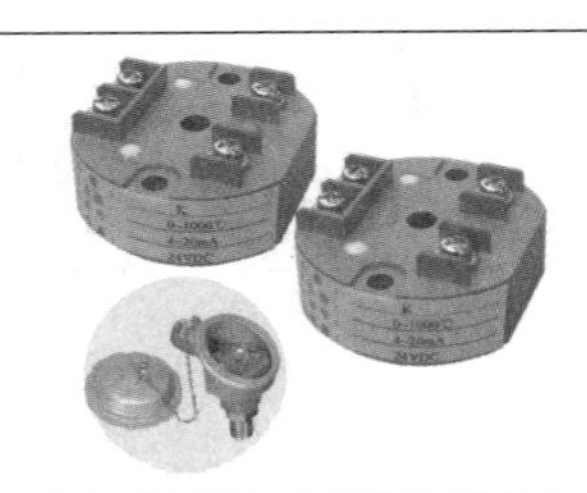

1. 温度变送器组成及接线

温度变送器由变送模板、检测模板以及模拟量输出模板等组成，通过后面的接线板将 4～20mA 的模拟量信号接到 PLC 机柜上，再通过转换在监控机上显示各个被测温度参数的值。

2. 温度变送器原理

电动温度变送器构成原理如图 5-1-28 所示，它主要由输入回路、电压－电流转换器等组成。现以 DDZ III型温度变送器为例，介绍主要工作过程。

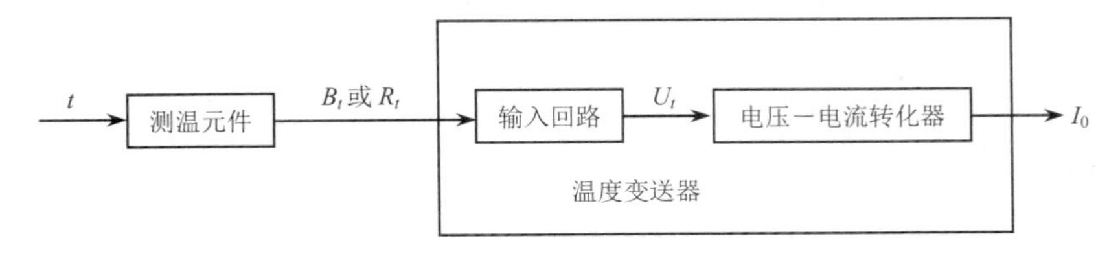

图 5-1-28　电动温度变送器构成原理

（1）输入回路

温度变送器的输入回路能接收热电偶或热电阻的信号，即热电势 E_t 或电阻值 R_t，并通过内部的桥路，把它转变成电压信号 U_t，送给电压－电流转化器。

根据不同的检测需要，可以通过调零电位器将温度变送器的零点（起始点）调整（迁移）到一个不为零的温度数值。当输入回路配热电偶使用时，还具有冷端温度自动补偿功能，消除热电偶冷端温度变化对测量造成的影响。

（2）电压－电流转化器

温度变送器的电压－电流转换器是一个集成运算放大器，它接受电压信号 U_t，将其变换放大并输出直流信号 I_0。

（3）DDZ III型温度变送器性能

该类型变送器有三个品种：热电偶温度变送器、热电阻温度变送器和毫伏变送器，能方便地将相应的输入信号转换成 4～20mA DC 信号，其供电电压为 24V DC。

3. 温度变送器的应用注意事项

1）正常时温变就地显示温度和电流两种参数，现场显示的温度值和站控室显示温度值一致。

2）出现就地和远传都没有显示温变的故障是由以下几种原因造成的：温变损坏、保险熔断、安全栅损坏、接线松动。

3）出现温变远传值不准确的故障主要是由量程设置不对或接线端子出现轻微漏电造成的。

4）温变要定期校验，安装套管内要填加变压器油。

子学习情境 5.2　FESTO 温度控制系统硬件

工作任务单

<table>
<tr><td>情　　境</td><td colspan="6">学习情境 5　温度控制</td></tr>
<tr><td rowspan="3">任务概况</td><td rowspan="2">任务名称</td><td rowspan="2">子学习情境 5.2　FESTO 温度控制系统硬件</td><td>日期</td><td>班级</td><td>学习小组</td><td>负责人</td></tr>
<tr><td></td><td></td><td></td><td></td></tr>
<tr><td>组员</td><td colspan="5"></td></tr>
<tr><td>任务载体和资讯</td><td colspan="2"></td><td colspan="4">载体：FESTO 过程控制系统及说明书。
资讯：
1．温度控制系统硬件（重点）：①电加热棒；②防干烧液位限位开关；③热电阻 Pt100；④温度变送器。
2．温度控制系统管路连接（重点）：①管件的插拔方法；②温度控制系统的工艺流程图；③设备符号及仪表位号的含义。
3．仿真盒（Simulation Box）：①热电阻的测量精度；②手动温度控制。
4．温度控制系统电路图（重点）。</td></tr>
<tr><td>任务目标</td><td colspan="6">1．掌握阅读产品说明书的方法。
2．掌握温度控制的管路连接关系。
3．掌握温度控制系统各硬件的性能。
4．掌握温度控制系统各组件的电气连接关系。
5．掌握仿真盒的操作方法，会使用仿真盒对系统温度进行操控。
6．培养学生的组织协调能力、语言表达能力，达成职业素质目标。</td></tr>
<tr><td>任务要求</td><td colspan="6">1．要认真识读 FESTO 过程控制系统的操作安全章程和事故处理方法。
2．认真观察 FESTO 过程控制系统的各组件。
3．认真阅读 FESTO 过程控制系统的说明书。
4．设计温度控制的管路连接方式。
5．通过万用表测量和分析电路图，明确温度控制系统各组件的电气连接关系。
6．利用仿真盒对系统的温度参数实施控制，并分析数据。</td></tr>
</table>

1 温度控制系统的硬件分析

1.1 电加热棒

<table>
<tr><th colspan="4">电加热棒</th></tr>
<tr><td colspan="2">外形</td><td>符号</td><td>电加热棒的安装位置</td></tr>
<tr><td colspan="2"></td><td></td><td rowspan="3"></td></tr>
<tr><td colspan="3">说明</td></tr>
<tr><td colspan="3">加热装置的供电电源为 230V AC，操作方式为 PWM 方式，内引线连接，壳体保护接地。
加热装置通过继电器开启或关闭，继电器的控制电压为 24V DC。</td></tr>
<tr><th colspan="4">参数</th></tr>
<tr><td>功率</td><td>1000W</td><td>控制电压</td><td>24V DC</td></tr>
<tr><td>供电电压</td><td>230V AC</td><td>连接</td><td>G1 ½″</td></tr>
<tr><td colspan="2">电加热棒的工作原理及电气连接</td><td colspan="2" rowspan="2"></td></tr>
<tr><td colspan="2">如图 5-2-1 所示，电加热棒通过防震插头接 230V AC（有保护接地线）。
数字量端子板上接口 XMA1 中的插针 2 串入浮子液位开关 S117 后接电加热棒的插针 4。
电加热器的插针 3 接数字量端子板 XMA1 上的 0V 端子。
电加热器的插针 1 和 2 接数字量端子板 XMA1 上的 24V 端子。
其中“□”表示电加热器内置的一个继电器，其中 1 和 4 是线圈接线端子，2 和 3 是输出触点端子。
强弱电间通过光电耦合进行信号传递，230V AC 回路通过双向可控硅来控制。
PLC 的 Q0.1 端控制电加热棒。</td></tr>
</table>

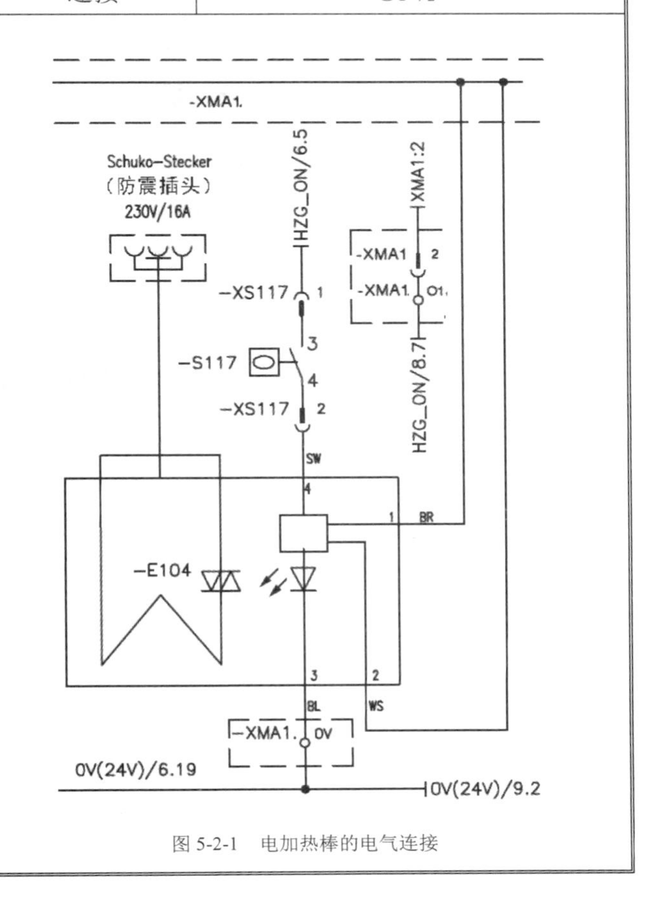

图 5-2-1 电加热棒的电气连接

1.2 防干烧液位限位开关

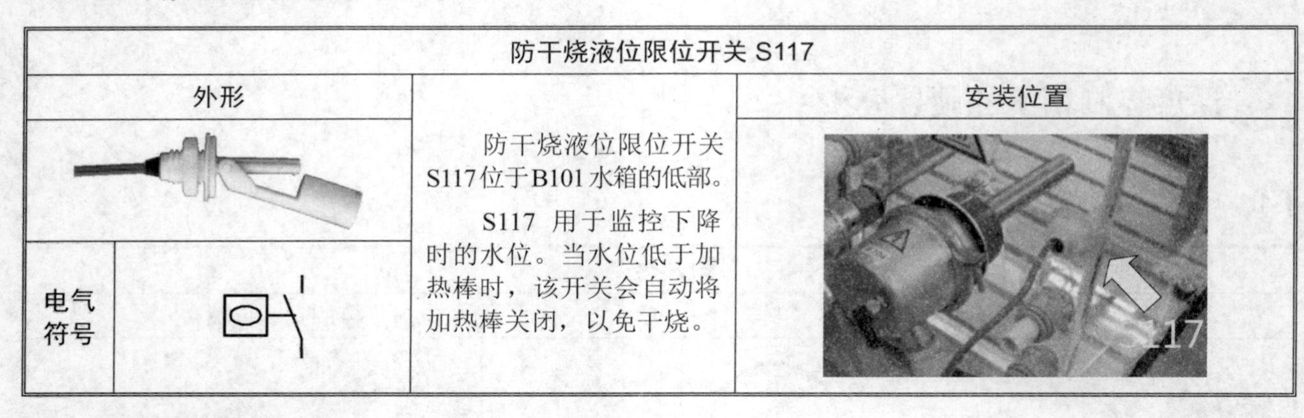

防干烧液位限位开关 S117		
外形		安装位置
	防干烧液位限位开关S117位于B101水箱的低部。 S117 用于监控下降时的水位。当水位低于加热棒时，该开关会自动将加热棒关闭，以免干烧。	
电气符号		

1.3 Pt100 热电阻

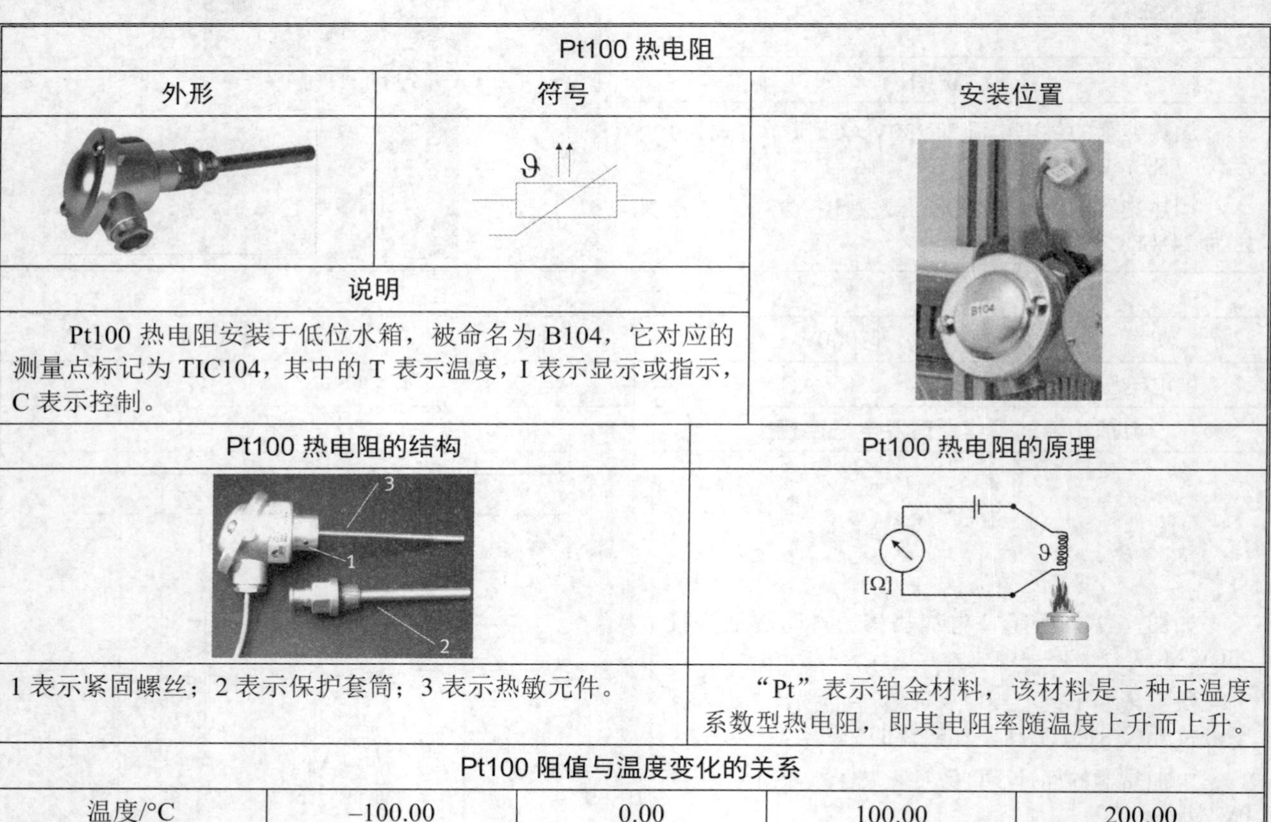

Pt100 热电阻		
外形	符号	安装位置
说明		
Pt100 热电阻安装于低位水箱，被命名为 B104，它对应的测量点标记为 TIC104，其中的 T 表示温度，I 表示显示或指示，C 表示控制。		

Pt100 热电阻的结构	Pt100 热电阻的原理
1 表示紧固螺丝；2 表示保护套筒；3 表示热敏元件。	“Pt”表示铂金材料，该材料是一种正温度系数型热电阻，即其电阻率随温度上升而上升。

Pt100 阻值与温度变化的关系

温度/°C	–100.00	0.00	100.00	200.00
阻值/Ω	60.25	100.00	138.50	175.84

Pt100 阻值与温度变化的关系曲线

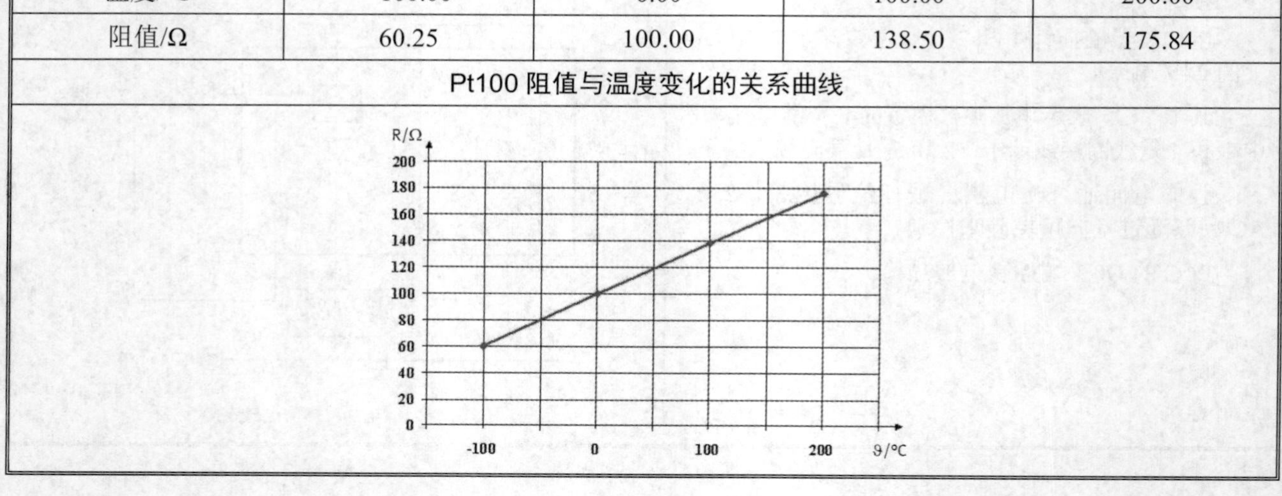

Pt100 热电阻的参数			
测量范围	–50℃～+150℃	管路连接	G ½″
误差	0℃时为±0.12Ω	长度	100 mm

1.4　温度变送器

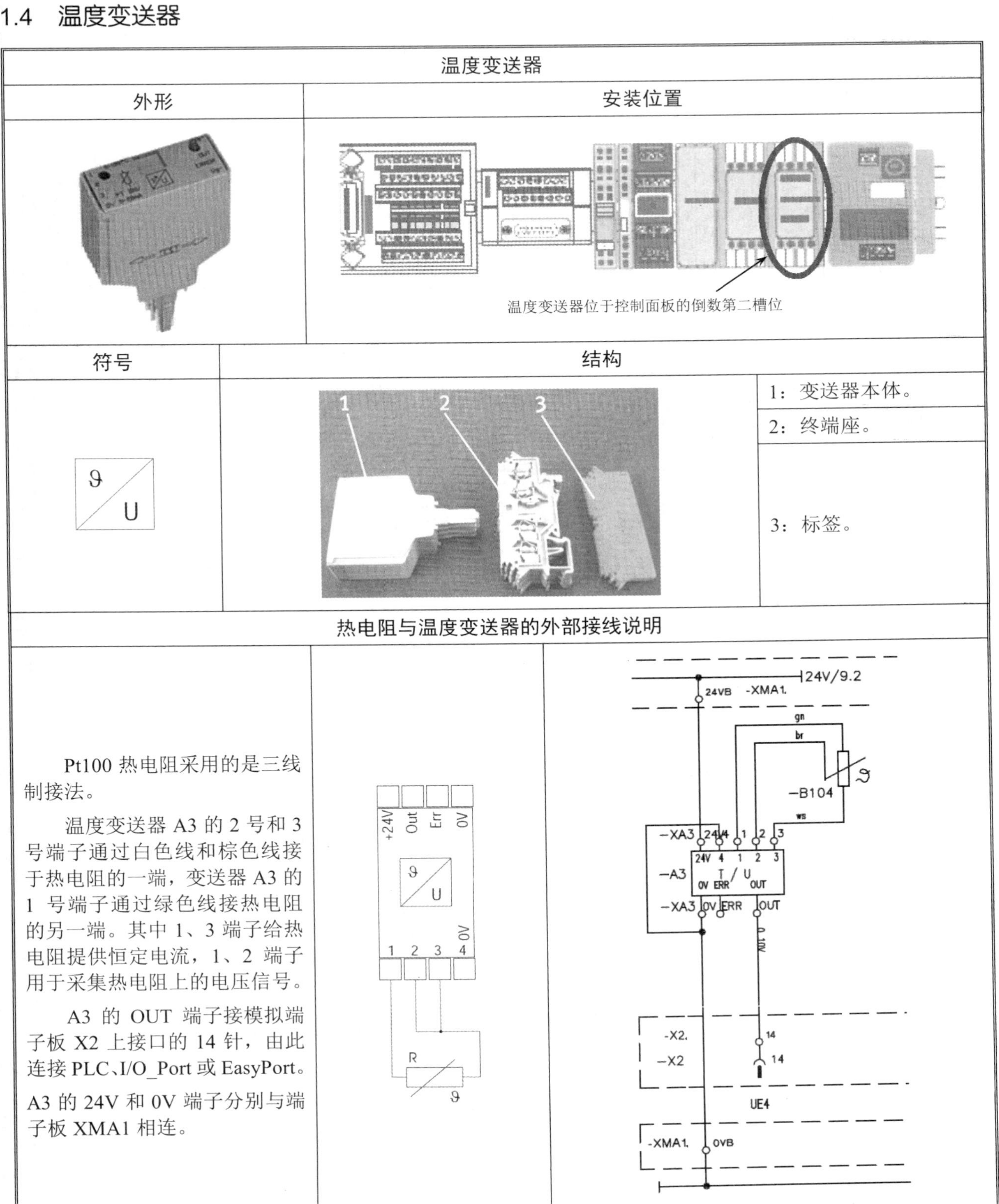

温度变送器		
外形	安装位置	
	温度变送器位于控制面板的倒数第二槽位	
符号	结构	
		1：变送器本体。
		2：终端座。
		3：标签。

热电阻与温度变送器的外部接线说明		
Pt100 热电阻采用的是三线制接法。 温度变送器 A3 的 2 号和 3 号端子通过白色线和棕色线接于热电阻的一端，变送器 A3 的 1 号端子通过绿色线接热电阻的另一端。其中 1、3 端子给热电阻提供恒定电流，1、2 端子用于采集热电阻上的电压信号。 A3 的 OUT 端子接模拟端子板 X2 上接口的 14 针，由此连接 PLC、I/O_Port 或 EasyPort。 A3 的 24V 和 0V 端子分别与端子板 XMA1 相连。		

1.5 温度控制系统管路连接

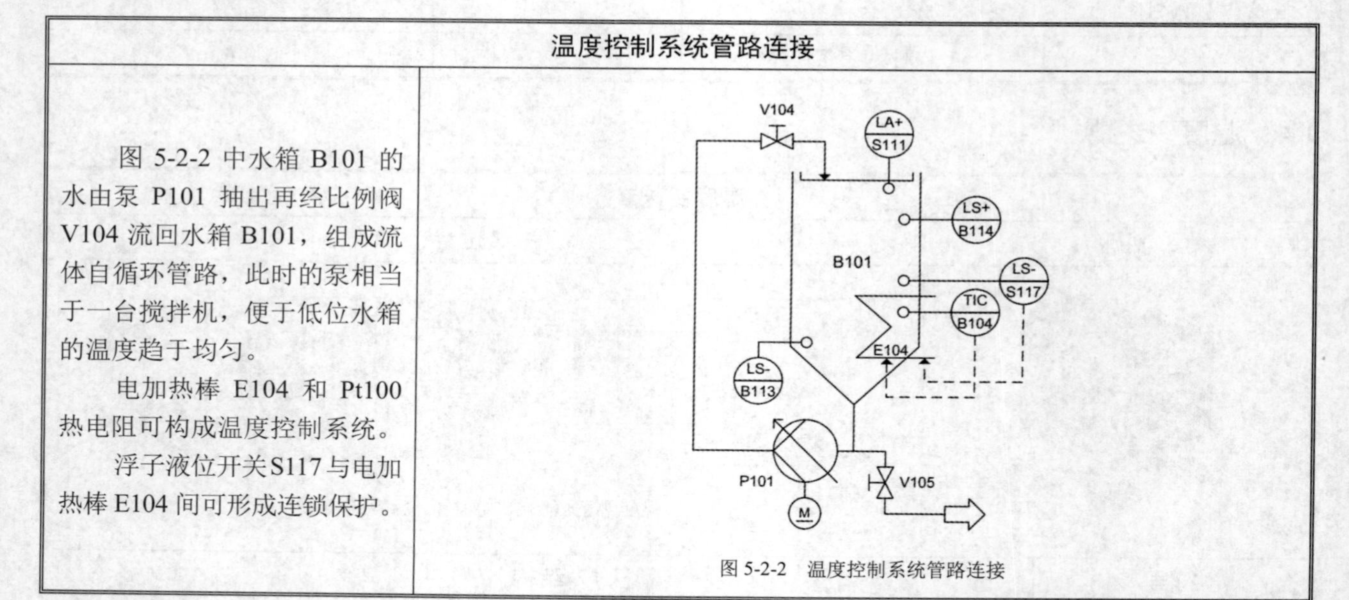

温度控制系统管路连接

图 5-2-2 中水箱 B101 的水由泵 P101 抽出再经比例阀 V104 流回水箱 B101，组成流体自循环管路，此时的泵相当于一台搅拌机，便于低位水箱的温度趋于均匀。

电加热棒 E104 和 Pt100 热电阻可构成温度控制系统。

浮子液位开关S117与电加热棒 E104 间可形成连锁保护。

图 5-2-2 温度控制系统管路连接

2 基于仿真盒的温度控制调试

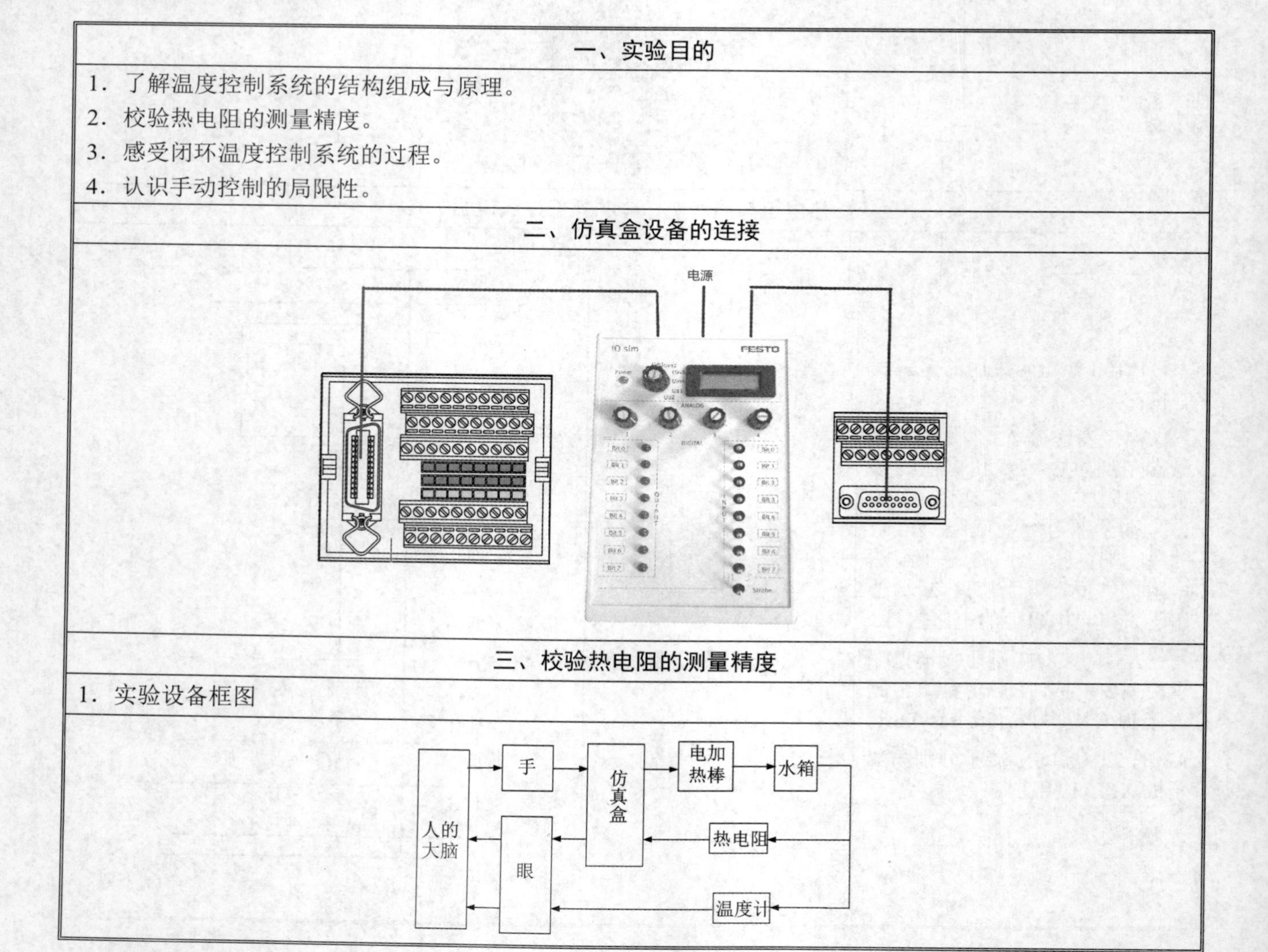

一、实验目的

1．了解温度控制系统的结构组成与原理。
2．校验热电阻的测量精度。
3．感受闭环温度控制系统的过程。
4．认识手动控制的局限性。

二、仿真盒设备的连接

三、校验热电阻的测量精度

1．实验设备框图

2．实验步骤

（1）将温度控制系统的管路连接起来，将阀 V104 完全打开构成流体自循环回路，以使得水箱内温度均匀。
（2）将仿真盒与端子板 XMA1、端子板 X2 及电源连接在一起。
（3）将电压显示选择旋钮的挡位拧到 U_{In4} 挡，以显示温度变送器的反馈电压，这里的 0～10V DC 对应温度 0℃～+100℃。
（4）另取一个温度计（测温范围大于 0℃～+100℃）放入低位水箱。
（5）合上开关 Bit2，给加热棒通电。
（6）观察温度计的示值和仿真盒上温度变送器的反馈电压 U_{In4} 的示值。
（7）每隔一段时间，同时记录温度计示值和温度反馈电压值 U_{In4} 一次。
（8）经过若干次记录后，关闭开关 Bit2，随着温度的下降，再次重复第（7）步的工作。
（9）验证温度计和热电阻的测量结果是否一致。

四、手动温度控制系统

1．实验设备框图

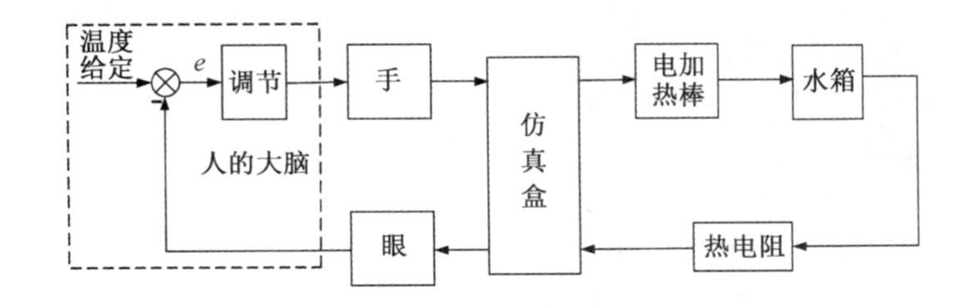

2．实验步骤

（1）将温度控制系统的管路连接起来，将阀 V104 完全打开构成流体自循环回路，以使得水箱内温度均匀。
（2）将仿真盒与端子板 XMA1、端子板 X2 及电源连接在一起。
（3）将电压显示选择旋钮的挡位拧到 U_{In4} 挡，以显示温度变送器的反馈电压，这里的 0～10V DC 对应温度 0℃～+100℃。
（4）合上开关 Bit2，给加热棒通电。
（5）观察温度计的示值和仿真盒上温度变送器的反馈电压 U_{In4} 的示值。
（6）用手调节开关 Bit2，接通或断开加热棒的电源，以使得温度传感器的反馈电压值 U_{In4} 的保持在 5V。
（7）用手机拍摄 U_{In4} 数值的变化过程。
（8）播放手机视频，将实时温度值（由 U_{In4} 换算得之）及对应时间填入到后面任务实施单，并画出温度随时间变化的关系曲线。
（9）计算超调量 σ、实际平均温度、余差 C。
（10）评价控制效果。

五、实验报告要求

（1）画出实验设备工作关系框图。
（2）分析温度变送器的反馈电压与实际温度的换算关系。
（3）填写“热电阻所测温度”与“温度计所测温度”的数据表，画出坐标图。
（4）画出闭环温度定值控制实验的结构框图。
（5）填写实时温度数据表，画出温度随时间变化的关系曲线。
（6）计算超调量 σ、实际平均压力、余差 C。
（7）评价压力的手动控制效果。

六、思考题

（1）热电阻所测温度与温度计所测温度的偏差是什么？
（2）怎样做才能提高温度控制的效率和精度？

子学习情境 5.3　基于 Fluid Lab 软件的温度控制

工作任务单

<table>
<tr><td>情　境</td><td colspan="6">学习情境 5　温度控制</td></tr>
<tr><td rowspan="3">任务概况</td><td rowspan="2">任务名称</td><td rowspan="2">子学习情境 5.3　基于 Fluid Lab 软件的温度控制</td><td>日期</td><td>班级</td><td>学习小组</td><td>负责人</td></tr>
<tr><td></td><td></td><td></td><td></td></tr>
<tr><td>组员</td><td colspan="5"></td></tr>
<tr><td rowspan="2">任务载体和资讯</td><td colspan="2" rowspan="2"></td><td colspan="4">载体：FESTO 过程控制实训室软件。</td></tr>
<tr><td colspan="4">资讯：
1．微分控制：①什么是微分控制规律；②微分规律的特点；③PD 控制；④PID 控制；⑤PID 控制参数的选择。
2．温度控制实验：①温度控制系统的搭建；②PID 调节器中微分环节参数的整定；③微分对改善动态性能的作用；④微分时间常数对动态响应速度及系统稳定性的影响。</td></tr>
<tr><td>任务目标</td><td colspan="6">1．掌握比例、积分和微分控制的控制原理及其调节方法。
2．培养学生的组织协调能力、语言表达能力，达到应有的职业素质目标。</td></tr>
<tr><td>任务要求</td><td colspan="6">前期准备：小组分工合作，通过网络收集比例控制、积分控制、微分控制的相关资料。
识读内容要求：①控制原理；②控制曲线分析；③控制优缺点分析。
任务成果：一份完整的报告。</td></tr>
</table>

1　微分控制的作用

虽然在比例作用的基础上增加了积分作用后，可以消除余差，但为了抑制超调，必须减小比例增益，使控制器的整体性能有所变差。当对象滞后很大或负荷变化剧烈时，则不能及时控制。而且，偏差的变化速度越大，产生的超调就越大，需要越长的控制时间。在这种情况下，可以采用微分控制，因为比例和积分控制都是根据已形成的偏差而进行动作的，而微分控制却是根据偏差的变化趋势进行动作的，从而有可能避免产生较大的偏差，而且可以缩短控制时间。

1.1　微分控制规律

微分控制定义
理想微分控制是指控制器的输出变化量与输入偏差的变化速度成正比的控制规律，其数学表达式为 $$\Delta p = T_d \frac{\mathrm{d}e}{\mathrm{d}t}$$ 式中，T_d 为控制器的微分时间。$\mathrm{d}e/\mathrm{d}t$ 是误差随时间变化的速度。

显然误差随时间变化的速度越大，微分控制的输出变化也越大，微分控制作用正比于误差的变化速度 $\mathrm{d}e/\mathrm{d}t$。

微分调节的作用主要用来克服被调参数的容量滞后。例如人工调节时，既根据偏差的大小来改变阀门的开度大小（比例作用），又根据偏差变化速度的大小来调节阀门的开度。当偏差变化速度很大，就估计到即将出现很大的偏差，因此过量地打开（或关闭）调节阀，以克服这个预计的偏差。这种根据偏差变化速度提前采取的行动，意味着有“超前”作用，因而能比较有效地改善容量滞后比较大的调节对象的调节质量。

e 与 $\mathrm{d}e/\mathrm{d}t$ 的区别

误差大并不意味着误差变化速度也大，同样误差变化速度大也并不意味着误差大。$\mathrm{d}e/\mathrm{d}t$ 代表了 e 的变化趋势，例如 t_1=2.01s 时，$e(t_1)$=3；t_2=2.03s 时，$e(t_1)$=4；则 $\mathrm{d}e/\mathrm{d}t=\dfrac{e_2-e_1}{t_2-t_1}=\dfrac{4-3}{2.03-2.01}=50$。

显然误差的变化速度比误差本身大得多。

微分控制器的阶跃响应

对于误差阶跃信号，其值在 t_0 时间点上突然由 0 跳变为某值，所以 t_0 点上的偏差 e 的变化速度为无穷大，这是因为 $\mathrm{d}e/\mathrm{d}t$ 的分母为无穷小，而在除 t_0 点以外的时间点上 e 的变化速度却为 0，这是因为阶跃信号除在 t_0 点处的值外，其余值均为常数（常数的倒数均为 0）。所以理想微分控制器在阶跃偏差信号作用下的开环输出信号 Δp 是一个幅度无穷大、脉宽趋于零的尖脉冲。当然在实际中这是不可能的，经过理论计算可知，实际中的开环输出信号 Δp 是一个随时间快速衰减的负指数曲线。

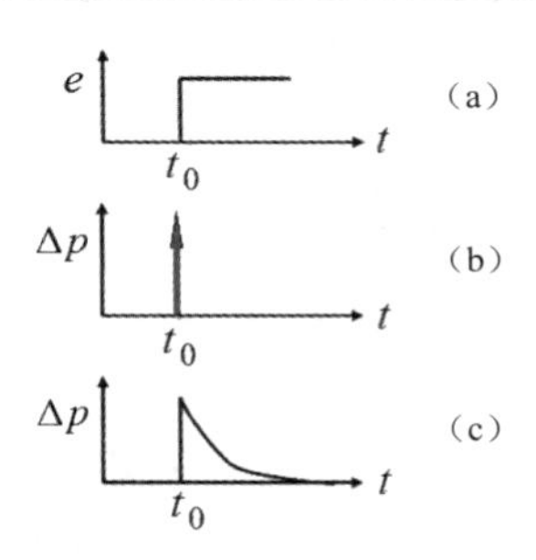

微分规律的特点

（1）微分控制器的输出只与偏差的变化速度有关，而与偏差的大小及存在与否无关。

（2）微分规律具有超前控制作用。对于 P 或 PI 控制器来讲，控制器是在偏差信号变化之后才实施控制作用的，这时被控变量已经受到较大幅度扰动的影响，或者扰动已经作用了一段时间，系统的超调及稳定性变差。而微分信号是根据偏差信号的变化趋势来实施控制的，$\mathrm{d}e/\mathrm{d}t$ 代表了即将产生误差的强弱，误差变化速度越快，即将产生的误差就越强。所以当被控变量一有变化时，控制器就适当加大输出信号，抑制偏差的增长，从而提高系统的稳定性，减少超调。

（3）微分作用不能消除余差。当偏差不变化时，不管偏差有多大，微分作用的输出变化都为零。所以微分作用不能消除余差。

微分时间常数 T_d 对系统过渡过程的影响

微分时间 T_d 的大小对系统过渡过程的影响，如图 5-3-1 所示。若取 T_d 太小，则对系统的控制指标没有影响或影响甚微，如图 5-3-1 中曲线 1 所示；若选取适当的 T_d，系统的控制指标将得到全面的改善，如图 5-3-1 中曲线 2 所示；但若 T_d 取得过大，即引入太强的微分作用，反而可能导致系统产生剧烈的振荡，如图 5-3-1 中曲线 3 所示。

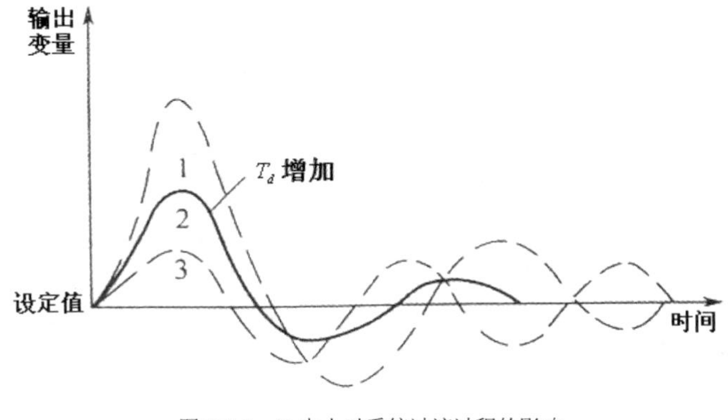

图 5-3-1　T_d 大小对系统过渡过程的影响

1.2 PD 控制——比例微分控制

PD 控制

微分规律的特点决定了微分规律不能单独使用，它通常与比例、积分规律配合使用。其中 PD 控制的数学表达式如下：

$$u=\frac{1}{\delta}\left(e+T_d\frac{\mathrm{d}e}{\mathrm{d}t}\right)$$

其中 T_d 是微分时间。

PD 调节器的传递函数为

$$G_c(s)=\frac{1}{\delta}(1+T_d s)$$

严格按照上式动作的控制器在物理上是不能实现的。工业上实际采用的 PD 调节器的传递函数是

$$G(s)=\frac{1}{\delta}\cdot\frac{T_d s+1}{\dfrac{T_d}{K_D}s+1}$$

式中 K_D 为微分增益。

PD 调节的斜坡响应

如图 5-3-2 所示，e 为调节器的输入偏差，u 为调节器的输出控制型号，当输入偏差信号 e 为基于起始时间 t_0 的单位斜坡信号时，调节器的输出信号 u 将在微分环节的调节作用下提前一段时间发生，提前的时间就是微分时间 T_d。

图 5-3-2（b）中下面的曲线为纯比例调节器的输出曲线，上面的曲线为比例微分调节器的输出曲线，显然输出同样大小的控制信号，后者比前者在时间上提前了 T_d 时间。

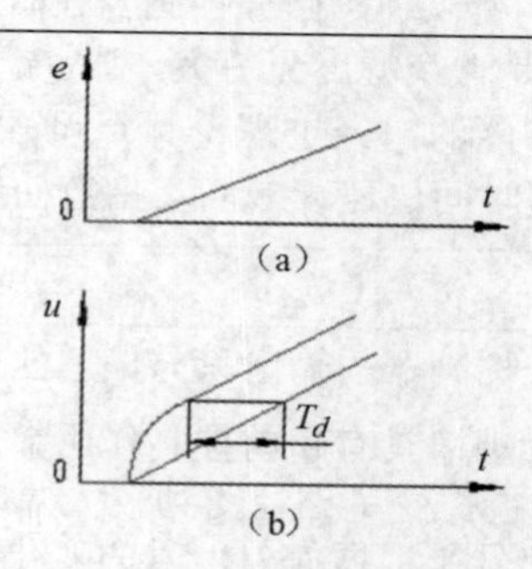

图 5-3-2 PD 调节器的斜坡响应

比例微分调节的特点

（1）在稳态下，de/dt=0，PD 调节器的微分部分输出为零，因此 PD 调节也是有差调节，与 P 调节相同。

（2）微分调节动作总是力图抑制被调量的振荡，它有提高控制系统稳定性的作用。适度引入微分动作可以允许稍微减小比例带，同时保持衰减率不变。

使用微分作用时，要注意以下几点

（1）微分作用的强弱要适当：微分作用太弱，即 T_d 太小，调节作用不明显，控制质量改善不大；微分作用太强，即 T_d 太大，调节作用过强，引起被调量大幅度振荡，稳定性下降。

（2）微分调节动作对于纯迟延过程是无效的。

（3）PD 调节器的抗干扰能力很差，只能应用于被调量的变化非常平稳的过程，一般不用于流量和液位控制系统。

PD 控制系统不同微分时间的响应过程

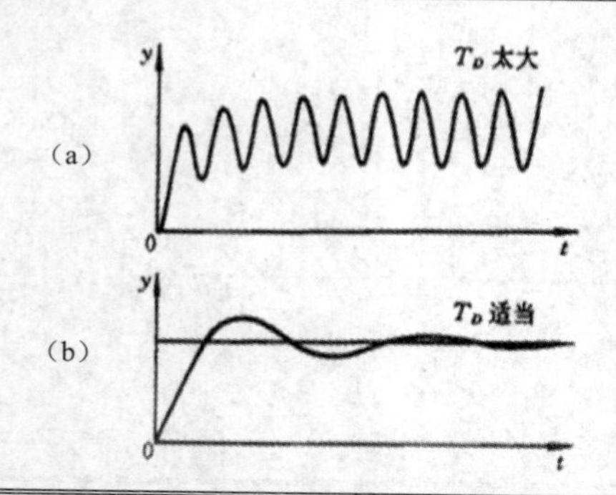

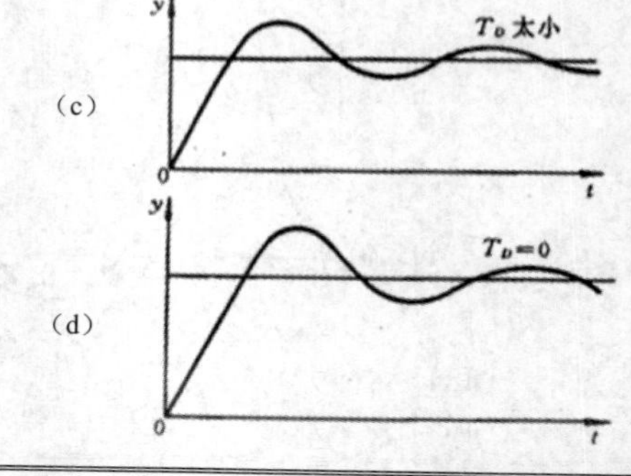

1.3 PID 控制——比例积分微分控制

PID 控制

PID 控制器问世至今已有近 70 年历史。它以结构简单、稳定性好、工作可靠、调整方便而成为工业控制的主要技术之一。当被控对象的结构和参数不能完全掌握，或得不到精确的数学模型时，控制理论的其他技术难以采用时，系统控制器的结构和参数必须依靠经验和现场调试来确定，这时应用 PID 控制技术最为方便。当我们不完全了解一个系统和被控对象，或不能通过有效的测量手段来获得系统参数时，最适合用 PID 控制技术。

由于实际微分调节器的比例度不能改变，固定为 100%，微分作用也只有在参数变化时才出现，所以实际微分调节器也不能单独使用。一般都是和其他调节作用配合使用，构成比例微分调节器或比例积分微分三作用调节器。

比例积分微分调节又称 PID 调节，其数学表达式为

$$\Delta p(t)=\frac{1}{\delta}\left[e(t)\frac{1}{T_i}\int e(t)\mathrm{d}t+T_d\frac{\mathrm{d}e(t)}{\mathrm{d}t}\right]$$

式中，若 T_i 为 ∞，T_d 为 0，积分项和微分项都不起作用，则为比例控制；若 T_d 为 0，微分项不起作用，则为比例积分控制；若 T_i 为 ∞，积分项不起作用，则为比例微分控制，其控制框图如下：

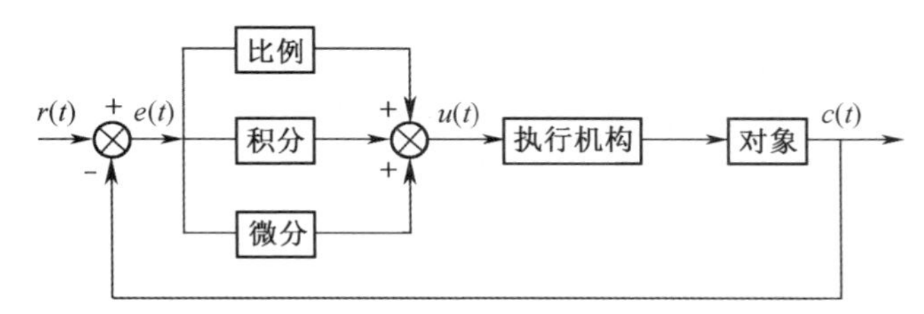

比例积分微分（PID）控制器适用于被控对象负荷变化较大、容量滞后较大、干扰变化较强、工艺不允许有余差存在且控制质量要求较高的场合。

PID 控制器的输出特性曲线

输入单位阶跃信号时，PID 控制器的响应如图 5-3-3 所示，比例作用是始终起作用的基本分量；微分作用只在偏差出现的一开始有很大的输出，然后逐渐消失，具有超前调节作用；积分作用则在开始时作用不明显，随着时间的推移，其作用逐渐增大，最后积分作用起主要控制作用，直到余差消除为止。

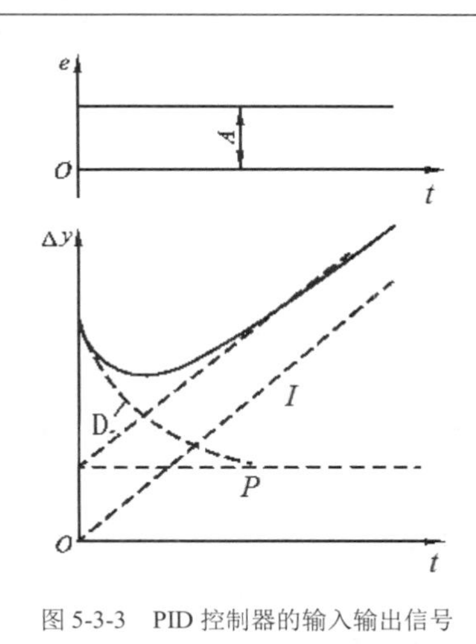

图 5-3-3 PID 控制器的输入输出信号

1.3 PID 控制

PID 控制中各参数的作用

在 PID 控制中，有三个调节参数，就是比例度 δ 、积分时间 T_i 和微分时间 T_d 。适当选取这三个参数的值，就可以获得良好的调节质量。把 PID 控制器的微分时间调到零（即微分作用为零），就成了 PI 控制器；把 PID 控制器的积分时间调到最大（即积分时间为零），就成了 PD（比例微分）控制器，它的动作迅速，动偏差小，调节过程短，但仍有余差（比纯比例调节小），适用于大容量、滞后时间长的对象。

（1）比例调节。依据“偏差的大小”来动作。它的输出与输入偏差的大小成比例，调节及时、有力，但有余差。用比例度δ来表示其作用的强弱。δ越小，调节作用越强，比例作用太强时，会引起振荡。

（2）积分调节。依据“偏差是否存在”来动作。它的输出与偏差对时间的积分成比例，只有余差完全消失，积分作用才停止，其实质就是消除余差。但积分作用使最大动偏差增大，延长了调节时间。用积分时间 T_i 表示其作用的强弱，T_i越小，积分作用越强，积分作用太强时，也易引起振荡。

（3）微分调节。依据“偏差变化速度”来动作。它的输出与偏差变化的速度成比例，其实质和效果是阻止被调参数的一切变化，有超前调节作用。对滞后大的对象有很好的效果，当调节动偏差减小，时间缩短，余差也减小（但不能消除）。用微分时间T_d表示其作用的强弱，T_d大，作用强，T_d太大时，也会引起振荡。

因此，在PID参数进行整定时，如果能够有理论的方法确定PID参数当然是最理想的，但是在实际的应用中，更多的是通过凑试法来确定PID的参数。在凑试时，可参考以上参数对系统控制过程的影响趋势，对参数调整实行先比例、后积分，再微分的整定步骤。

凑试法整定PID参数

首先整定比例部分。将比例参数由小变大，并观察相应的系统响应，直至得到反应快、超调小的响应曲线。如果系统没有静差或静差已经小到允许范围内，并且对响应曲线已经满意，则只需要比例调节器即可。如果在比例调节的基础上系统的静差不能满足设计要求，则必须加入积分环节。在整定时先将积分时间设定到一个比较大的值，然后将已经调节好的比例系数略为缩小（一般缩小为原值的0.8），再减小积分时间，使得系统在保持良好动态性能的情况下，静差得到消除。在此过程中，可根据系统的响应曲线的好坏反复改变比例系数和积分时间，以期得到满意的控制过程和整定参数。

如果在上述调整过程中对系统的动态过程反复调整还不能得到满意的结果，则可以加入微分环节。首先把微分时间T_d设置为0，在上述基础上逐渐增加微分时间，同时相应地改变比例系数和积分时间，逐步凑试，直至得到满意的调节效果。

PID常用口诀如下：

参数整定找最佳，从小到大顺序查。
先是比例后积分，最后再把微分加。
曲线振荡很频繁，比例度盘要放大。
曲线漂浮绕大弯，比例度盘往小扳。
曲线偏离回复慢，积分时间往下降。
曲线波动周期长，积分时间再加长。
曲线振荡频率快，先把微分降下来。
动差大来波动慢，微分时间应加长。
理想曲线两个波，前高后低4比1。
一看二调多分析，调节质量不会低。

“曲线振荡很频繁，比例系数要放大。”：说明当前的输出的调节量小，系统输出存在稳态误差，需要加大比例系数，从而成比例地响应输入的变化量。

“曲线漂浮绕大弯，比例系数往小扳。”：说明调节过量，比例的作用是过程迅速响应输入的变化，如果P过大，很容易产生比较大的超调，必须适当减少比例系数。

“曲线偏离回复慢，积分时间往下降。”：由于积分是为了消除稳态误差，随着积分时间的增大，积分项会增大，即使积分项很小，积分项也会随着时间的增加而加大，它推动控制器的输出增大，使稳态误差进一步减小。如果控制输出回复慢，说明稳态误差比较小，需要适当减少积分时间。

“曲线波动周期长，积分时间再加长。”：积分控制是输入量对时间的积累，如果曲线波动周期长，说明系统存在较大的稳态误差，需要适当增加积分时间，进一步减少稳态误差。

“曲线振荡频率快，先把微分降下来。”：由于微分控制的输出与输入信号的变化率成比例关系，虽然它可以超前控制，但如果微分时间太长，容易产生控制量的严重超调，即加速曲线振荡。

“动差大来波动慢，微分时间应加长。”：积分控制是减少稳态误差，而微分是减少动态误差，所以如果动差大，必须适当提高微分时间，加快系统的过渡过程。

“理想曲线两个波，前高后低 4 比 1。”：具体说明如何设定 P、I、D 之间的时间值，各种调节系统中 P、I、D 参数经验数据如下：

温度控制中 T：P=20%～60%，I=180～600s，D=3-180s。

压力控制中 P：P=30%～70%，I=24～180s。

液位控制中 L：P=20%～80%，I=60～300s。

流量控制中 L：P=40%～100%，I=6～60s。

可见，PID 作用调节质量最好，PI 调节第二，PD 调节就有余差，纯比例调节虽然动偏差比 PI 调节小，但余差大，纯积分调节质量最差，生产中的连续调节都是这三种调节作用的组合，而纯积分调节一般不单独使用。

临界比例度法（又称稳定边界法）整定 PID 参数

这是一种闭环调节过程。先让控制器在纯比例控制作用下，通过现场试验找到等幅振荡的过渡过程曲线，记下此时的比例度 δ_K 和等幅振荡周期 T_K，再通过简单的计算求出衰减振荡时控制器的 PID 参数值。临界比例度法参数计算见表 5-3-1。

表 5-3-1　临界比例度法控制器整定参数表

控制参数 / 控制作用	δ	T_i	T_d
P	$2\delta_K$	—	—
PI	$2.2\delta_K$	$0.85T_K$	—
PID	$1.7\delta_K$	$0.5T_K$	$0.13T_K$

衰减曲线法整定 PID 参数

使系统处于纯比例作用下，在达到稳定时，加入阶跃给定信号，逐渐从大到小改变比例度，直至出现 4:1 的衰减比为止。记下此时的比例度 δ_S 和振荡周期 T_S。再按经验公式来确定 PID 数值。4:1 递减曲线法控制器整定参数见表 5-3-1。

表 5-3-2　4:1 递减曲线法控制器整定参数表

整定参数 / 控制参数	δ	T_i	T_d
P	δ_S	—	—
PI	$1.2\delta_S$	$0.5T_S$	—
PID	$0.8\delta_S$	$0.3T_S$	$0.1T_S$

2　基于 Fluid Lab 软件的温度比例积分控制

2.1　温度控制的实验目的

1．了解温度控制系统的结构组成与原理。
2．掌握温度控制系统调节器参数的整定方法。
3．研究微分时间对动态响应速度及系统稳定性的影响。
4．研究微分对改善动态性能的作用。
5．研究温度的双位控制系统。

2.2 温度 PID 控制系统的电器连接

EasyPort 接口的接线

1．EasyPort 接口模块。
2．数字量输入/输出信号端子 XMA1。
3．数字量信号 SysLink 通信电缆。
4．模拟量输入/输出信号端子 X2。
5．模拟量信号 SysLink 通信电缆。
6．24V 电源。
7．电源电缆。
8．USB 通信线。

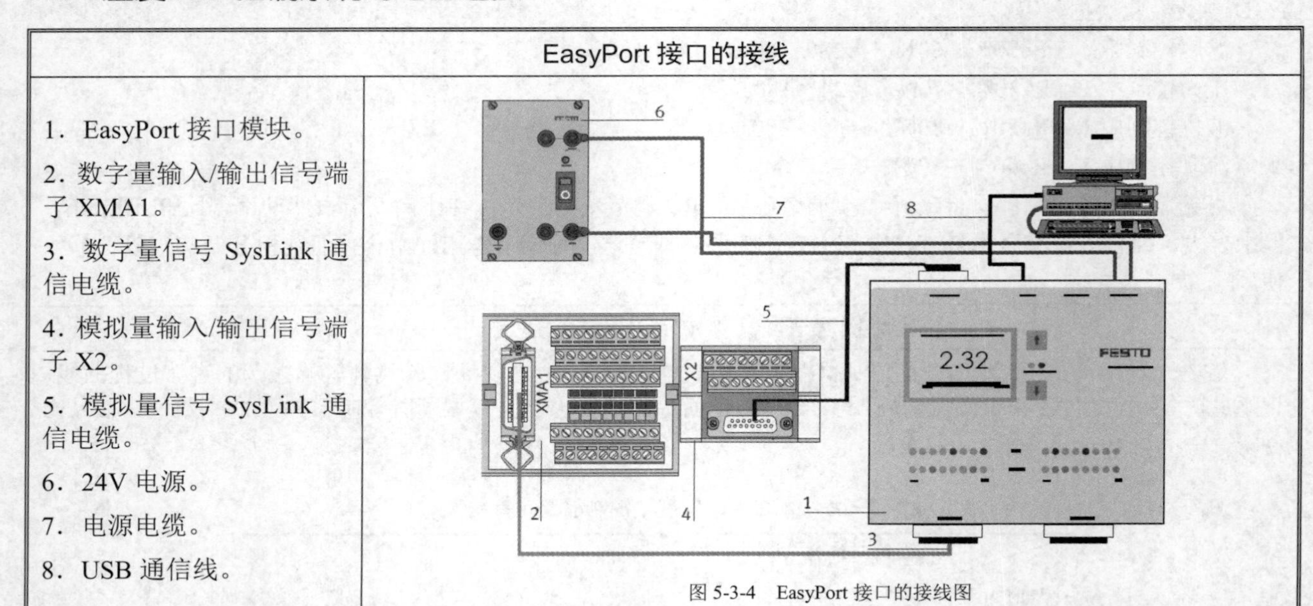

图 5-3-4 EasyPort 接口的接线图

2.3 温度 PID 控制

实验前准备

1．在下部的容器中填补约 10L 水（注意整个系统的水不能超过 10L）。
2．按照图 5-3-4，将过程控制试验台、EasyPort 及计算机连接在一起。
3．接通过程控制试验台电源和计算机电源。

控制系统的方框图

压力给定
e
-
PID控制器
PWM
计算机及
Fluid Lab软件
EasyPort
X1端子板
电加热棒
水箱 B101
温度
热电阻
A3温度变送器
0～10V

实验步骤

1. 按照图 5-2-2 温度控制系统管路连接图连接管路，将阀 V104 完全打开、其他手动阀全关。
2. 打开 Fluid Lab-PA 软件，进入“连续量闭环控制”界面，开始设置界面右边的实验选项。
3. 清除上次实验的曲线。
4. 单击“预设置”下面的红色下三角按钮，在下拉列表中选择被控变量“Temperature”。
5. 此时，模拟量输入通道会自动显示 Channel 4。
6. 合上“数字量输出”下面的小开关 2，将泵设置为全压运行模式。
7. 合上“数字量输出”下面的小开关 1，接通电加热棒电源。
7. 单击“选择操纵值”下面的红色下三角按钮，在下拉列表中选择“heating unit”，将电加热棒作为执行器。
8. 在“setpoint SP”右侧文本框中将温度值设定为系统允许最大值的 60%～70%，在“PID”面板下，先将积分时间常数 Tr 设置为无穷大，微分时间常数 Td 设置为 0，再设置比例值 Kp。

9. 增大比例值 Kp，直到系统开始大幅振荡，记录最大允许比例值 Kp。

10. 把 Kp 值从 0 开始慢慢增大，观察温度的反应速度是否在你的要求内（振荡 2.5 个波头），当温度的反应速度达到你的要求时，停止增大 Kp 值，记录稳态值和给定值之间的余差。

11. 将前面所设定的 Kp 值减少 10%，然后逐渐减小 Tr 值，直至系统出现振荡，之后再反过来，逐渐加大 Tr 值，直至系统振荡消失。记录此时的 Tr 值，设定 PID 的积分时间常数 Tr 为当前值的 150%～180%。

12.由 0 开始逐渐增加微分时间常数 Td 值，直至系统出现振荡，然后将微分时间常数 Td 设置为当前值的 30%。

13.单击“开始”按钮，开始记录实验数据曲线。

14. 单击“停止”按钮，停止记录实验数据曲线。

15. 保存实验数据，并用 Excel 导出数据。

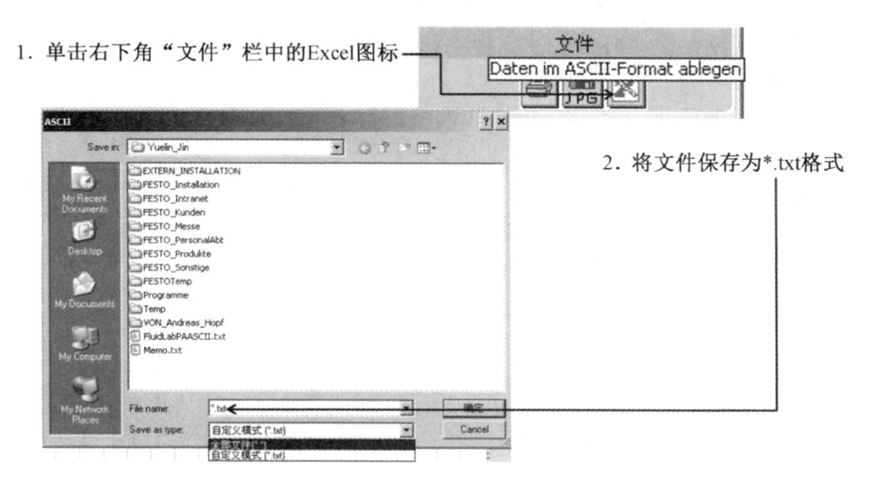

16. 修改比例值 Kp 值和积分时间常数 Tr 值，重新做一遍实验，观察调节规律的变化。

实验分析

1. 进行多次纯比例控制，测出超调量，并说明超调量和比例值 Kp 之间的关系。
2. 进行多次纯比例控制，测出温度稳态值并计算余差，说明余差和比例值 Kp 之间的关系。
3. 在控制系统中加入积分控制环节时，观察是否存在余差，说明原因。
4. 进行多次比例积分控制，测出超调量并说明超调量和积分时间常数 Tr 之间的关系。
5. 在控制系统中加入微分控制环节时，观察过渡过程是否改善，说明原因。
6. 将 Excel 表格中的数据填写到《FESTO 过程控制实践手册》的任务实施表中。
7. 打印实验数据曲线，将其粘贴到《FESTO 过程控制实践手册》的任务实施表中，或者根据 Excel 表格中的数据重新绘制实验数据曲线。
8. 对控制性能作出评价。

2.4　温度双位控制

实验目的和实验前准备

同 2.3。

控制系统的方框图

同 2.3。

实验步骤

1. 将温度控制系统的管路连接起来，将阀 V104 打开，构建流体自循环回路，以使得水箱内温度均匀。
2. 打开 Fluid Lab-PA 软件，进入“2 点闭环控制”界面，开始设置界面右边的实验选项。
3. 清除上次实验的曲线.
4. 单击“预设置”下面的红色下三角按钮，在下拉列表中选择被控变量“Temperature”。
5. 此时，模拟量输入通道会自动显示 Channel 4。

6. 合上“数字量输出”下面的小开关 2，将泵设置为全压运行模式。
7. 合上“数字量输出”下面的小开关 1，接通电加热棒电源。
8. 单击“选择操纵值”下面的红色下三角按钮，在下拉列表中选择“heating unit”，将电加热棒作为执行器。
9. 在“setpoint SP”右侧文本框中填入给定温度，在“操纵值的范围”文本框中填入温度偏差值。
10. 单击“开始”按钮，开始记录实验数据曲线。
11. 单击“停止”按钮，停止记录实验数据曲线。
12. 保存实验数据，并用 Excel 导出数据。
13. 将偏差值增加，重新做一遍实验，观察调节周期是否有变化。

实验分析

1. 将 Excel 表格中的数据填写到《FESTO 过程控制实践手册》的任务实施表中。
2. 打印实验数据曲线，将其粘贴到《FESTO 过程控制实践手册》的任务实施表中，或者根据 Excel 表格中的数据重新绘制实验数据曲线。
3. 测出两次实验的振幅和调节周期，并说明振幅和调节周期之间的关系。
4. 对控制性能作出评价。
5. 比较双位控制与 PID 控制的优缺点。